U0164825

升降機及自動梯 2
（專業篇）
Lifts and Escalators 2 (Professional)

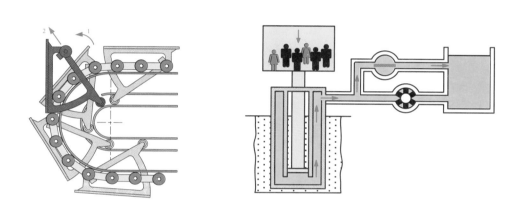

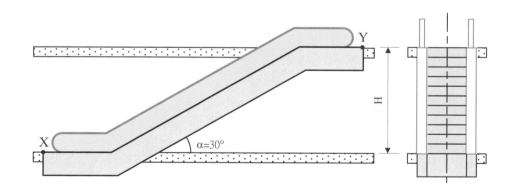

麥家聲　編著

吳榮基、葉樹德、冼志誠、李蝦江　校對

香港機電業工會聯合會
港九電器工程電業器材職工會
聯合出版

書名： 升降機及自動梯 2 (專業篇)
Lifts and Escalators 2 (Professional)

編著： 麥家聲
電郵： ksmak8888@yahoo.com.hk　　　　網址： http://www.ksmak-sir.com/

校對： 吳榮基、葉樹德、冼志誠、李蝦江

出版： 香港機電業工會聯合會 及 港九電器工程電業器材職工會
九龍汝州街 5 號二樓
電話： 2393 9955　　　　傳真： 2394 1265
電郵： info@eeunion.org.hk　　　　網址： http://www.eeunion.org.hk

承印： 博藝坊工作室
新界粉嶺粉嶺中心 D 座 6/F., D7 室
電話： 5804 3139　　　　傳真： 3012 2694
電郵： macsworkshop@126.com

定價： 港幣 220 元

版次： 2019 年 12 月初版

國際統一書號 ISBN：978-988-74080-1-7

< 1 >

序言

　　香港是一個高樓大廈林立的城市，升降機及自動梯是我們日常生活中不可或缺的垂直運輸交通工具。因此升降機及自動梯的安全，確實對我們有著非常切身的關係，而當中負責維修保養的工程人員，他們的專業知識及技術水平，對維持升降機及自動梯的安全運作擔當著很重要的角色。然而要培養升降機及自動梯從業員所需具備的專業，首要必須先從根底深入了解升降機及自動梯的基本知識，繼而再進一步吸收及掌握，同時緊貼時代的新知識、新技術及新思維，方可踏實地步往專材之路。

　　作為本港電梯業的持份者之一，本人非常欣賞及感謝麥家聲先生及其團隊費盡心思，編寫「升降機及自動梯」（基礎篇）及（專業篇）兩冊叢書，而這套更是有關升降機及自動梯不可多得的參考書籍。曾經拜讀過麥先生約一年前出版的「電學原理1, 2, 3」三冊叢書，內容層次分明，深入淺出，並附有很多計算實例，插圖更會按書中內容度身繪畫，令讀者對「電學」的相關知識，更容易理解及吸收。

　　本人得悉麥先生完成三冊有關「電學原理」之叢書後，便開始編寫「升降機及自動梯」（基礎篇）及（專業篇），經過差不多一年的時間，編著工作終於完成，小弟更有幸可預覽麥先生的大作，整套叢書內容編排有序，並分為（基礎篇）及（專業篇）兩冊。（基礎篇）是專供初入行或有興趣研究升降機及自動梯的讀者參考，而內容主要是講解升降機及自動梯最基礎的知識，籍此給予初入行的電梯從業員打好根基。至於（專業篇）的內容相對較為深入，主要是讓從業員進一步學習相關的專業知識及技能，以配合日常工作及職業發展前景所需。

　　綜合（基礎篇）及（專業篇）兩冊叢書，感覺仍能秉承作者一貫層次分明，由淺入深的風格，並配以大量精美插圖及實例照片，使讀者更容易瞭解吸收。書中涵蓋的題材範圍甚廣，由升降機及自動梯的基本設備和應用技術、安裝保養與檢驗步驟、乃至相關法例、新發展及安全使用方式等均有詳述。

　　此外，香港電梯業的歷史在書中也有提及；當中一些鮮為人知的資料，也透過該叢書得以記錄下來，使這些香港電梯業的寶貴歷史資料可傳承下去，讓廣大讀者能明白香港電梯業的演變過程，也是一椿美事可言！

郭海生
香港電梯業協會會長
二〇一九年十月

< 2 >

香港機電業工會聯合會的話

升降機及自動梯 — 升降機及自動梯在本港十分普遍，更與公眾安全息息相關，越來越多人關注基礎設施的穩定性，因此升降機行業的從業員具備相關專業知識並熟知如何合理運用尤為重要；甚至市民們也應當盡可能了解有關升降機的簡單知識，以備不時之需。

感謝 — 開始籌劃編寫這本書的時候，得到了很多人的幫助和支持。首先，感謝機電業各位工友及社會各屆長久以來對機電聯的貢獻以及大力支持，各位工友的積極參與使得機電聯不斷發展並取得今日的成績。更加要感謝撰寫本書的麥家聲先生，他悉心編寫，深入淺出，令到讀者能更加容易明白書中的各種專業知識。這套《升降機及自動梯》（基礎篇及專業篇）是機電聯第一次出版的書籍，從香港升降機的歷史介紹起，詳細講解了升降機和自動梯的架構系統原理及實務操作，同時，在每部分講解後都配有練習題以鞏固和加強學習內容的應用。這套叢書主要面對更多希望掌握有關升降機及自動梯相關基礎知識和專業能力的工友及其他有需要的人士。"生活的全部意義在於無窮地探索尚未知道的東西，在於不斷地增加更多的知識。"工友們如果在工作實踐中能夠不斷找尋到自己職業領域未涉及的新知，並且願意探索與學習，掌握與應用，這是難能可貴的。希望本書的讀者不僅僅學習到升降機和自動梯的專業內容，更可以在基礎篇的開篇了解到香港有關於升降機的歷史。隨著自動梯在香港的重要性不斷提升，本書亦加入了有關自動梯的裝置架構及運行系統的章節。

寄語 — "知之者不如好之者，好之者不如樂之者"，展望未來，各種基建項目陸續推出，升降機及自動梯的數目必將逐年增加，對工程師及技術人員的需求亦逐漸上升。希望本叢書的讀者能夠找尋和學習到自己需要的知識內容，並能夠轉化為所需的實踐技能，使每位工友在未來中更具專業力及競爭力。機電聯鼓勵各位工友努力現在，放眼未來，同時祝願香港電梯業擁有美好前景。

張永豪
香港機電業工會聯合會
第八屆常務委員會主席
二〇一九年十月

< 3 >

港九電器工程電業器材職工會的話

　　工會與麥家聲先生的淵源始於二零一七年《電學原理》系列叢書的編輯與出版，該系列叢書在理論知識方面涵蓋面非常廣，用簡單易明的手法為電業工程人員敍述了各種電學知識。對課程學員、初入行人士乃至資深電業工程人員來說，都是非常實用的工具書籍。

　　從上世紀八十年代工會第一次翻譯出版《電力裝置規定15版（中文版）》開始，近三十年來陸續出版了三十多款不同類型的電氣技術書籍，總印刷量超過六萬本。此舉鼓勵了許多有志為行業貢獻力量的業界先進樂於分享自己的專業知識，進一步提高電業工程人員的技術知識及保障公眾用電安全。

　　人類用電的歷史，其實非常短暫，還不到二百年。發展至今時今日，從開始的時候只有照明，到目前包羅萬有。各式各樣的電力裝置已經成為我們生活的一部分。香港作為一個國際級的大都會和世界聞名的金融中心，升降機及自動梯更是樹立在維港兩岸所有高樓大廈裡面的不可或缺的重要環節。

　　在工會的發展歷程中，電梯業也佔有非常重要的地位。一直以來，我們與電梯業相關團體保持非常緊密的聯繫。在工會的工作人員隊伍裡面，也有不少從事升降機及自動梯的工程人員。坦白說，以往工會對這些工友的支援是稍為欠缺的。而隨著社會發展，升降機及自動梯相關工作也不斷向專業化方向邁進，而相關的工程人員因為種種原因，未能掌握全面的相關知識，在發展道路上荊棘滿途。

　　感謝麥家聲先生願意再次執筆，撰寫《升降機及自動梯》系列叢書，從香港升降機的歷史介紹講起，詳細講解了升降機和自動梯的架構系統原理及實務操作的相關法例法規，由淺入深，使不同資歷的讀者都能從書本內容中有所獲益。

　　同時感謝香港機電業工會聯合會作為聯合出版，亦感謝電梯業協會及香港電梯業總工會的支持，使本系列叢書（基礎篇）及（專業篇）得以順利出版。本人作為理事長有幸可參與盛事，能為本系列叢書撰寫工會感受，與有榮焉。願業界秉承傳統，用專業回饋社會。

駱癸生

港九電器工程電業器材職工會

第四十屆理事長

二〇一九年十月

< 4 >

香港電梯業總工會的話

　　隨著香港電梯行業的發展，電梯總工會在 1986 年 7 月 16 日正式成立，至今已 33 週年了。工會原來的名稱叫「香港電梯業職工會」。工會成立後，由於當時有幾間電梯公司要成立分會，為了更具有涵蓋行業的需要，以及更具有代表性，所以在 1999 年改名為「香港電梯業總工會」。從此，電梯業總工會以聯絡從事於『電梯、電扶梯、電動升降工具業之所有僱員...』（見工會章程，第二條第一節），維護行業工人權益，協調勞資關係，排解勞資糾紛為使命。

　　社會的發展和進步一日千里，總工會也必須與時俱進，與社會同步，大力推進電梯行業工人職業認證資格，協助行業工人進行「自我增值」，提升自身的技術水平及技能，增強競爭力，適應時代的發展需要。總工會也為行業外判工人，爭取向機電署申請獲取升降機及自動梯註冊證明書(RW)，曾推薦 107 名外判工人到機電署接受審批。同時，總工會經常邀請機電署為行業工人舉辦講座，介紹行內最新相關的知識及法律責任。以及，多次組織國內參觀交流，也為行業招聘人才，推動政府開辦培訓課程，及提供資助吸引年青人加入電梯行業。電梯行業的發展，是隨著社會發展而不斷改進及完善，也必須符合市民大眾對美好生活追求的需要。因此，培養電梯行業的技術人才，是政府及業界必須做好的長期工作。同時，也是總工會發揮監察的責任。

　　在電梯行業的人員方面，截至 2018 年，總註冊人數共 5664 人(RW)，而一般工程人數約有 1680 人，工作在前線的合資格技工約佔 80%。在 2012 年至 2019 年，升降機及自動梯相關的學徒，證書及文憑課程招收的人數約有 1400 人，所以電梯行業未來的發展，對行業工人的技術水平應有長期的補充及培訓，全面整體掌握電梯的技術要素，學習新的技術，在工作實踐中不斷調整，升級、優化、達至熟練處理各種技術問題。從而保持電梯行業服務水平，電梯運作的安全和質素。

　　適逢其時，由麥家聲先生編寫的「升降機及自動梯」叢書，包括（基礎篇）及（專業篇），為業界的持份者，以及對升降機及自動梯的原理及實施操作，提供一個很好的平台，也為電梯行業更健康地，可持續地發展做出貢獻。同時，小弟希望業界同人以「功成不必在我」的格局，亦以「功成必定有我」的進取心，推動電梯行業更好的進步和發展。

郭慶桓
香港電梯業總工會
第十四屆理事長
二〇一九年十月

<5>

編者心聲

一年多前與港九電器工程電業器材職工會商討出版「電學原理」叢書時，一位理事建議我寫一本關於升降機的書，當時因為要忙於完成三本「電學原理」叢書，所以說暫時要完成當前的任務才作考慮。

「電學原理」一套三本叢書已於 2018 年 8 月先後完成並順利出版，可算終於完成了自己一個心願。因為有較多時間，再次整理以前有關升降機的教學資料，發覺有很多現時新的升降機應用技術及法例，並沒有包括在內。即表示這些資料，除了基礎及溫故知新外，確實未能達到現今的需要。如果要寫一本適時的升降機新書，必須加上更多的新資料。

於是相約一些以前從事電梯業時的舊同事，包括恩師及幾位師兄，共同研究出版一本內容關於升降機技術及資料的書之可行性。他們知道我會考慮再出一本關於升降機的書後，都十分支持。因為他們明白願意為電梯業界寫這些高付出但低回報書籍的作者，應是寥寥無幾。我的恩師已快近八十高齡，他更建議我寫下香港最早期的升降機歷史，以便這些珍貴的歷史可以傳承。原來香港早期的電梯業也有「四大天王」，恩師更答應為我提供歷史的資料，各師兄也會盡量給予幫忙，希望這本書能順利出版。

原本新書的計劃，內容只涵蓋升降機的，但後來因為自動梯一些矚目的意外，令人更關注了自動梯，而且電梯業應該是包括升降機及自動梯，所以最後也增加了自動梯的內容，書名定為《升降機及自動梯》，整套叢書將會分為二冊。叢書的讀者對象，主要是為電梯業的專業工程技術人員給予基礎的電梯業知識及技術。後來我們發覺可能也有一些非業界的人，也會研究升降機及自動梯的。更有一些乘客，可能從來都不是用最正確的方法使用升降機及自動梯，所以最後也加上了一些非專業的章節，例如《正確並安全使用升降機及自動梯》給一般的讀者作參考，更可保障他們以後使用升降機及自動梯的安全。叢書將會分為「基礎篇」及「專業篇」。

叢書內附有很多超連結，可直接連接到相關的網址，便可進一步瀏覽資料；網絡影片更附加了 QR code，只需用手機掃瞄便可連接到相關網址。但為了節省篇幅空間位置，相關的內容，未必是相對該位置介紹的課題。讀者更可在「麥家聲老師網」免費下載包含本叢書內的全部超連結之 PDF 檔案。讀者只需用手機或電腦在 PDF 檔案中按下超連結，便可直接連接到相關的網址，省卻輸入網址的麻煩。

本叢書於出版前，獲得冼志誠及李蝦江老師，與及兩位專業的電梯業舊同事吳榮基及葉樹德工程師共四人義助，仔細校對內容，令手民之誤減至最低。

鳴謝下列顧問團隊人士為本叢書出謀獻策，無私付出。另外還有一些不方便出名的無名英雄，在此再次多謝。顧問團隊成員包括：李國樹、冼志誠、吳榮基、葉樹德、李蝦江、梁有勝、郭秋章、羅杰強、黎家駒、陳家俊、謝明聰、凌治華、王世新、鄭志平、杜潤慈、葉璞熙、郭慶桓、李炳權及 1984/85 年度黃克競工業學院 0351A 同學會會員。

編者才疏學淺，雖力求內容充實，文字盡量淺白易明，但疏漏之處，在所難免，尚祈各方專家、學者、業界高人、前輩不吝指正。

麥家聲
二〇一九年十月

< 6 >

目錄

< 7 >

< 8 >

< 9 >

< 11 >

< 13 >

9

升降機的零部件及基礎電路

學習成果

完成此課題後，讀者能夠：

1. 說明升降機的基礎繼電器電路之零部件的工作原理、應用及特性；
2. 說明升降機的基礎繼電器電路之工作原理、應用及特性；
3. 說明升降機的電路設計的要點。

本章節的學習對象：

☑   從事電梯業技術人員。
☑   工作上有機會接觸升降機及自動梯人士。
☑   對升降機及自動梯的知識有濃厚興趣人士。
☐   日常生活都會以升降機及自動梯作為交通工具的人士。

9.1 升降機的繼電器控制電路之零部件

升降機與自動梯的控制電路，常常用到一些零部件，即使每間升降機或自動梯廠設計不盡相同，但很多的基本工作原理都是大同小異。

繼電器及電磁接觸器

繼電器是利用電流通過電磁線圈，磁化電磁鐵，產生電磁吸力，產生一個機械動作，促使觸點通電情況產生變化，從而達到控制電路的目的。繼電器主要由電磁線圈，電磁鐵，不同狀態的觸點包括：常開(Normally Open, N/O)及常閉(Normally Close, N/C)觸點(Contact)組成。繼電器線圈未有通電時的狀態如（圖：9.1）所示，這時開關 SW 打開，共觸點(Common)與常閉觸點導通，L1 燈泡亮起，相反共觸點與常開觸點沒有導通通電，L2 燈泡熄滅。

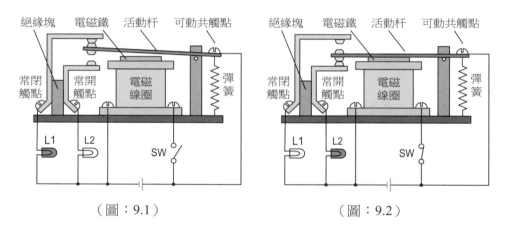

（圖：9.1）　　　　　　　　　（圖：9.2）

將開關 SW 閉合，電流流入電磁線圈，線圈的電磁鐵被磁化，使可動共觸點的活動杆被磁力吸引向下移動，因這時電磁鐵的吸引力大於活動杆後面的彈簧拉力，彈簧拉力起不了作用，所以共觸點與常開觸點被接通，L2 燈泡亮起；相反共觸點與常閉觸點變成沒有導通通電，L1 燈泡熄滅，如（圖：9.2）所示。假如開關 SW 再打開，電磁線圈電流中斷，電磁鐵再沒有吸引力，活動杆後面的彈簧拉力便會將活動杆牽回原位，繼電器便回復初始狀態。共觸點在繼電器中常常出現，當電路中涉及常開及常閉觸點工作時，必須連同這個共觸點，它的好處可將原來的常開及常閉 2 對獨立的觸點共 4 個接線點改為 3 個，可令結構及線路簡化，但必須應用於單一電源電路，電源的供電（來氣）必須接到共觸點。

電磁接觸器原理與繼電器相同，只是電磁接觸器控制的負載功率較大，所以體積也較大，主要用於控制三相電路。在電梯行業，也會用於單相、三相及直流的大電流控制電路。繼電器和電磁接觸器都是電磁式開關電器，但前者屬於工作在控制迴路中的開關電器，工作電流較小，又稱為中間繼電器；而後者屬於工作在主迴路中的開關電器，又稱為主繼電器或輸出繼電器，工作電流較大。

　　升降機用的繼電器或電磁接觸器，因在工作吸索及復位時產生拍拍聲，所以在行內俗稱為「拍」。若用作控制大電流的，都會採用電磁接觸器(Magnetic Contactor)，俗稱為「大拍」，一般有可負荷較大電流的主觸點(Main contact)及負荷較小電流的輔助觸點(Auxiliary contact)；而用於小電流控制的，會使用小型繼電器(Relay)，俗稱為「拍仔」，其觸點只有一個規格的電流量。本書以「C」字頭代表電磁接觸器及「R」字頭代表繼電器作分別。電磁接觸器或繼電器的常開N/O 及常閉 N/C 觸點，也有叫接點，在行內俗稱「干的」，所以有常開干的及常閉干的。一種常用繼電器實物外型如（圖：9.3）及（圖：9.4）所示，線圈有直流或交流的品種，觸點的構造和大小相同，電流量也相同。下面黑色的部分稱為繼電器座，用作接駁電線；上面的繼電器部分在有故障時，可將整個拔出，然後更換新的插回原位便可，所以繼電器必須配對相關的繼電器座。該種繼電器的觸點有 4 個共觸點，每個共觸點對應有 1 個常開及 1 個常閉共 2 個觸點，所以行內稱為 4P2T(4 刀 2 擇，4 Pole 2 Throw)或 14 腳繼電器，接線圖如（圖：9.5）所示，另一個 2P2T 繼電器產品實物如（圖：9.6）所示。某些繼電器產品可附加金屬扣來扣緊上面的繼電器，主要用於可能震盪或移動的場合，以防止繼電器鬆脫。一個用於升降機的繼電器實物如（圖：9.7）所示。

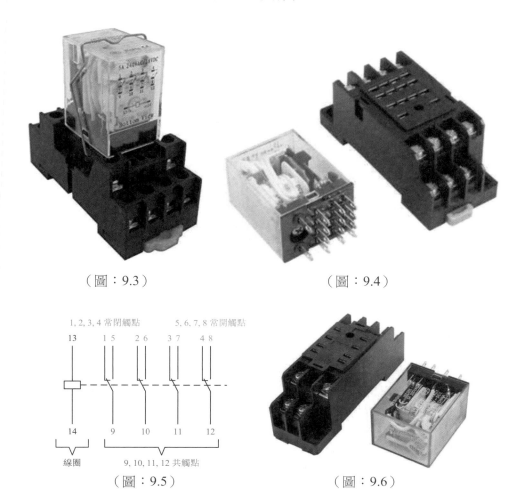

（圖：9.3）　　　　　　　　　　　　　　　　　　　（圖：9.4）

1, 2, 3, 4 常閉觸點　　　5, 6, 7, 8 常開觸點

線圈

9, 10, 11, 12 共觸點

（圖：9.5）　　　　　　　　　　　　　　（圖：9.6）

（圖：9.7）   （圖：9.8）

　　電磁接觸器實物外型如（圖：9.8）所示，線圈同樣有直流或交流的品種，中間的 3 對為主觸點，觸點會較大，電流量也較大；兩邊合共 4 對為輔助觸點，觸點會較小，電流量也較小。用於升降機較舊式的電磁接觸器如（圖：9.9）所示，當時大部分產品都沒有外殼，較為危險，（圖：9.10）至（圖：9.13）為該舊式電磁接觸器各部分的放大圖片。

（圖：9.9）

（圖：9.10）   （圖：9.11）

（圖：9.12）   （圖：9.13）

相片來自互聯網

https://www.amazon.com/slp/14-pin-24-volt-relays/ezonvat8yjva9kq
https://www.ebay.com/itm/DC-24V-Coil-Volt-4PDT-14-Pin-Terminal-
Electromagnetic-Relay-HH54P-O6E2-/362696033830
https://www.ebay.co.uk/itm/223579843957
https://au.rs-online.com/web/p/non-latching-relays/0329783/
https://www.monotaro.sg/p/08583434/
https://www.elektronaut.at/old-electric-contactor-from-an-elevator/697

　　繼電器及電磁接觸器的電磁線圈，分別有輸入直流電及交流電，應根據電路需要來選擇。直流電的產品，因為直流電是連續不斷的電流，所以設計較為簡單。但交流接觸器工作時之動力，源自流入電磁線圈的交流電，它並不是連續不斷的電流。交流接觸器的電磁鐵由兩個「E」字形的矽鋼片疊成鐵芯，其中一個固定，稱為定鐵芯，在上面套上電磁線圈，線圈工作電壓可視乎需要而設計。由於輸入線圈的電源為交流電，波形每週期都有二次到達 0 值，即沒有電流通過，線圈便沒有吸力。為了使磁力的吸索力穩定，靜鐵芯與動鐵芯的吸合接面會裝嵌用銅製造的短路環，或稱蔽極線圈，它可補償 0 值時的磁力，使磁力延遲，以保持其工作狀態。交流接觸器在失電後，同樣都是依靠復位彈簧的回彈力，使其回復正常狀態。交流接觸器的活動鐵芯，構造和固定鐵芯一樣，當靜鐵芯產生磁力後，會吸索動鐵芯向下，動鐵芯機械結構會帶動主觸點和輔助觸點移動而構成開關的效果。當線圈斷電時，電磁吸力消失，動鐵芯在復位彈簧的作用下釋放，使觸點復原，這時常閉觸點回復閉合；常開觸點回復斷開。交流接觸器靜止狀態下的示意如（圖：9.14）所示；輸入交流電至線圈吸索後狀態示意如（圖：9.15）所示。

　　交流接觸器正視圖及各觸點接線圖分別如（圖：9.16）及（圖：9.17）所示。為了分辨不同觸點及線圈的接線，每個繼電器及電磁接觸器的觸點及線圈都有獨有的號碼標籤，接線位會有相關的號碼來識別。

　　電磁接觸器按工作時使用的用途定出一系列的類別，作為產品製造與選擇的參考，常用的有如（表：9.1）及（表：9.2）所示。

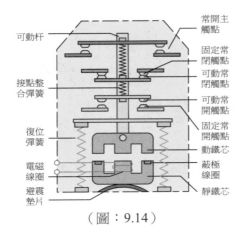

（圖：9.14）

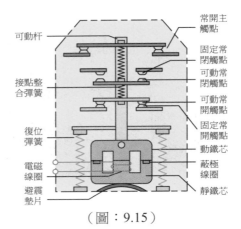

（圖：9.15）

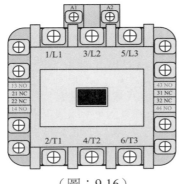

（圖：9.16）

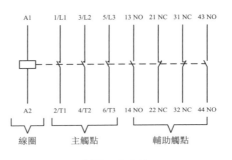

（圖：9.17）

代號	用途
AC-1	純電阻或微感負載(cosφ≧0.95)、例如：電阻爐
AC-2	繞線式感應電動機的起動、分斷，起動電流約為 2.5 倍額定電流
AC-3	鼠籠式感應電動機的起動、運轉中分斷，起動電流約為 5~7 倍額定電流
AC-4	鼠籠式感應電動機的起動、反接制動或反向運轉（前後車）、點動，起動電流約為 5~7 倍額定電流

（表：9.1）

代號	用途
DC-1	純電阻或微感負載，例如：電阻爐
DC-2	並激式電動機的起動及運行中停止
DC-3	並激式電動機的起動、反向制動及漸進
DC-4	串激式電動機的起動及運行中停止
DC-5	串激式電動機的起動、反向制動及漸進

（表：9.2）

電磁接觸器在不同環境使用，包括：AC-1、AC-2、AC-3 及 AC-4 的用途下

電流模式如（圖：9.18）、（圖：9.19）、（圖：9.20）及（圖：9.21），圖中 I_n 是電動機的操作電流，I_d 是電動機的起動電流。電磁接觸器在設計時，主要會考慮用作甚麼用途。假如一個代號 AC-1 的電磁接觸器，原本設計是用於純電阻或微感負載，但卻用於 AC-3 電路的情況下，作為鼠籠式感應電動機的起動，根據（圖：9.20）的電流曲線，其起動電流約為 5~7 倍額定電流，電磁接觸器的觸點及其他負荷將會大大增加，觸點更很容易燒毀。簡單來說，AC-1 的電磁接觸器假如用作 AC-3 的用途下工作，其容許的額定電流將會減低，具體的數據需根據廠方的資料。所以購買或更換電磁接觸器時，除了線圈電壓，交流或直流，觸點電流量，觸點數量，體積大小外，還要留意如（表：9.1）及（表：9.2）用途的說明。

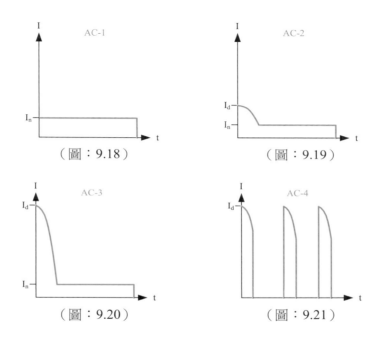

（圖：9.18）　　　　　　　　　　（圖：9.19）

（圖：9.20）　　　　　　　　　　（圖：9.21）

　　交流接觸器的觸點可分為主觸點和輔助觸點。主觸點用於接通、斷開電流較大的負荷之三相主電路，或在特別場合使用的單相大電流電路，一般由三對常開觸點組成。所以主觸點橫截面積較大，一般為平面型；輔助觸點截面積較小，一般為球面型，用於接通、斷開控制電路、訊號電路等。交流接觸器的主觸點多為常開觸點，輔助觸點則有常開觸點及常閉觸點兩種，一般由兩對常開觸點和兩對常閉觸點組成。觸點的常開 N/O 和常閉 N/C，是指接觸器電磁系統未通電動作前觸點的原始狀態。

　　當電磁線圈通電時，常閉觸點首先斷開，繼而常開觸點閉合；而當電磁線圈斷電時，常開觸點首先斷開，繼而常閉觸點恢復閉合。兩種觸點在通電或斷電瞬間改變工作狀態時，動作有先後之差，這個時間差很短。接觸器採用這種設計，是因為在控制過程中，多數斷通電的先後順序不能反向，否則會造成短路等事故。

　　直流接觸器的觸點電流和線圈電壓為直流，主觸點大都採用滾動接觸的指形

觸點，輔助觸點則採用點接觸的橋形觸點。鐵心由整塊鋼或鑄鐵製成（交流以疊片組成），線圈製成長而薄的圓筒形。為保證銜鐵可靠釋放，常在鐵心與銜鐵之間墊有非磁性墊片。由於直流接觸器產生的電弧不像交流電弧有自然過零點（波形到達 0 值），所以更難熄滅，因此，直流接觸器常採用磁吹式滅弧裝置。

　　接觸器的主觸點有雙中斷點橋式觸點，如（圖：9.22）所示及單中斷點指形觸點，如（圖：9.23）所示兩種形式。雙中斷點橋式的優點是具有兩個有效的滅弧區域，滅弧效果好。通常額定電壓在 380V 及以下、額定電流在 20A 及以下的小容量交流接觸器，利用電流自然過零時，兩斷口即可熄滅電弧。額定電流為 20~80A 的交流接觸器，在加裝引弧片或利用回路電動力吹弧的條件下，再有雙斷口以配合，就能有效地滅弧，但為可靠起見，有時還需加裝柵片或隔板。若額定電流大於 80A，即使是雙斷口的，也必須加裝滅弧柵片或採用其他滅弧室。通常，雙斷口觸點開距較小，結構較緊湊，體積又小，不需要軟性方法連接外部，故有利於提高接觸的機械壽命。然而，雙斷口觸點參數調節不便，閉合時一般無滾滑運動，不能清除觸點表面的氧化物，所以觸點需用銀或銀合金材料製造，成本較高。

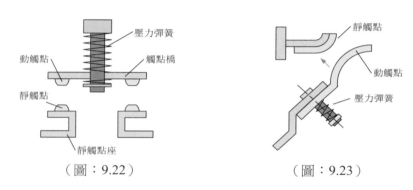

（圖：9.22）　　　　　　　　　（圖：9.23）

　　單斷口指形觸點在閉合過程中有滾滑運動，易於清除表面的氧化物，保證接觸可靠，故觸點可用銅或銅合金材料製造，成本較低。但觸點的滾滑運動會增大觸點的機械磨損。由於只有一個斷口，觸點的開距要比雙斷口的大，故體積也較大，同時動觸點需通過軟性方法連接外部，例如：用軟電線將電流引出，以致機械壽命受到限制。

電弧的產生及危害

　　當接觸器控制的電器動作時，其觸點在通電狀態下動、靜電脫離或接觸時，由於電場的存在，使觸點表面的自由電子大量溢出而產生電弧。電弧的產生應迅速消除，其危害包括：

1. 電弧的存在延長了開關電器開斷故障電路的時間，加重了電力系統短路故障的危害；
2. 電弧產生的高溫，將使觸點表面融化，燒壞絕緣材料。對充油電氣設備還可能引起著火、爆炸等危險；

3. 由於電弧在電動力、熱力作用下能移動，很容易造成飛弧短路和傷人，或引起事故的擴大。

滅弧裝置及滅弧方法

一個滅弧裝置可以採用某一種方法進行滅弧或稱熄弧。但在大多數情況下，則是綜合採用幾種方法，以增加滅弧效果。例如：拉長和冷卻電弧往往是一起運用的。

● 拉長電弧
當電弧拉長以後，電弧電壓就增大，改變了電弧的伏安特性。在直流電弧中，令其靜伏安特性上移，電弧可以熄滅。在交流電弧中，由於燃弧電壓的提高，電弧重燃也較困難。電弧的拉長可以沿電弧的軸向（縱向）拉長，也可以沿垂直於電弧軸向（橫向）拉長。示意如（圖：9.24）所示。

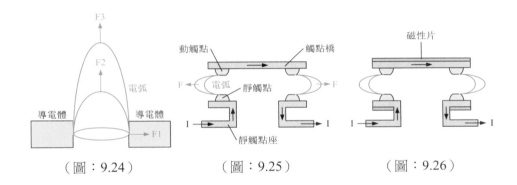

（圖：9.24）　　　　　（圖：9.25）　　　　　（圖：9.26）

1. 機械力拉長：電弧沿軸向拉長的情況是普遍的，電器觸點分斷過程實際上就是將電弧不斷地拉長。例如：刀開關中閘刀的拉開也拉長電弧，電焊過程中將焊鉗提高可使電弧拉長並熄滅。
2. 回路電動力拉長：由於載流導體之間會產生電動力，如果把電弧看作為一根（軟）導體，那麼受到電動力它就會發生變形，即拉長電弧。

（圖：9.25）中一對橋式雙中斷點結構型式的觸點斷開時，電弧受回路電動力 F 的作用被橫向拉長，會產生如圖中所示的磁場（根據右手螺旋定則），此時電弧相當於載流體。根據左手定則，磁場對電弧作用如圖示的電動力將向外邊將電弧拉斷，從而起到滅弧作用，也就是（圖：9.24）中受 F2 作用力的情況。橫向拉長時電弧與周圍介質發生相對運動而加強了冷卻，這樣就加速了電弧的熄滅。橋式雙中斷點觸點本身已具有電動力吹弧功能，不需任何附加裝置，便可使電弧迅速熄滅。這種滅弧方法多用於小容量交流接觸器中。但有時為了使磁場集中，在觸點上添加磁性片，以增大吹弧力，如（圖：9.26）所示。

● 磁吹滅弧

　　由於利用電路本身滅弧的電動力不夠大，電弧拉長和運動的速度都較小，所以這種方法一般僅用於小容量的電器中。開斷大電流時，為了有較大的電動力，所以專門設置了一個產生磁場的吹弧線圈，這種利用磁場力使電弧運動而熄滅的方法稱為磁吹滅弧，如（圖：9.27）所示。由於這個磁場力比較大，其拉長電弧的效果也較好。

　　磁吹滅弧在觸點回路（主電路）中串接吹弧線圈（較粗的幾匝導線，其間穿以鐵心增加導磁性），通電流後產生較大的磁通。觸點分開的瞬間所產生的電弧就是載流體，它在磁通的作用下產生電磁力 F，把電弧拉長與冷卻而滅弧。電弧電流越大，吹弧的能力也越大。磁吹滅弧法在直流接觸器中得到廣泛應用。

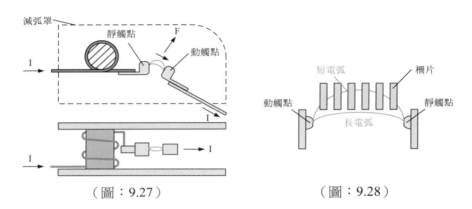

（圖：9.27）　　　　　　　　　　（圖：9.28）

　　由於磁吹線圈與電路的連接方式不同，可形成串激線圈和並激線圈之分別。以上的磁吹線圈和觸點相串聯的激磁方法稱為串激法。它的優點是：電流流向改變但磁吹力方向不變，即磁吹方向不隨電流極性的改變而改變。具有這種磁吹的電器稱為「無極性電器」。同時因為是串激，通過磁吹線圈的電流與弧電流相同，因此弧電流越大則滅弧效力就越強；反之弧電流小時，滅弧效力就弱。所以串激法適用於切斷大電流的電器中。

　　並激法的磁吹線圈是直接跨接在電源上。它的優點是，可產生一個與回路電流無關的恆定磁場。這樣，不論開斷大電流或小電流，都可使電弧很快熄滅。但是它的缺點是使電器的接線帶有極性，即當觸點上電流反向時，必須同時改變並激線圈的極性，否則磁吹力就會反向，所以使用時不太方便。

　　另有一種稱為他激法，採用永久磁鐵來代替並激法的磁吹線圈，它的磁吹特性和並激法相似。不同點是無需線圈和電源，因而結構更為簡單。

● 橫向金屬柵片滅弧

　　橫向金屬柵片又稱去離子柵，它利用的是短弧滅弧原理。用磁性材料的金屬片置於電弧中，它們彼此間相互絕緣，將長電弧分成若干短電弧，使每個柵片間的電弧電壓不足以達到燃弧電壓。另一方面，柵片將電弧的熱量傳出而使電弧迅速冷卻，促使電弧熄滅，如（圖：9.28）所示。

横向金屬柵片滅弧裝置主要用於交流電器,因為它可將起始介質強度成倍的增長。對於直流電弧而言,因無近陰極效應,只能靠成倍提高極旁壓降來進行滅弧。由於極旁壓降值較小,要想達到較好的滅弧效果,金屬柵片的數量太大,會造成滅弧裝置體積龐大。所以直流電器中很少採用。

● 滅弧罩

滅弧罩(Arc chute)是讓電弧與固體介質相接觸,降低電弧溫度,從而加速電弧熄滅的比較常用的裝置,用於接觸器的滅弧罩及配件之實物如(圖:9.29),(圖:9.30)及(圖:9.31)所示。其結構型式是多種多樣的,但基本構成單元為「縫」。將滅弧罩壁與壁之間構成的間隙稱作「縫」。根據縫的數量可分為單縫和多縫,縫的寬度與電弧直徑之比可分為窄縫與寬縫。縫的寬度小於電弧直徑的稱窄縫,反之,大於電弧直徑的稱寬縫。根據縫的軸線與電弧軸線間的相對位置關係可分為縱縫與橫縫。縫的軸線和電弧移動力方向軸線相平行的稱為縱縫,兩者相垂直的則稱為橫縫。

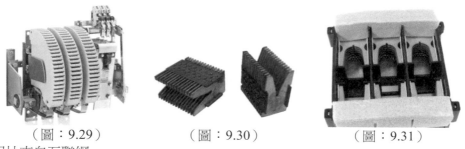

（圖：9.29）   （圖：9.30）   （圖：9.31）
相片來自互聯網
https://www.electricalclassroom.com/contactor-construction-operation-application-and-selection/
https://www.pioneerbreaker.com/product-p/arc-kw1200.htm
https://www.imagenesmi.com/im%C3%A1genes/arc-chute-f8.html

由於滅弧罩要受電弧高溫的作用,所以對滅弧罩的材料也有一定的要求,例如:受電弧高溫作用不會因熱變形、絕緣性能不能下降,機械強度好且易加工製造等。滅弧罩材料過去廣泛採用石棉水泥和陶土材料,現逐漸改為採用耐弧陶瓷和耐弧塑膠,它們在耐弧性能與機械強度方面都有所提高。

1. 縱縫滅弧罩

縱縫滅弧罩內有一個或數個縱縫,縫的軸線將與電弧移動力方向軸線相平行。縫的下部寬上部窄,如(圖:9.32)所示,當電弧受力被拉入窄縫後,電弧與縫壁能緊密接觸。在繼續受力情況下,電弧在移動過程中能不斷改變與縫壁接觸的部位,因而冷卻效果好,這樣會對熄弧有利。但是在頻繁開斷電流時,縫內殘餘的游離氣體不易排出,這也對熄弧不利。所以此種形式適用於操作頻率不高的場合。

(圖:9.33)所示為一縱向寬縫的滅弧方法,寬縫滅弧罩的特點與窄縫的正好相反,冷卻效果差,但排出殘餘游離氣體的性能好。圖中所示情況是將一寬縫

中又設置了若干絕緣隔板，這樣就形成了縱向多縫。電弧進入滅弧罩後，被隔板分成兩個直徑較原來小的電弧，並和縫壁接觸而冷卻，冷卻效果加強，令熄弧性能提高。此外，由於縫較寬，熄弧後殘存的游離氣體容易排出，所以這種結構型式適用於較頻繁開斷的場合。一般將縫的寬度與電弧直徑之比，來區分窄縫與寬縫。當縫的寬度小於電弧直徑的稱窄縫，反之，大於電弧直徑的稱寬縫。

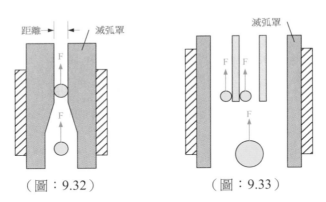

（圖：9.32）　　　　　　（圖：9.33）

也有將縫壁製成凹凸相間的齒狀，上下齒相互錯開，稱為縱向曲縫式滅弧罩，又稱迷宮式。這種方法在電弧進入處的齒長較短，愈往深處，齒長愈長。曲縫式滅弧罩的電弧由 A-A 向 C-C 方向移動，於不同位置的剖切圖之電弧情況示意如（圖：9.34）所示。當電弧受到外力作用從下向上進入滅弧罩的過程中，它不僅與縫壁接觸面積越來越大，而且電弧的長度也變成愈來愈長。這就加強了冷卻作用，具有很強的滅弧能力。但是，也正因為縫隙愈往深處愈小，電弧在縫內運動時受到的阻力愈來愈大。所以，這種結構的滅弧罩，一定要配合較大的電弧運動力，否則，其滅弧效果反而不好。

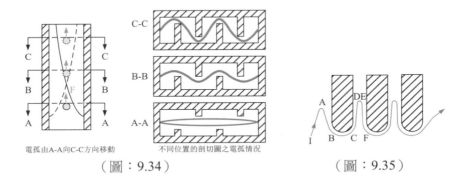

電弧由A-A向C-C方向移動　　不同位置的剖切圖之電弧情況
（圖：9.34）　　　　　　（圖：9.35）

2.　橫縫滅弧罩

為了加強冷卻效果，橫縫滅弧罩往往以多縫的結構型式製成，稱為橫向絕緣柵片，示意如（圖：9.35）所示，電弧移動力方向軸線由左至右，與縫的軸線互相垂直。當電弧進入滅弧罩後，受到絕緣柵片的阻擋，電弧在外力作用下便發生彎曲，從而拉長了電弧，並加強了冷卻。設磁通方向為垂直向內，電弧 AB、BC 和 CD 段所受的電動力都使電弧壓向絕緣柵片頂部，而 DE 段所受的電動力使電弧拉長，CD 段和 EF 段相互作用產生斥力。最後，電弧被拉長並與縫壁接觸面

增大而且緊密接觸，所以能收到比較好的滅弧效果。

● 油冷滅弧裝置

　　油冷滅弧是將電弧置於液體介質，一般為變壓器油中，電弧將油汽化、分解而形成油氣。油氣中主要成分是氫，在油中以氣泡的形式包圍電弧。氫氣具有很高的導熱系數，這就使電弧的熱量容易散發。另外，由於存在著溫度差，所以氣泡產生運動，又進一步加強了電弧的冷卻。若再要提高其滅弧效果，可在油箱中加設一定機構，使電弧定向發生運動，這就是油吹滅弧。由於電弧在油中滅弧能力比大氣中拉長電弧大得多，所以這種方法一般用於高壓電器中，例如：油開關。舊式的直流升降機之發電機起動器也會採用，行內稱為「油掣」。

　　一般升降機及自動梯使用的電磁接觸器，電流量都不會太大，較少需要維護。但一些額定載重量較高的貨軺或某些升降機，其電流量較大，便可能會用到較大型的電磁接觸器，保養維修時可能需要定期將相關部件拆開，進行檢查及維護。電磁接觸器觸點是有使用壽命限制的，而某些升降機的頻繁使用，更是加劇觸點損耗的最大原因。

【有關（接觸器、繼電接觸器、安全電路元件）於《升降機及自動梯設計及構造實務守則 2019》中要求重點如下，詳細內容請參考相關書刊】

✧ 接觸器及繼電接觸器(Contactors and contactor relays)：各主接觸器，用來使驅動機器啟動或停止轉動的接觸器，必須符合 EN 60947-4-1，並必須根據適當的使用類別進行選擇。帶有相關短路保護裝置的主接觸器必須符合 EN 60947-4-1:2010，第 8.2.5.1 項的第「1」類調節。此外，直接控制電動機的主接觸器必須允許啟動操作中有 10%為點動運行／緩步運行，即 90% AC-3 + 10% AC-4。這些接觸器必須具有符合 EN 60947-4-1:2010 附件 F 的鏡像接觸，以確保按照相關守則項所述的功能，即檢測到主觸點沒有開啟。

✧ 如果使用繼電接觸器操作主接觸器，該等繼電接觸器必須符合 EN60947-5-1。如果使用繼電器操作主接觸器，該等繼電器必須符合 EN 61810-1。必須根據以下使用類別進行選擇：a) 如用以控制交流電接觸器，AC-15(大於 72VA)；b) 如用以控制直流電接觸器，DC-13(P ≤ 50W)。

✧ 主接觸器、繼電接觸器和繼電器，以中斷制動器電流的電氣設備，採取的措施必須符合相關項及以下規定：a) 主接觸器的輔助觸點是根據 EN 60947-5-1:2004 附錄 L 的機械連接觸點元件；b) 繼電接觸器符合 EN 60947-5-1:2004 附錄 L；c) 繼電器符合 EN 50205，以確保任何觸點和任何切斷觸點不能同時處於關閉位置。

✧ 安全電路元件(Components of safety circuits)：在安全電路中使用或在電氣安全裝置之後連接的設備的爬電距離和使用它們的電路標稱電壓的間隙（參閱 EN 60664-1)，必須符合下列要求：a) 污染等級 3；b) 電壓過高類別 III。如果設備的保護是 IP5X (EN 60529)或更佳保護，則可以使用污染等級 2。就與其他電路的電氣隔離而言，EN 60664-1 適用，而適用方式為與上述有關相鄰電路之間的均方根工作電壓相同。

✧ 就 EN 81-50:2014，相關項所述的印刷電路板要求，表 3 (3.6)適用。

按鈕開關

　　按鈕開關(Push button switch)行內俗稱「抆手」，由按鈕防水結構、復位彈簧、橡皮墊片、可動觸點、固定觸點和接線端子所組成，有一些品種更裝有指示燈。此種開關之觸點附有彈簧，當按下的外力移去後，能夠回復原來之觸點狀態及位置，因此這種開關又稱為自動復位型開關，常用於升降機及自動梯的慢車操作中作上、下點動控制按鈕，它的工作示意如（圖：9.36）及（圖：9.37）所示，電路符號如（圖：9.38）所示。也有一些品種於按下按鈕後，觸點會鎖上，必須由人手才可作出重置，一般用作緊急停止按鈕（紅掣）的用途，電路符號如（圖：9.39）所示。按鈕開關觸點與繼電器一樣，有常開 N/O 觸點（a 觸點）與常閉 N/C 觸點（b 觸點）。某些升降機或自動梯廠自行出產的按鈕開關，其接點可能會有編號或標籤，可使電路圖更清晰，排故（排除故障）更容易，惟圖中的編號只是任意標示。而一般可在市面上較容易買到的通用按鈕開關，則未必有編號或標籤。

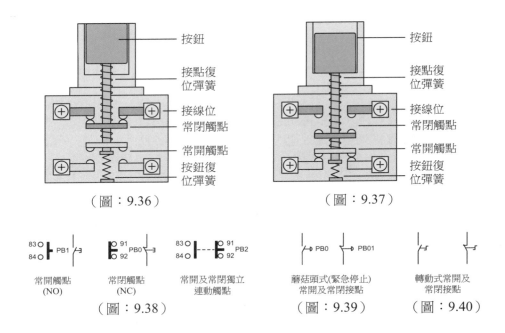

（圖：9.36）　　　　　　　　　　　　　　　　（圖：9.37）

常開觸點　　　常閉觸點　　　常開及常閉獨立　　蘑菇頭式(緊急停止)　　轉動式常開及
(NO)　　　　　(NC)　　　　　連動觸點　　　　常開及常閉接點　　　常閉接點
　　　　　　　　　　　　　　（圖：9.38）　　　　（圖：9.39）　　　　（圖：9.40）

切換開關

　　切換開關或稱選擇開關(Change over switch/Selector)用作升降機控制電路中自動、人控、快車與慢車等切換。它的基本結構與工作原理與按鈕開關相同，只是由按鈕動作改為旋轉動作，也有製造成上下開關動作，惟觸點不能自動復位。某些切換開關也會設於升降機廂及自動梯中，惟必須用專用的鎖匙作出控制。常用電路符號如（圖：9.40）所示。

安全閘鎖

　　安全閘鎖(Safety switch)在升降機及自動梯都十分常見，它是一種以機械動作來操作使閘鎖之常閉 N/C 觸點斷開或常開 N/O 觸點閉合，一些品種也可用作限位開關(Limit switch)。大部分的安全閘鎖都只會連接常閉 N/C 觸點，也有一些會採用常開 N/O 觸點，例如：當安全閘鎖被觸發後，需要令警鐘發出警告聲響的情況。安全閘鎖安裝於某些特定的位置時，必須採用自鎖式，即使該機械動作已移除，安全閘鎖的觸點仍然離開開路（記憶閘鎖）。目的是希望由專業技術人員檢查後，才將安全閘鎖重置復位，電路才會回復正常。常用的安全閘鎖／限位開關如（圖：9.41）及（圖：9.42）所示。

（圖：9.41）　　　　　　　　　　　（圖：9.42）

相片來自互聯網
https://www.automationmag.com/products/machine-safety/5238-banner-engineering-si-safety-limit-switches-boast-superior-interlocking-and-monitoring
http://www.directindustry.com/prod/idem-safety-switches/product-38906-822717.html

◆　YouTube 影片－What is a Contactor?－英語－英字幕（2:35）
　　https://www.youtube.com/watch?v=tMIg24cHqwE

◆　YouTube 影片－Contactors (Full Lecture)－英語－英字幕（28:55）
　　https://www.youtube.com/watch?v=WT14nfmu1cI

◆　YouTube 影片－Episode 28 - The Difference Between Contactors And Relays - ELECTROMAGNETIC SWITCHES－英語－英字幕（5:29）
　　https://www.youtube.com/watch?v=YwAm2D-mm_g

9.2   升降機的時間控制電路

在直流的繼電器電路中，可利用電容器、電阻器、繼電器及繼電器干的，便可構成一些簡單的時間掣電路。它的好處是線路簡單、成本低及價錢平，惟控制的時間一般都是固定，當需要改變時間時，可能需要更改部分零件的相關數值。

延遲跌出復位時間掣電路

延遲跌出復位時間掣電路如（圖：9.43）所示，當開關 SW 按下後，電容及繼電器線圈 RT1 同時有電輸入，由於沒有充電限流電阻，RC 充電時間常數差不多等如零，電容立即充滿電。當開關 SW 斷開後，RT1 繼電器不會立刻跌出復位，因此時電容器 C 正向繼電器線圈放電，直至電容器的電壓低於繼電器線圈的維持電壓，繼電器才跌出復位，這個延遲跌出復位的時間多少主要視乎線圈之電阻及電容器之電容量大小，當兩者固定時，每次的延遲時間都是一樣，所以 RT1 繼電器可當作時間掣用(Time delay drop out circuit)，惟不能調校跌出復位的時間。

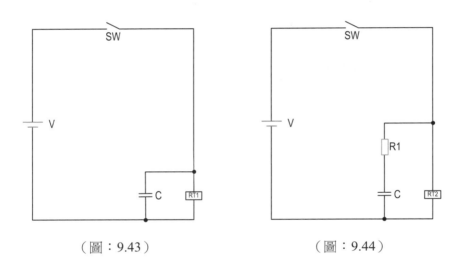

（圖：9.43）   （圖：9.44）

（圖：9.44）所示為較實用之設計電路，電容 C 經 R1 充電，而經 R1 及 RT2 放電，若改變 R1 電阻之阻值，則可改變放電時間，R1 另一用途是減低浪湧電流。這電路的 RT2 繼電器，一般用於升降機中一些固定時間的延遲跌出復位電路。以上的時間掣電路在某些場合是不大適用的，因充電仍需要一段時間，它往往視乎充電 RC 時間常數而定。

（圖：9.45）所示時間掣電路在充電時加上一只二極管，利用它的正向低阻值特性，令到電容 C 很快便達到電壓之峰值，放電時則經 R2、R1 及 RT3 與 R3 兩條路放電，改變 R3 之阻值可調節電容器放電時間的快慢，間接可控制 RT3 繼電器延遲跌出復位之時間，稱為斷電延遲時間掣(Off delay timer)。

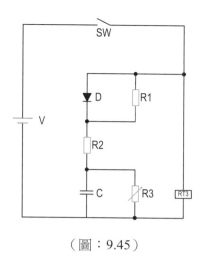

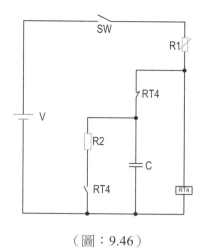

（圖：9.45）　　　　　（圖：9.46）

延遲吸索時間掣電路

　　電容器除可令繼電器造成延遲跌出復位電路外，還可造成延遲吸索（埋）電路(Time delay pull in circuit)，如（圖：9.46）所示。當開關 SW 按下後，電容兩端因沒有電壓，此時 $V_C = 0V$，相當於短路，間接令繼電器線圈短路，所以不會即時索下。由於 RT4 繼電器未吸索，所以有電流經 R1 及 RT4 常閉觸點向電容器 C 充電，電容器隨著充電而令電壓慢慢上升，當到達繼電器線圈之觸發電壓時，繼電器便吸索，此時 RT4 之常閉觸點令電容器充電電流截止，但另一常開觸點則令電容器改為向 R2 放電，使電容於短時間內回復零電位，以便下一次工作時電容器沒有任何電壓，影響計算時間的準確性。而放電時間長短視乎 R2 之大小決定。R1 可變電阻主要作用是控制電容之充電時間，調節 R1 可改變 RT4 繼電器之延遲埋的時間，稱為通電延遲時間掣(On delay timer)。

閃爍電路

　　閃爍電路(Flickering circuit)如（圖：9.47）所示，可令到繼電器吸索，但一會兒又跌出復位，再次吸索、跌出復位等，可用作大堂群組升降機之服務指示燈或一些閃燈電路。當開關 SW 接通後，形成一個延遲吸索電路，當電容充電至繼電器之觸發電壓後，繼電器便吸索。繼電器觸發後令到自己的常開干的 RT5 導通，使 R1 與 R2 中間的電位落地（負電壓），電位對地為零，電容器由充電改變成為經 RT5 線圈及 R2 電阻兩路徑放電，當電容放電電壓下降至繼電器再不能維持時，RT5 繼電器便跌出復位。電路然後再次充電、放電，不停地工作，直至開關 SW 開路，R1 之阻值大小主要是調吸索時間，R2 則調節跌出時間。R3 是固定電阻，主要是防止 R1 調至太低阻值，並於 RT5 常開觸點導通時將電源短路。

　　（圖：9.48）所示是另一款閃爍電路，電路較簡單，但 RT6 繼電器的閃爍時間固定，不能作任何時間變化，主要用於閃爍的超重燈電路。RT6 的觸點符號為

一閉合及復位都會延遲觸點。

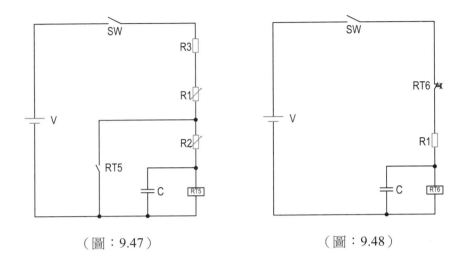

（圖：9.47）   （圖：9.48）

時間掣

　　由於電容器及電阻構成簡單的時間掣需要改變時間長短時，便要調節電阻值作多次嘗試，而且只適合於直流電源。所以一些升降機廠於其產品中，採用一些容易調節的現成時間掣組件，用作某些需要常常調較之時間。雖然各廠出品都有所不同，但基本上主流產品有兩種，主要是時間掣內之繼電器的常開 N/O 及常閉 N/C 觸點，在時間掣輸入電源觸發或截斷後於不同的時間開或閉。現根據香港市面上最容易購買，並以電子電路為主的 8 腳時間掣連底座之品種作介紹：

1.　　通電延遲式時間掣(On delay timer)
　　通電延遲式時間掣當線圈通以電流時，各延遲觸點具有延時作用，當斷電時，各觸點立即復位，接線如（圖：9.49）所示。

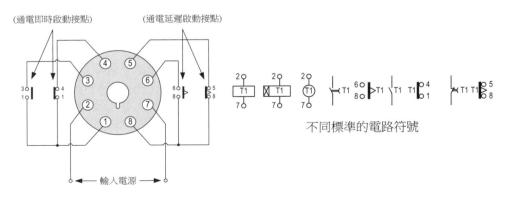

不同標準的電路符號

（圖：9.49）

　　若 2 及 7 腳有電源輸入，其時間必須超過最少電源輸入時間，時間掣啟動，通電即時啟動觸點(Instant contacts)立刻工作。當預先調校之延遲時間(t)到達後，通電延遲啟動觸點(On delay contacts)才工作，（圖：9.50）所示為通電延遲式時間掣時序圖。無論在任何情況下，當 2 及 7 腳輸入電源截斷後，時間掣之所有觸點將還原來之狀態。（圖：9.51）所示為以一個選擇掣來選擇即時或延遲觸點狀態的品種。

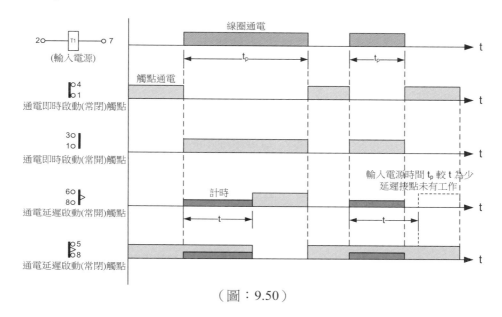

（圖：9.50）

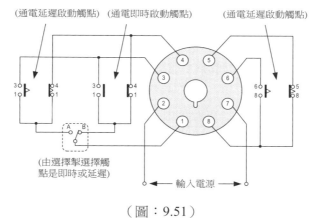

（圖：9.51）

2. 斷電延遲式時間掣(Off delay timer)
　　斷電延遲式時間掣當輸入通以觸發訊號時，各觸點立刻變成瞬時觸點。當斷電時，其觸點不會立刻復位，需要經預先調較的時間後才復位，所以稱延遲觸點，某些線路圖會在時間掣線圈符號上加上(off)字，從而更易與通電延遲式區分，接線圖及電路符號如（圖：9.52）所示，時序圖如（圖：9.53）所示。現時大部分的品種都以電子設計電路為主，但較舊式的主要以氣鼓式控制為主。

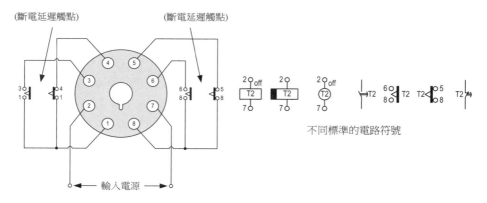

（圖：9.52）

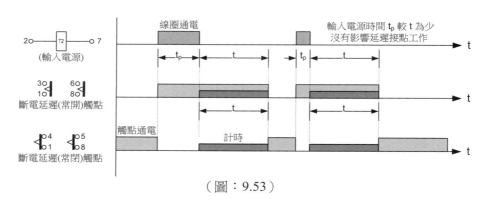

（圖：9.53）

　　若 2 及 7 腳有電源輸入，其時間必須超過最少電源輸入時間，時間掣啟動，斷電延遲觸點(off delay contacts)立刻工作。當 2 及 7 腳電源輸入中斷後，斷電延遲觸點仍會處於工作狀態，預先調校之延遲時間(t)開始計時。當預先調校之延遲時間(t)到達後，斷電延遲啟動觸點才會重置如圖中之原來狀態。

通電延遲式與斷電延遲式時間掣的分別

　　很多初入行的從業員都不能具體地說明如何分辨通電延遲式與斷電延遲式時間掣，在此作簡單解釋。大家可看成兩種主流的時間掣，都是透過控制電路，於不同的時間，觸發時間掣內部的繼電器，而我們便利用繼電器的常開 N/O 及常閉 N/C 觸點，用於其他電路的時間延遲控制。

　　假設一個通電延遲式時間掣調校至 5 秒，當時間掣的輸入有啟動訊號 tp，通電延遲便開始計時工作。這時時間掣內部的繼電器未有動作，直至 5 秒後，內部繼電器才會吸索，直至啟動訊號 tp 截止，內部繼電器便會復位。即使再有啟動訊號 tp，時間掣都會從 0~5 秒重數一次。若啟動訊號 tp 供電少於預先調校的 5 秒，則內部繼電器便從未吸索過。這類時間掣適用於星－角起動器，升降機廂門的關門時間掣等場合。

　　假設一個斷電延遲式時間掣調校至 3 秒，當時間掣的輸入電源啟動訊號 tp 有輸入，這時它的內部繼電器便會立刻吸索，直至 3 秒後，內部繼電器仍然吸索（很多人覺得好像沒有用）。若輸入電源啟動訊號 tp 於內部繼電器吸索後截止，斷電延遲才開始計時。這時內部繼電器仍會維持吸索，雖然輸入已沒有電力，但剛才有輸入電源啟動訊號 tp 時，其內部電路已將內部的電容器充電至一定電量，若電容器的能量剛可維持至時間掣預先調校的 3 秒，之後內部繼電器便會復位。輸入電源啟動訊號 tp 若於任何時間消失，是與調校 3 秒無關的，只要內部繼電器已吸索，時間掣內部繼電器仍會維持吸索並延遲 3 秒才復位。所以即使輸入電源啟動訊號 tp 時間較預先調校時間 t 為少，也不會影響延遲接點工作，一般 tp 只需幾佰毫秒，便可儲存足夠的能量。這類時間掣適用於酒店房間的插門匙開關，升降機一些需要停止訊號後仍然需延遲一段時間才截止的場合。

　　通電延遲式與斷電延遲式時間掣的常開 N/O 及常閉 N/C 觸點的繪畫方法也是有分別的。若以 IEC 符號的繪畫方法為準，無論是常開 N/O 及常閉 N/C 觸點，觸點都有一個活動桿或叫促動器，然後再連接一個半圓形。觀察觸點工作時活動桿及半圓形於「通電啟動」及「斷電復位」的移動方向。

　　當「通電啟動」時，活動桿會帶動半圓形作移動。若半圓形的凹位移動方向與整體移動方向相同，這表示半圓形的凹位壓到空氣較多，形成阻力，即其觸點於通電一開始便有「延遲」之作用，假如該觸點是常開 N/O，稱為「通電延遲常開觸點」；假如該觸點是常閉 N/C，稱為「通電延遲常閉觸點」，這些觸點所屬的時間掣，便是「通電延遲式時間掣」。若半圓形的凹位移動方向與整體移動方向相反，這表示半圓形的圓位壓到空氣較少，近似沒有阻力，即其觸點通電一開始便沒有「通電延遲」之作用。

　　當「斷電復位」時，活動桿也會帶動半圓形作復位移動。若半圓形的凹位移動方向與整體移動復位方向相同，這表示半圓形的凹位壓到空氣較多，形成阻力，即其觸點於斷電復位時才有「延遲」之作用，假如該觸點是常開 N/O，稱為「斷電延遲常開觸點」；假如該觸點是常閉 N/C，稱為「斷電延遲常閉觸點」，這些觸點所屬的時間掣，便是「斷電延遲式時間掣」。若半圓形的凹位移動方向與整體移動方向相反，這表示半圓形的圓位壓到空氣較少，近似沒有阻力，即其觸點於斷電復位時便沒有「延遲」之作用。

　　有一些升降機電路，其延遲觸點，半圓形有兩個，並用不同的方向繪出，這表示觸點在通電及斷電時也需要延遲，其時間掣也屬另類。以上的 IEC 符號，用半圓形表示壓空氣阻力的關係；另一款符號會採用三角形，三角形的凹位之阻力原理與半圓形的凹位一樣。

◆　YouTube 影片－斷電延遲計時器 H3-TF OFF Delay Timer－國語－繁字幕（0:59）
https://www.youtube.com/watch?v=PSZO4JJlVIs

9.3　升降機的繼電器控制電路及配置

　　升降機與自動梯的繼電器控制電路，基本上每個升降機廠的出品都有所不同，惟有一些十分普遍的電路，則各升降機廠都會使用。即使新的升降機產品都以電子或微處理器的為主，但升降機繼電器電路也是學習升降機運行原理的基礎。以下介紹是一些主流的繼電器控制電路，是升降機業從業員必須明白理解的電路。

自保持電路

　　自保持電路(Self hold circuit)為最常用之升降機或自動梯電路之一，常用於拎手電路、樓層選擇器及起動器等，電路如（圖：9.54）所示。當 PB1 常開拎手按下後，電流經 PB1 而到達 R1 繼電器線圈，線圈有電流產生磁場而吸索，使到 R1 常開 N/O 干的短路，此時即使鬆開拎手掣 PB1，電流還可以經 R1 常開干的而令線圈得電，達至記憶令繼電器長時間吸索。當線圈中斷供電後，索掣才復位停止工作。R1 之干的起了自保作用，所以一般稱為自保干的或自保電路，若沒有自保干的之裝置，則 R1 索掣只會在拎手 PB1 按下時才索下，一放手便停止工作，稱為點動或寸動。

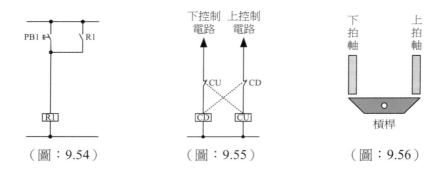

（圖：9.54）　　　　（圖：9.55）　　　　（圖：9.56）

電氣互鎖電路

　　電氣互鎖電路(Electrical interlock circuit)常用於上下行車控制、開關門或不同轉速電路等，電路如（圖：9.55）所示。若上拍 CU 或下拍 CD 要索下時，必須要經過串聯另外相反作用拍之常閉干的。例如：上拍 CU 要埋，若 CD 拍沒有工作，它便可經過 CD 常閉干的使 CU 索下；若 CD 已工作，則 CD 常閉干的離開，CU 上拍便不能工作，這電路可保障上、下拍在正常情形下，沒有可能在電氣上使兩個繼電器同時有電吸索。開關門電路也可用同樣電路原理來控制，以防止開、關門拍同時工作。除電氣互鎖電路外，也有機械互鎖，它的原理是在上、下拍底或側附加一裝置，原理就好像搖搖板一樣，如（圖：9.56）所示。當其中一個拍吸索時將槓桿壓下，另一邊則升高，頂著另外一個之拍架，若它要吸索時又撬起原本已吸索的一個，這樣可防止電氣互鎖失效，從而增加安全性，所以也須考慮安裝機械互鎖。

保護線圈電路

　　一些大型電磁接觸器是需要很大電流才能將它索下,但當它索下後只需要較少之電流,也可以令到它維持,所以可利用一些方法保護線圈,從而使線圈的壽命更長。(圖:9.57)所示為其中一種保護電路,當 C1 接觸器索下後,C1 之常閉干的離開,電流一定要流經 R1 電阻,接觸器線圈之電流相應減少,這樣便可減低繼電器的熱量,保護線圈。

　　另外一種方法是接觸器設有兩組線圈,如(圖:9.58)所示。當接觸器索下時要用較大的磁力,此時兩線圈接成並聯,但當它吸索後,C1 之常閉干的令到其中一個線圈截流,從而減少電流及熱量消耗,這方法除用於大型接觸器外,也會用於行車迫力的線圈。

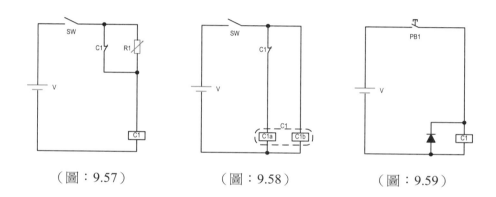

（圖：9.57）　　　　　　（圖：9.58）　　　　　　（圖：9.59）

保護干的觸點

　　當(圖:9.59)所示中的電路拎手 PB1 按下時,繼電器工作吸索下,但放手後,繼電器便跌出復位,由於繼電器之線圈在有電時會儲存能量,當電流截斷時,這些能量便放出,並產生一感應電動勢,電壓可能是本來電壓之倍數,如果是無路可走的話,這些能量便會消耗在繼電器的截流干的,即拎手的觸點,這樣便會令觸點產生很大的火花,長久便很容易令到干的觸點燒毀。為了保護干的,假如是直流繼電器控制電路,可在線圈兩端並聯反接一隻二極管,當正常有電時,接成反向,繼電器截流時,能量的電流方向與二極管接成正向,將該電壓差不多短路,即二極管將線圈之能量消耗,保護干的觸點。

　　除二極管外,還可用一個很大阻值的電阻或一隻很小容量的電容器,並聯於拎手兩端,但這兩種方法甚少使用在升降機的電路中。

緊急電池燈及救生鐘電路

　　升降機必須裝置救生鐘及緊急照明燈(Emergency light & alarm),較新的更有對講機系統,它們的電源必須在正常電源停止供電後,也能發揮作用,所以電源

通常會用 12V 蓄電池供應，（圖：9.60）所示為一簡單救生鐘及電池燈之電路圖。

　　AC220V 電源經降壓變壓器交連到次級，再經橋式整流電路輸出約為直流電壓 15V，當輸出直流電壓高於蓄電池之電壓時，整流輸出之電流便流向蓄電池充電，直至蓄電池之電壓因充電而升高至差不多 DC14.3V（電池滿電壓），因這時整流輸出之電壓與電池再沒有電位差，蓄電池便停止充電。若整流輸出之電壓直接接到蓄電池兩端，電池會因常常充電而十分容易乾水（可選擇採用不揮發水份的品種），電池的壽命也會縮短，所以電路在充電的電池前串聯一行車常開干的 CR，使到行車才充電，停車便停止充電，從而減少電池乾水的機會。

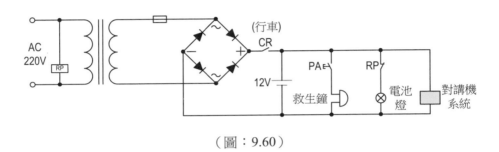

（圖：9.60）

　　當正常供電中斷，並聯在變壓器初級兩端之 RP 繼電器因停電而跌出復位，RP 常閉干的也復位接通，立刻供電予緊急電池燈使其工作。緊急電池燈一般是 12V 汽車燈泡或電池光管。若救生鐘按鈕 PA 按下，電池更供應電力予救生鐘工作。對講機系統也從電池兩端獲得供電，系統可給予機廂、機房及大堂管理處作內部對話。

樓層停車裝置

　　樓層停車裝置是控制升降機停止的位置，所以它的性能直接影響升降機停層位置的水平，若它是用機械接觸而使到接觸點離開或接通，則機械上的摩擦及損耗，往往令到樓板不平，更需要時常進行維修。較舊式的升降機會使用接觸式開關，新式的多使用無接觸式開關，即停車時沒有直接機械上的接觸，便可令相關的開關工作，從而減低誤差及維修的機會。

分層轉換開關

　　分層轉換開關裝於井道或選層器內每個相應樓層預定的位置，開關觸點可移動至左、中及右三位置。分層轉換開關若設於井道，多為撞輥槽式，在小型送貨升降機和載貨（工廠運貨）升降機中獲廣泛應用，如（圖：9.61）所示。

　　只有當升降機停在某樓層平面時，該層的分層開關將處於中間位置，這時較簡單的電路會令升降機停車。當升降機向上運行時其下方各層的分層開關置於右方位置；而當升降機向下運行時，則在升降機的上方各層的分層開關置於左方位

置（某些升降機廠之位置可能相反）。除停車外，這些開關更會負責決定上行或下行方向之用途。

　　由於這種分層開關是特製的，且在使用過程中有撞擊聲，因此若設於井道內時只能應用於升降機額定速度較低（0.63m/s）的升降機中；但若裝於選層器時，升降機額定速度可以較高。

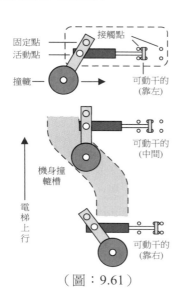
（圖：9.61）

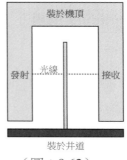
（圖：9.62）

樓板燈

　　樓板燈的原理與自動門電眼差不多，多做成 U 型，一邊為發射器，內有光源，一般為燈泡，光源從小孔射出；另一邊為接收器，也開有小孔接收光源，如（圖：9.62）所示。當接收器接收到光源後，便會輸出一訊號，當升降機要停車時，可在適當之位置裝置一隔板，由於樓板燈裝在機廂頂，而隔板裝在井道內，一般用特製的支架碼在線條，所以當升降機到達隔板的位置時，便將光源阻隔，接收器之輸出訊號便改變，使到電路工作，由於沒有直接機械之接觸，所以沒有機械上的損耗，省卻維修之方便。

磁簧管

　　磁簧管(Magnetic reed)由兩邊密封的玻璃管製造而成，兩端設有金屬桿更附有接線鋔口，而金屬桿另一端會延伸至玻璃管之中間，惟它們兩金屬桿間之觸點未有接通。若將一磁場放在磁簧管之附近，因磁場之作用使到金屬桿導磁，並在觸點之間產生南與北之磁場，從而使觸點吸引而接通，因這磁場無需直接碰到玻璃管，所以並沒有任何機械上之接觸及損耗。當磁鐵離開磁簧管後，由於沒有磁場之作用，磁簧管接觸桿之彈力便使它復位，回復開路的原有狀態，如（圖：9.63）所示。

　　當磁簧管用於升降機控制時，一些升降機廠會將一塊小型的永久磁鐵及磁簧管裝在一組件中，構成磁簧管感應器，如（圖：9.64）所示。磁簧管感應器在正常情況下，其磁簧管中的觸點被永久磁鐵磁化，使其觸點閉合。因此，當升降機機廂停靠或通過某層時，裝於機廂邊上的隔磁板插入中間，由於隔磁板是由低磁阻導磁鐵板製成，這時鐵板將磁簧管感應器中間的縫隙的磁力線短路，於是磁簧管中間的接觸點便失磁，回復開路狀態，所以實際上隔磁板應叫「磁短路板」可能更合適。若磁簧管經過無數次之作用，觸點可能損耗而不通電，這時便需要更換另一支新的磁簧管。

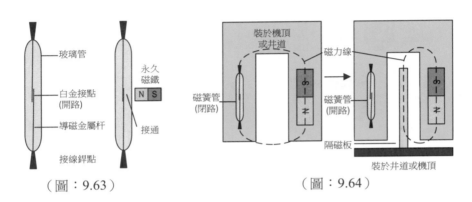

（圖：9.63）　　　　　　　　　　　　　　（圖：9.64）

三觸點式磁簧管

　　三觸點磁簧管一般用於換速感應器和平層感應器，在結構上它與二觸點磁簧管相同，惟磁簧管有常開及常閉觸點。這種感應器相當於一隻永磁式繼電器，其結構和工作原理如（圖：9.65）所示。

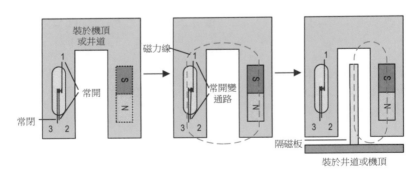

（圖：9.65）

　　當未放入永久磁鐵時，磁簧管由於沒有受到磁力的作用，其常開觸點 1 和 2 是斷開的，常閉觸點 2 和 3 是閉合的，觸點 2 是公共點。當永久磁鐵放進感應器後，磁簧管的常開觸點 1 和 2 閉合，常閉觸點 2 和 3 斷開，這情況相當於繼電器得電動作。當外界把一塊具有高導磁系數的鐵板（隔磁板）插入永久磁鐵和磁簧管之間時，由於永久磁鐵所產生的磁場被隔磁板旁路，磁簧管的觸點失去外力的

作用，恢復到原來的狀態，這一情況相當於電磁繼電器失電復位。根據磁簧管感應器這工作特性和升降機運行特點設計製造出來的換速平層裝置，利用固定在機廂架或導軌上的感應器和隔磁板之間的相互配合，具有位置檢測功能，常作為各種控制方式的低速、快速升降機電氣控制系統實現到達預定停靠站時，可提前一定距離換速、平層時停靠的自動控制裝置。

記憶雙穩態式磁簧管

由於磁簧管只作用於磁場下，當磁場消失，便回復原狀，所以不能廣泛應用，後來經改良後，成為附記憶的磁簧管，稱為「雙穩態磁簧管」，這樣可使線路更簡單，用途更廣泛。這種磁簧管的結構與普通的品種一樣，惟需在磁簧管中間之位置附加一粒小型的磁鐵，如（圖：9.66）所示，但這些磁鐵之磁力未能即時令到磁簧管觸發，需要利用外加之磁力才可令到它工作。使用時需將一個與附於磁簧管磁場一致的磁場（正向，設升降機上行）運動於磁簧管，因此磁場的作用力與附於磁簧管磁鐵之磁場相同，從而（增加）了磁力，所以使磁簧管金屬桿導磁，而使觸點導通。

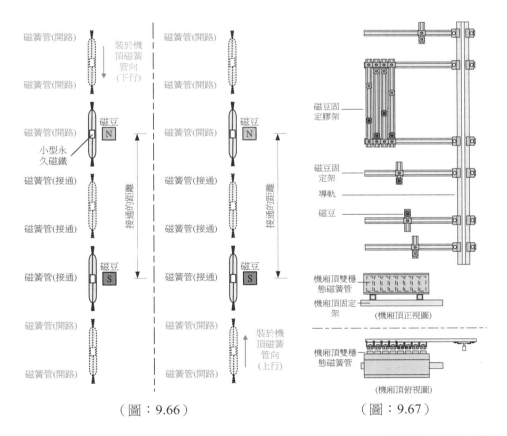

（圖：9.66）   （圖：9.67）

但當磁簧管觸發後，即使外加之磁力離開，裝在中間之小型磁鐵之磁力也能使到接觸點維持接通，令到雙穩態磁簧管觸點好像有記憶作用。若要取消磁簧管

之記憶，需要用不同極之磁場，即與觸發時之極性相反之磁場，同樣（正向，設升降機上行）運動於磁簧管。由於不同極性之關係，便可大大（減低）裝在磁簧管內之小型磁鐵之保持磁力，使到雙穩態磁簧管失磁而回復原來開路之狀態。雙穩態磁簧管除了磁場之極性可令開關改變狀態外，其相對的運行方向，即（正向，設升降機上行）或（反向，設升降機下行）改變，即使用相同極性的磁場，也會令雙穩態磁簧管開關改變狀態。

在實際使用過程中，會將稱為磁豆的小型磁鐵設於井道中，如（圖：9.67）所示。升降機向上運行時，設於機廂頂的雙穩態開關經過 S 極的磁豆時，便會觸發動作，並使其觸點導通；當升降機繼續向上運行，經過 N 極的磁豆時，便會使雙穩態開關觸點復位，回復開路。

升降機向下運行時，雙穩態開關經過 N 極的磁豆時，也會令雙穩態開關觸點動作，並使其觸點導通；當升降機繼續向下運行，經過 S 極的磁豆時，也會使雙穩態開關觸點復位，回復開路。這表示雙穩態開關觸點是否導通，與經過磁豆的極性「S」或「N」，運行的方向「上」或「下」，有著密切的關係，其運作處於相反狀態。若以雙穩態開關觸點輸出電訊號，便可實現控制升降機到站提前換速，或平層停車。

雙穩態開關與磁豆的距離應控制在 6~8mm 之間，附於磁簧管的小型永久磁鐵構成的磁場力用於克服磁簧管內觸點的彈力，使磁簧管觸點維持斷開或閉合中的某一狀態。如果小型磁鐵構成的磁場強度太強，接近或路過磁豆時磁簧管的觸點狀態便不會翻轉，如果太弱則不能使觸點維持翻轉後的狀態。因此雙穩態開關對方塊磁鐵、磁簧管、磁豆安裝位置、尺寸等的質量要求都是十分嚴格的。

分層轉換開關的定向控制電路

升降機能夠自動定向，按召喚來決定升降機是上行或下行，就是根據升降機的位置來決定的。即在升降機上方的召喚訊號定為上向訊號；而在下方的，則定為下向。因此自動定向控制的關鍵是如何確定當時升降機的位置訊號。

分層轉換開關是利用裝於井道或選層器內的每個相應樓層位置之一個有左、中及右三位置樓層開關 FS 的當時位置來定向。只有當升降機停在某樓層平面時，該層的分層開關將處於中間位置。當升降機上行經過該樓層後，其相對的樓層開關 FS 會移向左邊；當升降機下行經過該樓層後，其相對的樓層開關 FS 會移向右邊。

例如：升降機在 1 層，樓層位置開關 FS1~FS5 如（圖：9.68）所示，FS1 在中間，FS1 以上的 FS2~FS5 靠在左邊；若升降機在 3 層，樓層位置開關 FS1~FS5 如（圖：9.69）所示，FS3 在中間，FS3 以上的 FS4~FS5 靠在左邊，FS3 以下的 FS1~FS2 靠在右邊；若升降機在 5 層，樓層位置開關 FS1~FS5 如（圖：9.70）所示，FS5 在中間，FS5 以下的 FS1~FS4 靠在右邊。

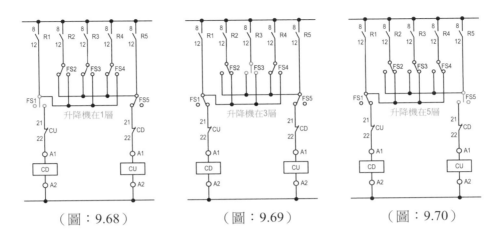

（圖：9.68）　　　　　　　（圖：9.69）　　　　　　　（圖：9.70）

　　當升降機在 1 層時，設內拎手的召喚拍 R2~R5 都被登記，其 R2~R5 的常開觸點可經樓層位置開關 FS2~FS5 接通向上方向繼電器 CU。

　　當升降機在 5 層時，設內拎手的召喚拍 R1~R4 都被登記，其 R1~R4 的常開觸點可經樓層位置開關 FS1~FS4 接通向下方向繼電器 CD。

　　當升降機在 3 層時，設內拎手的召喚拍 R4 被登記，其 R4(8-12)的常開觸點可經樓層位置開關 FS4 及 FS5 接通向上方向繼電器 CU；設內拎手的召喚拍 R2 被登記，其 R2(8-12)的常開觸點可經樓層位置開關 FS2 及 FS1 接通向下方向繼電器 CD。這樣當升降機所在樓層上方出現「內、外」召喚訊號時，也可令升降機定為向上運行；而在下方時，則定為向下運行。

小型載物升降機電路

　　小型載物升降機電路(Dumbwaiter circuit)為一個十分簡單的升降機線路，如（圖：9.71）所示，行車電動機接線圖大致與最簡單的單速機差不多，迫力電動機與行車電動機並聯，從而簡化電路。供電予控制線路的降壓變壓器及橋式整流電路省略繪出。該電路為一霸皇機，即只接受一個拎手訊號。升降機 1~4 樓層都有一套拎手，圖中只繪出 1 及 4 樓，其餘 2 及 3 樓以串聯方法連接取電，但每樓層的觸發訊號 21~24 則以並聯連接。

　　此機之樓層開關（掣）FS 特性是升降機在那一層，則此層之樓層掣，便在中間，兩邊都接觸不到，但升降機位置以上之樓層掣會置於左邊；升降機位置以下之樓層掣則在右邊，樓層掣會裝在井道由撞轆觸發，但有一些較大型的則會裝在機房之樓層選擇器，現時線路圖之升降機位置是在最低行程的第 1 層。

● 上行
　　設所有外門及停止掣 PB0 都正常，若於 4 樓按 3 字拎手 PB43 被按下，R3 吸索，電流經 R3(8-12)、FS3、FS4、CD(21-22)，使到上行大拍 CU 吸索，電動機上向運行；另一邊電流經 CU(13-14)及 R3(5-9)使 R3 及 CU 可自保。這時 CU(2-

10)常閉干的離開，拎手總氣取消，這時升降機開始向上運行。

　　當升降機離開 1 字後，樓層掣 FS1 會移至右邊；升降機到達 2 字樓，樓層掣 FS2 先由向左位置離開移至中間位置，再移動至右邊，期間升降機仍繼續向上行駛。當升降機到達 3 字樓，樓層掣 FS3 離開至中間位置，上行拍 CU 截流跌出復位便停車。

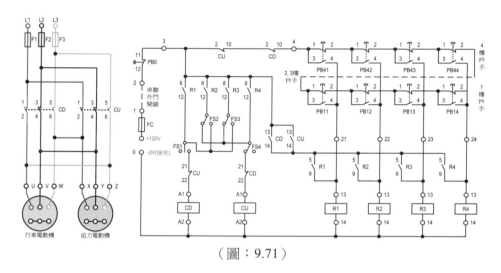

（圖：9.71）

● 　下行

　　設升降機位置在第 4 層，所有外門及停止掣 PB0 都正常，若於 2 樓按 2 字拎手 PB22 被按下，R2 吸索，電流經 R2(8-12)、FS2、FS1、CU(21-22)，使到下行大拍 CD 吸索，電動機下向運行；另一邊電流經 CD(13-14)及 R2(5-9)使 R2 及 CD 可自保。這時 CD(2-10)常閉干的離開，拎手總氣取消，這時升降機開始向下運行。

　　當升降機離開 4 字後，樓層掣 FS4 會移至左邊；升降機到達 3 字樓，樓層掣 FS3 先由向右位置離開移至中間位置，再移動至左邊，期間升降機仍繼續向下行駛。當升降機到達 2 字樓，樓層掣 FS2 離開至中間位置，下行拍 CD 截流跌出復位便停車。

◆ 　YouTube 影片－Elevator circuit diagram－無語－無字幕（1:25）
　　https://www.youtube.com/watch?v=jVmL2hbeOmY

井道永久磁開關與繼電器組成的樓層位置電路

　　在升降機井道內相應於每個樓層的停層位置處，設置一個永磁感應開關，也可用一個簡單的常開 N/O 或常閉 N/C 觸點之機械撞轆式開關構成，再由磁感應

開關或機械撞轆式開關帶動一個繼電器，然後經繼電器組成的邏輯電路，便可順序反映出升降機的位置訊號，再與各個樓層的內外召喚訊號進行比較而定出升降機的運行方向，n=5 的樓層位置(SQ401~SQ400+n)電路如（圖：9.72）所示。這種決定升降機位置訊號方法雖較複雜，但準確可靠，且可進行多台升降機的綜合控制，因此現今凡是用繼電器控制的升降機，絕大部分使用這一方法來定出升降機的位置。以下的電路，會採用下列之電路符號作輔助解釋。

控制電路符號說明	
↑	表示主接觸器、繼電器、線圈、電動機等觸發吸索或得電(on)，各類開關、按鈕被觸動而接通
↓	表示主接觸器、繼電器、線圈、電動機等釋放復位或失電(off)，各類開關、按鈕被觸動而斷開
→	推動其他電器元件隨之引致動作和線圈電流經過的路徑
—	電流經過每個位置的流程路徑
R403(3-8)	表示該元件的常開 N/O 觸點，括號內為觸點的編號
R̄403(2-8)	在文字符號上加一橫線，表示該元件的常閉 N/C 觸點
R̄403↑	表示該元件吸索得電後，其常閉 N/C 觸點也變為開路
R̄403↓	表示該元件失電復位後，其常閉 N/C 觸點也復位還原接通

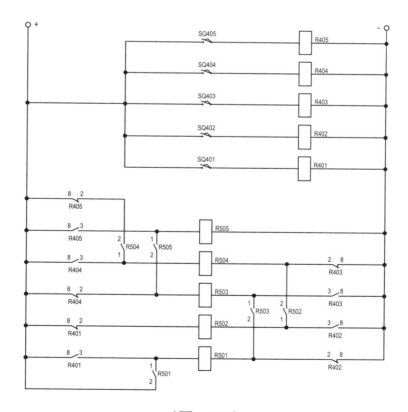

（圖：9.72）

● 上行

假設升降機機廂會由 1 層向 3 層向上運行，而升降機現停在 1 層時，SQ401↑→R401↑→R401(8-3)↑→R501↑並經 R501(1-2)自保。

當升降機機廂離開 1 層向上運行，即離開 SQ401 時，SQ401↓→R401↓，但 R501 拍不會立刻釋放，因 R501 拍透過 2 層的 $\overline{R402}$(2-8)常閉觸點仍然閉合，沒有改變狀態。當升降機機廂到達 2 樓層區域時，SQ402↑→R402↑→R402(3-8)↑→R502↑並經 R502(1-2)自保，$\overline{R402}$(2-8)↑常閉觸點打開，R501↓。

當升降機機廂離開 2 層繼續向上運行，即離開 SQ402 時，SQ402↓→R402↓，但 R502 拍不會立刻釋放，因 R502 拍透過 3 層的 $\overline{R403}$(2-8)常閉觸點仍然閉合，沒有改變狀態。當升降機機廂到達 3 樓層區域時，SQ403↑→R403↑→R403(3-8)↑→R503↑並經 R503(1-2)自保 $\overline{R403}$(2-8)↑常閉觸點打開，R502↓。

● 下行

假設升降機機廂會由 4 層向 2 層向下運行，而升降機現停在 4 層時，SQ404↑→R404↑→R404(8-3)↑→R504↑並經 R504(1-2)自保。

當升降機機廂離開 4 層向下運行，即離開 SQ404 時，SQ404↓→R404↓，但 R504 拍不會立刻釋放，因 R504 拍透過 3 層的 $\overline{R403}$(2-8)常閉觸點仍然閉合，沒有改變狀態。當升降機機廂到達 3 樓層區域時，SQ403↑→R403↑→R403(3-8)↑→R503↑並經 R503(1-2)自保，$\overline{R403}$(2-8)↑常閉觸點打開，R504↓。

當升降機機廂離開 3 層繼續向下運行，即離開 SQ403 時，SQ403↓→R403↓，但 R503 拍不會立刻釋放，因 R503 拍透過 2 層的 $\overline{R402}$(2-8)常閉觸點仍然閉合，沒有改變狀態。當升降機機廂到達 2 樓層區域時，SQ402↑→R402↑→R402(3-8)↑→R502↑並經 R502(1-2)自保，$\overline{R402}$(2-8)↑常閉觸點打開，R503↓。

升降機無論是上行或下行，反映樓層位置的電路運作原理都是依次類推。從上述可知，電路中的升降機位置訊號，實際上是以樓層拍 R401~R405 及 R501~R505 作主導，R401~R405 可稱為樓層拍，但升降機在運行時在 SQ401~SQ405 轉換之間會有一段時間是完全沒有訊號的，這時 R401~R405 樓層拍沒有一個吸索；R501~R505 可稱為樓層位置記憶拍，當 SQ401~SQ405 轉換之間，R501~R505 仍有其中一個會被吸索，所以兩者用途是不一樣的。

機廂拎手登記記憶電路

一般升降機的機廂都設有一個操縱箱，其上對於每一樓層設有一個帶指示燈的按鈕，稱為內拎按鈕或內拎手。若按下第 1 層的內拎指令按鈕 P101，只要升降機不在該層，則與按鈕相對應的繼電器（拍）R101 就動作，稱為內拎拍，其觸點一方面接通其他控制環節使升降機準備起動下行，另一方面使按鈕內的指示燈亮，以表示內拎指令（召喚）已被「登記」或「記憶」。在這個指令的控制下，

升降機將會作出響應，起動向下運行直至到達第 1 層停止，這時應使內拎拍 R101 釋放，按鈕燈熄滅。表示機廂內拎指令 R101 已被執行完畢，稱為「消號」或「Cut 拎手」。

實現上述控制的邏輯線路有兩種方案，一種是串聯式線路，如（圖：9.73）所示。圖中當第 1 層內拎手 P101 按下，內拎拍 R101 得電並自保持，訊號被登記，指示燈 L101 亮；當升降機運行到第 1 層時，由該樓層拍 R401 的常閉干的打開，於是內拎拍 R101 釋放復位，該記憶被取消。

另一種形式是並聯控制線路，如（圖：9.74）所示。當按下內拎手 P101，電流經限流電阻 RT101 使內拎拍 R101 通電並自保，升降機到達第 1 層時由該樓層拍 R401 的常開干的閉合，則內拎拍 R101 線圈被短接而釋放復位，從而將記憶取消。

比較（圖：9.73）和（圖：9.74）可以看到，串聯式線路是利用串接於樓層拍的內拎拍 R101 線圈回路中的樓層拍 $\overline{R401}$ 的常閉觸點進行工作的，若該觸點經常接觸不良，因而會影響第 1 層機內拎指令的登記，這就會影響升降機到達該層的服務。

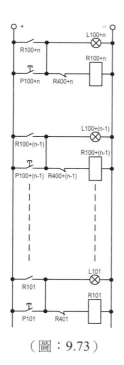

（圖：9.73）

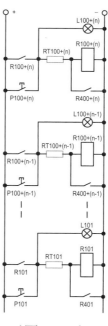

（圖：9.74）

而並聯式線路恰好與串聯式相反，如第 1 樓層樓層拍 R401 的常開觸點接觸不良，則僅僅影響訊號的消除，而不會影響該層訊號的登記與記憶，即不影響欲到達該層乘客的使用（拎手訊號常常保持）。但並聯式線路也有不足之處，它於每層都需要有一個限流電阻，這會使各層內拎拍 R100+n 線圈工作電壓與電源電壓不一致，增加了控制系統中電器的電壓品種，即同一部機有兩種不同電壓的繼

電器線圈，同時也因為有指令時，電阻因長期工作而增加了線路的耗能。

層站外拎召喚控制電路

　　群控升降機除底層（1 層）和頂層（n 層）端站分別只設置單一個上、下呼梯按鈕 P201，P300+n，而在每個中間層站都設置上、下呼梯按鈕各一個，俗稱「上外拎手、落外拎手」。每一個外呼喚按鈕對應一個廳外（樓層）上行或下行呼梯拍 R201~R201+(n-1) 和 R302~R300+n。按照這種方式構成的 5 層 5 站升降機的召喚邏輯控制線路如（圖：9.75）所示。圖中 R501~R505 是 1 層至 5 層樓層位置記憶拍的觸點，其動作原理如前面所述。$\overline{R13}$ 和 $\overline{R23}$ 分別是上、下行方向拍的常閉觸點，若升降機上行時，上向拍 R13↑吸索其常閉干的就打開；相反當升降機下行時，下向拍 R23↑吸索其常閉干的就打開。R33 是快車運行拍，當升降機需要由快車轉慢車預備停車時會釋放復位。

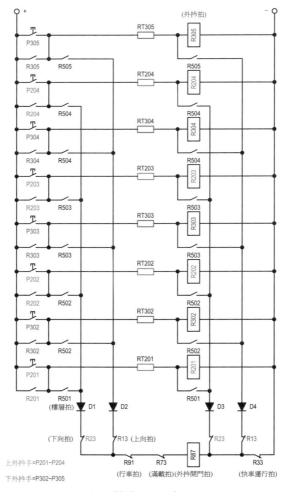

（圖：9.75）

　　設升降機位於 1 層待命,若 3 層有乘客欲上行,則按下(上外拎)P203,於是 R203 得電並自保,此召喚被登記。R203 拍的另一些觸點在其他環節中起作用使升降機上行前往 3 樓。由於升降機處於上行,$\overline{R23}$(常閉)觸點不動作,當到達 3 層時,樓層位置記憶拍觸點 R503 閉合,根據並聯消號線路的原理,召喚經 R503(常開轉閉合)、D3、$\overline{R23}$(常閉)及 $\overline{R33}$(常閉)令 R203 線圈被短路,R203 召喚被消除。

　　(圖:9.66)線路更可以實現群控升降機所要求的多指令登記功能。設升降機停在 1 層,3 層有上召喚(R203↑拍閉合),升降機會由 1 層起動響應召喚。在此瞬間設 2 層又有了下召喚(下外拎)訊號(R302 拍閉合)並被保持。當升降機到達 2 層時,樓層位置記憶拍 R502 觸點會閉合,但由於是上行狀態,$\overline{R13}$(常閉)觸點打開。所以 2 層下召喚拍 R302 不能被短接,即該下召喚不會被消號。升降機繼續運行到達 3 層時,由前面分析可知 3 層的上召喚訊號被響應(應接拎手)。當執行完向上運送乘客的任務後,升降機會自動下行去響應仍然登記著的 2 層下召喚訊號。當下行到 2 層時,樓層位置記憶拍 R502 觸點再次閉合,而且上行方向拍為 $\overline{R13}$(常閉)觸點閉合,所以下召喚 R302 被短接。這意味著此時 2 層的下召喚訊號被響應,所以召喚應該消號。

　　如果在上面的分析中,2 層的召喚訊號不是 R302 而是 R202(上外拎),即 2 層乘客欲去的目的層與目前升降機運行方向一致,則升降機在第 1 次到達 2 層時就可以響應該層的召喚,這個過程叫「順向截梯」。

　　(圖:9.66)另一項功能是當升降機於某樓層,若已同時有上或下定向,其相對樓層可於升降機門關閉時,按下相同於當時定向的該層外拎手(上向按上外拎,下向按下外拎),可令升降機門重開,稱為「追外拎手」。電路的觸發路徑經上或下外拎手、R500+(1~n)、D1 或 D2、$\overline{R13}$或 $\overline{R23}$、$\overline{R91}$(行車拍)、$\overline{R73}$(滿載拍)、R87 線圈、$\overline{R33}$(快車運行拍),只要外拎開門拍 R87 被觸發,其觸點會在門控電路使升降機門重開。惟升降機已行車或滿載,即 R91(行車拍)或 R73(滿載拍)吸索,$\overline{R91}$(行車拍)及$\overline{R73}$(滿載拍)常閉觸點打開,將不能生效。若升降機沒有任何定向時,即 R13 及 R23 都沒有吸索,D1 及 D2 都可通電,所以相對樓層的上或下外拎手被按下都可令外拎開門拍 R87 被觸發,使升降機門重開。

升降機運行方向的產生電路

　　升降機運行方向是根據升降機的位置訊號(R501↑、R502↑、…)和各個層站內拎或外拎訊號比較而確定的,(圖:9.76)所示為升降機的內拎手運行方向的產生電路,稱為定向或選向電路。

　　例如:升降機在 1 層,也即樓層繼電器 R501↑,而其常閉觸點 $\overline{R501}$(13-14)及$\overline{R501}$(15-16)打開。升降機機廂內若有乘客欲往 3 層,便產生一個內拎手為 3 層,內拎手拍 Rl03↑,R103(8-3)的電流可向上或向下流。此時由於升降機停在 1 層,其 $\overline{R501}$(15-16)的常閉觸點打開,電源的電流不能流至下選向拍 R21,下選向

拍 R21 不能觸發，電流只能向上經 $\overline{R503}$(15-16)、$\overline{R504}$(13-14)、$\overline{R504}$(15-16)、$\overline{R505}$(13-14)、$\overline{R505}$(15-16)、D1、$\overline{R2}$(2-8)、$\overline{R21}$(2-8)的常閉觸點而流至上選向拍 R11。這樣在 3 層內拎手拍 R103 作用下，可決定升降機會向上運行，即 R11↑上選向拍被吸索，行內稱為「有上 Direction」。

　　例如：升降機停在 4 層時，樓層繼電器 R504↑，其常閉觸點 $\overline{R504}$(13-14)及 $\overline{R504}$(15-16)打開，若又有 3 層的內拎手指令訊號，使繼電器 R103↑，電流不能向上行，只能經 R103(8-3)向下經 $\overline{R503}$(13-14)、$\overline{R502}$(15-16)、$\overline{R502}$(13-14)、$\overline{R501}$(15-16)、$\overline{R501}$(13-14)、D2、$\overline{R1}$(2-8)、$\overline{R11}$(2-8)流至下選向拍 R21，並使下選向拍 R21↑，從而使升降機定出向下運行的方向，行內稱為「有下（落）Direction」。

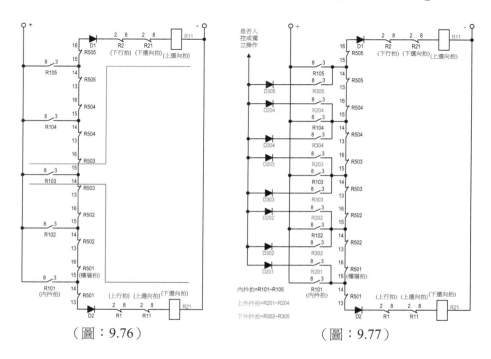

（圖：9.76）　　　　　　　　　　　（圖：9.77）

升降機定向電路的保持

　　升降機的內、上外及下外拎手自動定向或選向電路如（圖：9.77）所示，它是（圖：9.76）的改良版，加上了上外拎手(R201~R200+(n-1))、下外拎手(R302~R300+n)的訊號，基本上與內拎手訊號(R101~R100+n)並聯。但上、下外拎手訊號要得到定向，必須經過人控及獨立等監察，才可得到適當的定向，所以電路中的電源與內拎不同。一般的設計，內拎手較外拎手有定向的優先權。

　　升降機向上運行時，向上的停層訊號會順序逐一地被應答。當升降機執行完這個方向的最後一個命令而停靠樓層時，上向拍 R11↓。此時乘客又可以在已登記的內拎和外拎訊號，而使下方拍 R21↑，也即升降機反向向下運行，並逐一地應答被登記的向下指令、召喚訊號。當完成這個下方向的最後一個訊號時，其下

向拍釋放 R21↓。

　　但不管何種情況，只有當升降機完成某一方向的最遠一個訊號時，才可改變升降機的運行方向。從而可以保證最遠一樓層的廳外乘客乘坐升降機的要求。當必須要改變升降機的運行方向時，必須是人為變更升降機的運行方向，它只能在升降機機廂設有專職司機操縱的情況下才可進行，而且這一操作過程必須在升降機停止運行或切斷控制電路電源的條件下方可進行。此時可由升降機的專職司機根據乘客的臨時要求或司機的意願而實現改變升降機方向的運行。

制動減速訊號的控制電路

　　無論何種升降機，為了實現「快、穩、準」要求中的「準」的要求，必須令升降機在到達目的樓層之前的某一距離點開始進行減速，以保證準確停車時所需的盡可能低的速度。為此，各種不同類型的升降機，其發出減速訊號的位置是不一樣的；但不論何種升降機，其減速制動訊號的發出可以歸納為兩大類。

1.　人工控制
　　即由升降機的專職司機憑經驗判斷而發出的，例如：手柄開關操縱的各種載貨升降機等均屬此類，惟現在已較少採用。

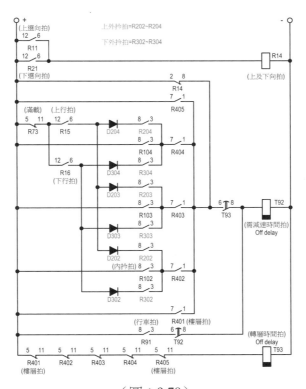

（圖：9.78）

2.　自動控制

　　升降機能夠根據機廂內指令訊號或根據各樓層廳外的召喚訊號方向與升降機運行方向一致時，按預先確定的距離位置而自動發出減速訊號。

　　制動減速訊號電路如（圖：9.78）所示。電路最低的位置將 R401~R405 全部常閉觸點串聯，然後觸發轉層時間拍（斷電延遲 Off delay）T93。

　　當升降機上行或下行進入任何一層（設層數=X）預計停站的減速位置點時，通過井道內的永磁感應器 SQ40X 的動作，而使該層樓層拍 R40X↑，可參考（圖：9.72）。但 R40(X+1) 或 R40(X-1) 釋放復位轉至還未令 R40X↑時，這段時間 R401~R405 都沒有吸索，電流經 $\overline{R401}$(5-11)、$\overline{R402}$(5-11)、$\overline{R403}$(5-11)、$\overline{R404}$(5-11)及 $\overline{R405}$(5-11)，令轉層時間拍 T93 觸發，目的是在這個短時間內產生一個轉層訊號，升降機便可利用 T93 這轉層訊號進行減速或其他用途。

　　設升降機於 3 層觸發上外拎拍 R203↑，升降機由 2 至 3 向上運行，當升降機進入預先已設置的 3 層減速位置點時，通過井道內的 3 樓永磁感應器 SQ403 動作，而使 3 層樓層拍 R403↑，當 R402↓釋放復位轉至還未令 R403↑時，轉層時間拍 T93↑觸發，但因為 T93 是斷電延遲時間拍，T93(6-8)會延遲約 0.5~1.0 秒，這時另一電流經 R73(5-11)、R15(12-6)、D203、R203(8-3)、R403(7-1)及 T93(6-8)給予需減速訊號，使需減速時間拍 T92 吸索，表示升降機需要減速及停車，升降機便從快速運行狀態而轉入制動減速狀態。這一過程是由與升降機運行方向一致的外拎訊號而引起的，稱為「順向截車」控制。由於減速時間拍 T92 的觸發時間很短，所以需要採用斷電延遲式時間拍。

　　若升降機機廂滿載或置於專用時，專用及滿載拍 R73↑吸索，其常閉觸點 $\overline{R73}$(5-7)處於打開位置，需減速訊號被截斷，則升降機雖經 3 樓的 SQ403 永磁感應器及即使 R403↑，但需減速時間拍 T92 不會吸索，即升降機也不會發出減速訊號，這樣的過程稱為「直駛不停」控制。

　　如若升降機去應接最遠的一個與升降機運行方向相反的廳外召喚訊號時，則當升降機到達該層減速位置點時，R400+n↑→R500+n↑→R11(6-12)↓或 R21(6-12)↓，這樣從圖中可看出，當升降機檢測到再沒有上或下向時，R14↓釋放復位，$\overline{R14}$(2-8)常閉觸點也能使需減速時間拍 T92↑，從而使升降機也轉入制動減速狀態。這樣的過程常稱為「反向截車」控制。這裡包括了最高層和最低層，或稱最遠層的減速訊號發出，因為在兩端站時，升降機的運行方向定會隨著減速訊號發出點而使 R11↓或 R21↓，即永磁感應器或兩端站的強迫減速開關 SQ1 或 SQ2 的動作，這樣就導致升降機自動發出減速訊號。

| 交流雙速升降機的速度控制 |

　　交流雙速升降機的電動機主接線如（圖：9.79）所示，三相交流感應電動機定子內具有兩個不同極數的繞組。一個為 6 極（同步轉速為 1000rpm）和 24 極（同步轉速為 250rpm）兩個繞組，這兩個繞組是各自獨立的。

　　6 極快速繞組作為起動和穩速（即額定速度）運行之用；而 24 極慢速繞組作為制動減速和慢速平層停車之用。起動時按時間原則，串聯電阻及電抗作一級加速；而減速制動也按時間原則來進行兩級再生發電制動減速，最後以慢速繞組進行低速穩定運行至平層停車。

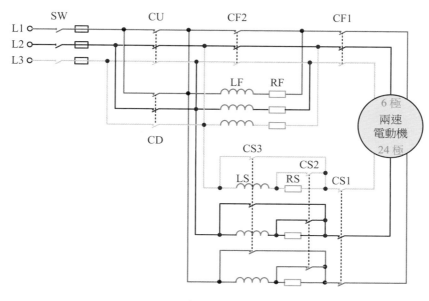

（圖：9.79）

名稱	說明	名稱	說明
CU	上行接觸器(大拍)	R11	上向選向繼電器
CD	下行接觸器(大拍)	R21	下向選向繼電器
CF1	快車接觸器(大拍)	R72	檢測電壓繼電器
CF2	快車加速接觸器(大拍)	R32	快車啟動運行輔助繼電器
CS1	慢車接觸器(大拍)	R33	快車啟動運行繼電器
CS2	慢車第一減速接觸器(大拍)	R41	檢修繼電器
CS3	慢車第二減速接觸器(大拍)	R81	門鎖繼電器
LF	快車電抗器	R84	開門區域控制繼電器
LS	慢車電抗器	R12	上向平層繼電器
RF	快車電阻器	R22	下向平層繼電器
RS	慢車電阻器	T31	快車輔助時間掣
SQ11	上行限位掣	T61	快車加速時間掣
SQ21	下行限位掣	T62	慢車第一減速時間掣
		T63	慢車第二減速時間掣
		T92	停車時間掣

（表：9.3）

　　雙速升降機的部分控制電路如（圖：9.80）所示，其電路工作原理如下：

● 起動至行快車

1. 設電源正常，電壓繼電器 R72 吸索；

2. 當升降機有了內拎或外拎，令升降機構成選向（即 R11↑或 R21↑）訊號後，便會指示升降機關機廂門預備行車（該控制部分沒有在（圖：9.80）中）；

3. 升降機門和各層門均關閉的情況下，門閘鎖觸點全部閉合，門鎖繼電器 R81↑吸索，再令快車啟動運行繼電器 R33↑吸索（該控制部分沒有在（圖：9.80）中）；

4. 假設升降機選向是上行，上向選向繼電器 R11↑，其流程為 R72－T31－R33－R11－$\overline{CD}$－CU 線圈－$\overline{SQ11}$－R81，當時快車輔助時間掣 T31↑已吸索（該控制部分沒有在（圖：9.80）中），準備行快車，上行接觸器 CU↑吸索；

5. 快車接觸器 CF1↑，其流程為 R72－$\overline{R41}$－R33－$\overline{CS1}$－CF1 線圈－R81；

6. 這時 6 極電動機的電流經 CU－LF－RF－CF1，電流串聯快車電抗器 LF 及電阻器 RF，進行降壓起動；

7. 快車加速接觸器 CF2↑，流程為 R72－CF1－$\overline{T61}$－CF2 線圈。T61 是一個斷電延遲式時間掣，未行車前，T61 時間掣線圈已經常有電，所以$\overline{T61}$↑常閉觸點已打開，當行車後，CU 吸索，會截斷 T61 線圈供電，但 $\overline{T61}$ 常閉觸點仍會打開延遲了約 0.8~1.0 秒，$\overline{T61}$常閉觸點才復位接通（該控制部分沒有在（圖：9.80）中），再按電路圖觸發 CF2 吸索；

8. 快車加速接觸器 CF2 觸發後，其主觸點將 LF 及 RF 短路，電動機獲得全壓快車穩速運行；

9. 為了簡化說明，以上並沒有提及例如：迫力及其他安全電路。

● 轉慢車至停車

1. 當升降機發出減速訊號，停車時間掣 T92↑→快車啟動運行輔助繼電器 R32↓→快車啟動運行繼電器 R33↓（該控制部分沒有在（圖：9.80）中）；

2. 快車啟動運行繼電器 R33↓→快車接觸器 CF1↓→快車加速接觸器 CF2↓→慢車接觸器 CS1↑（CF1 常閉觸點閉合觸發慢車接觸器 CS1），這時電動機的轉速由 6 極的 1000rpm 下降至 24 極的 250rpm，但當時的轉速「>250rpm」，電動機處於發電制動減速狀態，即升降機將利用制動轉矩使其減速。CS1 主接觸點串入電抗器 LS 及電阻器 RS，目的是限制該制動電流；

3. 當慢車接觸器 CS1↑後，其 $\overline{CS1}$↑常閉觸點斷開，會截斷 T62 及 T63 繼電延遲式時間掣的供電，時間掣開始作斷電後計時。T62 的斷電延遲時間較短，約 0.5 秒；T63 的斷電延遲時間較長，約 0.8~1.0 秒（該控制部分沒有在（圖：9.80）中）；

4. 約 0.5 秒後，$\overline{T62}$↓常閉觸點復位，慢車第一減速接觸器 CS2↑吸索，其流程為 R72－CS1－$\overline{T62}$－CS2 線圈，CS2 主觸點將電阻器 RS 短路，增大了制動轉矩，轉速會減低；

5. 再約 0.3~0.5 秒後，$\overline{T63}$↓常閉觸點復位，慢車第二減速接觸器 CS3↑吸索，其流程 R72－CS1－$\overline{T63}$－CS3 線圈，CS3 主觸點將電抗器 LS 短路，再增大了制動轉矩，轉速再會減低；

6. 這時電動機應差不多達至 24 極的 250rpm 轉速，升降機以慢速穩速運行；

7. 升降機慢速運行至停層樓的樓平面時，經平層停車永磁感應器 SQ12（上向）或 SQ22（下向）的作用，因為是上行，所以使上向平層繼電器 R12 觸發，

R12↑→$\overline{R84}$↑→CU↓→CS1↓→CS2↓&CS3↓（該控制部分沒有在（圖：9.80）中），
升降機便準確地停在停層樓的樓平面處；

8. （圖：9.70）及（圖：9.71）的各部件的說明如（表：9.3）。

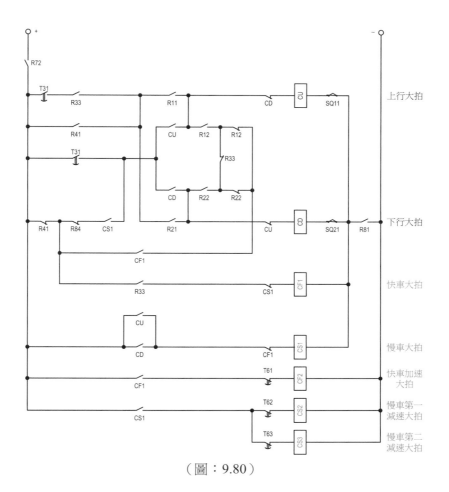

（圖：9.80）

超載訊號指示燈及聲響電路

　　根據規定，升降機必須設置升降機機廂的超載保護裝置，以防止升降機機廂的嚴重超載而引起的意外。超載裝置一般裝置在升降機機廂底、機頂及機房，超載裝置可以是有級的開關裝置，也可以是連續變化的壓磁裝置或應變電阻片式的裝置，但不論何種結構型式的超載裝置，只要升降機超載時均應發出超載的閃爍燈光訊號和斷續的蜂鳴器聲響；與此同時使正在關門的升降機停止關門並開啟，直至超載的乘客退出升降機廂，不再超載時，才會熄滅燈光訊號和蜂鳴器聲響，並可重新關門再起動運行。在一般升降機中，最常用的超載保護裝置是磅秤式的開關結構，其聲響和燈光電路如（圖：9.81）所示。超載訊號燈及蜂鳴器均是裝置在機廂內操縱箱內部的，在其面板上有「OVERLOAD」紅色燈光顯示板。

　　電路圖中當超載開關 SA74 動作時 R74↑，從而使繼電器 R75 延時吸索，因該繼電器線圈兩端並聯的 C75 電容充電需要時間，即充電達到繼電器的吸引電壓時 R75 吸索，超載燈 L74 點亮，B74 蜂鳴器發聲，但當 R75 吸索後其本身的常閉觸點又斷開其吸索線圈的電路，但 C75 電容向線圈放電，所以 R75 不會立即釋放，一旦釋放後，燈立即不亮，蜂鳴器也不發聲響，而 R75 的本身常閉觸點又再次重定，又再次接通 R75 的吸索電路，即又開始重新對 C75 電容器充電，充電達到 R75 吸索電壓時又使燈亮、蜂鳴器發聲，這樣周而復始，直至 SA74 開關因已不超載而開路，R74 截流並中斷了 R75 繼電器之工作狀態。

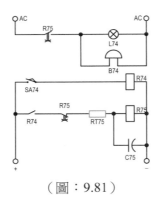

（圖：9.81）

井道的雙穩態磁開關組成的樓層位置電路

　　雙穩態磁開關與數字電路所組成的樓層位置電路是以前廣泛應用微處理器於升降機控制中不可缺少的重要一環。其工作原理是裝於升降機機廂上的雙穩態磁開關，隨著升降機機廂運行而經過井道內各個樓層的磁豆時的變化量，經「1或 0」邏輯電路而轉化成二進制訊號，並輸入計算機比較環節而決定出升降機的運行方向。這種定向方法快速而準確。

　　某些升降機公司會使用格雷碼(Gray code)作為計算樓層訊號編碼的基礎，因為這種編碼方法於每次加減數值時只需改變一個位元(Bit)的狀態，從而減少錯誤，這樣井道磁感應器的數量及安排會較簡單容易。當訊號傳到機房控制板後，再利用解碼器將格雷碼譯成 2 或 10 進制的編碼進行運算，（圖：9.82）所示為主流的格雷碼 5 位元編碼圖，最高可計算 31 樓層。圖中也將使用二進制 BCD 碼（較少用）情形繪出作為比較，可看出採用格雷碼或二進制 BCD 碼時，由於輸出的邏輯訊號不同，所以磁豆的安裝位置都會不同。當升降機運行時，KCS-0 至 KCS-4 於不同的位置，便會輸出不同的訊號。

　　升降機上行：以 KCS-1 為例，當升降機由「1」樓開始上行至「31」時，在「1」及「2」樓之間，遇到「S」極的磁豆，這時 KCS-1 配合「上」向及「S」極磁豆，會令雙穩態磁開關由開路變成「接通」，輸出邏輯訊號「1」，並一直保持「1」的輸出狀態；當升降機繼續向上運行，到達「5」及「6」樓之間，遇到「N」極的磁豆，這時 KCS-1 配合「上」向及「N」極磁豆，會令雙穩態磁開關由接通

變回「開路」，輸出邏輯訊號「0」。

　　升降機下行：以 KCS-1 為例，當升降機由「31」樓開始下行至「1」時，在「30」及「29」樓之間，遇到「N」極的磁豆，這時 KCS-1 配合「下」向及「N」極磁豆，會令雙穩態磁開關由開路變成「接通」，輸出邏輯訊號「1」，並一直保持「1」的輸出狀態；當升降機繼續向下運行，到達「26」及「25」樓之間，遇到「S」極的磁豆，這時 KCS-1 配合「下」向及「S」極磁豆，會令雙穩態磁開關由接通變回「開路」，輸出邏輯訊號「0」。

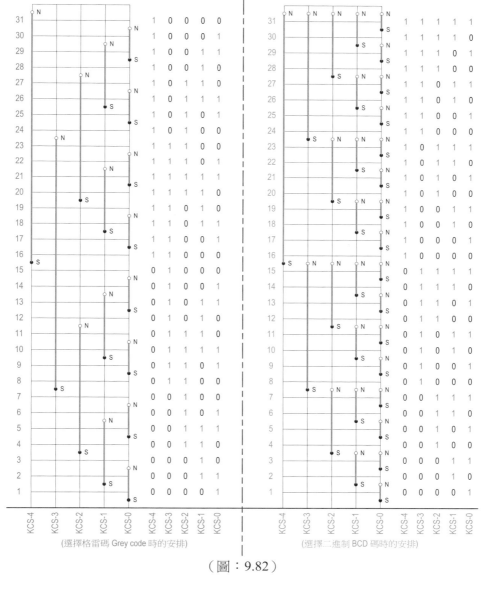

（圖：9.82）

　　即 KCS-1 於圖中左邊格雷碼編碼的「2」至「5」樓，「10」至「13」樓，

「18」至「21」樓，「26」至「29」樓間的位置，當升降機上行或下行經過時，KCS-1 的輸出為「1」，其餘位置的輸出為「0」。

同樣原理，圖中雙穩態磁開關 KCS-0 至 KCS-4 於不同的位置，只要配合「上」運行方向及經過「S」極磁豆，邏輯訊號輸出為「1」，到達「N」極磁豆後，邏輯訊號輸出變為「0」。若配合「下」運行方向及經過「N」極磁豆，邏輯訊號輸出為「1」，到達「S」極磁豆後，邏輯訊號輸出變為「0」。圖中每樓層的橫線，表示升降機廂平樓板時的中心線。

<u>樓層訊號指示燈電路</u>

升降機的樓層訊號指示燈可利用選層器上的活動拖板或樓層指示器的活動臂，這活動臂隨升降機機廂的運行而轉動，也即反映機廂位置，臂上帶電觸點與選層器固定框架上的與實際樓層位置相對應的固定導電觸點的接通，而使相對樓層的樓層指示燈點亮，從而反映出升降機機廂在整個樓層中的位置，某些會分開不同的號碼分辨外樓層及機廂指示燈，電氣原理如（圖：9.83）所示。另外一種稱為「燈盤」的設計，更需要加設電線及調整相關的位置，長久也會製造金屬磨損，如（圖：9.84）所示，現已被淘汰。

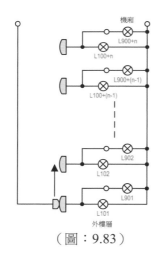

（圖：9.83）

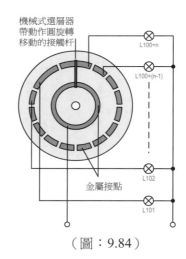

（圖：9.84）

常用井道磁開關或普通開關的樓層位置訊號指示的電氣原理如（圖：9.85）及（圖：9.86）所示。從圖中可以看出只要隔磁鐵板或撞刀作用，某層的磁開關或限位開關即可使某層的訊號燈點亮。隔磁鐵板或撞刀的長度應以最長的一個樓層距離作為其參考長度較為合適；而在某些短樓層距時，雖有可能兩個樓層的開關同時接通，但也只能點亮一個樓層訊號燈。這種指示器結構，一般常用於樓層間距相同的住宅樓上。

繼電器式選層器升降機多使用樓層拍取代機械式選層器，所以可直接從樓層拍取得樓層訊號，更可直接地反映機廂的正確位置，電路圖如（圖：9.87）所示。

上述多種樓層指示燈的接法不僅可用於各個樓層、門外上方的樓層指示燈,也可用於升降機廂內的樓層指示燈。

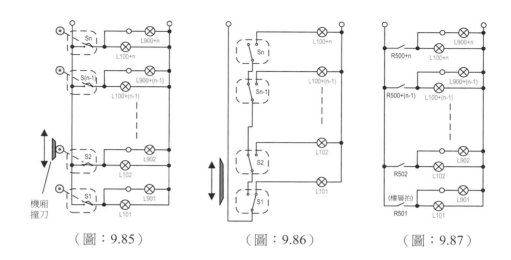

（圖：9.85）　　　　　（圖：9.86）　　　　　（圖：9.87）

數碼顯示的樓層指示燈電路

　　隨著現今高層大樓的不斷湧現,舊式用指示燈泡來顯示的樓層指示器的整個闊度將很大,有時往往大於升降機門口的開門闊度,這樣就不美觀了。此外,燈泡也較易燒毀,壽命也較短,某些情況更換指示燈泡不易,更產生大量熱量。因此現今大部分升降機都採用 LED 數碼顯示的樓層指示器,這樣不僅體積小,而且使用壽命長,又可減少佈線的數量,其解碼器原理如（圖：9.88）所示。

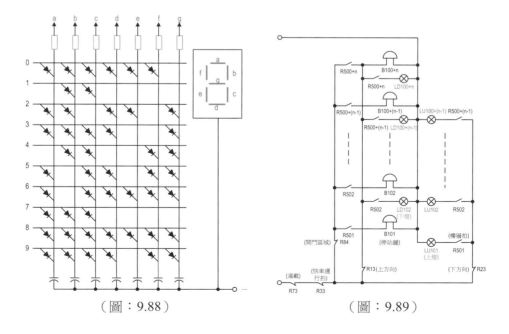

（圖：9.88）　　　　　　　　　　　　（圖：9.89）

　　圖中僅表示出 0~9 層，由每層的樓層拍取出訊號給解碼器，再推動 7 劃 LED 數碼顯示管工作，其他層數可依次類推。一個 7 劃 LED 數碼顯示管可用於 9 層以下；二個 7 劃 LED 數碼顯示管則可用至 99 層以下，因此 LED 數碼顯示管的樓層指示器將會是升降機優化或更新時主流顯示方式。新式的電腦升降機會採用點陣式 LED 顯示器，樓層訊號由解碼器解碼後輸出至顯示器。

預報運行方向指示燈及到站鐘電路

　　隨著群控升降機使用狀況增多，預報升降機下一次準備運行的方向燈也將得到日益推廣使用，這種預報運行方向指示燈常與升降機到站鐘一起使用。

　　當升降機根據機廂內指令或外樓層的召喚訊號而制動減速停車前，可使預報方向燈發亮，並同時發出到站鐘聲，以告知乘客升降機即將到達及通知下一次升降機即將運行的方向。因此升降機在某一層不準備停車時，該層的預報方向燈也不發亮，到站鐘也不響。只有升降機在該層準備停車，發出減速訊號，即將到達該層時，才會點亮該層的準備下一次運行方向燈，同時發出到站鐘聲以引起乘客注意。

　　預報運行方向指示燈及到站鐘電路如（圖：9.89）所示，電路圖可由下而上觀察。圖中最下的總氣先經 $\overline{R73}$ 及 $\overline{R33}$ 常閉觸點，R73 為滿載拍，R33 為快車運行拍，即表示若升降機滿載及尚未由快車轉至慢車，升降機將不會停站，預報運行方向指示燈也不會亮起。預報上向運行方向指示燈 LU101~LU100+(n-1) 經 $\overline{R23}$ 常閉觸點供電，預報下向運行方向指示燈 LD102~LD100+n 經 $\overline{R13}$ 常閉觸點供電。

　　當升降機上行，R13 上選向拍吸索，預報上向運行方向指示燈經 $\overline{R23}$ 常閉觸點供電。假設升降機需要於 3 層停站並會繼續上行，當升降機已近 3 層，樓層拍已轉為 R503，並由快車轉至慢車，3 層預報上向運行方向指示燈會亮起，其流程為 $\overline{R73}-\overline{R33}-\overline{R23}-R503-LU103$。

　　當升降機下行，R23 下選向拍吸索，預報下向運行方向指示燈經 $\overline{R13}$ 常閉觸點供電。假設升降機需要於 5 層停站並會繼續下行，當升降機已近 5 層，樓層拍已轉為 R505，並由快車轉至慢車，5 層預報下向運行方向指示燈會亮起，其流程為 $\overline{R73}-\overline{R33}-\overline{R13}-R505-LD105$。

　　假如升降機由快車轉至慢車將會停站於某一樓層，若當時 R13 及 R23 上、下選向拍都沒有吸索，這表示升降機暫時沒有特定的選向，所以該樓層的預報上、下向運行方向指示燈都會同時亮起，因指示燈都是經 $\overline{R13}$ 及 $\overline{R23}$ 常閉觸點供電，這也是為何選擇使用常閉觸點的原因。在這情況下，乘客可進入機廂，選擇他需要向上或向下的行程。

　　到站鐘聲是經 $\overline{R84}$ 常閉觸點供電，當升降機到達開門區域，R84 復位，再經樓層拍 R501~R501+n 令到站鐘 B101~B100+n 發出聲響。

運行方向燈電路

　　升降機確定了運行方向後，其方向指示燈即被點亮，方向指示燈一般與樓層
位置指示燈放在一起，方向燈是表明升降機會向上或向下運行。只有在消失運行
方向後，此燈才熄滅。

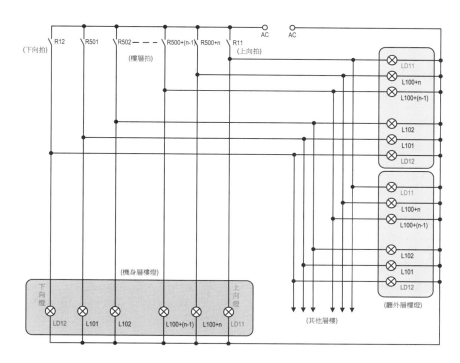

（圖：9.90）

　　運行方向燈及樓層燈電路如（圖：9.90）所示，運行方向燈主要由上選向拍
R11 及下選向拍 R12 給予訊號；而樓層燈則由各樓層記憶拍 R501~R500+n 給予
訊號。

機廂內抆手燈及樓層站外抆燈電路

　　抆手訊號燈通常會裝於抆手按鈕連燈座之組件上，它們是由按下按鈕後使繼
電器吸索的該繼電器中的一對觸點接通而點亮的，這樣抆手燈可使用其他任何電
壓。但為了減少佈線的數目，一些升降機廠也會直接使用觸發抆手拍的一條訊號
線給予抆手燈使用，因當抆手拍被記憶後，這條訊號線也處於高電位。所以只須
在兩觸點間加上一條導線或一個防止電流反向流動影響其他電路的二極管（視電
路設計而定），抆手燈電路便完成，電路如（圖：9.91）所示，惟抆手燈一般使
用與抆手控制電路相同的電壓。當該繼電器被消號釋放後，該抆手燈也熄滅。

　　另外有升降機公司會採用比較控制電路電壓（DC80~100V）低的抆手指示燈

來減低成本，但仍取自觸發抒手拍的一條訊號線。方法是在機房裝設一個輸出較低電壓（24V）的變壓器，變壓器輸出的一端與抒手總氣「＋」電壓連接，另一端不要落地（否則會將兩電源短路），抒手燈的回路線必須獨立接駁，這樣抒手燈兩端的相對電壓只是交流 24V，如（圖：9.92）所示，從而減低抒手燈電壓，降低成本。

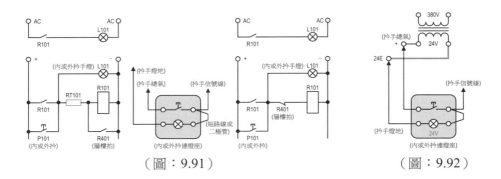

（圖：9.91）   （圖：9.92）

電動機轉向電路

　　升降機的轉向即改變升降機的運行方向，實際就是改變電動機的旋轉方向。交流升降機要改變三相感應電動機的旋轉方向，只要將其中二相的相序互換便可，如（圖：9.93）所示。上行接觸器 CU 吸索時電動機正轉，而下行接觸器 CD 吸索時將 L2、L3 二相互換，把相序改變，使旋轉磁場轉向改變，電動機反轉。因此 CU 或 CD 吸索，便可獲得二個不同的旋轉方向。

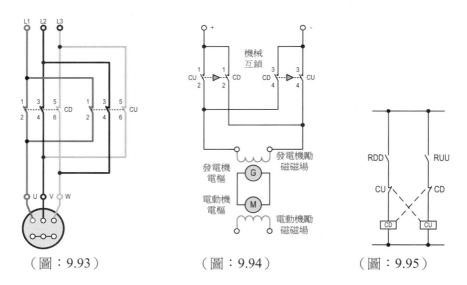

（圖：9.93）   （圖：9.94）   （圖：9.95）

　　在採用發電機及電動機組的直流升降機中，通常改變發電機勵磁繞組的極性來改變發電機的輸出極性，從而改變電動機電樞繞組極性，實現改變旋轉方向，如（圖：9.94）所示。無論是交流還是直流升降機，都可以通過上、下行接觸器

（繼電器）改變升降機的運行方向。其線路構成如（圖：9.95）所示，圖中 RUU、RDD 分別為上、下行運行繼電器。

電動機星角形起動器電路

　　電動機星角形起動器(Star delta motor starter)利用改變電動機定子繞組的接線方法來達到降壓啟動的目的，從而降低起動電流。若在正常運行時，定子繞組作三角形聯接的電動機，一般可採用星角降壓啟動，除非是需要帶重載起動的情況。升降機中採用星角形起動電路有油壓軺，直流軺附有直流發電機的三相原動機起動電路；而自動梯多用於星形接法於起動時來降低起動電流，然後轉為角形運行。

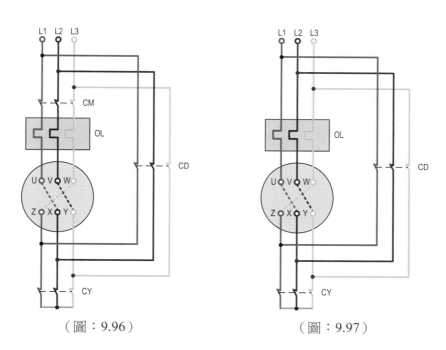

（圖：9.96）　　　　　　　（圖：9.97）

　　電動機星角形起動器電路如（圖：9.96）所示。啟動時，將定子繞組接成星形，此時主繼電器 CM 及星形繼電器 CY 吸索，當電動機運轉起來以後再改接成角形，這時主繼電器 CM 及角形繼電器 CD 吸索。星角形起動器的過載繼電器OL 一般會監察電動機的相電流，這樣的安排在角形時的電流可減少$\sqrt{3}$倍，過載繼電器的容量可減低。

　　較為舊式的電動機星角形起動電路可能會採用油掣，更有一些電路為了減低成本，只採用 CY 及 CD 兩繼電器，將 CM 省去，如（圖：9.97）所示，但這方法由於在電動機停止轉動休息時，也有電壓施加於繞組上，故可能減低電動機的壽命。另外在電氣安全方面，也有存在未有完全隔離電源的風險，所以現在已不會採用。

升降機安全保護電路

升降機的安全保護裝置大多數都是由機械和電氣安全裝置（閘鎖）相互配合而構成的。升降機的電氣安全保護線路有多種，其主要作用就是當某一安全開關動作時，使升降機切斷電源或控制部分線路，停止升降機運行。（圖：9.98）所示為一般升降機安全保護線路之安排。

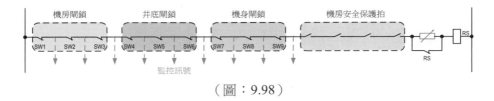

（圖：9.98）

電氣安全保護線路會將閘鎖分為機房、機廂及井底三個部分，然後再將各部分之全部閘鎖串聯，這樣可減少佈線，維修也較易。較新的升降機因為需要監測那一個閘鎖出現問題，從而給予壞機指示訊號，所以可能需要在每一個閘鎖之後引出訊號作監控。保護線路最後更會串聯一些如電動機過熱、錯相、斷相保護等安全拍之觸點，才觸發繼電器 RS，使電路工作。某些升降機廠更會使用串聯電阻的安全繼電器，使電路更安全可靠。

升降機門控制電路

升降機自動門所用的電機，有直流和交流兩種。直流系統用小型直流伺服電機，可用串、並聯電阻的方法進行速度調節。這種調節方法簡單，低速時發熱也較少，是升降機自動開關門電機中用得最多的一種。交流系統採用小型交流電動機，並在電機內附加一組輸入直流電的線圈。當直流電通過線圈便產生一固定磁場，電動機在轉動時切割到這磁場之磁力線，便在鼠籠式轉子內產生渦流，這渦流同時也建立一磁場，但這磁場卻與轉子之運動方向相反，即產生一制動力令到轉子減弱運轉。這樣只需調節串聯於線圈的電阻大小來控制磁場的強弱，便可調節電動機的轉速，稱為渦流制動器調速。但交流自動開關門電機，在低速時發熱較多，對電機的要求也較高。

常用的直流門機控制系統與交流門機系統相比較，各有所長，也各有所短。

1.   直流門機系統傳動機構簡單，調速方法也很簡單，且在低速時門電動機發熱較小。而交流門機系統的傳動機構和調速方法也是比較簡單的，但在低速時門電機發熱厲害；因此對交流門機電動機的堵轉性能及其絕緣要求均較高。
2.   由於兩種門機的傳動機構，致使升降機系統停電後各有不同的結果。直流門機系統要實現開門釋放被困乘客很難；而交流門機系統則要容易得多。在現今結構情況下，交流門機系統較易達到升降機安全規範的要求。
3.   交流門機系統在低速運行時發熱厲害，因此門電機內必須備有過熱保護，但當熱保護裝置失靈，就很容易燒毀三相交流門電機；而直流門機系統則很少有此憂慮。

直流升降機門控制電路

    直流電機門控制電路用直流伺服電機控制線路，線路如（圖：9.99）所示。

●   關門

    關門時，使關門拍 RC↑ 吸索，直流 110V 電源的正極，經熔斷器首先供給直流伺服電機的勵磁繞組 WMF。同時經可調電阻 RTM，由 RC(1-2)的觸點，進入電機的電樞繞組，從 RC(3-4)的觸點，回到電源的負極。在電流流經電機電樞的同時，開門拍 $\overline{RO}$ 常閉觸點使電阻 RTC 形成了電樞的分流電路。當門關至約為門寬的 2/3 時，限位器 SC1 的限位開關動作，使電阻 RTC 被短接一部分，流經此路徑的電流增大，令總電流增加。總電流的增大，就使電阻 RTM 上的電壓降增大，從而使電機電樞的電壓降低，使其轉速下降，關門的速度減慢。當門關閉到還有 100~150mm 時，限位開關 SC2 動作，又短接了電阻 RTC 的更大一部分，關門速度再一次降低，直到門完全關閉。當門完全閉合後，則 RC 失電釋放復位，關門過程結束。

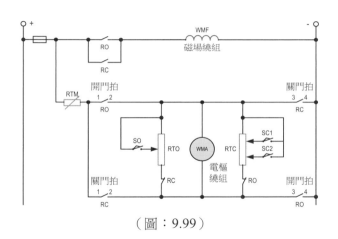

（圖：9.99）

●   開門

    開門與關門過程類似，只是開門拍 RO↑ 閉合，使電樞電源極性反接，電機反轉。開門速度的調節，是由限位元開關 SO 控制的。

    開關門過程的最後，開門拍 RO 或關門拍 RC 都要釋放復位。這時，自動開關門電機所具有的動能，將全部消耗在電阻 RTC 和 RTO 上，使電機進入能耗制動狀態。由於兩個電阻的阻值很小，使能耗制動很強烈，而且時間很短，迫使電機很快停車。這樣，在直流電機的開關門系統中，就不需要機械煞車裝置使電機停止。這也是升降機中廣泛使用直流伺服電機的自動開關門控制系統的原因之一。

交流升降機門控制電路

　　交流升降機門控制電路用交流三相電機控制,電路如(圖:9.100)及(圖:9.101)所示。在關門或開門過程中,為降低門閉合時的撞擊和提高其運行平穩性而需調節門電機的速度,這時只要通過改變其與電動機同軸的渦流制動器繞組「BIT」內的電流大小即可達到調速的目的,而其運行性能也不遜於前述的最常用的直流電動機系統。

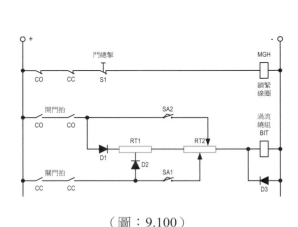

(圖:9.100)

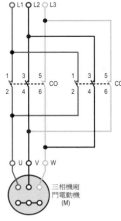

(圖:9.101)

● 關門
　　當接到關門指令後,關門拍 CC↑吸索,使三相交流電動機 M 獲得供電而向關門方向轉動。這時與電動機同軸的渦流制動器繞組 BIT 經 CC 常開觸點和二極管 D2,減速電阻 RT1 和 RT2 而獲得供電,產生一定的制動轉矩,使電動機平滑起動、運行,從而使關門過程平穩而無噪聲。當門關至門寬的 3/4 距離時,SA1 開關閉合,短接了全部 RT1 電阻和部分 RT2 電阻,從而使流經 BIT 的電流增大,產生的渦流制動力矩也增大,門電機 M 的輸出轉速大大降低,同時繼續關門,直至關門限位開關動作→CC↓→電動機斷電停車。內門鎖緊線圈 MGH 獲得供電,使電機門牢牢鎖緊在現已停車的位置,因此這種門機系統與前述的直流門機系統一樣,均不需用機械制動器(煞車)。

● 開門
　　開門情況則與上述情況相反,惟開門用 SA2 開門限位開關進行減速。

安全繼電器

　　安全繼電器(Forcibly guided relay)或稱強制導引式繼電器與一般繼電器不同,但它絕對不是完全沒有故障的繼電器,而是指發生故障時,能做出有規則的動作,具有強行斷開的觸點結構,萬一發生觸點熔結(焊接)現象也能確保安全,這一點同一般繼電器完全不同,一般用於安全電路。安全繼電器的觸點一般需要

多對，其目的是能互補彼此的異常缺陷，達到正確且低誤動作的目的，從而降低其失誤和實效值，提高安全因素。

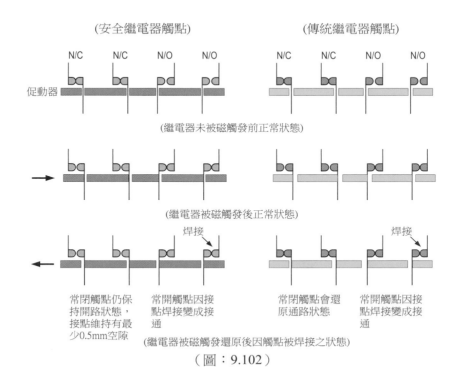

（圖：9.102）

安全繼電器的觸點與傳統繼電器觸點，在製造的構造上的要求有很大的分別。傳統繼電器的常開觸點，當有觸點被大電流通過後，觸點便可能會好像焊接般黏合熔接，即使磁化電流消失，因為其中某觸點黏合，這時常開觸點變成連接通路，常閉觸點會還原通路狀態。根據 EN 50205 要求，安全繼電器的觸點當有觸點焊接情況時，當磁化電流消失，即使某觸點黏合，這時常開觸點變成連接通路，常閉觸點不會還原通路狀態，其觸點維持有最少 0.5mm 的空隙。即當 a 觸點（常開）熔接後，在線圈無勵磁狀態下，所有的 b 觸點（常閉）都確保 0.5mm 以上的觸點的間距。安全繼電器與傳統繼電器觸點不同表現示意如（圖：9.102）所示。

安全電路是控制電路的一部分，一般由急停按鈕，行程開關，光柵感測器和安全繼電器組成，用於保護使用者人身安全和設備安全。另外，安全繼電器也會在一個整體元件中，內藏多個強制導引式繼電器，再加上具備特殊功能電路或電子零件的模組，稱為安全繼電器模組。這樣設計之目的是要能互補彼此的異常缺陷，達到正確且低誤動作的繼電器完整功能，其失誤和失效值愈低，安全因素則愈高，因此需設計出多種安全繼電器以保護不同等級機械，主要目標在保護暴露於不同等級之危險性的機械操作人員。

安全繼電器是一個安全回路中所必須的控制部分，它接受安全輸入，通過內

部回路的判斷，確定性的輸出開關訊號到設備的控制回路裡。簡單地說，安全繼電器都是雙通道訊號型，只有兩個通道訊號都正常時，安全繼電器才能正常工作；在工作過程中，只要其中任何一通道訊號斷開，安全繼電器都會停止輸出，直到兩個通道訊號都正常且重定後才能正常工作。

安全繼電器要求：
1.　在緊急停止解除時，機器不能出現突然再啟動；
2.　萬一機器安全電路發生故障時，可以停止機器動力電源；
3.　安全電路發生故障時，機器不能再啟動；

電路雙重化是必要的，但是除此之外，比如如下幾個條件，雙重化電路的互相檢查，確認所有安全電路已經斷開一次，必要時由作業者操作便可以啟動等條件。

安全繼電器常見於電氣設備控制系統中，尤其是外國進口設備中最為常見，升降機及自動梯也會使用，從而簡化某些電路。特別是在設備突然故障時，在故障未消除或者故障未確認前，設備是無法正常運轉的。以此防止設備故障後突然運行給人身或設備帶來更大的危險。

<u>交叉電路檢測</u>

交叉電路檢測是安全繼電器的一個診斷功能，在雙通道應用時可以使用，用於檢測兩個輸入通道是否有短路，斷路，短接等狀態。增加了診斷覆蓋率和安全可靠性。它的優勢在於可以避免二次故障，及時發現輸入通道的接線錯誤，從而確保雙通道急停回路均有效。

<u>冗餘電路</u>

冗餘電路(Redundant circuit)為二個或二個以上的電路設計用以執行相同的任務，當其中一個用以執行任務時，其餘為備用狀態，一旦執行任務的電路發生故障，即可接替其功能。也就是說當一條回路發生故障時，可確保安全功能依然有效。升降機一些重要的電路，正常安全操作十分重要，只用單點控制較為危險，也可加上相關的冗餘電路。冗餘電路會令簡單的電路變得複雜化，但為了保障安全，也是在所難免的。

（圖：9.103）電路為一簡單的自保持電路，R1 為常開觸點供電給電動機 M，電動機 M 的電路也可看成十分重要的安全電路。這電路的特點為：
● 　沒有冗餘電路；
● 　電路不安全；
● 　沒有自診斷的交叉電路檢測功能。

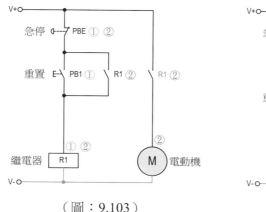
（圖：9.103）

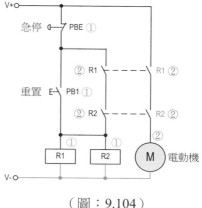
（圖：9.104）

➤ 運轉開始時：
1. 按下重置按鈕 PB1，繼電器 R1 經 PBE、PB1 激磁，2 個 R1 的常開 N/O 觸點一起成為閉合通電，電動機 M 開始運轉；
2. 將 PB1 放開復位，R1 也會因為自我保持回路發揮機能，使電動機 M 持續運轉。

➤ 緊急停止時：
當急停按鈕 PBE 被按下，線圈的激磁被解除，所有 R1 常開 N/O 觸點復位還原開路，電動機 M 停止。

➤ R1 常開觸點異常（溶焊）時：
若 R1 常開觸點溶焊成為長接合狀態，在此情況下，即使按下緊急停止按鈕 PBE，也無法停止電動機 M。這是因為雖然線圈的激磁被解除了，但是 R1 的常開 N/O 觸點的融著，讓觸點一直維持在通路狀態。急停電路將完全失效，電動機 M 將會長期供電。

（圖：9.104）電路為（圖：9.103）之改善電路，除 R1 外還加上 R2，需要 R1 及 R2 同時觸發，經 R1 及 R2 的串聯常開觸點自保持，再由另外的 R1 及 R2 串聯常開觸點供電給電動機 M。若 R1 或 R2 供電給電動機 M 的任何一個常開觸點溶焊成為長接合狀態，急停電路仍然有效。這電路的特點為：
● 設有冗餘電路；
● 電路較安全；
● 沒有自診斷的交叉電路檢測功能，不能檢測到第一個觸點的溶焊，因為這情況並不影響電路的正常運行；
● 惟這時候若第二個觸點都是溶焊就會導致整個電路失效。

➤ 運轉開始時：
1. 按下重置按鈕 PB1，繼電器 R1 及 R2 經 PBE、PB1 激磁，4 個常開 N/O 觸點一起成為閉合通電，電動機 M 開始運轉；
2. 將 PB1 放開復位，R1 及 R2 也會因為自我保持回路發揮機能，使電動機 M

持續運轉。

➤ 緊急停止時：
當急停按鈕 PBE 被按下，R1 及 R2 線圈的激磁被解除，所有 R1 及 R2 常開 N/O 觸點復位還原開路，電動機 M 停止。

➤ R1 或 R2 常開觸點異常（溶焊）時：
若 R1 或 R2 常開觸點溶焊成為長接合狀態，在此情況下，按下緊急停止按鈕 PBE，R1 及 R2 都被截流，電動機 M 停止。因為只有 R1 或 R2 其中一個常開觸點溶焊，急停電路仍然有效。但 R1 及 R2 常開觸點同時溶焊成為長接合狀態，急停電路便完全失效。

（圖：9.105）電路為（圖：9.104）之改善電路，R1、R2 及 R3 為安全繼電器（R3 為減低成本，也可使用普通繼電器），內部電路構成繼電器模組。工作時需要 R1（常開）及 R2（常開）共二個串聯觸點才可供電給電動機 M。這電路的特點為：
● 設有冗餘電路；
● 有自診斷的交叉電路檢測功能；
● 故障進入安全狀態。

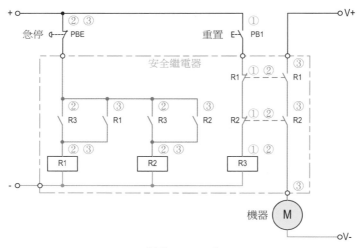

（圖：9.105）

➤ 運轉開始時：
1. 按下重置按鈕 PB1，繼電器 R3 經 PB1、$\overline{R1}$ 及 $\overline{R2}$ 常閉 N/C 觸點吸索；
2. 繼電器 R1 經 PBE 及 R3 常開 N/O（已觸發通路）觸點吸索；繼電器 R2 經 PBE 及 R3 常開 N/O（已觸發通路）觸點吸索，這時繼電器 R1 及 R2 都被觸發，R1 及 R2 常閉觸點離開，使 R3 釋放復位，電動機開始運轉；
3. 將 PB1 放開復位，R1 及 R2 也會因為自我保持回路發揮機能，R1 及 R2 常開 N/O 觸點使電動機 M 持續運轉。

➢ 緊急停止時：
當急停按鈕 PBE 被按下，R1 及 R2 線圈釋放復位，所有 R1 及 R2 常開 N/O 觸點復位還原開路，電動機 M 停止。

➢ R1 或 R2 常開觸點異常（溶焊）時：
若 R1 或 R2（只一個）常開觸點溶焊成為長接合狀態，在此情況下，按下緊急停止按鈕 PBE，R1 及 R2 都被截流，電動機 M 停止。由於 R1 及 R2 都是安全繼電器，繼電器的常開觸點溶焊成為長接合狀態後，它的常閉觸點仍會保持最少 0.5mm 距離，所以 R3 線圈要經 R1 及 R2 的常閉 N/C 觸點便不能通電，R3 繼電器沒有被觸發，急停電路仍然有效，如（圖：9.106）所示。若 R1 及 R2 二個常開觸點都被溶焊成為長接合狀態，急停電路便無效。

在這種情況下，R1 或 R2 兩個常開 N/O 觸點的任何一個被焊接，安全繼電器單元也不會令電路重啟，從而確保安全。當起動按下重置按鈕 PB1 時，電路檢測 $\overline{R1}$（常閉）及 $\overline{R2}$（常閉）是否於正常狀態，才可令 R3 觸發，否則不能起動。這電路當急停按鈕 PBE 被按下後，電動機 M 停止；當急停按鈕 PBE 復位後，電動機 M 也不能自行起動，必須按下重置按鈕 PB1。若需要自行起動，可將重置按鈕 PB1 的常開觸點短路。

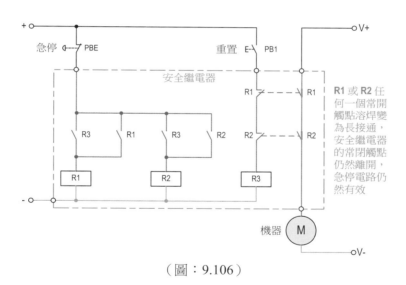

（圖：9.106）

【有關（安全觸點）於《升降機及自動梯設計及構造實務守則 2019》中要求重點如下，詳細內容請參考相關書刊】

❖ 安全觸點(Safety contacts)：安全觸點必須符合 EN 60947-5-1:2004 附錄 K 的要求，具備最少為 IP4X (EN 60529)的防護等級，以及適合其用途的機械強度（至少 10^6 個工作循環），或必須符合以下要求：

❖ 安全觸點的動作，須由斷路裝置將其可靠地斷開。即使觸點熔接在一起，斷路裝置亦應可將觸點斷開。設計時須盡可能減低因組件故障而引致的短路危險。註：當所有觸點的斷開元件處於斷開位置時，且在大部分行程中，動觸

點與施加觸動力的觸動器部件之間沒有任何彈性元件（如彈簧）存在，即為觸點達致可靠地斷開。

✧ 如安全觸點的保護外殼的防護等級不低於 IP4X (EN 60529)，則安全觸點須能承受 250 伏特的額定絕緣電壓；如防護等級低於 IP4X (EN 60529)，則安全觸點須能承受 500 伏特的額定絕緣電壓。按 EN60947-5-1:2004 的定義，安全觸點須屬於以下類型：a) AC-15 (如用於交流電路的安全觸點)；b) DC-13(如用於直流電路的安全觸點)。

✧ 若外殼的防護等級等於 IP4X (EN 60529)或以下，則電氣間隙及爬電距離須分別不少於 3 毫米和 4 毫米，而觸點在斷開後的距離須不少於 4 毫米。如防護等級高於 IP4X (EN 60529)，則爬電距離可減至 3 毫米。

✧ 如屬多個分斷點的情況，在觸點斷開後，觸點之間的距離須不得少於 2 毫米。

✧ 導電物料的磨損，不應導致觸點短路。

電氣故障的防護及故障分析

升降機電氣設備中的任何單一故障，如果不能排除安全觸點中描述的條件，在其單獨出現時，不可令升降機出現危險故障。【升降機及自動梯設計及構造實務守則 2019】提供有關可能出現的故障包括：
1. 沒有電壓；
2. 電壓下降；
3. 導線失卻連續性；
4. 金屬部分或接地的絕緣損壞；
5. 電氣組件，例如：電阻、電容器、半導體、電燈等，出現短路或斷路、改變數值或功能等；
6. 接觸器或繼電器的可動銜鐵不吸合或不完全吸合；
7. 接觸器或繼電器的可動銜鐵不能解開；
8. 觸點沒有斷開；
9. 觸點不能閉合；
10. 錯相。

以安全觸點而言，觸點不能斷開情況可以不必考慮。在電氣安全裝置或控制制動器的電路中，或控制下行閥的電路中，出現接地故障時必須：

1. 使驅動機器立即停止轉動；或
2. 如果第一次接地故障並不危險，在第一次正常止動後防止驅動機器再次啟動。

這些故障只能通過手動重設才能恢復使用。

電氣安全裝置

根據【升降機及自動梯設計及構造實務守則 2019】的指引，當守則中（附錄

A）所列的其中一個電氣安全裝置動作時，須按相關(電氣安全裝置的操作)項的規定防止驅動機器運轉，使其立即停止轉動。

安全完整性級別(Safety Integrity Level, SIL)是機能安全的一部分，它定義為由於安全機能所降低風險的相對水準，或是風險降低後，風險的相對水準。數字越大，安全性能越好，則按其要求規定的故障概率也越低。電氣安全裝置的分類如（圖：9.107）所示。

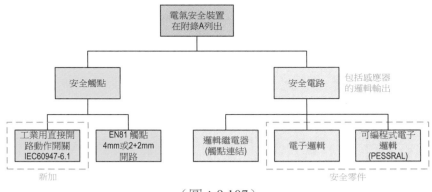

（圖：9.107）

【有關（電氣安全裝置）於《升降機及自動梯設計及構造實務守則 2019》中要求重點如下，詳細內容請參考相關書刊】

✧ 電氣安全裝置(Electric safety devices)：電氣安全裝置須包括：a) 一個或多個符合相關項規定的安全觸點；或符合相關項規定的安全電路，由以下一項或多項組成：1) 一個或多個符合相關項規定的安全觸點；2) 不符合相關項規定的觸點；3) 符合 EN 81-50:2014，第 5.15 項規定的組件；4) 符合相關項的安全相關應用可編程序電子系統。
✧ 除本守則允許的例外情況外，電氣設備不得與電氣安全裝置並聯。與電氣安全鏈的不同點的連接，只允許作為收集資料之用。就此目的使用的設備必須符合相關安全電路及如（圖：9.98）的安全電路要求。
✧ 根據 EN 12016，內部或外部電感或電容的作用，不得引致電氣安全裝置失效。
✧ 電氣安全裝置所發出的訊號，不得被另一個放置於同一電路較後位置的電氣裝置所發出的外來訊號所改變，以免造成危險。
✧ 若安全電路包含兩個或更多平行訊號，除奇偶校驗所須的訊息外，其他訊息一律只能取自一個訊道。
✧ 記錄或延遲訊號的電路，即使出現故障，也不得妨礙或明顯地延遲由電氣安全裝置操作而觸發的驅動機器止動，即止動必須在與系統兼容的最短時間內發生。
✧ 內部供電組件的構造及安排，須能防止電氣安全裝置的輸出因開關效應而輸出錯誤訊息。

COP 項號	檢查裝置	最低安全完整性級別
5.2.1.5.1 a)	在井道底坑的止動裝置	3
5.2.1.5.2 c)	在滑輪房的止動裝置	3
5.2.2.4	檢查井道底坑梯的儲存位置	1
5.2.3.3	檢查通道、緊急門及檢修門的關閉狀態	2
5.2.5.3.1 c)	檢查機廂門的鎖緊狀態	2
5.2.6.4.3.1b)	檢查機械裝置的非活動狀態	3
5.2.6.43.3 e)	檢查檢修門或活板門的鎖緊位置	2
5.2.6.4.4.1 d)	檢查任何進入井道底坑門的開口	2
5.2.6.4.4.1 e)	檢查機械裝置的非活動狀態	3
5.2.6.4.4.1 f)	檢查機械裝置的活動	3
5.2.6.4.5.4 a)	檢查工作平台的摺合位置	3
5.2.6.4.5.5 b)	檢查可移動止動裝置的縮回位置	3
5.2.6.4.5.5 c)	檢查可移動止動裝置的伸出位置	3
5.3.9.1	檢查層站門鎖緊裝置的鎖緊位置	3
5.3.9.4.1	檢查層站門的閉合位置	3
5.3.11.2	檢查無鎖門板的關閉狀態	3
5.3.13.2	檢查機廂門的關閉位置	3
5.4.6.3.2	檢查緊急活板門及緊急門的鎖緊狀態	2
5.4.8 b)	在機廂頂上的止動裝置	3
5.5.3 c) 2)	檢查機廂或對重的提升位置	1
5.5.5.3 a)	如機廂以兩條纜索或鏈條懸吊,檢查纜索或鏈條不正常相對伸長的情況	1
5.5.5.3 b)	檢查強制驅動升降機及液壓升降機的纜索或鏈條的鬆弛度	2
5.5.62. f)	檢查補償纜索的張緊度	3
5.5.6.1 c)	檢查防跳裝置	3
5.6.2.1.5	檢查機廂安全鉗的非活動狀態	1
5.6.2.2.1.6 a)	超速檢測	2
5.6.2.2.1.6 b)	檢查限速器的解開情況	3
5.6.2.2.1.6 c)	檢查限速器纜索的張緊度	3
5.6.2.2.3 e)	檢查安全纜索的斷裂或鬆弛情況	3
5.6.2.4.2 h)	檢查動作槓桿的縮回位置	2
5.6.5.9	檢查棘爪裝置的縮回狀態	1
5.6.5.10	若耗能式緩衝裝置與棘爪裝置一同使用,檢查緩衝器是否回復正常伸展狀態	3

5.6.6.5	檢查上行機廂的防超速裝置	2
5.6.1.1	檢測機廂門沒關上的非預定移動運行	2
5.6.7.8	檢查機廂非預定移動保護裝置的啟動	1
5.8.2.2.4	檢查緩衝器回復至正常伸展位置	3
5.9.2.3.1 a) 3)	檢查可拆卸式盤車手輪的位置	1
5.10.5.2	透過斷路器接觸器控制主開關	2
5.12.1.3	檢查在縮減緩衝器行程的減速情況	3
5.12.1.4 a)	檢查平層、再平層及初步操作	2
5.12.1.5.1.2 a)	檢修操作開關	3
5.12.1.5.2.3 b)	在檢修操作時同時檢查按鈕	1
5.12.1.6.1	緊急電動操作開關	3
5.12.1.8.2	用於層站及機廂門觸點的旁通裝置	3
5.12.1.11.1 d)	檢修操作的止動裝置	3
5.12.1.11.1 e)	在升降機機器的止動裝置	3
5.12.1.11.1 f)	在測試及緊急操作屏的止動裝置	3
5.12.2.2.3	檢查升降機機廂位置訊息傳感裝置的張緊度（終端限位開關）	1
5.12.2.2.4	檢查升降機柱塞位置訊息傳感裝置的張緊度（終端限位開關）	1
5.12.2.3.1 b)	終端限位開關	1

COP（附錄 A）

安全電路

　　安全電路的故障分析必須考慮整個安全電路（包括傳感器、訊號傳輸路徑、電源、安全邏輯及安全輸出）的故障。

【有關（安全電路）於《升降機及自動梯設計及構造實務守則 2019》中要求重點如下，詳細內容請參考相關書刊】

✧　安全電路(Safety circuits)：安全電路須符合相關項出現故障時的規定。
✧　此外，評估安全的圖表如如（圖：9.108）所示，以下要求適用：
✧　a) 如某個故障與隨後的另一個故障組合會導致危險情況，在首個故障仍然存在時，升降機最遲必須在下一個操作程序開始前，停止運行。在故障仍然存在的情況下，升降機應繼續停止操作。在第一個故障出現後及升降機的運行被上述操作程序停止之前，出現第二個故障的可能性可不必考慮；
✧　b) 如兩個故障本身不會導致危險的情況，但若與第三個故障結合，便會導致危險情況，則升降機最遲須在其中一個故障會參與的下一個操作程序中停止運行。在升降機因上述操作程序而停止運行之前，出現第三個會導致危險情況的故障的可能性可不予考慮；

✧ c) 如可能同時出現多於三個故障，安全電路的設計須包含多個訊道以及用作校驗訊道狀況是否相同的監察電路。如發現訊道狀況不同，升降機須停止運行。如屬兩個訊道，最遲必須在重新啟動升降機前校驗監察電路的功能。倘監察電路出現故障，升降機便不能重新啟動；

✧ d) 在恢復被切斷的電力供應後，升降機無須保持在止動位置，只要升降機能根據以上 a)、b)及 c)的規定在下一個操作程序前再次將升降機止動便可；

✧ e) 如屬冗餘型電路，應採取適當的措施，盡可能防止單一原因引致多個電路同時出現故障的危險。如發現訊道狀態不同時，升降機須停止運行。

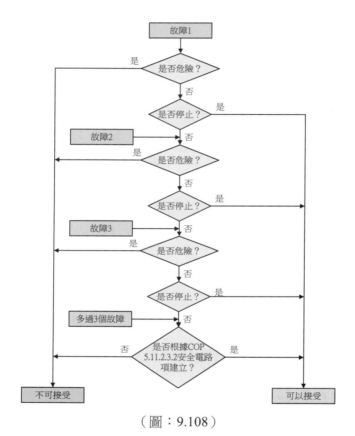

（圖：9.108）

設計例子：

● 由交流或直流電源直接供電的電動機，用兩個獨立的接觸器切斷電源，接觸器的觸點應串聯於電源電路中。升降機停止時，如果其中一個接觸器的主觸點未打開，最遲到下一次運行方向改變時，必須防止機廂再運行。如（圖：9.109），（圖：9.110）及（圖：9.111）所示。

● 交流或直流電動機用靜態元件供電和控制：
  1. 兩個獨立的接觸器，條件同上，或
  2. 一個接觸器、靜態元件電流阻斷控制裝置、監控電流阻斷的監控裝置。如（圖：9.112）所示。

● 切斷制動器（迫力）電流，至少應用兩個獨立的電氣裝置來實現，當升降機

停止時，如果其中一個接觸器的主觸點未打開，最遲到下一次運行方向改變時，應防止升降機再運行。如（圖：9.113）所示。

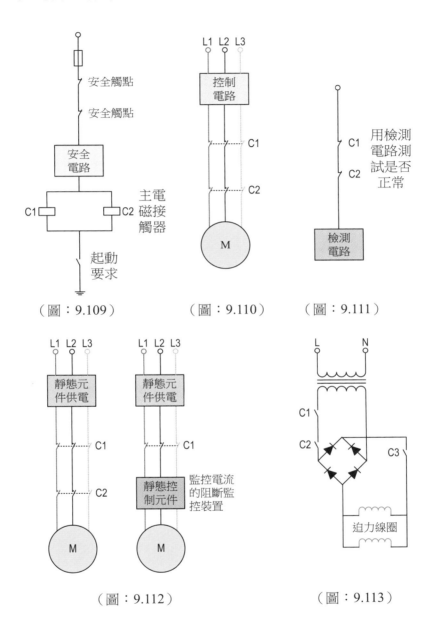

（圖：9.109）　　　　　（圖：9.110）　　　　　（圖：9.111）

（圖：9.112）　　　　　　　　　（圖：9.113）

PESSRAL/PESSRAE 裝置

　　PESSRAL/PESSRAE 裝置，分別是指升降機(Programmable Electronic components and Systems in Safety Related Applications for Lifts, PESSRAL)以及自動梯(Programmable Electronic components and Systems in Safety Related

Applications for Escalators, PESSRAE)或乘客輸送機上使用的可編程電子安全迴路裝置。這種裝置是升降機和自動梯非常重要的電氣安全裝置，主要作用就是檢測出升降機運行危險，導入安全的運行狀態，其產品的設計可以實現電子以及軟體控制來取代傳統的安全裝置。

目前 PESSRAL/PESSRAE 裝置在升降機上實現的升降機功能有：檢測升降機門開啟狀態下，機廂的意外移動、檢查平層、再平層和預備操作、檢查減行程緩衝器的減速狀態等。

較新型升降機的重要安全部件大多裝有 PESSRAL/PESSRAE 裝置，比如電子限速器、安全鉗、電子門鎖、升降機防撞裝置、電子安全裝置狀態監控裝置等。而自動梯一般 PESSRAL/PESSRAE 裝置，多用於限速器，非操縱逆轉安全裝置，梯級缺掉安全裝置，扶手帶運行速度監察裝置。所以說 PESSRAL/PESSRAE 裝置對於升降機／自動梯十分重要，其產品需要嚴格的測試及認證。

PESSRAL/PESSRAE 的特性：
1. 進一步提高升降機／自動梯的安全性，提高監控能力；
2. 提高升降機／自動梯的可靠性和故障的可預測性：現有的系統由於觸點的污漬、燒蝕及機械損壞，時常會導致停止運行事故；
3. 可以實現更為複雜的安全功能：現有系統若要實現複雜的功能，勢必會投入極高的成本，甚至有些安全功能根本不可能實現；
4. 實現了升降機／自動梯產品技術的創新：由於升降機現有標準嚴格、過於保守，某種程度上限制了新技術的應用；
5. 整體降低產品的成本：使用基於軟體的系統完成安全功能或將安全功能與其它功能集成在一起，雖然前期的開發成本高，但是大規模生產後成本將明顯降低，並且系統的軟體更易於改變。

【有關（基於安全而應用的可編程序電子系統）於《升降機及自動梯設計及構造實務守則 2019》中要求重點如下，詳細內容請參考相關書刊】

❖ 基於安全而應用的可編程序電子系統(Programmable electronic systems in safety related applications, PESSRAL)：必須遵守 EN 81-50:2014，第 5.16 項所列出的相關安全完整性級別(SIL)的設計規則。（附錄 A）顯示每個電氣安全裝置的最低安全完整性級別。

❖ 為避免系統被作出不安全的更改，必須提供措施，例如使用不可改變或刪除的可編程序的唯讀記憶體、取用碼等，以防止擅自取用基於安全而應用的可編程序電子系統的程式代碼和安全相關數據。

❖ 如果基於安全而應用的可編程序電子系統及非安全相關系統共用同一列印電路板（PCB），必須按相關項的要求將這兩個系統分離。

❖ 如果基於安全而應用的可編程序電子系統及非安全相關的系統共用同一硬件，必須符合適用於基於安全而應用的可編程序電子系統的要求。

❖ 必須能透過內置系統或外在工具來識別基於安全而應用的可編程序電子系統的故障狀態。如果這件外在工具是特殊工具，則必須可在工地提供。

10

升降機的常用電子零件及電路

學習成果

完成此課題後，讀者能夠：

1. 描述常用電子及工業電子的名稱、符號、結構、特性；
2. 說明常用電子及工業電子檢測及一般應用的場合。

本章節的學習對象：

☑   從事電梯業技術人員。
☑   工作上有機會接觸升降機及自動梯人士。
☑   對升降機及自動梯的知識有濃厚興趣人士。
☐   日常生活都會以升降機及自動梯作為交通工具的人士。

10.1 基本升降機電子零件及電路

由於新型的升降機很多以電子電路為主，電子零件及電路的基本常識不可缺少。以下介紹一些常用於升降機的電子零件及簡單電路作參考。

二極管

二極管有單向導電的特性，正向偏壓時，電阻很低，電流很大；反向偏壓時，電阻很高，電流很小，因此它的其中一種用途是用來把交流電轉換成直流電，所以又稱為整流子，但一般統稱為晶體二極管(Diode)。（圖：10.1）是晶體二極管的符號，箭頭表示 P 區，稱為陽極(Anode)，也有稱正極，用(A)或(+)來代表；一條短線表示 N 區，稱為陰極(Cathode)，也有稱負極，用(K)或(-)來代表。(A)或(+)表示當這端連接(+)正電位，相對另一邊(K)或(-)端連接(-)負電位，二極管便會導通，並有電流流通，稱為正向偏壓；相反極性連接時，二極管不會導通，沒有電流流通，稱為反向偏壓。也有一些書，當二極管用作整流時，會用另一種表示方法，紅色的(+)端輸出為(+)(正)電位；紅色的(-)端輸出為(-)(負)電位。二極管符號箭頭指示的方向為二極管正向偏壓電流流動方向，與電子流方向相反。一般二極管製成品都會在二極管的外殼上標有二極管的符號以表示其極性，在殼體上有圓圈或圓點的一端為陰極(K)。

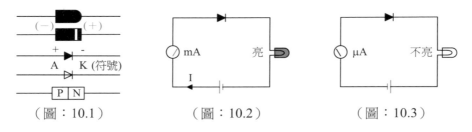

（圖：10.1）　　　　（圖：10.2）　　　　（圖：10.3）

二極管可根據（圖：10.2）及（圖：10.3）所示的線路，利用其正向及反向導通特性來測量它是否正常操作，但一般會用萬用錶的電阻擋來測試，也可分辨出兩隻極腳的極性。

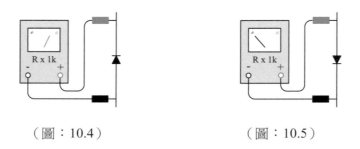

（圖：10.4）　　　　（圖：10.5）

測試時必須注意指針式萬用錶的紅棒是萬用錶內電池的負極，黑棒是正極，這樣的極性安排剛與大部分數字式萬用錶相反。假設採用指針式萬用錶，先選用萬用錶的 R x 1k 擋。當正向偏壓時，將黑色測試棒接陽極(A)，紅色測試棒接陰

極(K)，萬用錶指針應測出低電阻，如（圖：10.4）所示；反向偏壓時，將紅色測試棒接陽極(A)，黑色測試棒接陰極(K)，指針將不動，如（圖：10.5）示。若正向或反向時指針都得到同樣的偏轉結果，這表示測試的二極管便有故障。若測試前不能知道二極管的極性，也可根據錶棒的顏色分辨兩隻極腳的極性。

發光二極管

　　發光二極管(Light Emitting Diode, LED)是一種化合物的半導體，如磷化鎵(GaAs)，其結構與普通二極管一樣，但當電子與空穴復合時，將放出能量，發出可見光。當外加電壓在 1~1.6V 之間，並流過 5~50mA 電流則可發光，現被廣泛作為狀態指示器及電源指示燈，它的符號與一般的二極管相似，只額外加入了兩個箭頭以表示發射光線，常用有紅、黃、白及綠等顏色，（圖：10.6）及（圖：10.7）為利用萬用電錶測試 LED 的電路圖，發光二極管的工作特性及要點如下：

- 亮度與通過電流成正比；
- 只要低電壓便可工作，耗功率甚小；
- 一般壽命比燈泡長；
- 為了保護發光二極管，通常串聯一個電阻作限流，一般以工作電流 20mA 為計算基礎；
- 發光二極管的擊穿電壓較低，反向電壓不能超過 3V。

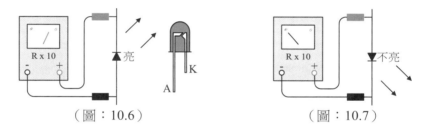

（圖：10.6）　　　　　　　　　（圖：10.7）

　　發光二極管除了製造成一粒粒的形狀外，更可造成某些字型的其中一劃，如日字形的 7 劃管，可組合成 0~9 數字；或在 7 劃管中再加上米字型，便可組成各英文字母，稱為 16 段顯示器，如（圖：10.8）所示；然後將每一劃的陽極或陰極一同接合成共通點(Common)，另外一極引出引線作輸入端，只要輸入端與共通點間接成正向偏壓，便可發光。它主要用於家庭電器、電子鐘、數字式儀器及升降機樓層顯示等的數字或字母顯示用途。

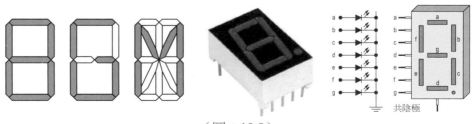

共陰極

（圖：10.8）

　　與單一 7 劃管或米字管 LED 顯示器相比，點陣 LED 顯示器顯示的字元更加豐富多彩，字型更加美觀，點陣 LED 顯示器的每一點實際上由一個 LED 組成，它不但可以顯示數位，英文字母，還可以顯示漢字。最早期曾有 4 x 7 點陣顯示器，但後來已被 5 x 7 點陣顯示器取代，如（圖：10.9）所示。而升降機上為了顯示更多字元，多採用 5 x 7 點陣顯示器，也有一些由多塊 5 x 7 點陣顯示器組合而成，使顯示的字更大，資訊更多，例如：顯示「暫定使用」等中、英文顯示，如（圖：10.10）及（圖：10.11）所示。升降機的樓層顯示相關之產品實物如（圖：10.12），（圖：10.13）及（圖：10.14）所示。

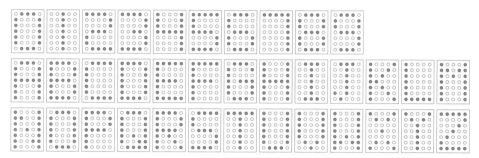

（圖：10.9）

（圖：10.10）

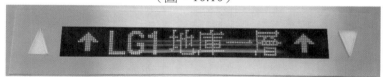

（圖：10.11）

（圖：10.12）　　　　　　　　　　（圖：10.13）

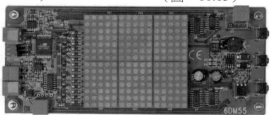

（圖：10.14）

相片來自互聯網
http://www.pikotec.com/files/pikotec_catalogue.pdf

　　點陣顯示器的驅動方法多採用行掃瞄或列掃瞄，行掃瞄是逐行（水平）對相應的點進行點亮，列掃瞄則是逐列（垂直）點亮相應的點。（圖：10.15）是字元「A」的列掃瞄方式的形成過程，（圖：10.16）為行掃瞄方式。由於人的眼有視覺暫留的特性，而且掃瞄頻率也很高，便可看出成形的字型。

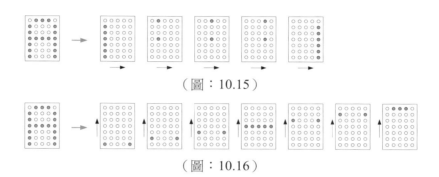

（圖：10.15）

（圖：10.16）

電容濾波器(Capacitor filter)是利用電容器之充電及放電特性來工作，是一種最簡單及價錢平的濾波器。由於電容器是會充電及放電的關係，所以在整流後的輸出正、負兩端加上電容器，如（圖：10.17）所示，電容器便會充電，更充電至輸出波形峰值電壓，若無負載與輸出連接，電容器便維持於此峰值電壓，從而使輸出接近平滑，由於峰值較有效值為高，直流成份的輸出電壓會比未加濾波器前為高。

濾波器

　　由於大部份整流電路主要由交流電源經整流而形成的，輸出電壓波形一般都是脈動很大的直流，更會在直流量中帶有一些交流成份，這種疊加在直流量上的交流分量，稱為紋波(Ripple)。

　　脈動直流在要求不高的設備中，是可以應用的；但在要求直流電壓比較平穩的設備中就未達要求。在實際應用中，加上濾波器(Filter)可以使整流後的脈動電壓成份減少，輸出電壓變得更平滑。濾波器是用電感器、電容器及電阻器等元件按一定的連接方式組合而成。任何類型的濾波電路只允許直流電流或電壓通過，而使交流電流或電壓很難通過的特點。

電容濾波器

　　電容濾波器(Capacitor filter)是利用電容器之充電及放電特性來工作，是一種最簡單及價錢平的濾波器。由於電容器是會充電及放電的關係，所以在整流後的輸出正、負兩端加上電容器，如（圖：10.17）所示，電容器便會充電，更充電至輸出波形峰值電壓，若無負載與輸出連接，電容器便維持於此峰值電壓，從而使輸出接近平滑，由於峰值較有效值為高，直流成份的輸出電壓會比未加濾波器前為高。

　　電路接上負載電阻後，當輸出脈動波形峰值電壓下降低於電容器充電電壓後，電容器便開始放電，電壓亦隨之而逐漸降低；在兩電壓波峰間之放電電量，受濾波電容器及負載電阻之 RC 時間常數所影響，所以若負載電流較大時，會使

直流電壓降低較快,從而影響輸出,所以電容濾波器只適用於負載電流小的場合,波形如(圖:10.18)所示。另外,由於電容相對交流的阻抗很小,直流成份不能通過,所以將它與負載接成並聯,有將交流分量旁路的作用。

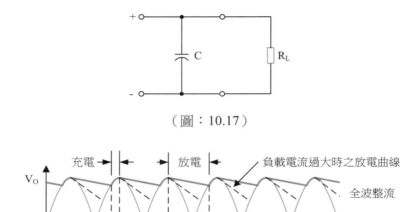

（圖：10.17）

（圖：10.18）

電感濾波器

　　電感濾波器(Inductor filter)是在輸出與負載之間串聯一個電感器,如(圖:10.19)所示。

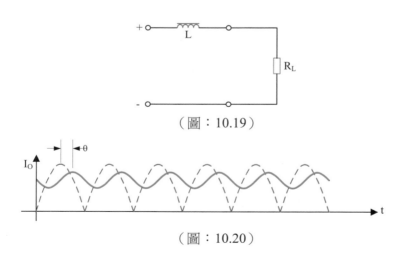

（圖：10.19）

（圖：10.20）

　　由於電感器相對交流有電感抗 X_L,所以它對交流成份差不多有隔離之作用。當電感中通過交流電時,電感器的兩端將產生自感電動勢,這自感電動勢有阻止電流變化的作用;電流增大,自感電動勢會抑制電流增大,同時又會阻止電流的減小,使得電流在減小的過程中變慢。電感器同時亦可視為一磁能的存放器,當

電流在平均值之上時儲存磁能，當電流要降到平均值之下時，便將能量傳回至負載上。（圖：10.20）所示為電感濾波器用於全波整流電路時之輸出波形，輸出波形會滯後「θ」相角，由於電感濾波器用於半波整流的效果甚差，實際電路不會採用。

電感濾波器會阻止輸出電流以及輸出電壓達到峰值，所以輸出比電容濾波器低。電感濾波器適用於負載電流大的場合，輸出電壓穩定。電感器電感量用得越大，濾波效果也越好，但若電感器太大時，會增加濾波器的重量及佔用較大的空間，而且斷開電源瞬間的反電動勢也將增大。

半波整流電路

半波整流電路用較高的交流電壓 V_1 經變壓器降壓後輸出一交流低電壓 V_2，D 為整流二極管，R_L 為需要直流的負載，然後將它們串聯連接，如（圖：10.21）所示。

在正半波(0~180º)時間內，次級線圈繞組的 1 端為正，2 端為負，加在二極管是正向電壓，二極管 D 導通，有電流 I_D 流過負載 R_L，如（圖：10.22）所示，這時 I_D 與流過負載的 I_{RL} 相同。

在負半波(180º~360º)時間內，次級線圈繞組的 1 端為負，2 端為正，加在二極管上的是反向電壓，二極管截止，沒有電流通過，故負載之電壓降是零，如（圖：10.23）所示。由於電路只是在正半波工作，負半波能量沒有被利用，稱為半波整流(Half wave rectifier)，輸入與輸出的波形如（圖：10.24）所示。

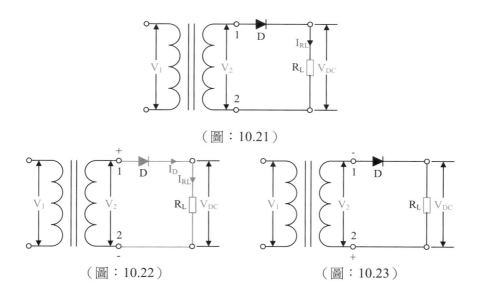

（圖：10.21）

（圖：10.22）   （圖：10.23）

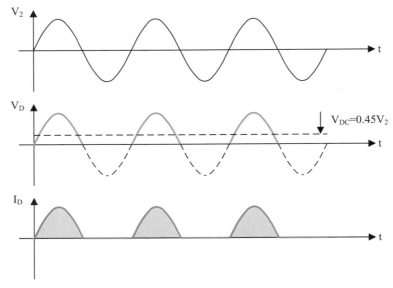

（圖：10.24）

優點：
● 電路最簡單，零件少，二極管電壓降損失小。

缺點：
● 輸出波形脈動較大；
● 輸出直流電壓低，電流小，主要用於高壓電源或要求不高於 100mA 以下的電路；
● 變壓器使用率少，由於變壓器次級電流經常是同一方向，會在變壓器鐵芯中顯著產生磁飽和，減低變壓器效率；
● 整流效率低。

　　在實際應用中，任何類型的整流電路在選擇整流元件時，除了需要知道二極管通過的直流電流 I_D 外，還要知道整流二極管所需要承受的最大反向電壓，因為當二極管不導通時，整流電路有一個反向電壓加在二極管上。在半波整流電路中，當 V_2 達負半波最大值時，這個反向電壓 V_{PIV} 最大；由於直流輸出只有正半波，所以作用在負載上的電壓，或整流後的輸出電壓 V_{DC} 的平均值，即直流成份將大打折扣，我們從數學方法可得出半波整流各主要數據的關係如下：

$$V_{DC} = 0.45V_2$$

$$I_{RL} = \frac{0.45V_2}{R_L}$$

$$I_D = I_{RL} = \frac{0.45V_2}{R_L}$$

$$V_{PIV} = \sqrt{2}V_2$$

V_{DC}＝整流後的直流輸出電壓(V)
I_{RL}＝整流後的直流輸出至負載電流(A)
I_D＝二極管的平均電流(A)
V_{PIV}＝二極管最大反向電壓(V)

全波中間抽頭變壓器整流電路

全波中間抽頭變壓器整流(Full wave centre-tapped transformer rectifier)是由中心抽頭變壓器，兩只二極管 D_1，D_2 與負載連接組成，電路如（圖：10.25）所示。中間抽頭變壓器的 1 和 2 兩端點對中心抽頭 0 端點，可得到大小相等，相位相反的交流電 V_{21} 及 V_{22}，由於它們之輸出電壓相等，所以簡化統稱為 V_2。

在正半波(0º~180º)時間內，變壓器次級繞組的 1 端為正，2 端為負，二極管 D_1 導通，電流 I_D 流過 D_1 和負載電阻 R_L 再經變壓器中心抽頭 0 端構成回路，D_2 因受反向電壓而截止，如（圖：10.26）所示。

在負半波(180º~360º)時間內，變壓器次級繞組的 2 端為正，1 端為負，這時二極管 D_2 導通，電流 I_D 流過 D_2 和負載電阻 R_L 經變壓器中心抽頭 0 端構成回路，D_1 因受反向電壓而截止，如（圖：10.27）所示。

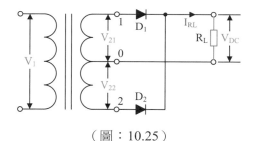

（圖：10.25）

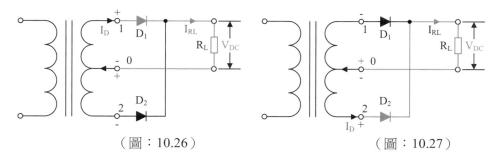

（圖：10.26）　　　　　　　　　（圖：10.27）

從（圖：10.28）所示波形圖可以看出，在兩個「半週期」內，經過 D_1 和 D_2 的導通電流，以相同的方向流經負載電阻，使 R_L 得到脈動的直流電壓。由負載

兩端測出的波形圖可以看出，全波整流後輸出的直流成份比半波整流電路增加了一倍。雖然直流成份增加一倍，但由於兩二極管輪流導電，所以各二極管平均的電流 I_D 與半波整流相同；二極管不導通時承受最大的反向電壓 V_{PIV} 最大值為假設二極管的正向電壓降不計，所以加在 D_1 及 D_2 反向時之電壓也就是 1、2 兩點間的電壓。

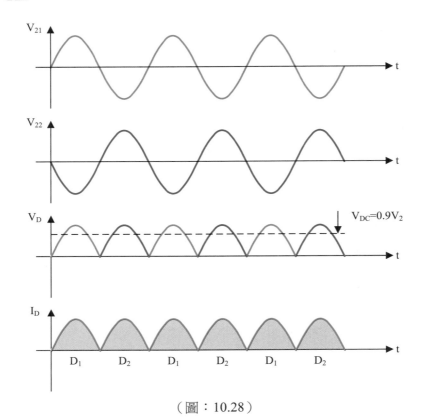

（圖：10.28）

　優點：
● 電路較簡單，元件較少，二極管電壓降損失小；
● 輸出直流電壓高，電流大，適用於任何電流的電路；
● 變壓器使用率較半波整流為高，但必須要中間抽頭變壓器及注意變壓器中央抽頭的平衡度；
● 輸出波形脈動較小。

　缺點：
● 二極管反向電壓高；
● 比半波整流多用一支二極管，需要使用中間抽頭變壓器也使成本上升。

　全波中間抽頭變壓器整流各主要數據的關係如下：

$$\boxed{V_{DC} = 2 \times 0.45V_2 = 0.9V_2}$$

$$I_{RL} = \frac{0.9V_2}{R_L}$$

$$I_D = \frac{I_{RL}}{2} = \frac{0.45V_2}{R_L}$$

$$V_{PIV} = 2 \times \sqrt{2}V_2 = 2.83V_2 = 2V_{2m}$$

全波橋式整流電路

　　電路由四個二極管接成橋式電路，如（圖：10.29）所示，它的輸出同樣為全波，故稱為全波橋式整流(Full wave bridge rectifier)。

　　在正半波(0°~180°)時間內，變壓器次級電壓 V_2 兩端之間，1 端為正，2 端為負，如（圖：10.30）所示。二極管 D_1、D_3 受正向偏壓而導通；D_2、D_4 受反向偏壓而截止，負載電流 I_{RL} 從變壓器 1 端流經 D_1、負載電阻 R_L、D_3 和變壓器 2 端構成回路。

　　在負半波(180°~360°)時間內，變壓器次級電壓 V_2 兩端之間，2 端為正，1 端為負，如（圖：10.31）所示。二極管 D_2、D_4 受正向偏壓而導通；D_1、D_3 受反向偏壓而截止，負載電流 I_{RL} 從變壓器 2 端流經 D_2、負載電阻 R_L、D_4 和變壓器 1 端構成回路。

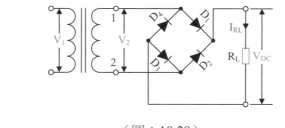

（圖：10.29）

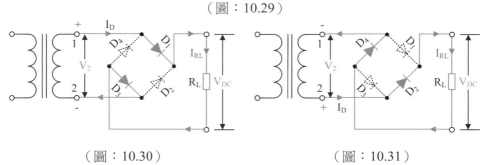

（圖：10.30）　　　　　　　　　（圖：10.31）

　　從（圖：10.32）波形圖中可以看出，變壓器次級電壓 V_2 變化一週的時間內，負載電阻 R_L 都有電流通過，而且朝一定方向流動，於是負載電阻兩端，可以得

到一脈動直流電壓。

　　全波橋式整流電路中負載電阻上的直流電壓和直流電流，與全波中間抽頭整流電路一樣。但由於四個二極管成雙地輪流導通，所以通過各二極管的平均電流 I_D 只是 I_{RL} 的一半，這與全波中間抽頭整流一樣。但二極管在不導通時所承受的最大反向電壓比全波中間抽頭減少一半。一般升降機及自動梯的直流控制電路，多採用全波橋式整流電路來獲取直流。

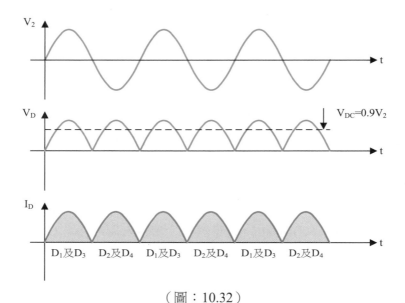

（圖：10.32）

　　優點：
- 電路簡單；
- 輸出直流電壓高，電流大；
- 電路變壓器利用率較高，不用中間抽頭；
- 相對其他全波整流方法，橋式整流元件承受最大反向電壓較低；
- 輸出波形脈動較小。

　　缺點：
- 元件較多，二極管電壓降損失大。

　　全波橋式整流各主要數據的關係如下：

$$V_{DC} = 0.9V_2$$

$$I_{RL} = \frac{0.9V_2}{R_L}$$

$$I_D = \frac{I_{RL}}{2} = \frac{0.45V_2}{R_L}$$

$$V_{PIV} = \sqrt{2}V_2$$

三相變壓器半波整流電路

　　三相變壓器半波整流(3 phase transformer half wave rectifier)需要接駁至三相電源，配置須有三個二極管及一個三相降壓變壓器。三相電源輸入到接成角形接法（星形也可以）的三相變壓器初級，經次級降壓後以星形輸出。變壓器次級每個繞組直接連接至二極管陽極（A），各二極管的陰極（K）一同連接至負載的一端，變壓器的星形中性點連接至負載的另一端，即負載接於變壓器次級的相電壓V_P，如（圖：10.33）所示。

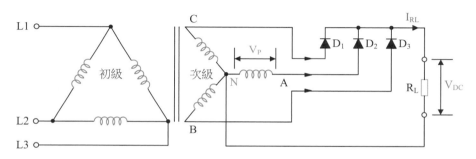

（圖：10.33）

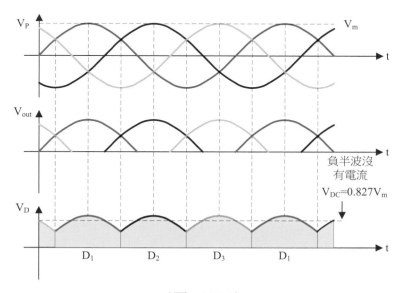

（圖：10.34）

當變壓器次級有三相電源輸出，三相電流會令 D_1、D_2 及 D_3 輪流導通，由於電路只是半波整流，所以當 D_1、D_2 及 D_3 處於反向偏壓時，也輪流截止，相關的波形圖如（圖：10.34）所示。

- 若相電壓 V_{AN} 高於各相，D_2 導通，V_{AN} 接於負載的兩端，D_1 及 D_3 反向偏壓截流；
- 若相電壓 V_{BN} 高於各相，D_3 導通，V_{BN} 接於負載的兩端，D_1 及 D_2 反向偏壓截流；
- 若相電壓 V_{CN} 高於各相，D_1 導通，V_{CN} 接於負載的兩端；D_2 及 D_3 反向偏壓截流。

在要求脈動較小的較大功率場合中，常採用三相整流，三相變壓器半波整流的整流效率（96.77%）及變壓器使用率（66.43%）都是較高的。若輸出的直流電壓需求較高，也可不用降壓變壓器，將三相電源直接連到整流器，稱為三相四線半波整流。

$$V_m = \sqrt{2}V_P$$

$$V_{DC} = 0.827V_m = 1.17V_P$$

$$I_{RL} = \frac{0.827V_m}{R_L} = \frac{1.17V_P}{R_L}$$

$$I_D = \frac{I_{RL}}{3}$$

$$V_{PIV} = \sqrt{3}V_m$$

$V_m =$ 電壓波形的峰值(V)
$V_P =$ 三相變壓器的相電壓之有效值(V)

三相變壓器全波整流電路

三相變壓器全波整流(3 phase full wave rectifier)的基本要求與三相變壓器半波整流一樣，惟需要六個二極管，如（圖：10.35）所示。

三相變壓器全波整流的特點是在任何時刻都只有一組兩隻二極管導通，使三相電流由電位最高的相出發，經 D_1、D_3、D_5 的其中一個二極管，流經負載，再由 D_2、D_4、D_6 中的某一個二極管流回電位最低的相作回路，而其它二極管此時都截止，如（圖：10.36）所示。

- 在圖中 V_{AB} 最高時間段，電流由 A→D_3→R_L→D_6→B，其餘二極管截流；

- 在圖中 V_{AC} 最高時間段，電流由 A→D_3→R_L→D_2→C，其餘二極管截流；
- 在圖中 V_{BC} 最高時間段，電流由 B→D_5→R_L→D_2→C，其餘二極管截流；
- 在圖中 V_{BA} 最高時間段，電流由 B→D_5→R_L→D_4→A，其餘二極管截流；
- 在圖中 V_{CA} 最高時間段，電流由 C→D_1→R_L→D_4→A，其餘二極管截流；
- 在圖中 V_{CB} 最高時間段，電流由 C→D_1→R_L→D_6→B，其餘二極管截流。

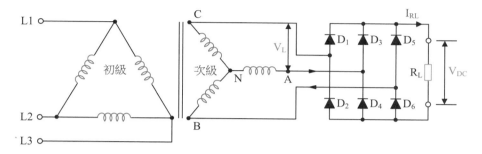

（圖：10.35）

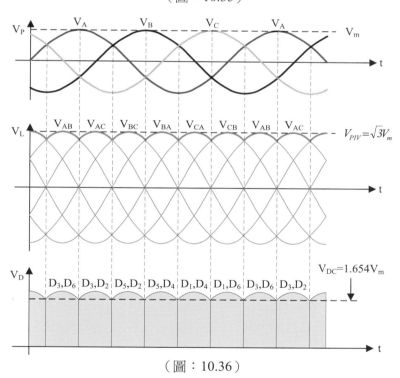

（圖：10.36）

　　三相變壓器全波整流的負載電壓，為兩個不同的相電壓 V_P 之間的線電壓 V_L，接駁時不需要接中性點，所以輸出電壓比三相半波整流更高。這種整流方法的整流效率（99.83%）及變壓器使用率（95.42%）都是各整流電路最高的。

$$\boxed{V_m = \sqrt{2}V_P}$$

$$V_{DC} = 1.654V_m = 2.34V_P$$

$$I_{RL} = \frac{1.654V_m}{R_L} = \frac{2.34V_P}{R_L}$$

$$I_D = \frac{I_{RL}}{3}$$

$$V_{PIV} = \sqrt{3}V_m$$

◆ YouTube 影片－Full-Wave Center-Tap Rectifier－英語－英字幕（4:53）
https://www.youtube.com/watch?v=Bas8IsrwC2I

◆ YouTube 影片－Full-Wave Bridge Rectifier－英語－英字幕（5:45）
https://www.youtube.com/watch?v=WSHVg9Cdg1s

◆ YouTube 影片－Fundamentals of Power Electronics: Three-Phase Diode Rectifier Basics －英語－英字幕（9:07）
https://www.youtube.com/watch?v=pblpQtXCmGw&t=214s

穩壓 IC

　　某些直流電源，往往受到輸入電壓及負載電流變化而影響輸出電壓的穩定。若在要求高的場合，希望解決電壓不穩定的問題，便需要加設穩壓裝置(Voltage Regulator)，從而使輸出電壓更穩定，最簡單的穩壓方法是採用穩壓 IC。

　　常用的穩壓 IC 有 78xx，不同的廠牌又被稱作 L78xx、LM78xx、MC78xx... 等，常用在需要穩定電壓的電源電路中，好處是使用方便，低成本的優點。「xx」指的是其輸出電壓，例如 LM7810 的輸出電壓為 10V。這種電壓調節器輸出之電壓相對於接地點較高，故被稱作正電壓型調節器。它也可以和負電壓型調節器 LM79xx 搭配使用，從而同時提供正、負電壓予電路。電路的接駁分別如（圖：10.37）及（圖：10.38）所示。

　　78xx 和 79xx 的最大電流容量是 1A，使用時輸入電壓需要比輸出電壓要大上一定值（通常是 2.5V）。所以一個 12V 電池要穩壓至 10V，對於 7810 便不太適用；假如輸入 12V，要穩至 5V，採用 7805 作穩壓，這時輸入與輸出的電壓差便是 12 – 5 = 7V，即 IC 要承受 7V 的電壓降，電功率消耗也不少，使用時必須考慮。實際應用電路如（圖：10.39）及（圖：10.40）所示。

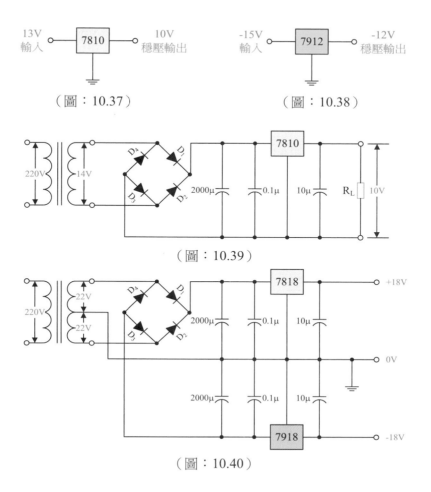

（圖：10.37）　　　　　　　　　　（圖：10.38）

（圖：10.39）

（圖：10.40）

晶體管

　　晶體管(Transistor)有三根引線，所以又叫三極管。它正如二極管一樣，由半導體材料構成的，但晶體管則由三層半導體取代二層的二極管半導體所構成，其中靠外的兩層採用一種相同的半導體材料，中間一層採用另一種半導體材料。例如：靠外的兩層如果用的是 N 型矽，則中間一層用的是 P 型矽，這就構成 NPN 型晶體管，如（圖：10.41）所示。

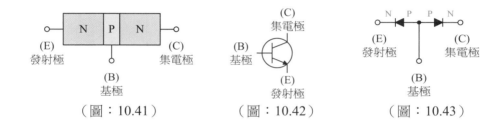

（圖：10.41）　　　　　（圖：10.42）　　　　　（圖：10.43）

（圖：10.44）   （圖：10.45）   （圖：10.46）

另一種結構如（圖：10.44），中間一層用的是 N 型矽，靠外兩層用的是 P 型矽，構成了 PNP 型晶體管。晶體管的中間一層都做得很薄，一般只有 0.001 英寸左右的厚度，並稱為基極(Base)，靠外兩層分別稱為發射極(Emitter)和集電極(Collector)。晶體管的電路符號如（圖：10.42）及（圖：10.45）表示，與英文字母的 K 字有點相似，並用圓圈包圍，帶有箭頭的引線代表發射極(E)，垂直直線的是基極(B)，若箭頭指向（內）基極的是 PNP 型晶體管，箭頭指離（外）基極的是 NPN 型晶體管，另一端指向基極但沒有箭頭的是集電極(C)。晶體管基本上可看作是兩個背靠背連接的二極管，如（圖：10.43）及（圖：10.46）所示。

晶體管在一般的電子電路中主要用作訊號放大，包括電壓、電流及功率放大，而在升降機電子電路中，功能基本上一樣，也用於一些邏輯電路中。

晶體管之測試

一個晶體管的好壞與各極腳的分辨，都可用萬用錶作簡單的測試找出極腳，惟必須注意指針式萬用錶的紅棒是錶內電池的負極，黑棒是正極；而數字式萬用錶的相關極性則剛剛相反。

● 辨別基極

可以把晶體管看成兩個二極管來分析，用萬用錶的電阻檔 Rx100 或 Rx1k，將測試棒接觸在晶體管三個接腳其中的兩腳，基本上可得到 6 個結果，如（圖：10.47）至（圖：10.52）所示。當萬用錶的指針產生大偏轉時，此時這兩腳之中必有一腳是基極 B。將任何一測試棒移至第三接腳，若萬用錶的指針仍產生大偏轉，則測試棒沒動的那個接腳為基極 B，如（圖：10.47）及（圖：10.48）所示；如果測試棒移至第三接腳時，萬用錶之指針偏轉極小，如（圖：10.51）及（圖：10.52）所示，那麼表示測試棒移開的那隻接腳為基極 B。

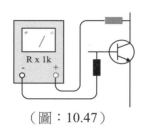

（圖：10.47）

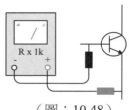

（圖：10.48）

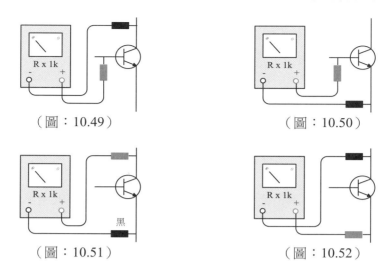

（圖：10.49）　　　　　　　　　　（圖：10.50）

（圖：10.51）　　　　　　　　　　（圖：10.52）

　　上述測試，若指針偏轉很大，而接觸在基極的測試棒是黑色測試棒時，表示這晶體管是 NPN 型；相反，若是紅色測試棒，表示這晶體管是 PNP 型。

● 　辨別發射極及集電極

　　當找到基極後，其餘兩隻極腳便是集極和射極。用萬用錶的電阻檔（Rx100 或 Rx1k），以 NPN 管為例，把黑棒接觸在任意一隻預先假設的集極極腳 C，而紅棒接假設的射極 E，再用手指捏住基極 B 與假設的集極 C 間的極腳，此時手指相當於一電阻連接兩極腳之間，如（圖：10.53）及（圖：10.54）所示，但不得讓基極 B 與射極 E 的極腳直接接觸，此時萬用錶的指針應產生偏轉或偏轉極小，記錄此時指針偏轉角度。

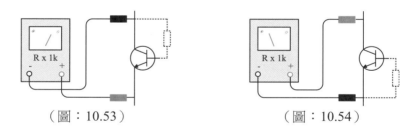

（圖：10.53）　　　　　　　　　　（圖：10.54）

　　將假設的管腳互換，再重複以上程序，看萬用錶的偏轉角度多少，再比較兩次的萬用錶偏轉角度，以角度大的一次的假設為正確。因為若 E 及 C 可給予正確的偏壓接法，即 C 接正壓，E 接負壓，會使該晶體管的電流放大系數更大，即偏轉角度較大。如果測試的是 PNP 晶體管，那麼測試棒的接法與 NPN 型晶體管相反，紅棒需接在假設的集極 C，而黑棒接在假設的射極 E。

　　用同樣的方法更可比較兩隻晶體的電流放大系數，偏轉角度愈大，則表示電流放大系數愈大。

晶體管光控感應器

　　晶體管光控感應器主要是利用由硫化鎘(Cds)製成的光敏電阻，作為光的感應器來工作。由於光敏電阻當受光時，光能使材料裡的電子脫離軌道成為自由電子，其電阻將大大降低；沒有受光時，電阻則很大，Cds 可用於如防盜、夜明器（檢測夜間黑暗才亮燈）及安全電眼等光感應器。（圖：10.55）是利用光敏電阻作光感應器而推動晶體管觸發繼電器工作的電路，為舊式簡單升降機自動門電眼的基礎電路。

　　工作原理：
- Q_1 與 Q_2 組成一達靈頓電路，這電路的總電流放大系數約為兩晶體電流放大系數的乘積，所以即使輸入電流很小，也能得到很大的電流增益；
- VR 可變電阻與 R_1 及 Cds 構成一分壓器，分壓點與基極連接，R_1 為固定電阻，防止 VR 調整為零時產生大電流之影響；
- 當 Cds 沒有受光時，電阻很大，從而使分壓電路之分壓點得到較高壓至 Q_1 基極，達靈頓電路導通，繼電器線圈有電流通過使其觸發；
- 當 Cds 受光時，電阻變細，分壓電路之分壓點得到較低壓至 Q_1 基極，達靈頓電路不導通，繼電器線圈沒有電流通過使其停止工作；
- 利用繼電器的常開 N/O 或常閉 N/C 觸點可間接令某些電路觸發或截止；
- 調節 VR 可調校 Cds 之靈敏度，由於繼電器線圈由導通變為截止時將產生反電動勢，D_1 二極管可將其能量吸收，以免高壓危害其他元件。

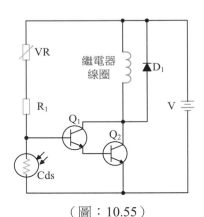

（圖：10.55）

矽可控整流器

　　矽可控整流器(Silicon Controlled Rectifier, SCR)是一種固態開關，簡稱矽控管或可控硅，能把交流電整流成可控制的直流電及作開關使用，它的特點是體積小、重量輕、抗震能力強、運行時沒有聲音及火花、速度快及壽命長等優點。顧名思義，矽可控整流器是一種起整流作用的器件，因它只能讓電流沿單方向通過，所以與二極管有點相似，但 SCR 多了一隻極腳，分別為陽極(Anode, A)，陰極(Cathode, K)以及用作控制的閘極(Gate, G)，它的電路符號如（圖：10.56）所示。

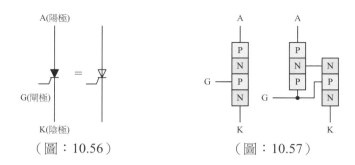

（圖：10.56）　　　　　　　（圖：10.57）

　　SCR 由四層交替配置的 P 型和 N 型矽材料半導體按照所需的層次疊製而成，如（圖：10.57）所示，也可把它看成由兩個雙極晶體管，一為 PNP 及另一為 NPN，把它們的陽極，陰極和控制閘極按（圖：10.58）所示連接。為了使 NPN 型晶體管導通，它的基極電位相對發射極來說必須為正，如果基極不加電壓或施加的是負電壓，則這個晶體管便不能導通，因為它處於反向偏壓狀態，在這種情況下，SCR 的陰極與陽極之間沒有電流通過。

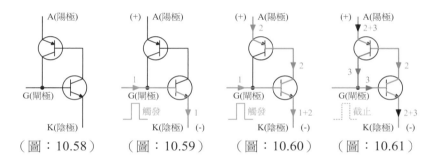

（圖：10.58）　　（圖：10.59）　　（圖：10.60）　　（圖：10.61）

　　假設 SCR 的陽極接正壓和陰極接負壓，並在 NPN 管基極加一個正的控制脈衝，則基極與發射極便成正向偏壓，NPN 管導通，電流如（圖：10.59）中「1」所示，它的集極電流升高，集極電位基本上可看成與發射極同樣是負。此時，由於 NPN 的集極為負，所以與它連接的 PNP 基極同樣是負，PNP 的發射極為正，所以這管也跟著導通，電流如（圖：10.60）中「2」所示，它的集極電位與發射極電位基本上也相同，由於 PNP 的集極連接 NPN 的基極，NPN 基極的電壓變得更正，使集極電流進一步增加，電流如（圖：10.61）中「3」所示，由一個晶體管的集極電流增加而造成另一晶體管的集極電流跟著增加，這過程稱為再生反饋(Regenerative feedback)，最後它們的總電流如（圖：10.61）中「2+3」所示。

　　從以上分析可看出，一旦 PNP 的集極到 NPN 的基極有了反饋，就不需要正的觸發電壓，因為 PNP 的集極使 NPN 的基極保持正電位，所以即使觸發電壓離開，SCR 仍然導通。同樣明顯的是，兩個晶體管必須有一定的電流通過，才能使 NPN 的基極電位為正，如果這個稱為維持電流 I_H 數值太小的話，SCR 就會截斷開路，回復正常關閉狀態。除此之外，要使導通狀態下的 SCR 截流，稱為換流(Commutation)，大致可用下列的方法：

● 　降低電流到保持電流 I_H 以下；若輸入電源為脈動直流，當波形下降至零點

時，SCR 會自行截止，如（圖：10.62）所示；若電源為固定電壓的電池，因電流沒有去到零點，便無法自行截止，如（圖：10.63）所示，這時只能降低電流到保持電流 I_H 以下，方能截流；

● 外加逆向電壓或電流，如（圖：10.64）所示；
● 切斷電流方法，如（圖：10.65）所示；
● 電流旁路方法，如（圖：10.66）所示；
● 加上負的閘極電流，如（圖：10.67）所示。

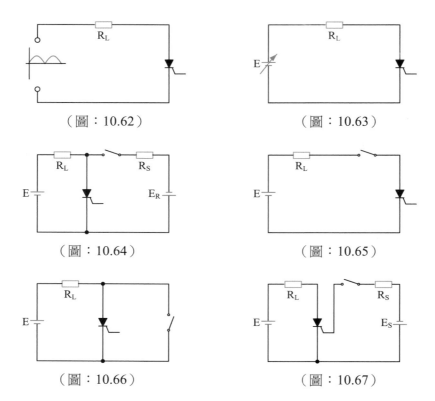

（圖：10.62）　　　　　　　　　　　（圖：10.63）

（圖：10.64）　　　　　　　　　　　（圖：10.65）

（圖：10.66）　　　　　　　　　　　（圖：10.67）

　　（圖：10.68）及（圖：10.69）分別為無閘極及有閘極電流下 SCR 的電流 I 相對電壓 V 特性曲線，從圖中可看出 SCR 的陽極正向電壓，只能引起很小的正向漏電電流，這種電流又取名為正向阻斷電流，當正向漏電電流在陽極正向電壓達到正向轉折電壓之前，實際上維持恆定值，這時陽極與陰極之間呈現很大的電阻，元件處於截斷狀態；但當陽極正向電壓增大到轉折電壓時，矽控管會突然由阻斷狀態變為導通狀態，元件導通後的正向特性與普通的矽二極管的正向特性相似，即使通過較大的電流，它本身的正向管降很小。如果減小正向電壓，正向電流也隨之減小，當正向電流小到某一數值時，元件又會從導通狀態轉化到阻斷狀態；這個維持矽控管導通的正向電流，便是以上提到的維持電流 I_H。

　　如果對 SCR 施加反向電壓，同樣將出現反向漏電電流，若反向電壓增加到反向擊穿電壓的數值，反向電流將會急劇增大，有可能使矽控管燒毀。當控制極加有正向電流時，矽控管的正向轉折電壓可大為降低；如果控制閘極電流足夠大，

特性曲線實際上不再存在阻斷區，這時它的特性與普通二極管一樣。

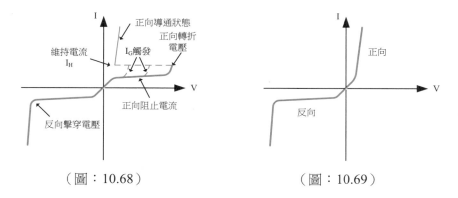

（圖：10.68）　　　　　　　　　　　　　（圖：10.69）

　　當使用矽控管時，可根據需要選擇適當的電流值及耐壓值，更要注意下列之特性：

● 　觸發矽控管只需要很少的閘極控制電流；
● 　正向電流一旦開始流動，它就會無限制地持續下去，除非 I_H 電流減少到最低的維持值以下；
● 　陽極電流建立起來以後，把控制極的電流去掉，並不會使矽控管截止；
● 　為了使矽控管截止，陽極電流必須減少到最低的維持電流 I_H 以下。如果電源電壓是交換的，則矽控管會自動截止，因為在每個正半波之後，施加於元件的電壓方向反了過來，SCR 不會導通；
● 　如果矽控管在截止後正向電壓加得過早，則會使元件提前觸發，在截止以後大約過了 10 微秒時間重新加正向電壓比較合適；
● 　如果陽極電流升得太快，可能會出現過大的正向漏電電流，以致使元件的觸發時間提前。

矽控管之測試

　　一隻 SCR 的好、壞與各極腳的分辨，都可用萬用錶作簡單的測試：

1. 　辨別各極腳
　　用指針式萬用錶的電阻檔 R x 1，將測試棒接觸在矽控管三個接腳任何其中的兩腳，如（圖：10.70），（圖：10.71），（圖：10.72），（圖：10.73）及（圖：10.74）所示，直至使萬用錶的指針產生大偏轉（圖：10.75），此時這兩腳之中必有一腳是閘極 G，另一為陰極 K；由於矽控管在未導通前，應只有閘極 G 與陰極 K 測出為低電阻，因它們是一 PN 結，所以此時兩錶棒必接於閘極 G 與陰極 K 之間，而黑色測試棒的接腳，是指針式萬用錶內電池的正極，所以應為 SCR 的閘極(G)，而紅色測試棒應為陰極(K)，另外一隻空接腳便是陽極(A)。若使用數字式萬用錶進行測試，由於數字式萬用錶的內電池極性與指針式萬用錶相反，所以測出的極腳需作適當的更改。

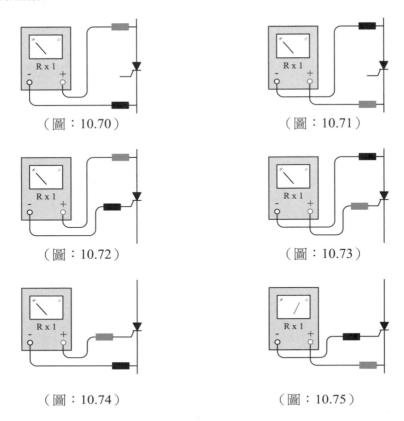

（圖：10.70）   （圖：10.71）

（圖：10.72）   （圖：10.73）

（圖：10.74）   （圖：10.75）

2. 測試矽控管的觸發及導通性能

　　用指針式萬用錶的電阻檔 R x 1，黑棒接觸在陽極 A，而紅棒接陰極 K，此時之阻值應無限大，如（圖：10.76）所示，再用一導線將陽極 A 及閘極 G 相觸，電阻值應由無限大降至低阻值，如（圖：10.77）所示。

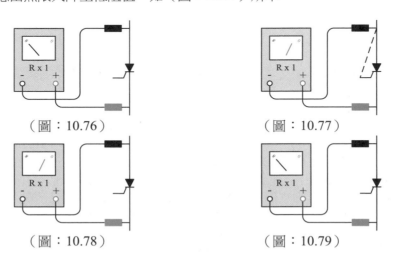

（圖：10.76）   （圖：10.77）

（圖：10.78）   （圖：10.79）

　　此時若將導線移走，雖然觸發訊號消失，但矽控管已被觸發導通，故電阻值應保持在低阻值，如（圖：10.78）示。若將紅棒或黑棒任一移開，再行接觸，則

陽極與陰極之間因剛才的斷流，使 SCR 截止，所以它們的阻值應回復為無限大，如（圖：10.79）所示。

矽控管之調壓電路

　　由於矽控管在陽極 A 對陰極 K 電位為正時，只要靠一個小的觸發訊號，便能使矽控管被觸發，陽極 A 與陰極 K 便由截止變為導通。假設一負載被一矽控管串聯，如果矽控管能在每個半週的同樣時間，例如在 90° 度角時被觸發，則只有佔總功率的某一固定百分數的該部分功率能提供給負載，這樣做可實現對負載的功率控制或馬達轉速的控制，通過電路的設計，更可改變觸發的時間，便能在廣泛範圍內調節負載的功率，馬達的轉速等等。

　　電路（圖：10.80）是利用單結晶體管對罩極式、普用式馬達或負載，例如發熱線等進行半波和全波控制的觸發電路。在該電路中，電容器 C_1 是通過電阻器 R_1 充電，當電容器的充電電壓達到能使單結晶體管導通時，發射極 E 和基極 B_1 之間的電阻顯著降低，C_1 通過 E，B_1 和 R_2 放電，並且在 R_2 兩端產生電壓，於是 SCR 受到觸發。

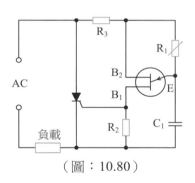

（圖：10.80）

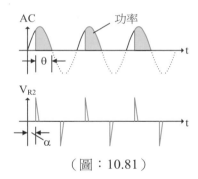

（圖：10.81）

　　（圖：10.81）所示之波形圖可看出負載只是正半波時導電，「α」稱為觸發角，「θ」稱為導通角（$\theta = 180° \sim \alpha$），調節觸發角「α」的大小便可控制導通角「θ」的大小，從而調節功率的大小。當正半波達到「0」值時，陽極與陰極之間的電流已低於維持 I_H 電流以下，所以 SCR 自動截流。當負半波時，由於 SCR 是反向，即使有觸發訊號，也不會導通，所以是完全截流；若負載為馬達，在負半波只是靠慣性運行；若負載是燈泡，在低功率時可發現燈泡好像在閃動一般。

　　（圖：10.82）所示是改良後對馬達或負載進行全波控制的電路，工作原理與（圖：10.80）相同，惟負載在正半波及負半波都可被控制，它將負載與交流電源線串聯，再利用一個橋式整流電路，使 SCR 及 UJT 等控制元件的電流方向在正、負半波時，都永遠一致，從而獲得全波控制。（圖：10.83）的波形圖可看出負載在正或負半波時，都可作功率控制。

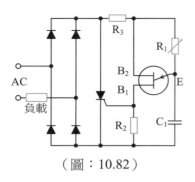
（圖：10.82）

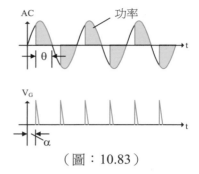
（圖：10.83）

矽控管呼叫系統

　　矽控管除可用作功率控制外，另一用途是用作觸發後記憶之用，從而再推動燈泡或 LED 作指示訊號用途，這方法比繼電器電路較節省空間及省電耐用。（圖：10.84）所示電路中，當任何一拎手掣(PB₁₋ₙ)按下，正電壓施加於該 SCR 的閘極 G，SCR 導通，燈泡光亮；拎手掣復位後，由於 SCR 已經被觸發導通，所以燈泡仍會繼續發亮，直至常閉重置掣(PB₀)按下，截斷全部 SCR 的電流，記憶便取消。此電路可應用於升降機救生鐘呼叫系統的視覺指示(Call bell system)。

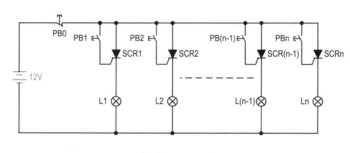
（圖：10.84）

交流矽控管

　　交流矽控管(Triac)(TRIode for Alternating Current)又叫交流可控硅，也叫雙向矽控管，它的工作情形好像 SCR 一樣，利用閘極訊號觸發導電。交流矽控管與 SCR 不同的地方，就是它的閘極電壓可為正或負，均能觸發 TRIAC，並且更可有兩個不同方向的電流通過，所以特別適用於交流，由於 SCR 只能容許單方向的電流通過，相反 TRIAC 則容許不同方向的電流通過，所以它對交流功率控制，比之 SCR 更優勝和有所改善，而最主要的好處，便是使電路更簡化。

　　TRIAC 與 SCR 一樣有三隻極腳，分別為閘極 Gate(G)，第一主極 Main Terminal 1(MT₁)或第一陽極 A₁ 及第二主極 Main Terminal 2(MT₂)或第二陽極 A₂，在 MT₁ 與 MT₂ 之間，相當於一個 PNPN 及一個 NPNP 半導體並聯，也可說由二個 SCR 並聯，但其中一個反向。TRIAC 工作時的特性，更恰似二只 SCR 逆向並

聯。（圖：10.85）為 TRIAC 之構造及（圖：10.86）為它的電路符號及等效電路。

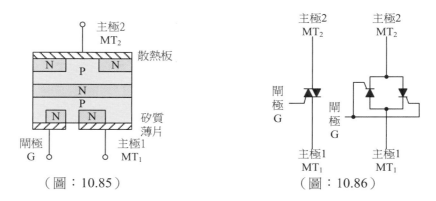

（圖：10.85）   （圖：10.86）

交流矽控管電流與電壓的特性曲線如（圖：10.87）所示。在第一象限中，若 MT_2 為正 MT_1 為負，在第三象限中，則 MT_1 為正 MT_2 為負，圖中可看到 TRIAC 兩主極在任何偏壓極性下，都可令其導通。在沒有閘極電流控制之下，TRIAC 的轉折電壓通常較有閘極電流控制為高，當有閘極電流出現，TRIAC 就會導通，直至主極電流的數值低於保持電流時，它才會截流。

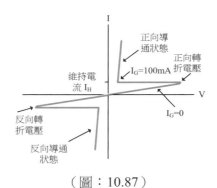

（圖：10.87）

由於 TRIAC 相當於兩隻不同方向的 SCR 並聯，所以它的特性大致也與 SCR 相似，例如 TRIAC 一經觸發，即使觸發電壓離開，TRIAC 仍然導通等，TRIAC 之觸發導通形式有下列四種，並以 1、3 方式最常應用，而 2、4 之特性表現較差。

1. MT_2 為正，閘極 G 為正，如（圖：10.88）所示；
2. MT_2 為正，閘極 G 為負，如（圖：10.89）所示；
3. MT_2 為負，閘極 G 為負，如（圖：10.90）所示；
4. MT_2 為負，閘極 G 為正，如（圖：10.91）所示。

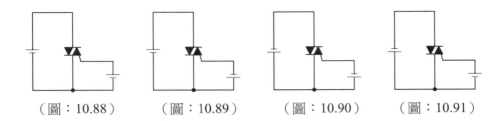

（圖：10.88）   （圖：10.89）   （圖：10.90）   （圖：10.91）

交流矽控管之測試

　　一隻 TRIAC 的好壞與各極腳的分辨，都可用萬用錶作簡單的測試，其測試方法大致與 SCR 相同：

1.　辨別各極腳
　　選用指針式萬用錶的電阻檔 Rx1，將測試棒接觸在 TRIAC 三個接腳的其中任何兩腳如（圖：10.92）、（圖：10.93）、（圖：10.94）、（圖：10.95）所示，直至使萬用錶的指針產生大偏轉，再將兩錶棒互換，假如同樣有大偏轉，此時這兩腳之中必有一腳是閘極(G)，另一為(MT$_1$)，如（圖：10.96）及（圖：10.97）。因為根據 TRIAC 的結構，它在未導通前，MT$_2$ 相對 MT$_1$ 或 G 腳，無論是甚麼極性，都是不導通的，只有閘極 G 與 MT$_1$ 測出為低電阻，而且相反極性也可得到同樣是低阻值；根據經驗及 TRIAC 生產結構所得，錶棒產生兩次的大偏轉電阻是有偏差的，我們更可利用兩次測出的阻值，分辨出 G 與 MT$_1$，通常以較低阻值的一次為標準，紅色測試棒的接腳，應為 TRIAC 的閘極(G)，黑色測試棒應為第一陽極(MT$_1$)，另外一隻空接腳便是第二陽極(MT$_2$)。但這是暫時及經驗的極腳估計，待進行第二項的觸發及導通性能測試，才可確定各極腳。

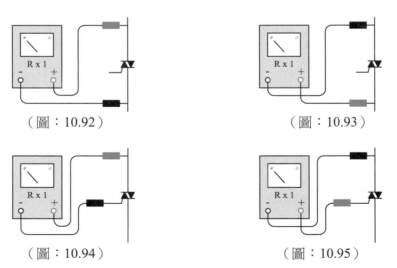

（圖：10.92）   （圖：10.93）

（圖：10.94）   （圖：10.95）

（圖：10.96）   （圖：10.97）

2.   交流矽控管的觸發及導通性能
        用指針式萬用錶的電阻檔 Rx1，黑棒接觸在剛才找出接腳第一陽極(MT_1)，
而紅棒接第二陽極(MT_2)，此時之阻值應為無限大，與測試 SCR 一樣，利用一導
線或錶棒將第二陽極(MT_2)及閘極(G)相觸，電阻值應由無限大降至低阻值，如
（圖：10.98）所示，此時若將導線移走，則 TRIAC 已被負電壓觸發導通，故電
阻值應保持在低阻值，如（圖：10.99）所示，記錄此時的阻值，若將紅棒或黑棒
任何一根移開，再行接觸，則兩主極之間因剛才的截流，使 TRIAC 截止，所以
它們的阻值應回復為無限大，如（圖：10.100）所示。再將紅錶棒與黑錶互換位
置，重複以上程序，看看 TRIAC 在不同極性電壓可否被觸發，並記錄觸發後的
阻值。

        最後將原先假設的(G)與(MT_1)極腳互換，再重複以上負壓與正壓觸發的程
序，並比較兩次假設極腳觸發後的電阻值，若第一次假設的阻值比第二次為低時，
這表示第一次假設接腳是正確及 TRIAC 是正常工作；相反則表示第二次測試的
極腳位置才正確，如（圖：10.101）、（圖：10.102）所示、如（圖：10.103）所
示。

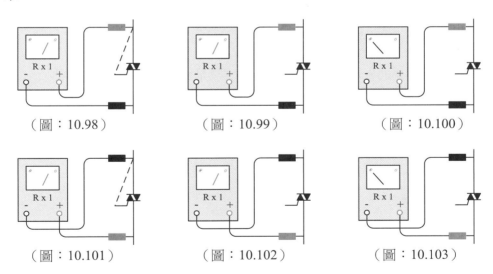

（圖：10.98）   （圖：10.99）   （圖：10.100）

（圖：10.101）   （圖：10.102）   （圖：10.103）

        註：進行步驟二測試時，某些 TRIAC 可能需要較大的保持電流，則導線移
去後萬用錶的指針會反回無限大，此時可以導線未移去前之阻值作比較。

雙向觸發二極管

雙向觸發二極管(DIAC)(DIode AC)的構造，好像一個三極晶體管一樣，但只有兩隻極腳，也相當於沒有控制閘極的雙向矽控管，它的結構及符號如（圖：10.104）所示，電流相對電壓的特性曲線如（圖：10.105）所示。由特性曲線可看出 DIAC 高於一個指定的電壓或開關電流之下，它就導通變成一個負電阻特性，即電流愈大，電壓愈小，而且正向或負向極性都可以使它觸發。DIAC 一般用作觸發器之用，觸發電壓大約為 20~30V，常配合 TRIAC 作觸發使用。

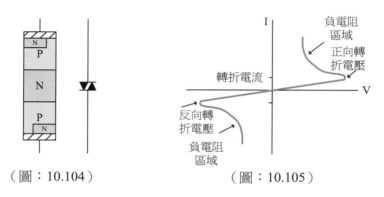

（圖：10.104）　　　　　　　（圖：10.105）

測試雙向觸發二極管可將指針式萬用錶置於 R x 1 檔，測量 DIAC 的正、反向電阻值，正常時都應為無限大。若交換錶針棒進行測量時，針棒向右擺動，則說明有漏電的故障。

光暗掣

市面上出售的光暗掣(Light dimmer)，主要是採用 TRIAC 作調光控制，由於 TRIAC 與 SCR 的作用差不多，所以只要控制它的觸發角「α」，便可調節負載的功率、馬達的轉速等等，惟 TRIAC 更適用於交流的場合。

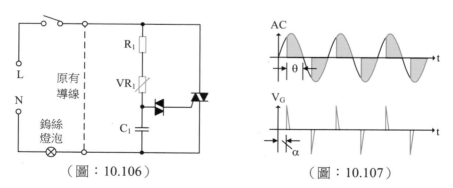

（圖：10.106）　　　　　　　（圖：10.107）

（圖：10.106）所示為一普遍採用的光暗掣電路，主要用作調光之用。在電路中，若輸入為交流電，此時 TRIAC 的 MT_2 與 MT_1 尚未導通；在正半波時，電容器 C_1 經過電阻器 R_1、VR_1 及燈泡等充電，當充電電壓慢慢升高至 DIAC 導通

電壓時，觸發電流經 DIAC 進入 TRIAC 閘極使其導通，C_1 電容器放電，此時 MT_2 與 MT_1 間為低電壓導通，並使燈泡有大電流發光。當波形到達零點時，TRIAC 截流，直至另一半週期開始，觸發電壓再來臨；由於 TRIAC 及 DIAC 都適用於交流，所以負半波同樣可使它們工作。（圖：10.107）所示為調光電路波形圖，調節 R_2 的阻值大小，便可控制 TRIAC 的觸發角，從而控制燈泡的功率，使燈泡變光變暗。若電路不串聯 DIAC 觸發，則單純 RC 觸發電路只提供連續性電壓作為觸發訊號，但使用 DIAC 後，可提供脈衝式的觸發電壓，觸發相位較準確及需要的時間較短。

　　此電路稱為單級 RC 相移控制電路(Phase shift)，觸發之控制相角約為 0~90 度，並有磁滯現象，即將 VR_1 減少時，燈泡不是逐漸亮起來，而是當調至某一點後，燈泡會急劇變亮，所以用於馬達之調速控制，調整不平滑，但電路較簡單及經濟。

電動機之調速控制

　　雙級 RC 相移控制電路如（圖：10.108）所示，可用於電感性馬達之調速控制。電路中 C_1 電容器為第一級充電電路，電壓上升後再向第二級充電電路 C_2 電容器充電，當 C_2 之電壓達至 DIAC 之觸發電壓後才使 TRIAC 導通，這電路之觸發相角約為 0~180 度。

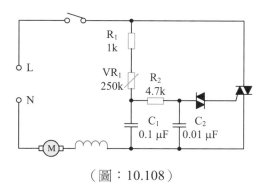

（圖：10.108）

矽控管及交流矽控管相對繼電器的好處

　　矽控管及交流矽控管現時在工業或交直流電機應用上，已十分廣泛，多用作功率的控制、調速及變頻控制，它們比起舊式的電阻、電感或繼電器等控制，有以下的優點：

● 　小型、重量輕、裝置面積小、簡單方便；
● 　反應速度快，控制性能良好；
● 　使用壽命長，不需要預熱時間；
● 　正向電壓降小、無需消耗不必要的功率、效率高、機械強度強；

- 沒有活動的器件、無火花、完全靜止、經濟耐用、修理及維修容易。

  缺點：
- 易受工作溫度之影響，矽控元件也是由半導體製成，因此也很怕熱，所以矽控元件需要有良好的散熱設備，才不致受溫度影響太大；
- 易受衝擊(Surge)電壓與電流的影響，因此需要附加 R、C 或 L 之保護電路；
- 用於相位控制電路時，會產生高次諧波的干擾。

固態繼電器

　　固態繼電器(Solid State Relay, SSR)是一種由集成電路各獨立元件組合而成的一體化無觸點電子開關器件。其功能與電磁繼電器基本相似，但與電磁繼電器相比，固態繼電器的好處有：

- 工作性能可靠；
- 壽命長；
- 噪聲低；
- 開關速度快；
- 工作頻率高。

　　的種類很多，常用的主要有直流型和交流型兩種，內部原理及電路符號如（圖：10.109）至（圖：10.114）所示，多種不同固態繼電器產品實物如（圖：10.115）所示。

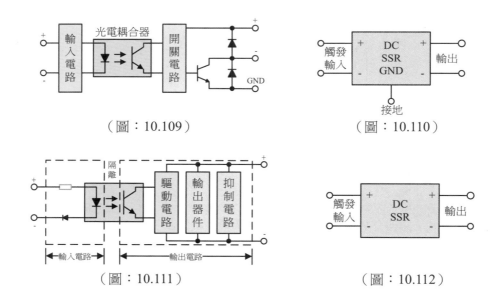

（圖：10.109）　　　　　　　　　　（圖：10.110）

（圖：10.111）　　　　　　　　　　（圖：10.112）

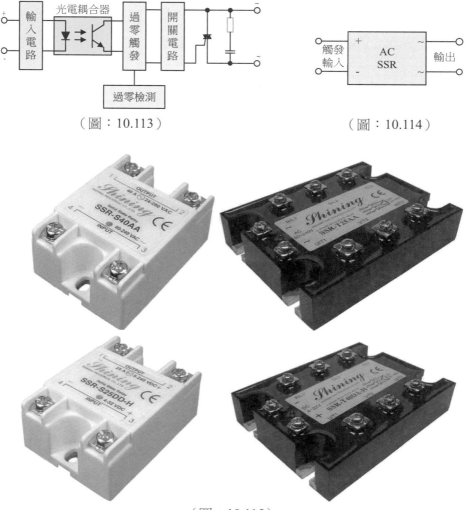

（圖：10.113）　　　　　　　　　　（圖：10.114）

（圖：10.115）

相片來自互聯網
https://cdn.ready-market.com/101/48d29a5d/Templates/pic/SHINING-Single-Phase-Three-Phase-Solid-State-Relay.jpg?v=c044edae

◆ YouTube 影片－FET，MOSFET 及 BJT 半導體 Transistors - Field Effect and Bipolar Transistors: MOSFETS and BJTs－英語－英字幕（12:16）
https://www.youtube.com/watch?v=Bine_PbyFSQ

◆ YouTube 影片－How Transistors Work - The MOSFET－英語－英字幕（8:28）
https://www.youtube.com/watch?v=QO5FgM7MLGg

◆ YouTube 影片－電力電子導論 Unit 1 電力電子概論與元件 特性簡介 part 1 電力電子應用現況－國語－繁字幕（17:13） https://www.youtube.com/watch?v=MaKGbUoVqZk

◆ YouTube 影片－科大 李俊耀 電力電子導論 Unit 1 電力電 子概論與元件特性簡介 part 2 元件特性介紹 功率二極體－ 國語－繁字幕（14:49） https://www.youtube.com/watch?v=0o2C5-Q1Z_k

編碼器

　　編碼器(Encoder)是一種測量用的感測器，一般與電機的非負載端同軸連接，或者直接安裝在電機的特定的部位。編碼器可分為光電式、磁式、感應式和電容式，其中光電式元件的測量精度較高，能夠準確地反應電機轉子的機械位置，從而間接反映出與電機連接的機械負載的準確位置，達到精確控制位置之目的，在本章中主要介紹高精度的光電編碼器的結構及基本原理。

　　編碼器的工作原理是利用其中的碼盤將轉速，角速度，角位移等物理量，轉化成數位訊號，從而可以準確地瞭解機械的運轉情況，不會因為誤差而造成不必要的損失。再以反饋的方式回授到控制及驅動器中與預先輸入的參考數據進行比較，如（圖：10.116）所示，以確保控制準確，因此多用於需要高精密度控制的用途中。

　　在電梯業中，升降機及自動梯都會用到編碼器，主要與變頻器或其它調速設備配合使用，為調速系統或控制系統提供速度、位置資訊。實物如（圖：10.117）及（圖：10.118）所示，一般用途如下：

● 安裝在曳引機上，用於升降機或自動梯速度和方向控制；
● 於升降機限速器安裝光電感測編碼器，通過計算編碼器產生的移動脈衝，來確定升降機廂的位置作出平層控制；
● 在進行升降機調校時，技術人員會設定好每樓層之間曳引機應轉的圈數，然後把曳引機轉動的圈數回饋給控制系統；
● 升降機運行前通過程式設計方式將各訊號，如換速點位置、平層點位置、制動停車點位置等所對應的脈衝數，分別存入相應的記憶體單元；
● 在升降機運行過程中，通過旋轉編碼器檢測，軟體即時計算以下訊號：升降機所在層樓位置，換速點位置，平層點位置，從而進行樓層計數，發出換速訊號和平層訊號。
● 在升降機廂門的門機控制系統，於不同位置作出速度控制及開關用途。

　　為了檢測細微運動並輸出為數位脈衝訊號，碼盤（用於旋轉運動角位移感測器）或光碼尺（用於直線運動位移感測器）被細分成不同的區域，每個區域可造成透光或者反光。

　　以透光式為例，碼盤製造時需要部分透光，當光源（發光二極管）由碼盤一側向另一側發射一束光時，另一側的感光光敏元件（光敏二極管）便會進行檢測，示意如（圖：10.119）所示。如果碼盤的角度剛好位於光線能穿過（透光）的地方，便會導通，輸出高電位；相反光敏元件未能感應光源，光敏元件斷路，輸出低電位，實物如（圖：10.120）所示。

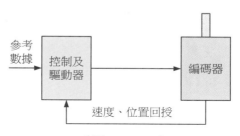

（圖：10.116）

（圖：10.117）

（圖：10.118）

相片來自互聯網
https://world.taobao.com/item/563431747239.htm?spm=a21wu.10013406-tw.0.0.517e6903bIa7wi
http://www.912688.com/supply/255582938.html

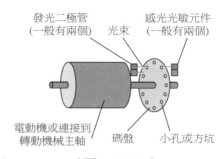

（圖：10.119）

（圖：10.120）   （圖：10.121）

相片來自互聯網
https://commons.wikimedia.org/w/index.php?title=Special:Search&limit=20&offset=
40&profile=default&search=encoder&searchToken=3lupxjte26didt7dhmijevitk#/med
ia/File:Encoder.jpg
https://commons.wikimedia.org/w/index.php?title=Special:Search&limit=20&offset=
20&profile=default&search=rotary+encoder&searchToken=8fi9gg4ohz5twl4u1ttoe7d
tx#/media/File:Inkrementalgeber_mit_gabellichtschranke.JPG

　　隨著碼盤的轉動，感測器就能連續不斷地輸出脈衝訊號，對該訊號在特定時
間內進行計數，便可測量其轉過的角度。例如：有一光編碼器每轉一圈可產生 100
個脈衝波，假如光編碼器接收到 25 個脈衝波時，則表示轉軸已旋轉了 1/4 圈或
90°。反光式編碼器的工作原理剛相反，碼盤製造時不需透光，但某些區域需要
能將光反射。當編碼區不是黑色時，光源訊號反射令感光的光敏元件接收，從而
收集數據，實物如（圖：10.121）所示。

◆　YouTube 影片－Encoders 101: An Introduction to Encoders－英
　　語－英字幕（5:14）
　　https://www.youtube.com/watch?v=N5EMTY70PX8

◆　YouTube 影片－What is Encoder?－英語－英字幕（8:39）
　　https://www.youtube.com/watch?v=k2GQVJ4z0kM

◆　YouTube 影片－Accurate Elevator Positioning with Rotary
　　Encoders－無語－無字幕（0:42）
　　https://www.youtube.com/watch?v=ea8Kr4vVlWk

◆　YouTube 影片－Rotary Encoder in Elevator Application－無語
　　－無字幕（0:40）
　　https://www.youtube.com/watch?v=nLo5qJahzLs

◆ YouTube 影片－Encoder - What is an Encoder? How does an Encoder Work?－英語－英字幕（3:08）
https://www.youtube.com/watch?v=pDSst554HF4

◆ YouTube 影片－encoder installation－國語－中字幕（0:48）
https://www.youtube.com/watch?v=Zi67uH8WD9E

◆ YouTube 影片－New Magnetic Rotary Encoder Technology－無語－無字幕（1:43）
https://www.youtube.com/watch?v=soImUGrWuhI

◆ YouTube 影片－Emolice UK: Position Sensors for Lift / Elevator Applications－無語－無字幕（1:02）
https://www.youtube.com/watch?v=4zpTu7a3PLg

◆ YouTube 影片－Rotary encoder - sensor arrangement－英語－英字幕（10:24）
https://www.youtube.com/watch?v=dPBKTZw_xi4

◆ YouTube 影片－Incremental Encoder (Shaft Encoder)- how it works－英語－英字幕（1:16）
https://www.youtube.com/watch?v=zzHcsJDV3_o

◆ YouTube 影片－Absolute Encoder (Shaft Encoder, Rotary encoder) - how it works!－英語－英字幕（1:23）
https://www.youtube.com/watch?v=yOmYCh_i_JI

◆ YouTube 影片－What is the Difference between Absolute and Incremental Encoders?－英語－英字幕（10:07）
https://www.youtube.com/watch?v=-Qk--Sjgq78

編碼器的分類

編碼器根據其刻度方法及訊號輸出形式，可分為絕對式、增量式及混合式三種。

1. 絕對式編碼器
絕對式(Absolute)編碼器是直接輸出數字量的傳感器，可視為一種角度傳感

器,在它的圓形碼盤上沿徑向有若干同心碼道,每條碼道上由透光和不透光的扇形區相間組成,相鄰碼道的扇區數目是雙倍關係,碼盤上的碼道數就是它的二進制數碼的位數,在碼盤的一側是光源,另一側對應每一碼道有一光敏元件;當碼盤處於不同位置時,各光敏元件根據受光照與否轉換出相應的電平訊號,形成二進制數。這種編碼器的特點是不要計數器,在轉軸的任意位置都可讀出一個固定並與位置相對應的數字碼。顯然,碼道越多,解像度就越高,對於一個具有 N 位二進制解像度的編碼器,其碼盤必須有 N 條碼道。

絕對式編碼器一般是利用二進制碼(BCD code)或格雷碼(Gray code),也有用二進制補碼(Two's complement code)等方式進行光電轉換。絕對式編碼器與增量式編碼器不同之處在於圓盤上不同位置的透光、不透光線條圖形,圖形根據不同的編碼製造,再由編碼器讀出碼盤上的編碼,便可檢測絕對位置。由於絕對式編碼器的每一個位置對應一個確定的數字碼,因此它的表示值只與測量的起始和終止位置有關,而與測量的中間過程無關。它的特點是:

● 可以直接讀出角度坐標的絕對值;
● 沒有累積誤差;
● 電源切除後位置資訊不會丟失,不受停電、干擾的影響;
● 解像度是由二進制的位數來決定的,也就是說精度取決於位數,目前有 10
  位、14 位等多種。

2. 增量式編碼器
增量式(Incremental)編碼器也稱作相對型編碼器(Relative encoder),它是利用檢測脈衝數目的方式來計算轉速及位置,可輸出有關旋轉軸運動的資訊,一般由其他設備或電路進一步轉換為速度、距離、位置的資訊或每分鐘轉速(rpm)等。增量式編碼器是將位移轉換成週期性的電訊號,再把這個電訊號轉變成計數脈衝,用脈衝的數目表示位移的大小。它的特點是:

● 構造簡單,機械平均壽命可在幾萬小時以上;
● 可靠性高,適合於長距離傳輸;
● 電源切除後位置資訊便會丟失,開機需找零或參考位,接收設備停機時需附
  加斷電記憶;
● 存在零點累計誤差,抗干擾能力較差;
● 無法輸出軸轉動的絕對位置資訊。

3. 混合式絕對值編碼器
混合式絕對值編碼器,它輸出兩組信息:一組資訊用於檢測位置,帶有絕對資訊功能;另一組則完全同增量式編碼器的輸出資訊。

光敏二極管

光敏二極管(Photodiode)或稱光電二極管(體)是一種光電變換器件,外形及電路符號如(圖:10.122)所示,它能將接收的光訊號轉變成電訊號輸出。

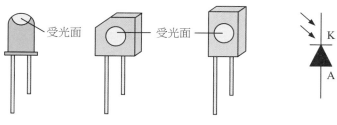

（圖：10.122）

　　光敏二極管的頂端設有可射入光線的視窗，光線可通過該視窗照射到管芯上。當無光照射光敏二極管時，它的反向電流很小；當有光照射時，在光的激發下，光敏二極管內產生大批「光生載流子」，反向電流大增。光照越強，電流越大，所以成為光電感測器件。但它對光線的反應靈敏度有選擇性，也就是說具有特定的光譜範圍。在這一範圍內，某一波長的光波又有著最佳響應，稱這一波長為峰值波長。不同型號的光電二極管，由於其材料與工藝不同，峰值波長亦不相同。光電二極管一般能接收可見光或紅外光，可用於光控系統或遙控系統。光電二極管常常被設計為工作在逆向偏壓狀態。

　　光敏二極管可採用萬用錶進行檢測。把指針式萬用錶置於「R x 1」擋，用一黑紙片遮住光敏二極管的透明窗口，將萬用錶紅、黑錶棒分別接在光敏二極管的兩個引腳上。如果萬用錶指針向右偏轉較大（低阻值），則黑錶棒所接電極為陽極（-）（A）；紅錶棒所接的電極為陰極（+）（K）。若測試時指針不動（高阻值），則紅錶棒所接電極為陽極（-）（A），黑錶棒所接電極為陰極（+）（K）。當遮住光敏二極管的黑紙移開後，指針式萬用錶的指針會由不偏轉改為有偏轉。

光電編碼器

　　光電編碼器是通過讀取光電編碼盤上的圖案或編碼資訊來表示與光電編碼器相連的電機轉子之位置資訊。根據光電編碼器的工作原理，可以將光電編碼器分為絕對式光電編碼器與增量式光電編碼器。

1.　絕對式光電編碼器
　　絕對式光電編碼器是通過讀取編碼盤上的二進制的編碼資訊來表示絕對位置資訊的，編碼盤是按照一定的編碼形式製成的圓盤。

　　二進制的編碼盤如（圖：10.123）所示，圖中白色空白部分是碼盤製造材料，屬於不透光的，用「0」來表示；塗上藍色的部分，已將碼盤製造材料移去，是屬於可透光的，用「1」來表示。通常將組成編碼的圈稱為碼道，每個碼道表示二進制數的一位，其中最外側的是最低位元(Most Significant Bit, MSB)，最內側的是最高位元(Least Significant Bit, LSB)。如果編碼盤有 4 個碼道，則由內向外的碼道，分別表示為二進制的 2^3、2^2、2^1 和 2^0 等。4 位二進制可形成 16 個二進制數，因此就將圓盤劃分 16 個扇區，每個扇區對應一個 4 位二進制數，如 0000、0001、…、1111。碼盤上形成的碼道配置會裝置相應光電編碼器，光電編碼器包

括：發光二極管（光源）、透鏡、碼盤、光敏二極管（感光元件）和驅動電子線路。

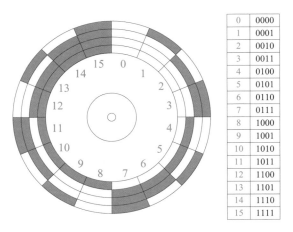

0	0000
1	0001
2	0010
3	0011
4	0100
5	0101
6	0110
7	0111
8	1000
9	1001
10	1010
11	1011
12	1100
13	1101
14	1110
15	1111

（圖：10.123）

　　當碼盤轉到一定的角度時，扇區中透光的碼道（藍色）對應的光敏二極管導通，輸出高電平「1」，相反被遮光的（白色）碼道對應的光敏二極管不導通，輸出低電平「0」，這樣便形成與編碼方式一致的高、低電平輸出，從而獲得該扇區的位置訊息。另外，也可按格雷碼製成的編碼盤如（圖：10.124）所示。

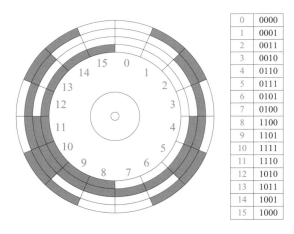

0	0000
1	0001
2	0011
3	0010
4	0110
5	0111
6	0101
7	0100
8	1100
9	1101
10	1111
11	1110
12	1010
13	1011
14	1001
15	1000

（圖：10.123）

　　絕對式編碼器，由轉動中測量光電碼盤各碼道的刻線，以獲取唯一的編碼，但當轉動超過 360 度時，編碼又回到原點，這樣就不符合絕對編碼唯一的原則，所以這種編碼只能用於旋轉範圍 360 度以內的測量，稱為單圈絕對式編碼器。

　　如果要測量旋轉超過 360 度範圍，就要用到多圈絕對式編碼器。它運用鐘錶齒輪機械的原理，當中心碼盤旋轉時，通過齒輪傳動另一組碼盤（或多組齒輪，

多組碼盤），在單圈編碼的基礎上再增加圈數的編碼，以擴大編碼器的測量範圍，這種絕對式編碼器稱為多圈絕對式編碼器，它同樣是由機械位置確定編碼，每個位置編碼也是唯一的，不會有重複數據，所以也無需記憶。

　　多圈編碼器另一個優點是由於測量範圍大，這樣在安裝時便不需要找零點，任意將某一中間位置作為起始點就可以了，從而大大簡化了安裝調試難度。

2.　增量式光電編碼器
　　增量式光電編碼器是碼盤隨位置的變化輸出一系列的脈衝訊號，然後根據位置變化的方向，用計數器對脈衝進行加或減計數，從而達到位置檢測的目的。

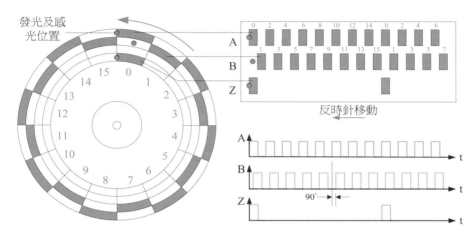

（圖：10.125）

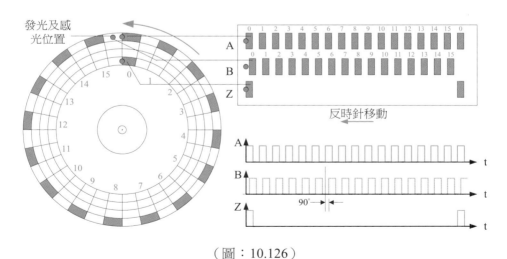

（圖：10.126）

　　增量式編碼器直接利用光電轉換原理輸出三組方波脈衝 A、B 和 Z 相；A、B 兩組脈衝相位差 90°，從而可方便地判斷出旋轉方向，而 Z 相為每轉才產生的一個脈衝，用於基準點定位。A 相和 B 相的碼道，可分別以兩個獨立的碼道製

成，編碼盤如（圖：10.125）所示，實際應用的碼盤窄縫會更窄，密度更高，惟發光及感光元件的位置需按相位差 90° 來安裝，如圖中的紅點位置所示；也有一些將 A 相和 B 相採用同一碼道，編碼盤如（圖：10.126）所示，同樣發光及感光元件的位置也需按相位差 90°來安裝。

　　每條碼道分別有發光二極管發射光束及感光元件接收碼盤窄縫透過來的訊號。工作時，碼盤隨轉子旋轉，光源經透鏡平行射向碼盤，通過碼盤窄縫後，由感光元件光敏二極管接收相位差 90°的訊號，再由邏輯電路形成轉向訊號和計數脈衝訊號。為了獲得絕對位置角，增量式光電編碼器有零位脈衝，即碼盤 Z 每旋轉一周，輸出一個零位脈衝，使位置角重置零位。

　　由於 A、B 兩相相差 90 度，可通過用比較電路的方法，檢測 A 相超前，還是 B 相超前，即 A、B 兩相超前或滯後的相位關係，從而判斷電機是正轉或反轉運行。

　　碼盤轉過一個刻線的角度，A 訊號就產生一個脈衝。如果碼盤上有 100 條線，則編碼器輸入軸轉了一週，A 訊號就有 100 個脈衝。其測量角度的解像度為 360 / 100＝3.6 度。一般編碼器的控制電路，更會將 A、B 訊號的上升沿、下降沿的資訊都利用起來，即編碼器輸入軸轉一圈，可記錄到 100 x 2 x 2＝400 個訊號，這樣使編碼器的解像度提高了 4 倍，解像度變為 0.9 度。此技術稱之為四分頻技術。

10.2　功率半導體元件

　　由於控制功率的半導體元件急速發展，特別在功率處理能力和切換速度有重大改進，已被廣泛應用在三相 AC-DC 或 DC-AC 轉換電源上，例如：電動機調速驅動器、不斷電電源供應器、高壓直流傳輸系統等。這些系統主要採用較新的固態功率半導體元件，以提供負載所需形式之電壓或電流，稱為功率電子或電力電子。

　　功率電子構成的系統為一個功率處理器，由一個或以上的功率半導體元件換流器組裝而成，將輸入電源轉換成為可調控並滿足負載所需之電源。目前所用的功率半導體元件，按照可控制的程度可分為三類：

1.　二極體(Diodes)：導通由電力電子電路來決定。
2.　閘流體(Thyristors)：導通由控制訊號觸發，截止則需藉助電力電子電路。
3.　可控制開關(Controllable switches)：導通與截止皆由控制訊號決定。

巨型雙極晶體管

　　巨型雙極晶體管(Giant Transistor, GTR)，是一種耐高電壓、大電流的雙極結型電晶體(Bipolar Junction Transistor, BJT)，所以有時也稱為電力電晶體(Power BJT)，它的通態電流(RMS on-state current)規格以數十安培以上，功率為數佰瓦特為指標；但 GTR 其驅動電路複雜，驅動功率大。GTR 和普通雙極結型電晶體的工作原理是一樣的，但規格會強調擊穿電壓及集電極最大允許功率。

　　GTR 既具備電晶體飽和壓降低、開關時間短和安全工作區寬等固有特性，但又增大了功率容量，因此，由它所組成的電路靈活、成熟、開關損耗小、開關時間短，在電源、電機控制、通用逆變器等之中等容量、中等頻率的電路中應用廣泛。GTR 的缺點是驅動電流較大、耐浪湧電流能力差、易受二次擊穿而損壞。GTR 有 PNP 和 NPN 兩種類型，它的符號如普通的電晶體一樣，如（圖：10.127）所示，惟 GTR 通常多用 NPN 結構。

　　GTR 主要工作在功率控制的開關狀態，它通常工作在正向偏壓（$I_b>0$）時提供大電流導通；反向偏壓（$I_b<0$）時處於截止狀態。因此，給 GTR 的基極施加幅度足夠大的脈衝驅動訊號，它便可工作於導通和截止的開關狀態，並具有自關斷能力。

　　由於 GTR 無須換流回路，工作頻率也可比晶閘管高，因此它能簡化線路，提高效率，在幾十千瓦的場合中可以取代晶閘管。但 GTR 的超載能力較差，耐壓也不易提高，容量較小。所以，功率電晶體在使用時受到一些限制。目前常用的 GTR 器件有單管、達靈頓管和模組三大系列。

●　GTR 單管
　　GTR 單管的結構如（圖：10.128）所示，這種結構的優點是結面積較大，電

流分佈均勻，易於提高耐壓和耗散熱量；缺點是電流增益較低。

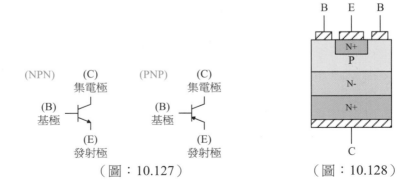

（圖：10.127）

（圖：10.128）

● GTR 達靈頓管

　　達靈頓 GTR 由兩個或多個電晶體複合而成，可以是 NPN 或 PNP 型，如（圖：10.129）所示，也可是兩者混合。其中 Q1 為驅動管，可飽和；而 Q2 為輸出管，不會飽和。達靈頓管 GTR 的電流增益可大大提高，但飽和壓降也較高且關斷速度較慢。實際的達靈頓管 GTR 會製成如（圖：10.130）的電路結構，內部會加上輔助電阻及二極管。R_1 及 R_2 提供了反向漏電電流通道，可提升溫度穩定性；D_1 提供一個反向通道，加速 Q_2 的關斷過程，D_2 為續流二極管，減低突波電壓發生。

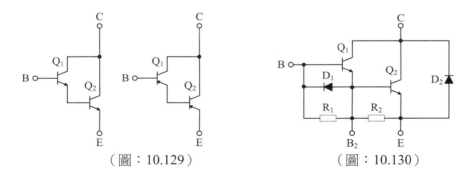

（圖：10.129）

（圖：10.130）

● GTR 模組

　　GTR 模組將單個或多個達靈頓結構 GTR 及其輔助元件如穩定電阻、加速二極體及續流二極體等，製造在一起構成模組，（圖：10.131）所示為兩隻三級達靈頓 BJT 的內部接線圖。有些模組的中間基極有引線接出，如圖中 BC_{11}、BC_{12}、BC_{21} 及 BC_{22} 等端點，主要為便於改善器件的開關過程或並聯使用。GTR 模組結構緊湊、功能強，因而性能價格比大大提高。

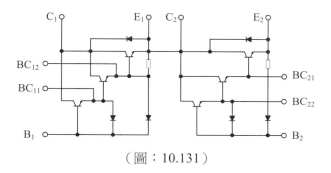

（圖：10.131）

可關斷晶閘管

　　可關斷晶閘管(Gate Turn-Off Thysistor, GTO)是大功率半導體器件，也屬於晶閘管的一種，電路結構及符號如（圖：10.132），電壓與電流特性如（圖：10.133）所示。其中 G、A、K 分別代表閘極(Gate)，陽極(Anode)與陰極(Cathode)。其導通方式與其他閘流體相似，只要施加於一短暫閘極（正）脈衝電流即能使其持續導通，而不需一直維持觸發電流；但截止方式與其他閘流體不同，它可以藉著一（負）的脈衝，使閘極產生一非常大的負電流而使其截止。它與普通晶閘管相比，屬「全控型器件」或「自關斷器件」，既可控制器件的導通，又可控制器件的關斷。因此，使用 GTO 的裝置與使用普通型晶閘管的裝置相比，具有主電路器件少，結構簡單，裝置小巧，無雜訊，裝置效率高，易實現脈寬調制，可改善輸出波形等優點。一般用作逆變器中的主要開關元件，用作控制交流電動機轉速。早期 GTO 容量較小，現時已可做出大容量之 GTO，額定容量可高達 2500V/2000A。

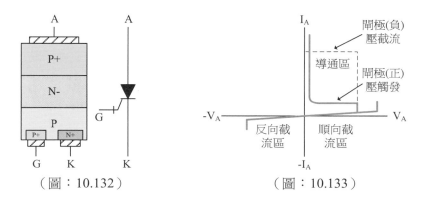

（圖：10.132）　　　　　　　　　　　（圖：10.133）

　　（圖：10.134）所示為 GTO 的工作電路圖。E 和 R_L 分別為工作電壓和負載電阻；E_{G1} 和 R_{G1} 分別為正向觸發電壓和限流電阻；E_{G2} 和 R_{G2} 分別為反向關斷電壓和限流電阻。當 SW 置於「1」時，GTO 導通；當 SW 置於「2」時，GTO 關斷。

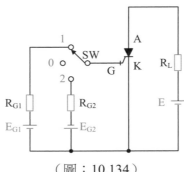

（圖：10.134）

1.　選擇掣 SW 置於「1」時，在閘極和陰極之間加一個（正）向電壓，即 G(+)、
　　K(-)，GTO 導通；

2.　選擇掣 SW 置於「0」時，若 GTO 已導通，GTO 會繼續導通，即使閘極的
　　(+)電壓已消失；

3.　選擇掣 SW 置於「2」時，在閘極和陰極之間加一個（負）向電壓，即 G(-)、
　　K(+)，即使 GTO 已導通，GTO 會關斷截流。

　　GTO 主要應用於大容量的斬（截）波器（能夠將固定電壓值的直流電，轉換
為可變電壓值的直流電源，可說是直流電的調壓）、逆變器及開關電路中。

　　GTO 的特性：

1.　GTO 在外型、特性方面，與 SCR 有許多類似，在 GTO 閘極施加正極性電
　　壓觸發，即可導通；然而，只要在閘極加上負極性電壓，即可將由導通變為
　　截止。相反 SCR 在導通後，閘極卻失去控制作用，因此 GTO 在設計電路時
　　較方便；

2.　雖然 GTO 的觸發特性，較 SCR 方便，具有正脈波觸發導通，負脈波觸發截
　　止；但 GTO 的閘極觸發電流比 SCR 為大，以相同額定電流量來比較，若
　　SCR 是 30μA 的閘極觸發電流，而 GTO 則需要 200μA 以上的閘極電流才能
　　動作；

3.　GTO 的轉換特性(Switching)十分良好，比 SCR 優越，觸發導通的時間與 SCR
　　基本上相同（約 1μs）；但在觸發截止的時間上，GTO 只需要約 1μs，但是
　　SCR 則需要約 5μs~30μs；因此，在觸發截止的時間上，GTO 的轉換特性較
　　SCR 快，適合應用在高速轉換的電路設計上；

4.　輸出波形容易改善，脈波調變控制較易；

5.　GTO 導通時，能容忍遠超過額定平均電流的突波電流通過。截止時，具有高
　　準位的順向電壓阻隔能力。

　　GTO 在動作時，若順向電壓變動率（dv/dt）太大，則閘極與陽極將產生漏電
電流，而導致 GTO 損壞。此種電壓變動率，受主電路電源電壓、電感，電壓變
動率保護電路的電容量影響。同時，GTO 並無逆向阻隔能力，逆向時如同一個電
阻，故不能有太大的逆向電流。因此在 GTO 電路設計上，必須有適當的保護電
路，也稱為緩衝電路，避免 GTO 有太大的逆向電流。

金屬氧化物半導體控制型晶閘管

　　金屬氧化物半導體控制型晶閘管(MOS Controlled Thyristor)簡稱 MCT，是控制型晶閘管，其靜態特性與晶閘管相似。由於它的輸入端由 MOS 管控制，通過高阻抗 MOS 閘極電極的開啟和關閉，是一種電壓控制的完全可控的晶閘管。MCT 在操作上與 GTO 晶閘管類似，這種晶閘管在高功率應用中，使簡單的閘極驅動電路開闢了道路，MCT 與傳統的閘極關斷晶閘管 GTO 相比，動態特性得到了顯著改善，觸發要求較少，截止時不需要極大閘極電流而且切換速度快。MCT 與 IGBT 相比較，具有較小導通壓降和高電流密度。目前 MCT 的容量可達 1200V 及 50 至幾百安培。

　　MCT 的基本結構為結合一個 SCR 與兩個 MOSFET，兩個 MOSFET 分別讓 SCR 導通（ON）與截止（OFF）。觸發特性與 IGBT 及 MOSFET 相同，為一低電壓控制與極小能量便可觸發。

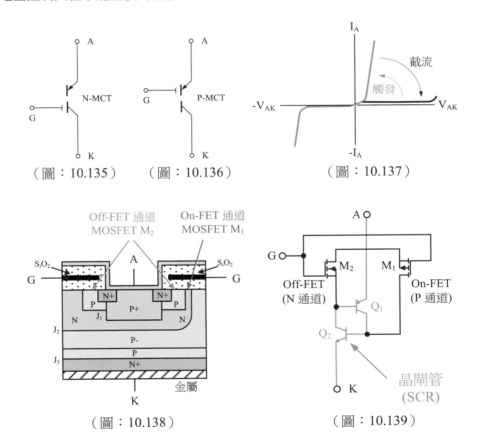

（圖：10.135）　　（圖：10.136）　　　　（圖：10.137）

（圖：10.138）　　　　　　　　（圖：10.139）

　　MCT 根據控制端點的位置來區分，可分成 N-MCT 與 P-MCT 兩種，電路符號分別如（圖：10.135）及（圖：10.136）所示。電壓 V 相對電流 I 特性曲線，如（圖：10.137）所示；半導體結構，如（圖：10.138）所示。當 MCT 的閘極加上「負」脈衝，MOSFET(M_1)之 P 通道導通，提供 Q_2 之基極電流，使 MCT「ON」；

當 MCT 的閘極加上「正」脈衝，MOSFET(M_2)之 N 通道導通，使 Q_1 之基極與射極短路，使 MCT「OFF」，等效電路如（圖：10.139）所示。由於 MCT 是 NPNP 器件，輸出端子或陰極必須接負偏置。

MCT 的特性：
- MCT 有晶閘管良好的阻斷和導通特性；
- 具備 MOS 場效應管輸入阻抗高、驅動功率低和開關快的優點；
- 克服了晶閘管速度慢、不能自關斷和高壓 MOS 場效應管導通壓降大的缺點。

閘極絕緣雙極性電晶體

閘極絕緣雙極性電晶體(Insulated Gate Bipolar Transistor)簡稱 IGBT，它是由 BJT（雙極性型三極管）和 MOSFET（金屬氧化物半導體場效應電晶體）組成的複合全控型電壓驅動式功率半導體器件。IGBT 集合多種閘流體優點於一身，傳統的 BJT 導通電阻小，但是驅動電流大；而 MOSFET 的導通電阻大，卻有着驅動電流小的優點。IGBT 與 MOSFET 相同之處是閘極具有高阻抗，只需要微小的能量即能觸發；與 BJT 相同的是 IGBT 即使在高阻斷電壓額定下，仍然具有低的導通電壓；與 GTO 相同的是 IGBT 具有阻斷逆向電壓之能力。

IGBT 其基本包裝為三個端點的功率級半導體元件，既有 MOSFET 器件驅動功率小和開關速度快的特點（控制和回應），又有雙極型器件飽和壓降低而容量大的特點（功率級較為耐用），頻率特性介於 MOSFET 與功率電晶體之間，可正常工作於幾十 kHz 頻率範圍內，為改善功率級 BJT 運作的工作狀況而誕生。

在單一的 IGBT 器件裡，會透過一個 MOSFET 結合，作為其控制輸入；並以雙極性 PNP 電晶體作輸出開關，其理想等效電路如（圖：10.140）所示，只用單 PNP 作輸出；但實際的 IGBT 結構會較豐富複雜，其輸出可看成採用一個 PNP 及 NPN，組合成為一個晶閘管，如（圖：10.141）所示，稱為實際的等效電路。

IGBT 的極腳分為閘極(G)、射極(E)及集極(C)，電路符號如（圖：10.142）所示，也有將射極稱為陰極(K)及集極稱為陽極(A)，其結構如（圖：10.143）所示。IGBT 的開關原理是通過施加正向閘極（正）電壓形成通道，給 PNP 電晶體提供基極電流（理想 IGBT 只一個 PNP），使 IGBT 導通；相反，若加反向閘極（負）電壓，消除通道，切斷基極電流，可使 IGBT 斷流。IGBT 的驅動方法和 MOSFET 基本相同，只需控制輸入 N-通道 MOSFET 便可，所以它具有高輸入阻抗特性。當 MOSFET 的溝道形成後，從 P+基極注入到 N-層的空穴，對 N-層進行電導調制，減小 N-層的電阻，使 IGBT 在高電壓時，也具有低的通態電壓。IGBT 與 MOSFET 一樣也是電壓控制型器件，在它的閘極與發射極間施加十幾伏的直流電壓，只有在 uA 級的漏電電流流過，基本上不消耗功率。

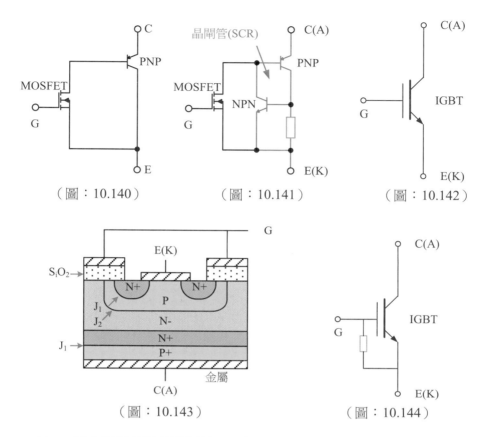

（圖：10.140）   （圖：10.141）   （圖：10.142）

（圖：10.143）   （圖：10.144）

IGBT 結合了場效電晶體閘極易驅動的特性與雙極性電晶體耐高電流與低導通電壓降特性。IGBT 通常用於中高容量功率場合，如 UPS 不斷電供應系統、馬達控制、變頻器與電磁爐。大型的 IGBT 模組應用於數百安培與 6000V 的電力系統領域，其模組內部包含數個單一 IGBT 元件與保護電路。

IGBT 模組具有節能、安裝維修方便、散熱穩定等特點；市場上銷售的多為此類別模組（模塊）化產品，一般所說的 IGBT 也指 IGBT 模組。

IGBT 的缺點：
● IGBT 的開關頻率不如功率 MOSFET 的開關頻率高；
● 不能阻止高反向電壓。

| 使用 IGBT 注意事項 |

由於 IGBT 模組為 MOSFET 結構，IGBT 的閘極通過一層氧化膜與發射極實現電隔離。由於此氧化膜很薄，其擊穿電壓一般只有 20~30V。因此因靜電而導致閘極擊穿是 IGBT 失效的常見原因之一。因此使用時要注意以下幾點：

1.　在使用模組時，儘量不要用手觸摸驅動端子部分，當必須觸摸模組端子時，

要先將人體或衣服上的靜電用大電阻接地進行放電後才可觸摸；在用導電材料連接模組驅動端子時，在配線未接好之前請先不要接上模組；儘量在底板良好接地的情況下操作。在應用中有時雖然保證了閘極驅動電壓沒有超過閘極最大額定電壓，但閘極連線的寄生電感和閘極與集電極間的電容耦合，也會產生使氧化層損壞的振盪電壓。為此，通常採用雙絞線來傳送驅動訊號，從而減少寄生電感。在閘極連線中串聯小電阻也可以抑制振盪電壓。

2. 在閘極與發射極間開路時，若在集電極與發射極間加上電壓，則隨著集電極電位的變化，由於集電極有漏電流流過，閘極電位升高，集電極則有電流流過。這時，如果集電極與發射極間存在高電壓，則有可能使 IGBT 發熱及至損壞。

3. 在使用 IGBT 的場合，當閘極回路不正常或閘極回路損壞時（閘極處於開路狀態），若在主回路上加上電壓，則 IGBT 就會損壞。為防止此類故障，可在閘極與發射極電路之間並聯一個 $10k\Omega$ 左右的電阻，此電阻應盡量靠近閘極與發射極，如（圖：10.144）所示。

4. 在安裝或更換 IGBT 模組時，應十分重視 IGBT 模組與散熱片的接觸面狀態和繫緊程度。為了減少接觸熱阻，最好在散熱器與 IGBT 模組間塗抹導熱矽脂。一般散熱片底部安裝有散熱風扇，當散熱風扇損壞，引起散熱片散熱不良時，將導致 IGBT 模組發熱，而發生故障。因此對散熱風扇應定期進行檢查，一般在散熱片上靠近 IGBT 模組的地方安裝有溫度感應器，當溫度過高時將發出警報或停止 IGBT 模組工作。

IGBT 的保護

　　IGBT 是一種用 MOSFET 來控制電晶體的新型電力電子器件，具有電壓高、電流大、頻率高、導通電阻小等特點，更被廣泛應用在變頻器中。但由於 IGBT 的耐過流能力與耐過壓能力較差，一旦出現意外就會使它損壞。為此，必須對 IGBT 進行相關保護。一般從過流、過壓、過熱三方面進行 IGBT 保護電路設計。

　　IGBT 承受過電流的時間僅為幾微秒，耐過流量小，因此使用 IGBT 首要注意的是過流保護。IGBT 的過流保護可分為兩種情況：

● 驅動電路中無保護功能。一般在主電路中要設置過流檢測器件；
● 驅動電路中設有保護功能。由於不同型號的混合驅動模組，其輸出能力、開關速度與 dv/dt 的承受能力不同，使用時要根據實際情況恰當選用。對於大功率電壓型逆變器新型組合式 IGBT 過流保護，可以通過封鎖驅動訊號或者減小閘極電壓來進行保護。

　　過壓保護則可以從以下幾個方面進行：
● 盡可能減少電路中的雜散電感；
● 採用吸收回路。吸收回路的作用是當 IGBT 關斷時，吸收電感中釋放的能量，

以降低關斷過電壓；

● 適當增大閘極電阻 R_G，使電流減少。

　　IGBT 的過熱保護一般是採用散熱器，包括普通散熱器與熱管散熱器，並可進行強迫風冷。

IGBT 模塊

　　IGBT 通常是工業上用作動力驅動使用，為了能更方便使用，簡化外部接線和器件使用，降低分佈電容等角度考慮，在中小功率場合中，一般把驅動線路連同 IGBT 製成為模塊半導體產品，而其中又有半橋模塊和三相全橋模塊在逆變器中使用最為廣泛。（圖：10.145），（圖：10.146）所示分別是 IGBT 半橋模塊及全橋模塊的電路示意圖，（圖：10.147）所示為 IGBT 模塊的實物圖。

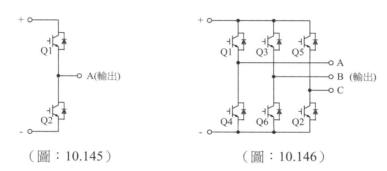

（圖：10.145）　　　　　　　　　　（圖：10.146）

（圖：10.147）

相片來自互聯網
http://www.entrale.com/images/2MBI300NR-060-01.jpg

使用 IGBT 模塊有以下幾個優點：
1. 由於開關器件全部集成在一個模塊之中，器件之間的連線可大大縮短，分佈電感也可以大大減少，從而有利於器件的可靠工作；
2. IGBT 模塊一般都採用絕緣導熱的底板，器件的安裝和使用非常方便和安全；
3. 逆變器主電路的組裝十分簡便，只需一個三相全橋模塊或三個半橋模塊的簡單連接，就可以組成一個兩點式三相橋式逆變器。

智慧功率模組

　　近年隨著功率半導體的不斷發展，一種新型的 IGBT 模塊得到更廣泛使用，它將驅動電路、過壓及過流保護電路、溫度監控及超溫保護等原本是外圍電路，都集中一起封裝生產成為一種新型功率半導體開關器件，稱為智慧功率模組 (Intelligent Power Module, IPM)，IPM 使功率半導體使用及控制大大簡化，更提高工作的可靠性。

　　使用 IPM 相對 IGBT 模塊有以下幾個優點：
1. IPM 內部已集成了 IGBT 控制需要的大部分輔助電路，可大幅度縮短產品設計的週期，降低開發的風險；
2. IPM 內部器件與 IGBT 的距離很短，控制性能比設於外部更佳，IPM 在關斷 IGBT 時不需加上反向偏置電壓，驅動電源也可簡化；
3. 內置過壓、過流、欠壓、溫度監控及超溫等保護，使可靠性大大提高，IPM 在開關器件的物理近端實現過流保護和閘極訊號處理，過流保護效果更理想；
4. 全個模塊採用陶瓷絕緣結構，整體直接安裝於散熱器上，使安裝及拆卸都十分容易。

　　可是 IPM 也有一些缺點，例如：內部的過流保護值一般不能由客戶自行調節，某些產品的散熱不理想等。

IGBT 判斷極性

　　先將指針式萬用錶撥在 R×1kΩ 檔。用萬用錶測量時，若某一極腳與其它兩極腳阻值為無窮大，調換錶棒後該極腳與其它兩極腳的阻值仍為無窮大，則判斷此極腳為閘極(G)，如（圖：10.148）、（圖：10.149）、（圖：10.150）及（圖：10.151）所示；其餘兩極腳再用萬用錶測量，若測得阻值為無限大，調換錶棒後測量阻值較小，如（圖：10.152）及（圖：10.153）所示。這時以在測量阻值較小的一次為準，則判斷紅錶棒接的為集電極(C)；黑錶筆接的為發射極(E)。

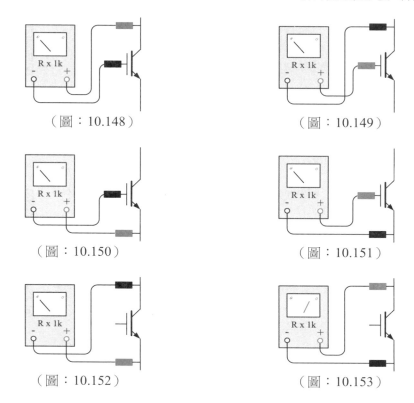

（圖：10.148）　　　　　　　　　　　（圖：10.149）

（圖：10.150）　　　　　　　　　　　（圖：10.151）

（圖：10.152）　　　　　　　　　　　（圖：10.153）

IGBT 判斷好壞

　　將指針式萬用錶撥在 R×10kΩ 檔，用黑錶棒接 IGBT 的集電極(C)，紅錶棒接 IGBT 的發射極(E)，此時萬用錶的指針應在無限大，如（圖：10.154）所示。用手指同時觸及一下閘極(G)和集電極(C)，這時 IGBT 被觸發導通，萬用錶的指針擺向阻值較小的方向，並能固定指示在某一位置，如（圖：10.155）所示。然後再用手指同時觸及一下閘極(G)和發射極(E)，這時 IGBT 被阻斷，萬用錶的指針返回無限大，如（圖：10.156）所示，此時即可判斷 IGBT 是好的。

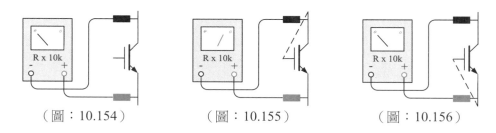

（圖：10.154）　　　　　（圖：10.155）　　　　　（圖：10.156）

　　任何指針式萬用錶皆可用於檢測 IGBT。注意判斷 IGBT 好壞時，一定要將萬用錶撥在 R×10kΩ 檔，因 R×1kΩ 檔或以下各檔萬用錶內部電池電壓太低，檢測好壞時不能使 IGBT 導通，而無法判斷 IGBT 的好壞。

◆ YouTube 影片－首次接觸變頻器(1/18)－國語－簡字幕（2:41）
(合共 18 套，可按內容繼續觀看)
https://www.youtube.com/watch?v=XqbEdyOc_Hs

◆ YouTube 影片－Elevator Industry: Teardown Elevator Drive / [Kone V3F16L] / Teardown & IGBT Test－英語－無字幕（24:00）
https://www.youtube.com/watch?v=hwev3x4YeUw

◆ YouTube 影片－Elevator Industry: Teardown Elevator Drive - (Kone V3F25) - IGBTs－無語－無字幕（7:08）
https://www.youtube.com/watch?v=7VFoqWfpL0k

◆ YouTube 影片－How to Test IPM IGBT Diode & Gate Junction with DMM - 6 Pack Powerex PM150CVA120－英語－英字幕（12:02）
https://www.youtube.com/watch?v=HavOANC4lbQ

◆ YouTube 影片－How to Test IGBT Bricks - DMM Test & Lamp Test－英語－英字幕（10:46）
https://www.youtube.com/watch?v=Y8WiZcYLJ0g

◆ YouTube 影片－How To Test an IGBT－英語－英字幕（13:00）
https://www.youtube.com/watch?v=z3Mdc5qQx8k

11

升降機操作及管理控制

學習成果

完成此課題後，讀者能夠：

1. 分辨各種升降機的電氣自動控制系統，並解釋其優、缺點及特性；
2. 說明各種傳統交流升降機的主驅動控制系統的工作原理，其優、缺點及特性；
3. 說明各種交流調壓調速升降機系統的工作原理，其優、缺點及特性；
4. 說明各種交流調壓調頻調速升降機系統的工作原理，其優、缺點及特性；
5. 說明交流同步永磁升降機驅動系統的工作原理，其優、缺點及特性；
6. 說明直流升降機的主驅動系統的工作原理，其優、缺點及特性；
7. 說明可編程式邏輯控制器升降機的工作原理，其優、缺點及特性；
8. 說明微處理器系統升降機的工作原理，其優、缺點及特性。

本章節的學習對象：

- ☑ 從事電梯業技術人員。
- ☑ 工作上有機會接觸升降機及自動梯人士。
- ☑ 對升降機及自動梯的知識有濃厚興趣人士。
- ☐ 日常生活都會以升降機及自動梯作為交通工具的人士。

11.1   升降機的電氣自動控制系統

在升降機的電氣自動控制系統中，邏輯判斷起著主要作用。無論何種升降機及其運行速度有多大，自動化程度有多高，升降機的電氣自動控制系統所要達到的目標是相類同的。也就是要求電氣自動控制系統根據機廂內指令訊號和各樓層外召喚訊號而自動進行邏輯判斷，決定出那一台升降機接受訊號，自動定出那一台升降機運行方向，並按內外訊號要求通過電氣自動控制系統而完成預定的控制目的。

在所謂的邏輯判斷中，邏輯運算的支配是十分重要的，而升降機的電氣自動控制系統必須啟動各種控制訊號元件，如：接觸器、繼電器、發光指示器、電動機等。就升降機及自動梯的運行工藝過程而言，要達到這類控制目的的方法有如下幾種：

1.   繼電器－接觸器控制系統
繼電器控制系統是舊式升降機的主流系統，它與其他控制系統相比，結構比較簡單，易於理解和掌握。但從使用及維修角度看，該系統有以下缺點：

● 觸點易磨損，令電氣接觸不好；
● 觸點閉合緩慢；
● 體積大，控制板佔用機房面積大；
● 控制系統的能量消耗大；
● 維修保養工作量大、費用高。

由於該系統有上述的缺點，所以這系統僅僅應用於較舊的產品，升降機速度不高和要求不十分高的場合，較新型的升降機已甚少採用。

2.   半導體邏輯控制系統
20 世紀 60 年代末隨著半導體技術及其器件的發展和廣泛應用，半導體電子器件已替代了部分繼電器－接觸器的有觸點系統。這種控制技術避免了上述有觸點系統存在的缺點，從其可靠性來說可算是「半永久性」的，因其沒有觸點的磨損或接觸不良的問題，也不存在觸點的使用壽命問題。

但是該系統是以所謂「硬體」邏輯運算為基礎的，即根據控制演算法和要求進行佈線，而各控制元件的佈線均必須單獨進行。以後若需對原定的控制要求有更改時，往往必須改變佈線。

3.   微處理器控制系統
自 70 年代開始，隨著大規模集成電路的出現和發展，尤其自 70 年代末和 80 年代初開始，微處理機在各個領域內的廣泛應用，先進的升降機廠已成功地把微處理器技術應用於升降機控制系統，並取得了相當驚人的成就。

升降機的微處理器控制系統實質上是使控制演算法不再由「硬體」邏輯所固定，而是通過一種「程式存貯器」中的程式，稱為「軟件」的控制系統。因此對

於有不同功能要求的升降機控制系統,只要修改「程式存貯器」中的程式指令「軟件」即可,而無需變更或減少「硬體」系統的佈線,因此十分便於使用、管理和改變功能要求。另一方面也減少了控制系統體積,降低能耗和降低維修保養費用。

◆   YouTube 影片 － 1/4, PROBABLY THE BEST 'elevator relay logic vid' in the world! －英語－無字幕（9:42）（共 4 套）
    https://www.youtube.com/watch?v=_xjXdjj2m5Q

◆   YouTube 影片 － 2/4, PROBABLY THE BEST 'elevator relay logic vid' in the world! －英語－無字幕（9:36）（共 4 套）
    https://www.youtube.com/watch?v=W5Wcj9EJ5Ao&t=201s

◆   YouTube 影片 － 3/4, PROBABLY THE BEST 'elevator relay logic vid' in the world! －英語－無字幕（13:37）（共 4 套）
    https://www.youtube.com/watch?v=BNB7rOUBMD8

◆   YouTube 影片 － 4/4, Lift logic experiments!! PROBABLY THE BEST 'elevator relay logic vid' in the world! －英語－無字幕（12:12）（共 4 套）
    https://www.youtube.com/watch?v=s-Ft3BMy62E

◆   YouTube 影片 － Old schindler hydraulic lift - i'm lovin the relays! (with sync controller action)－英語－無字幕（7:09）
    https://www.youtube.com/watch?v=PnTgwEOU_H8

◆   YouTube 影片 － YEAR1981: 320 relays,1280 contacts, 35 resistors it would take to build an elevator controller－無語－無字幕（1:28）
    https://www.youtube.com/watch?v=C01lCWMPo9s

◆   YouTube 影片 － Elevator Logic－英語－無字幕（2:19）
    https://www.youtube.com/watch?v=prrmQUtmrMQ

◆   YouTube 影片 － PLC Elevator and Escalator controls with KEB Automation－英語－英字幕（2:41）
    https://www.youtube.com/watch?v=fwu80LVljDk

11.2 傳統交流升降機的主驅動控制系統

由於交流三相鼠籠式感應電動機結構簡單、成本較低及維修方便，所以用於升降機主驅動系統十分廣泛。以往基於三相感應電動機調速較困難，所以高速及高檔的升降機多為直流電動機驅動方式，但近年隨著微處理器技術的發展，新的交流變壓變頻調速方法，使交流電動機調速的效果與直流調速一樣，所以現今新裝的升降機採用直流電動機已成絕跡。以下是不同時代及不同種類的傳統交流驅動系統。

交流單速升降機

當三相電源供應至三相感應電動機的定子線圈時，電動機內便會產生一個旋轉磁場，其轉速稱為同步轉速(Synchronous speed)。同步轉速的速度，與供電頻率成正比，也與電動機的磁場磁極對極數成反比，即電動機的磁極對數越多，旋轉磁場的轉速越慢。

$$N_s = \frac{60 \times f}{p}$$

N_s=同步轉速每分鐘的轉數(rpm)
f=供電頻率(Hz)
p=電動機磁場磁極的對極數(對)

三相定子線圈連接的相序不同，將產生一個順時針或反時針方向的旋轉磁場，該旋轉磁場切割轉子繞組，從而在轉子繞組中產生感應電流；由於轉子繞組是閉合通路，載流的轉子導體在定子旋轉磁場作用下將產生電磁力，在電機轉軸上形成電磁轉矩，驅動電動機旋轉，而電機旋轉方向與旋轉磁場方向相同。正常的感應電動機是不能以同步速度運行，運行速度是稍低於同步轉速，稱為「轉差」，由於轉速不會達至同步轉速，所以也稱為異步電動機，即感應電動機如果定子旋轉磁場與轉子之間沒有轉差的存在，就不會產生轉矩。

交流單速升降機(AC drive single speed)之電動機主接線圖，如（圖：11.1）所示，行內稱為「AC1」。L1、L2、L3 為三相供電線，電路主要由三條屬於上方向行車接觸器 CU 之主觸點及三條屬於下方向行車接觸器 CD 之主觸點所構成，電動機一般接成星形。由於三相電動機之轉動方向與三相旋轉磁場相同，所以只需改變電動機供電的相序，從而改變旋轉磁場及轉動方向，線路圖可見到上、下大拍 CU 及 CD 之來電相序相同，但到電動機，即主觸點後之相序，則上與下方向便不同。惟調相序作轉向可以將（L1，L2）、（L2，L3）或（L1，L3）兩相線對調，歐、美、日、國內的產品都有所不同，一般都按其廠方的傳統方法作依據。此線路除適用行車電動機外，其他需要轉向的三相電動機也可使用。

交流單速升降機由於只有一種固定速度，是最簡單及最便宜的升降機，由於只有一種速度，所用的電控器件較少，因此造價低、使用簡單、維修方便及可靠

性強等優點。

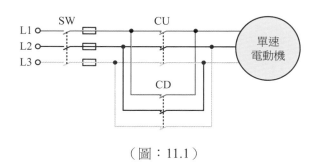

（圖：11.1）

　　由於單速機要考慮到平層準確度，它的停車的速度也是正常運行速度，所以這種單速升降機只能應用於運行速度為 0.4m/s 以下、運行性能要求不高、載重量小和提升高度不大的小型載貨及雜物升降機上。

交流雙速升降機

　　交流雙速升降機(AC drive two speed)，行內稱為「AC2」，電動機主接線如（圖：11.2）所示。

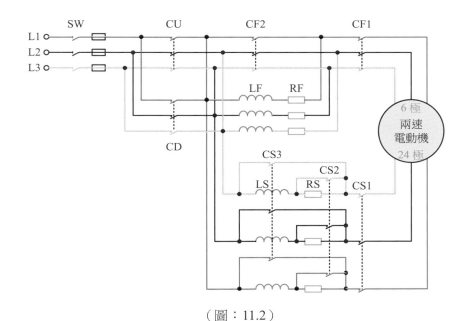

（圖：11.2）

　　從圖中可以看出，三相交流感應電動機定子內具有兩個不同極數的繞組。一個為 6 極（同步轉速為 1000rpm）和 24 極（同步轉速為 250rpm）兩個繞組。這兩個繞組可以是各自獨立的雙繞組雙速，也有一些升降機廠以單繞組雙速來設置，只需通過不同接線方法，可使一個繞組獲得兩種不同對極數及轉速，更有一

些廠會採用兩個獨立的電動機作同軸連接。6 極快速繞組作為起動和穩速（即額定速度）運行之用；而 24 極慢速繞組作為制動減速和慢速平層停車之用。起動時按時間原則，串聯電阻及電抗作一級加速；而減速制動時也按時間原則來進行兩級再生發電制動減速，以慢速繞組進行低速 250rpm 穩定運行至平層停車。

這種升降機的交流電動機具有兩種速度，這樣就使起動與穩定運行時具有較高的速度，從而可以大大提高升降機的輸送能力。同時它又具有準確停層所需的較低速度，也保證了升降機的停層準確度，對額定速度為 1.0m/s 時，一般停層準確度為 ≦±30mm，所以升降機的運行效率較單速升降機時大大提高。

主驅動系統雖然比單速升降機的複雜，但相對其他升降機來說還是比較簡單的。系統雖然是有級調速，但可以分別對高、低速進行控制和調節。因此，升降機的運行效率和性能得到相當大的提高和改善，從而使得這種驅動系統在一般低速升降機中得到廣泛的應用。

這種升降機主驅動系統的制動和減速過程是採用低速繞組的再生發電制動原理，即在減速開始的瞬間，快速繞組雖已從電源撤出，並立即把低速繞組接入電源，而電動機的實際轉速因升降機機械傳動系統的慣性，仍維持在原快速狀態時的轉速。因此，對低速繞組來說，此時的實際轉速已大大高於低速繞組的同步轉速，從而在低速繞組中產生再生發電制動減速過程。對低速繞組來說，電動機處於發電機的工作狀態，即把在快速運行時所具有的動能反饋到電網中去。這樣的減速制動方式是較經濟的，電能消耗相對較少。

這種交流雙速升降機運行性能較為良好，而驅動系統及其相應的控制系統又不太複雜，因此交流雙速升降機在以往都得到廣泛的應用。其主要應用於 15 層樓以下、提升高度不超過 45m 的要求不高乘客升降機及載貨升降機等。

交流多速升降機

交流多速升降機(AC Multi speed)之電動機主接線如（圖：11.3）所示。

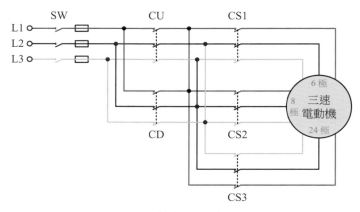

（圖：11.3）

從圖中可以看出，三相交流感應電動機的定子繞組內具有三個不同的對極數繞組，即有三種獨立的同步轉速繞組，主要有 6/8/24 極及 6/4/18 極兩種。6/8/24 極的較一般交流雙速電動機（6/24 極）多了一個 8 極（同步轉速為 750rpm）繞組，這一繞組主要用作升降機在制動減速時的附加制動繞組，使減速開始的瞬間具有較好的舒適感，從而簡化制動減速時的控制元器件（在交流雙速升降機減速時為防止強大的制動電流而必須串入附加電阻或電抗器）。由於加入了 8 極繞組後，就可以不要電阻或電抗器了。

另一種三速交流電動機的對極數之比為 6/4/18，它的作用過程如下：6 極繞組作為起動繞組，以限制起動電流≦2.5 倍的額定電流，待電動機轉速達到650rpm左右時用速度感應開關（飛疏）自動切換到 4 極繞組，即 4 極（同步轉速為1500rpm）繞組作為正常穩速運行之用；而 18 極（同步轉速為 333rpm）作為制動減速和平層停車之用。

交流多速升降機仍是屬於交流雙速升降機的範疇，因上述中所增加的一個速度繞組，僅僅是用作起動或制動過程中限制起動或制動電流之用。正常穩速（額定速度）運行和平層低速運行仍是兩個繞組。但多了一個速度繞組後使得起動、制動的控制器件大為減少，但又具有交流雙速升降機的性能和特點。這系統的結構可大大簡化，提高了系統運行的可靠性，因而維修保養工作極為簡單，需要調整的部位也很少。

由於三相交流感應電動機多了一個附加速度繞組，因而電動機的製造成本上升，其技術難度也較為複雜。但這僅是一次性的，卻對今後的運行和維修帶來許多方便。它與交流雙速升降機的一樣，只不過在起動或制動電流要求上有所限制，因為不希望使驅動控制系統複雜化，它比上述的交流雙速升降機應用更為廣泛。

三相滑環式感應電動機升降機

滑環式三相感應電動機(Slip-Ring Induction Motor)的定子構造與三相鼠籠式相同，但轉子則與直流電樞差不多，並繞有三組繞組，繞組之頭或尾三條共接，而另外的一端分別引出接在三個滑環上，三個滑環與電動機主軸相連同步，運行時只需將三個滑環短路，便成為與鼠籠式轉子一樣之特性。三相感應電動機之轉子電阻與轉速成反比，並與起動扭力成正比，所以起動時將滑環與外加電阻串聯，然後利用接觸器主觸點 CS1 及 CS2 將它慢慢短路，如（圖：11.4）所示，電動機之轉速便可由慢至快，十分適合升降機起動作簡單調速，更可增加起動扭力。若將程序改變，又可將之由快轉慢，十分方便，惟一般升降機只用於起動，很少用於停車，此種方法只需一個電動機，便可得到不同之轉速。惟電動機之轉子製作時較複雜困難，價錢較貴。由於轉子電阻較大，效率較低，不及鼠籠式轉子的方便及價錢平，所以只有較少升降機廠採用。滑環式三相感應電動機的轉差率相對轉矩的特性曲線如（圖：11.5）所示。

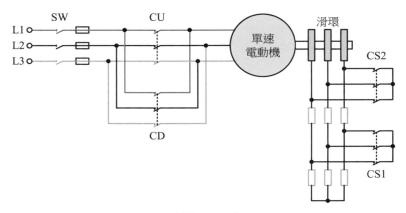

（圖：11.4）

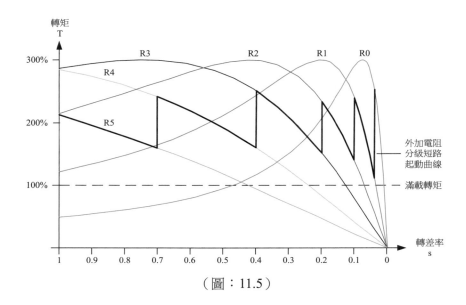

（圖：11.5）

單繞組電動機變極調速系統

　　由於三相電動機轉速與對極數成反比，所以升降機若要得到不同轉速，除了採用幾個獨立不同極數的電動機或繞組外，更可以利用一個三相繞組，預先經過計算及繞組接線的安排，透過不同接法，從而使電動機得到不同極數，便有不同的轉速，稱為電動機極數變換法，簡稱「變極法」。

　　變極法的單繞組調速系統的電動機，其三相定子繞組中，每一相都有中心抽頭，只要改變接線方式，就能使其中一半的繞組電流改變方向，定子的對極數就相應減少一半，那麼同步轉速就提高一倍，速度比為 2:1，如（圖：11.6）所示。當三相電動機之極數為 8 極，三相繞組會接成星形時；但當極數接成 4 極，繞組會接成兩個並聯 Y 形（雙 Y），這樣便可只用一個繞組，而得到兩個轉速，再用

繼電器之自動變換接法，便得到快速與慢速，但這方法調速時速度變化不是平滑的，而是一級一級的調節。

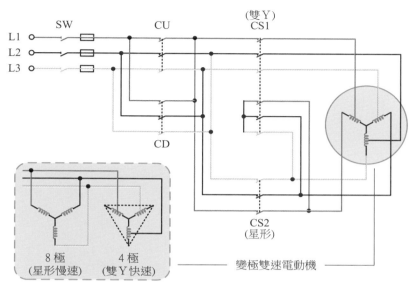

（圖：11.6）

　　這方法之電動機出線較多，因為要將每相繞組一分為二，可能是 6，9 或 12 個端點，而且電動機設計及接駁較為複雜，但電路結構較為簡單和價錢經濟，故得到廣泛應用於貨梯和一些要求不高的住宅。

11.3　直流升降機的主驅動及控制系統

　　在 70 年代曾廣泛使用的直流升降機主要是用直流曳引電動機通過減速箱，使升降機速度在≦2.0m/s 範圍內運行。但這種直流升降機的直流電源通常是由三相交流電動機同軸帶動直流發電機組成的一組系統(MG Set)，稱為華德利奧蘭系統(Ward-Leonard system)，惟這種方法因電能消耗大、機組結構複雜、初期投資成本大的低效率的直流快速升降機，已逐漸被節約能源、成本低、維護保養方便而又高效率的交流調速升降機所取代。

直流電動機的轉速控制方法

　　直流電動機的一大優點，是其轉速控制較簡單及有效，可由以下的轉速方程式得知電動機數據的關係：

$$E = \frac{2N\Phi p}{60} \times \frac{Z}{a}$$

$$N = \frac{60 \times a \times E}{2 \times p \times Z \times \Phi}$$

N=轉速(rpm)
E=電樞的反電勢(V)
Φ=磁場每極有效磁通量(Wb)
p=電動機磁場磁極的對極數(對)
Z=電樞繞組中導體總數(條)(根)
a=正與負電刷之間並聯電路數目(個)(疊式 a=2p，波式 a=2)

　　由於公式中有很多數據都是製造電動機時，關於結構的已固定之數據，可以視為常數 k，即轉速 N 與磁場磁通 Φ 成反比，並與電樞反電勢 E 成正比。

$$k = \frac{60 \times a}{2 \times p \times Z}$$

$$N = k\frac{E}{\Phi}$$

$$N = k\frac{V - I_a R_a}{\Phi}$$

V_a=電樞電阻所造成之壓降($I_a R_a$)
N=轉速(rpm)
V=外加電壓(V)
I_a=電樞的電流(A)

$R_a=$電樞的電阻(Ω)
$\Phi=$磁場每極有效磁通量(Wb)
$k=$與電動機有關結構的數據

磁場控制法

由轉速公式可知磁場之磁通量 Φ 與轉速 N 成反比,所以可藉由控制磁場電流來增減磁通量,從而達到控制轉速的目的。最簡單的控制方法可在磁場電路中串聯一個磁場可變電阻器,利用調整磁場可變電阻器之電阻大小以變動磁通量來改變轉速,惟此法只能控制電動機之轉速高於基速,而無法作低於基速之控制。直流電動機的種類很多,有並激式,串激式,複激式,他激式等(詳細的特性及控制請參考直流電動機的相關內容)。升降機用的曳引直流電動機多為他激式,甚少用磁場控制法來控制轉速。

電樞電壓控制法

電樞電壓控制法適用於他激式電動機,是改變電樞電壓 V_a,保持磁場繞組電流 I_f 為額定值來控制轉速。施加於電樞電壓愈低,電動機之轉速愈慢;而電樞電壓愈高,轉速愈快,(圖:11.7)所示為控制電路圖。

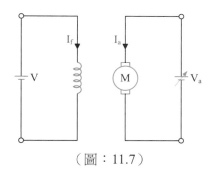

（圖：11.7）

傳統(MG Set)直流升降機主驅動系統

傳統(MG Set)直流升降機主驅動系統由三相交流感應電動機「M」(原動機)帶動同軸相聯的直流發電機「G」示意如(圖:11.8)所示,通過調節直流發電機的磁場繞組的勵磁電流,使發電機輸出可以獲得連續變化的直流電壓給直流電動機,直流電動機再通過減速箱帶動升降機廂上、下運行。當發電機的輸出電壓逐漸升高時,直流電動機的轉速也將逐漸升高,使升降機的速度也從靜止逐漸起動加速到額定速度。

由於直流發電機的電壓可以任意調節,不僅有升降機額定速度所需的電壓值,而且也可獲得與升降機平層停車所需的較低速度相對應的電壓值。這兩個電

壓與其相對應的直流電動機的轉速之比稱為調速範圍(D)，對於一般直流電動機－發電機系統，其調速範圍 D 約為 10 或略大於 10。

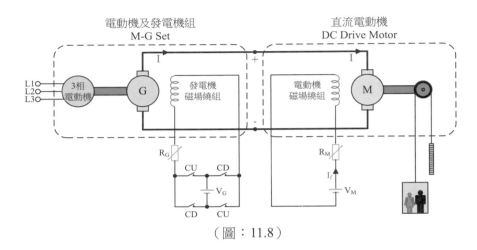

（圖：11.8）

　　升降機的起動和減速制動過程是依靠調節直流發電機的勵磁電流，從而使施加於直流電動機端的電壓變化，在適當的分級下可以獲得較為平穩的起動和減速制動舒適感。由於直流發電機的電壓變化範圍可以很大，使得直流電動機的高速和低速之差很大，一般可達到 D=10。因此在一定的額定速度下，其平層停車速度較低，這樣就可獲得較好的停層精確度，精度可達到 ±10mm。

　　直流升降機系統的運行性能雖然有所提高，但系統的初期投資和日常的空載運行耗能卻較其他系統大大增加，這就是直流升降機之所以被淘汰的最重要原因之一。傳統的直流升降機的運行性能，雖然較一般交流升降機為好，但當升降機負載或其他因素發生變化而不能把變化的轉速訊號反饋到控制的輸入端，從而導致不能控制由負載變化所引起的速度變化，這樣升降機的使用效率及停層精度均難以控制，所以這種系統的直流升降機約於 60 年代就開始不用了。

　　這種傳統的直流升降機以往是應用較為廣泛的，主要應用於載客升降機或載重量大的載貨升降機。由於需要購買三部額定容量相同之電機，包括：三相原動機、直流發電機及直流電動機，價格昂貴，初始成本較高。隨著新技術的發展，這種傳統的直流升降機後來已被附有反饋的靜止器件供電的直流升降機所取代。

> 矽控管勵磁的直流升降機主驅動系統

　　反饋自動調節的驅動系統，將輸出特性，例如：轉速或電壓、電流等狀況反饋至控制的輸入端，並與預定的訊號進行比較，即預定訊號減去反饋訊號，其結果再去控制驅動系統，如果輸出訊號較強，則反饋的訊號也較強，其與預定訊號比較後所得的控制訊號減少。這樣可以使得系統的輸出減弱，從而使升降機的速度自動減低；這一過程由始至終是自動地、連續地在進行著。只要輸出、輸入有差別存在，這自動調節過程總是存在的。這種調節系統我們常稱之為「有差自動

調節系統」。

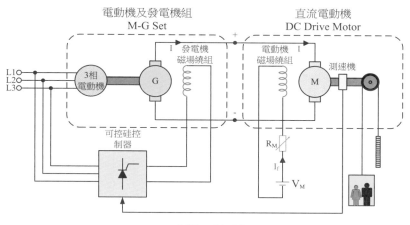

（圖：11.9）

（圖：11.9）中可以看出其與沒有反饋系統的直流升降機主驅動系統的區別，在發電機 G 的勵磁繞組不是由普通的直流電源供電，而是由矽控管(SCR)及驅動控制環節所組成。只要控制矽控管導通角大小，就可改變其輸出電壓大小，從而使發電機勵磁繞組之電流發生變化，即使其輸往電動機 M 的電壓產生變化，最後達到調節升降機速度的目的。

　　將曳引電動機的輸出「轉速」通過與電動機同軸的測速機透過負反饋至矽控管整流器的預定控制部分，達到自動調節速度的目的，從而大大提高曳引電動機的機械特性，使起動、制動控制均按時間原則進行無級連續自動調節，因此起動、制動過程平穩。

　　由於其特性能將輸出狀態反饋到控制部分的輸入端，因而使輸出基本維持不變，這樣使到升降機在負載或其他因素變化時可保持升降機速度基本不變。這一點在低速運行時尤為重要，這種直流快速升降機的一個重要特點是梯速基本不受外界因素影響，從而使這種升降機的平層精確度始終保持在小於 ±10mm 的範圍內。

　　雖然這種反饋的直流升降機的運行性能優良，但系統的結構和控制較沒有反饋的系統複雜，其他的特點與前述的非反饋系統一樣。

　　這種反饋直流升降機在 80 年代以前得到極其廣泛的應用，主要是用於低檔的酒店、商廈、高層住宅，但由於其能量損耗大、效率低，從 70 年代末開始，這種升降機已逐漸被性能與其類同的交流調速升降機所取代。

矽控管直接供電的直流驅動系統

　　由於三相矽控管勵磁發電機－電動機組驅動系統的電路複雜，調試維修不

便、體積大、佔用空間多、能耗也大。因此在大功率控矽管整流器裝置的技術及其元件質量得到極大提高後，將完全有可能用矽控管取代發電機組直接向直流曳引機供電，這樣的驅動系統控制方便、重量輕、維修容易，可節能 30%左右。

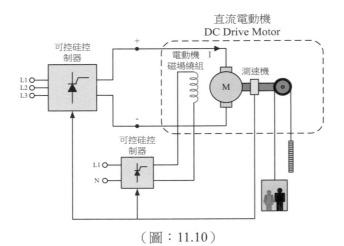

（圖：11.10）

　　矽控管供電的直流快速升降機拖動系統示意圖如（圖：11.10）所示，它主要由兩組矽控管取代傳統驅動系統中的直流發電機組。兩組矽控管可以進行相位控制，可處於整流或逆變狀態。當控制電路對預定的速度指令訊號與速度反饋訊號、電流反饋訊號進行比較運算後，便決定了兩組矽控管整流裝置中哪一組應該投入運行，電路可根據運算結果，控制矽控管的輸出電壓，即曳引電動機的電樞電壓，於是，升降機便跟隨速度指令訊號運行。

　　該系統也是利用調整電動機端電壓的方法進行調速，並用三相矽控管整流器，把交流變為可控直流，供給直流電動機的調速系統，這樣可以省去發電機組，使結構更加緊湊，並降低了造價，為近代直流升降機的主流方法。

直流電動機的反轉、制動和啟動的方法

1.　直流電動機的反轉
　　要改變直流電動機的旋轉方向，其關鍵在於如何改變它的電磁轉矩的方向。電磁轉矩的方向是由主磁場磁通的方向和電樞電流的方向決定的，兩者之中任意改變一個就可以改變電磁轉矩的方向，從而改變了電動機的旋轉方向。其方法就是將磁場繞組或電樞繞組接到電源的兩根導線對調其位置，就可以改變勵磁電壓或電樞電壓的極性，惟兩種方法只可任取其一，不同轉向的（並激式直流電動機）電路示意如（圖：11.11），（圖：11.12），（圖：11.13）及（圖：11.14）。

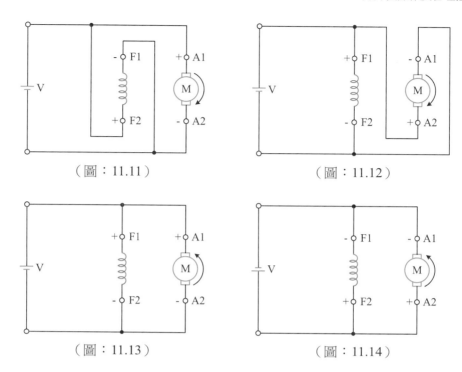

（圖：11.11）   （圖：11.12）

（圖：11.13）   （圖：11.14）

　　某些直流電動機，如只將電動機輸入電源極性改變，若電動機內包括磁場繞組及電樞繞組的固定接法，則電動機的轉向不會改變，因為磁場繞組及電樞繞組的電流同時改變。直流升降機，一般會採用改變磁場繞組電流方向的方法，來達致上、下轉向的目的，如（圖：11.15）所示。

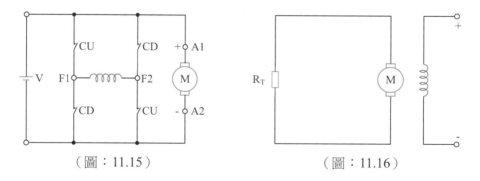

（圖：11.15）   （圖：11.16）

2.　直流電動機的制動
　　直流電動機在各種生產機械中應用很廣，使用時都希望它能快速啟動，還希望它能很快停止，這有利於提高工作效率和安全操作。

　　為使電動機在停車的瞬間，能在軸上加一個與原轉動方向相反的制動轉矩，使電動機制動。產生制動轉矩的方法可以有多種。下面只介紹一種在直流電動機中應用的能耗制動方法及原理。（圖：11.16）是能耗制動的原理圖。在需要制動時，將電樞繞組斷開電源而立即與一制動電阻 R_T 相接，當電樞因慣性而沿原來

轉動方向旋轉時，電樞繞組切割主磁極磁通，這時產生的感應電動勢 E 會在電樞繞組和制動電阻所構成的回路中產生電流，這時的直流電動機處於發電狀態。因此，電磁轉矩的方向與轉子旋轉的方向是相反的，產生制動轉矩。這時電動機會很快停下來。當轉速降為零時，電動勢 E 和電樞電流也降為零，制動轉矩也自然消失。

制動電阻 R_T 越小，電樞電流越大，制動轉矩也越大，制動的效果越明顯。因此制動電阻的大小也就決定了制動時間的長短。但是，制動電阻不能過小，否則電樞電流會過大，應使制動瞬間的電樞電流不超過額定電樞電流的 1.5~2.5 倍。

從上述制動過程看，實際上是將轉子及其拖動的機械的動能轉變成電能消耗在制動電阻上，所以這種制動方式稱為能耗制動。

3. 直流電動機的啟動

直流電動機的轉動總是從靜止狀態開始逐漸達到穩定運轉，由靜止狀態到穩定運轉狀態這段過程稱為啟動過程。啟動瞬間的電樞電流稱為啟動電流，啟動瞬間的電磁轉矩稱為啟動轉矩。電動機在啟動時要有兩個基本的條件：

i)   要有足夠大的啟動轉矩。啟動轉矩大，啟動的過程所需要的時間就短。
ii)   啟動電流不能超過安全範圍。在直流電動機中，因受到換向系統的限制，電樞電流不能超過額定電流的 1.5~2.5 倍。

直流電動機是不允許直接啟動的，因電樞電阻很小，啟動電流就會很大，可達到電樞額定電流的 10~20 倍，這樣大的電流是換向器所不允許的。同時啟動轉矩也能達到額定轉矩的 10~20 倍，這麼大的啟動轉矩會使電動機和它所拖動的機械受到很大的衝擊，損壞傳動機構（齒輪組），因此，必須限制啟動電流的數值。其方法有：

● 增加電樞電路的電阻。即在電樞電路中串聯接入一個專供啟動用的可調的電阻，啟動時調至最大值，隨著電動機轉速的升高，逐漸將電阻變小，最後切除。電阻值一般以限制啟動電流為額定電流的 1.5~2.5 倍為準。

● 降低電樞電壓啟動。這種方法需要有一個可變電壓的直流電源供電樞電路使用，此方法只適用他激電動機，啟動時電動機勵磁電壓保持額定值不變，電樞電壓從零逐漸升高到額定值，常用於升降機控制中。

◆   YouTube 影片－DC lift motor－無語－無字幕（1:28）
     https://www.youtube.com/watch?v=D5PZaRxUiqA

◆   YouTube 影片－Westinghouse DC Gearless Elevator motor－無語－無字幕（0:41）
     https://www.youtube.com/watch?v=3KCZPkWUC98

◆ YouTube 影片－Otis DC Gearless 800 fpm express elevator with "pie plate" selector－無語－無字幕（0:53）
https://www.youtube.com/watch?v=yc1Pca1xfYc

◆ YouTube 影片－Westinghouse DC traction elevator ERL－無語－無字幕（1:47）
https://www.youtube.com/watch?v=U3QhhTgwLRU

◆ YouTube 影片－Elevator Industry: DC Elevator Hoist Motor Commutator Brush Arcing－無語－無字幕（1:30）
https://www.youtube.com/watch?v=EGDGuabGnwk

◆ YouTube 影片－Westinghouse Elevator Machine Room－無語－無字幕（1:39）
https://www.youtube.com/watch?v=QsmKwkKTO54

11.4 　交流調壓調速電動機系統

　　三相交流電動機調速系統，於升降機運行時，一般是串聯電阻或電抗啟動，變極減速平層的，這就造成了啟動、制動加速度大，運行不平穩。隨著電子技術的發展，約在 70~80 年代，業界把矽控管引入了三相交流電動機的升降機之控制系統。用矽控管(Silicon Controlled Rectifier, SCR)或統稱閘流管(Thyristor)取代了電阻或電抗器，只要控制矽控管的觸發角「α」，便可令導電角「θ」變化，從而令功率面積獲得調節，即控制電動機的平均電壓，使電流下降，減低扭力，令轉速降低，示意如（圖：11.17）所示。

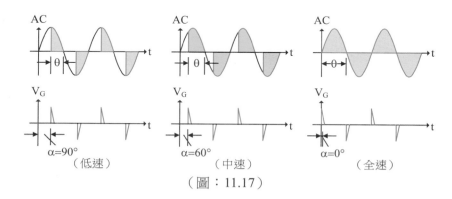

（圖：11.17）

　　通過改變感應電動機定子上的電壓可以調速，即在一定的負荷轉矩下，改變定子電壓，可以得到不同的轉速。此時理想空載轉速不變，轉矩與電壓的平方成正比。因感應電動機電壓不容許超過額定值，故調節電壓只能在額定電壓以下進行，所以調壓調速(Variable voltage, VV)又稱為降壓調速。通常升降機系統還採用速度檢測器來進行速度反饋，在運行中不斷檢查升降機的運行速度是否符合理想速度曲線的要求，並及時調整，以達到起動、制動舒適，運行平穩的目的。可是調壓調速會令電動機的最大轉矩下降很多，較大的負載不太合適。根據電動機的轉矩與轉差之特性曲線，若要求電動機有一個固定轉矩，調壓調速的調節範圍有限，所以一般只在 0~33% 轉差率範圍內進行調速。

　　調壓調速是通過在恆定交流電源與電動機之間接入矽控管作為電壓控制器，改變電動機輸入電壓而實現。但僅靠降低電壓來向電動機供電，其機械特性不能適應負載的變化，應採用轉速反饋組成反饋控制，可以增大調速範圍。（圖：11.18）所示是調壓調速系統結構方塊圖。

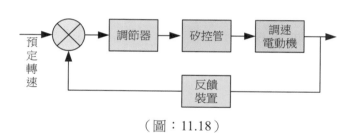

（圖：11.18）

在交流調壓調速升降機主驅動系統中,各升降機廠會按不同年代的發展而採用不同的控制方法,使其三相交流感應電動機在升降機運行一個週期內,分為「起動」、「穩速」及「制動」的三個不同階段控制,大致可分為以下三類調速系統,如（圖：11.19）所示。

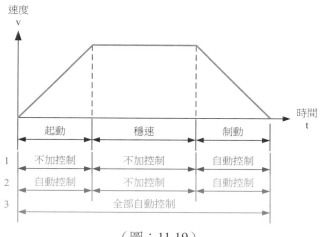

（圖：11.19）

1. 起動加速和穩速運行階段均不加控制,而制動減速加以自動控制。這種方法最為簡單,可靠性高,但其起動性能可算不是最理想的;
2. 起動加速和制動減速階段加以自動控制,而在穩速運行階段不加以控制,起動及制動的舒適度都較高;
3. 起動加速、穩速運行和減速制動的三個階段均加以自動控制,全程的舒適度都較高,惟控制較複雜,成本也是最高。

    從上述的三種調速控制類型中可以看出一個共同特點,即不論何種控制類型的交流調速系統,其減速制動過程總是要加以自動控制的。這一點也就是交流調速升降機主驅動系統中最關鍵的技術。

    就交流調速電梯的制動減速程序控制而言,有再生發電制動、能耗制動、渦流制動器制動、反接制動、再生發電制動加能耗制動的混合型制動等。不管何種制動類型,其制動減速原則均是按距離（或模擬按距離）制動,直接停靠目的樓層平面,即越接近目的樓層平面,其制動減速的速度也將越小。當升降機與目的樓層平面的距離為零時,電梯的速度（即曳引電動機的轉速）也為零,從而使升降機準確地停在目的樓層水平面處。這樣就大大縮短了升降機的執行時間,也大大提高了交流調速升降機的輸送效率。

    交流調壓調速升降機的發展中,各升降機廠曾採用不同的控制方法於其產品中,主要可分為:
●   三相星形聯結附中性線調壓電路
●   三相全波星形聯結調壓電路
●   三相半控不對稱星形聯結調壓電路

- 三相晶閘管與負載內三角形調壓電路
- 三相晶閘管三角形聯結調壓電路
- 兩相不對稱星形聯結調壓電路
- 星點三角形對稱調壓電路

三相星形聯結附中性線調壓電路

升降機電機繞組的中性點接到三相四線制供電系統的中性線而成,如(圖:11.20)所示。這種方法是通過改變矽控管導電角的大小實現調壓,所以其輸出電壓不是正弦波,會呈起角正弦波。這樣在電路中就有較大的奇次諧波電流,並以三次諧波為主,因此在中性線上有較大的諧波電流通過,對線路和電網干擾較大,因而只適用於小容量場合。

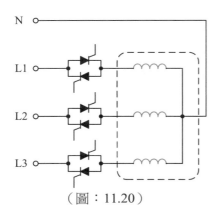

(圖:11.20)

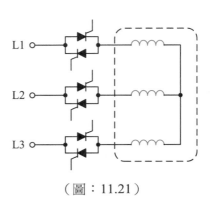

(圖:11.21)

三相全波星形聯結調壓電路

三相全波星形聯結調壓電路將(圖:11.20)所示電路的中性線拆離便可。雖然輸出電壓中有奇次諧波,並以三次諧波所佔比重最大,但是由於電路沒有中性線,所以雖有三次諧波電勢卻無三次諧波電流,對線路和電網干擾較小。同時,後者與正弦波電壓控制相比,在 33% 轉差率下輸入電流只是增加 8%,是各種電路中最小的,因此許多升降機調速都會選擇此電路,如(圖:11.21)所示。

三相半控不對稱星形聯結調壓電路

三相半控不對稱星形聯結調壓電路將(圖:11.21)所示每一相中用一個二極管取代反向矽控管而成,如(圖:11.22)所示,屬於非對稱調壓電路。輸出電壓兼有奇、偶次諧波。偶次諧波產生制動力矩,使電機輸出轉矩減小,定子輸入電流在 33% 轉差率下比正弦電壓控制電流增加 38%。特別是低速運行出現脈動力矩,電動機發熱加劇,僅適用於較小載重量電動機調速。

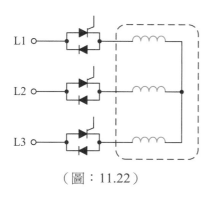

（圖：11.22）

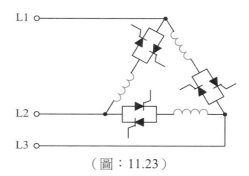

（圖：11.23）

三相晶閘管與負載內三角形調壓電路

　　三相晶閘管與負載內三角形調壓電路的電動機繞組六個端點必須單獨引出，接成內三角形負載，如（圖：11.23）所示。由於電動機繞組必須能承受電網之線電壓，而且繞組中也有三次諧波電流。在轉差率為 33% 時定子輸入電流與電壓為正弦波的情況相比較增加 30%，因而電機絕緣等級應相應提高。但是它只需要窄脈衝觸發，控制簡單，線電流因無三次諧波電流，所以正弦波形畸變較小，因此也常用於升降機電動機調速。此電路如改為三角形負載，在 33% 轉差率時，定子輸入電流僅比正弦電壓控制增加 14%，電動機發熱將比前者明顯減小。

三相晶閘管三角形聯結調壓電路

　　三相晶閘管三角形聯結調壓電路的矽控管位於電動機繞組後面，電路只用三個晶閘管，如（圖：11.24）所示，使電路的構成和控制更為簡單及經濟，可減小電網浪湧電壓對它的沖擊，但是要求電動機定子繞組中性點能拆開，且只能接成星形。在轉差率 33% 時，定子輸入電流比正弦電壓控制增加 43%，加上輸出電壓有偶次諧波，因而電動機發熱較厲害，噪音較大，要求使用特製電動機。由於它使用元件少，控制簡單，成本低，只間中用於一些升降機電動機調速中。

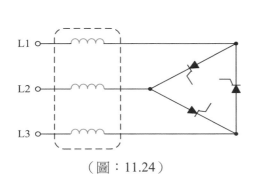

（圖：11.24）

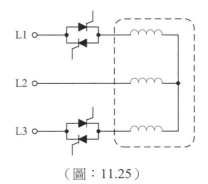

（圖：11.25）

兩相不對稱星形聯結調壓電路

　　兩相不對稱星形聯結調壓電路相當於（圖：11.21）中去掉任何一相的兩個矽控管，形成非對稱控制，如（圖：11.25）所示。這種電路二相有過電流通過，大約在同步轉速的 40% 出現過電流最大值，因而在起動時電流嚴重不平衡，因此要使用特製電機和特殊的控制方法，來降低電動機噪聲和發熱。它的低成本，控制簡單的優點使它成為電動機調速電路的一種選擇方案。

星點三角形對稱調壓電路

　　在（圖：11.21）調壓電路的電機繞組和矽控管均為星形接法，如矽控管改為三角形接法，便形成新的對稱控制調壓電路，如（圖：11.26）所示。若比較兩種方法之電動機繞組電流和線電流均相同，只是矽控管電流不同。在全導通情況下，前者（圖：11.21，矽控管星形接法）矽控管電流均方根值和電流平均值分別為後者（圖：11.26，矽控管三角形接法）的 1.6 倍和 2 倍，但後者矽控管總的均方根諧波電流遠大於前者。由於後者矽控管在電源瞬變時部分受到電機繞組的保護，而且只需要窄脈衝觸發，電動機發熱狀態比三相晶閘管星形聯結調壓電路有明顯改善，因此可以作為升降機電動機調速的一種選擇方案。

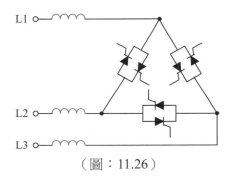

（圖：11.26）

調壓調速系統優點及缺點

　　調壓調速系統主要有系統結構和調速方法簡單的優點。但是它屬於不改變電動機同步轉速方式，而且矽控管調壓裝置採用相位控制，輸出電壓、電流為非正弦波，因此存在電動機發熱、效率下降、負載能力下降、低速時輸出轉矩脈動和噪聲大等問題。這些缺點限制了系統調速範圍的擴大，也影響升降機乘坐的舒適感和平層精度，該系統適用於調速精度不高的機械上使用。

11.5 交流調壓調速電動機制動系統

交流調壓調速系統，由於沒有低速爬行階段，所以升降機的總運輸效率得以大大提高。而且可以按距離制動，直接停靠樓層。升降機的平層精確度可控制在10mm 的範圍之內。升降機的交流調壓調速系統，對於升降機運行中的制動減速過程，都是加以控制的，根據其制動的方式，可分為以下幾種：

- 能耗制動型
- 渦流制動器
- 反接制動方式

能耗制動型調壓調速系統

能耗制動型調壓調速系統，是採用矽控管調壓調速再加能耗制動而成。當電動機失電後，就對慢速繞組中的兩相繞組通以直流電，這時在定子內，就會形成一個固定的磁場。由於慣性，轉子仍在旋轉，其導體就要切割磁力線，於是轉子中就產生了感應電動勢和轉子電流。轉子電流和定子中的磁通，就要產生相互作用，結果就產生了制動力矩。能耗制動力矩，是由電機本身產生的。因而，它可以方便地對啟動加速、穩速運行和制動減速實現全閉環的控制，電路示意如（圖：11.27）所示。

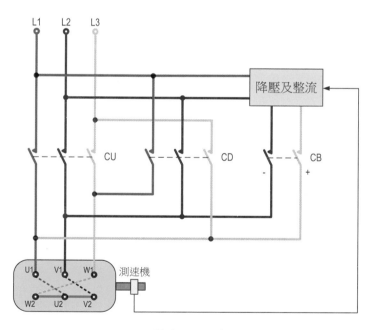

（圖：11.27）

能耗制動型調壓調速系統，對電動機的製造要求較高。又由於電動機在運行過程中，一直處於轉矩不平衡狀態，所以其噪聲較大，電動機也會產生過熱現象。

渦流制動器調壓調速系統

　　渦流制動器調壓調速系統與能耗制動相似，但它是一個單獨的裝置，由電樞和定子兩部分組成，電樞與感應電動機的鼠籠式轉子相似。定子繞組是由直流電流勵磁。渦流制動器在使用時，可以和升降機的主電機共為一體，也可以分離。但是，兩者的轉子必須同軸相連，這又使它具有了可調節制動轉矩的特性，電路示意如（圖：11.28）所示。

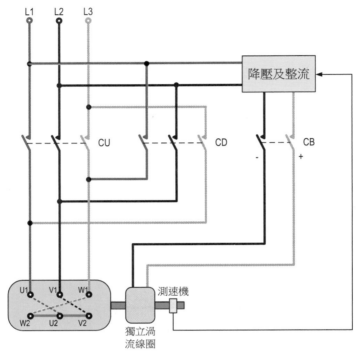

（圖：11.28）

　　當升降機運行中需要減速時，就斷開主機電源，同時給同軸的渦流制動器定子繞組輸入直流電源，以產生一個直角坐標磁場。由於此時渦流制動器的轉子仍在以電動機的轉速旋轉，轉子就要切割定子繞組中磁場的磁力線，從而在轉子中就產生了與定子磁場相關的渦流電流。渦流電流產生的磁場，又與定子的磁場相互作用，其最後結果，就產生了一個與其旋轉方向相反的渦流制動轉矩。如果按制定的規律輸給渦流制動器定子繞組直流電流，就可以控制渦流制動器轉矩的大小，從而也就控制了升降機的制動減速過程。

　　渦流制動器調壓調速系統，結構簡單，可靠性高。但由於是開環啟動，其啟動的舒適感不很理想；惟某些升降機廠也有閉環的設計，使舒適感大大提高。

反接制動調壓調速系統

　　反接制動調壓調速系統是在升降機減速時，把定子繞組中的兩相交叉改變其相序，使定子磁場的旋轉方向改變。由於轉子的轉向仍未改變，這就相當於轉子逆磁場方向轉動，於是產生了制動力矩，使轉速逐漸降低，產生制動效果。當升降機轉速下降至「零」值時，必須立刻切斷電動機電源，然後停止，否則升降機有機會反向運行。

　　反接制動調壓調速系統的電機，仍使用交流雙速感應電動機。啟動加速至穩速以及制動減速，均是閉環調壓調速，且高低速分別控制。但在制動減速時，是將低速繞組接成與高速繞組相序相反的狀態，使之產生反接制動力矩，電路示意如（圖：11.29）所示。

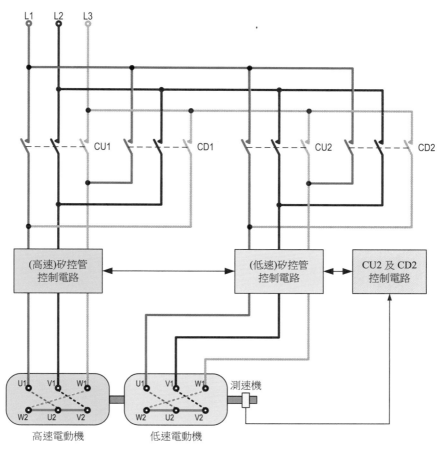

（圖：11.29）

　　升降機上行時，CU1 上行快車拍吸索，使高速電動機向上運轉；升降機需要制動時，與向上運行方向相反的 CD2 下行慢車拍吸索，使低速電動機（下向）運轉，產生反向（下向）力矩。

　　升降機下行時，CD1 下行快車拍吸索，使高速電動機向下運轉；升降機需要制動時，與向下運行方向相反的 CU2 上行慢車拍吸索，使低速電動機（上向）運轉，產生反向（上向）力矩。

　　無論升降機是上行或下行，當進入減速階段時，高速繞組也會透過矽控管控制電路，使轉矩在逐漸減弱，從而使升降機按距離制動並減速直接停靠。

　　由於該系統是全閉環調壓調速，因而運行性能良好。反接制動，不像渦流制動器或能耗制動型那樣，要求升降機有一定數量級的慣性力矩，要在電動機軸端加裝適當的飛輪，這就使得其機械傳動系統結構簡單、輕巧。由於該系統在制動時高速繞組不斷開，僅在低速繞組上施加反相序電壓，因而其動能就全部消耗在電動機的轉子上，變成熱量；該系統的能耗較大，電機必須要有強迫風冷裝置。

11.6   交流變壓變頻電動機調速系統

交流變頻變壓(Variable Voltage Variable Frequency, VVVF)調速，行內也叫「V3F」，是通過改變交流感應電動機供電電源的電壓及頻率，從而調節電動機的同步轉速，使轉速無級調節。這方法的調速範圍較大，是交流電動機用於升降機較理想的調速方法。

由電機學原理可知，交流三相感應電動機的轉速公式如下：

$$N_r = \frac{60f}{p}(1-s)$$

$$s = \frac{N_s - N_r}{N_s} \times 100\%$$

$$N_r = N_s(1-s)$$

N_r=電動機轉子每分鐘的轉數(rpm)
f=定子供電頻率(Hz)
p=對極數
s=轉差率(%)
N_s=同步轉速每分鐘的轉數(rpm)

從以上公式可看到，除了改變對極數「p」能改變交流感應電動機的同步轉速外，改變施加於電動機的電源頻率「f」，也可以改變其轉速，因交流感應電動機的轉速，是其定子繞組上交流電源頻率的函數。所以，只要均勻地改變定子繞組的供電頻率，就可以平滑地改變電機的同步轉速。

但是，升降機要求其電機的最大轉矩不變，維持磁通恆定。因此在改變定子繞組供電頻率的同時，對其供電電壓，也必須作相應的調節。能夠同時改變供電電源的電壓和頻率的驅動系統，就稱為變壓變頻調速系統。能同時完成變壓、變頻任務的設備，稱作「變頻器」。使用變頻器的升降機，常稱為(VVVF)型升降機。

變頻器

變頻器(Frequency converter, Variable-frequency Drive, VFD)是利用電力半導體器件的通、斷作用，將電網工作頻率（工頻）電源變換為另一頻率的電能控制裝置。升降機系統中使用的變頻器主要採用「交—直—交方式」，先把工頻交流電源通過整流器轉換成直流電源，然後再把直流電源轉換成頻率及電壓均可控制的交流電源以供電予電動機。變頻器可以分為四個主要部分，方塊圖如（圖：11.30）所示。

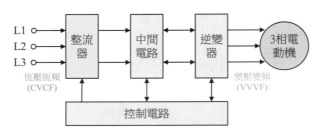

（圖：11.30）

1.　整流器

　　整流器與單相或三相交流電源相連接，利用二極管將交流電變換成脈動的直流電壓。整流器有兩種基本類型，包括不可控和可控的。不可控整流之整流方法的直流輸出電壓和交流電源電壓的比值為固定，不能改變。

　　可控整流以相位控制閘流體來取代二極體，而閘流體整流器的輸出電壓，更可以根據控制閘流體的觸發角而加以改變，輸出可作調壓。此種相位控制構造簡單，並且價格便宜，其效率一般均高於95%以上，所以應用極為廣泛。單相全波可控整流電路如（圖：11.31）所示，惟甚少用於升降機系統；三相半波可控整流電路如（圖：11.32）所示；三相全波可控整流電路如（圖：11.33）所示。

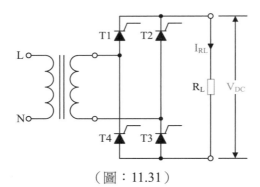

（圖：11.31）

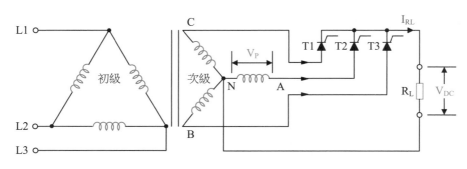

（圖：11.32）

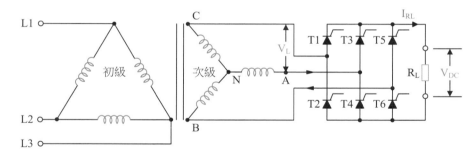

（圖：11.33）

2. 中間電路
   變頻器的中間電路有以下三種主要的功能：
● 將整流電壓變換成直流電流或可變的直流電壓；
● 配置濾波器使脈動的直流電壓變得更穩定或更平滑，以供逆變器使用，提高變頻器性能；
● 通過開關電源為各個控制線路供電。

3. 逆變器
   逆變器將直流電變換成單相或三相交流電，並產生可供電動機電壓的可變頻率。另外，一些逆變器還可以將固定的直流電壓變換成可變的交流電壓。

4. 控制電路
   控制電路將訊號傳送給整流器、中間電路和逆變器，同時也接收來自這部分的訊號作回饋，具體被控制的部分取決於各個變頻器的設計。它的主要功能：
● 利用訊號來開、關逆變器的半導體器件；
● 提供操作變頻器的各種控制訊號；
● 監視變頻器的工作狀態，提供保護功能。

交－交變頻器

　　交－交變頻器又稱為直接式變頻器，它是由兩組反向並聯的整流器組成。經適當的「電子開關」，按一定的頻率使兩組整流器輪流向負載供電，使負載獲得變化了的輸出電壓。輸出電壓的幅值，由各組整流器的控制角決定。而其變化頻率，則由「電子開關」的切換頻率所決定，惟變化的頻率只能在電網頻率以下的範圍內進行變化，減少了中間電路環節，效率高，方塊圖如（圖：11.34）所示，惟很少用於升降機系統。

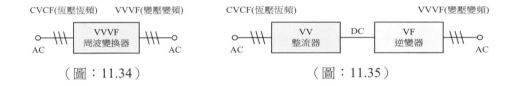

（圖：11.34）　　　　　　　　　　　　（圖：11.35）

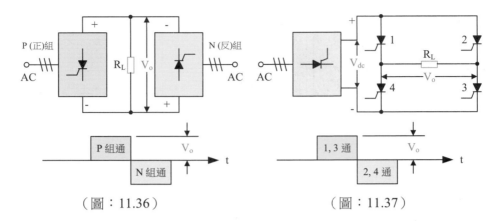

（圖：11.36）　　　　　　　　　　（圖：11.37）

　　交－交變頻器的工作原理如（圖：11.36）所示。它由兩組反向並聯的變流器 P 和 N 所組成。經適當的「電子開關」按一定的頻率使 P 組和 N 組輪流向負載 R_L 供電，負載 R_L 就可獲得變化了的輸出電壓 V_o。V_o 的幅值是由各組變流器的控制角 α 所決定的。V_o 的頻率變化由「電子開關」的切換頻率所決定。而「電子開關」由電源頻率所控制，V_o 的輸出波形由電源變流後得到。因此交－交變頻器的頻率變化只能在電網頻率以下的範圍內進行變化。

交－直－交變頻器

　　交－直－交變頻器又稱為間接式變頻器，它先把交流電源整流，得到幅值可變的直流電壓。然後經四個（供應單相負載）開關元件輪流導通，從而使負載獲得幅值和頻率均可變化的交流輸出電壓。其幅值由整流器輸出的直流電壓決定，頻率則由逆變器的開關元件的切換頻率所決定，即變頻器的輸出頻率不受電網頻率的限制，所以用途廣泛，是最常用的變頻方法，方塊圖如（圖：11.35）所示。

　　在交－直－交變頻器中，有一個將直流電壓轉變為頻率不同的交流電壓的過程，稱為「逆變器(Inverter)」，可是變頻器輸出卻是方形波。如果直接把這個方形波輸入給電動機的話，其效率將比由正弦波供電的效率下降 5~7%，功率因數要下降 8%左右，而電流卻要增大 10 倍。為解決這一問題，在 VVVF 型電動機的調速系統中，多採用脈寬調制控制器 PWM。所謂 PWM，就是按一定的規律，控制逆變器中功率開關元件的通與斷，從而在逆變器的輸出端，獲得一組等幅而不等寬的矩形脈衝波，用來近似等效正弦波的一種裝置。

　　交－直－交變頻器的工作原理如（圖：11.37）所示。變頻器先將三相交流電源整流得到幅值可變的直流電壓 V_{dc}，然後經開關元件 1、3 和 2、4 輪流切換導通，則在負載 R_L 就可獲得幅值和頻率均可變化的交流輸出電壓 V_o，其幅值由整流器輸出的直流電壓 V_{dc} 所決定，其頻率由逆變器的開關元件的切換頻率所決定，即交－直－交變頻器的輸出頻率不受電網頻率的限制。

電壓源型和電流源型變頻器

　　在電動機的變頻調速系統中，變頻器的負載一般是三相交流感應電動機，其負載電流是滯後的，因此在直流環節和負載之間需設置儲能元件，以緩衝無功分量。根據無功分量的處理方式，變頻器又可分為電壓源型和電流源型兩種，如（圖：11.38）及（圖：11.39）所示。圖中已省略整流器部分電路。因此，前面所述的兩種變頻器均可分電壓源型和電流源型兩種，這樣共有四種類型的變頻器。

● 　交－直－交的電壓源型；
● 　交－直－交的電流源型；
● 　交－交的電壓源型；
● 　交－交的電流源型。

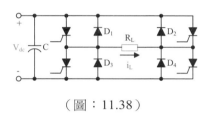
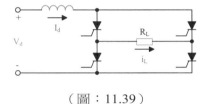

（圖：11.38）   （圖：11.39）

　　電壓源型是將電壓源的直流變換為交流的變頻器，直流回路的濾波是電容。電流源型是將電流源的直流變換為交流的變頻器，其直流回路濾波是電感。

　　在交－直－交的電壓源型中是在直流輸出側並聯大電容以緩衝無功功率，如（圖：11.38）所示。從直流輸出端看，電源具有低阻抗，因此輸出電壓波形接近於矩形波，是屬於電壓強制方式。另外，所有電壓源型的變頻器均應設有反饋二極體，如圖中的 D_1~D_4 二極管。這是為滯後的負載電流 i_L 提供反饋到電源之通路所必須的。例如，設置在晶閘管換流之前，負載電流如圖中所示方向流過，剛換流後，i_L 還未來得及改變方向時，可以經 D_2、D_3 二極管將無功能量反饋至電源中去。在電流源型逆變器中，由於直流中間回路電流 I_d 的方向是不變的，所以不需設置反饋二極體，如（圖：11.39）所示。

　　而在交－交型變頻器中，雖無明顯的直流環節，但也可以分為電壓源型與電流源型兩種。交－交電壓源型的逆變器不設濾波電容，如（圖：11.40）所示。兩組變流器是直接反向並聯到電網上。由於電網相對負載具有低阻抗，故屬於電壓強制性質，負載的無功功率由電源來緩衝。

　　若兩組變流器均經一個大的電感線圈 L 接到電網，如（圖：11.41）所示，則稱之為交－交電流源型變頻器。這時電源具有高阻抗，將輸出電流強制為矩形波，而負載的無功功率則由濾波電感 L 來緩衝。

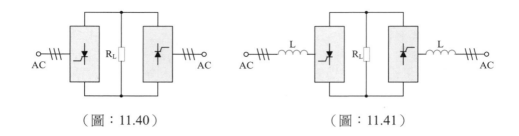

（圖：11.40）   （圖：11.41）

逆變器

　　變頻器的核心電路，由整流電路（交流變換直流），直流濾波電路及逆變電路（直流變換交流）組成。逆變電路的作用是將直流電路輸出的直流電源轉換成頻率和電壓都可以任意調節的交流電源，而逆變電路的輸出就是變頻器的輸出。

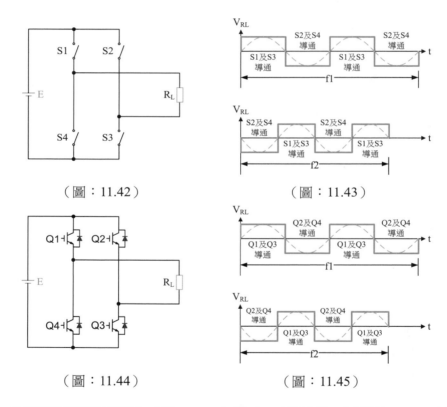

（圖：11.42）   （圖：11.43）

（圖：11.44）   （圖：11.45）

　　最簡單的單相逆變器如（圖：11.42）所示，只需採用 4 個開關 S1~S4，透過 S1~S4 按時間有規律的導通及截流，R_L 便可獲得如（圖：11.43）所示的交流方波；若調節 S1~S4 不同時間的導通及截流，更可改變輸出的頻率。在實際應用的電路中，S1~S4 開關會由 4 個功率開關器件 Q1~Q4 取代組成，如（圖：11.44）所示，同樣只要按時間有規律的令 Q1~Q4 導通及截流，也可獲得如（圖：11.45）所示同樣的交流電輸出。

　　產生三相交流電的逆變電路原理與單相相同，惟增加了 2 個開關，只需將 S1~S6 按（圖：11.46）所示順序導通及截流，則在 A-B、B-C、C-A 間獲得一交變電壓。以 B-C 相為例，當 S3、S2 接通時，B-C 獲得正半週電壓；S5、S6 接通時，獲得負半週電壓，改變開關 S1~S6 的動作速度就可改變輸出電壓的頻率。由圖中可見，相與相之間的線電壓是相距 120° 的矩形波，便可模擬三相電源來驅動 3 相繞組。

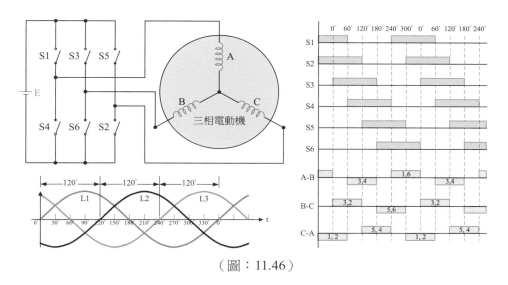

（圖：11.46）

　　同樣在實際的電路中，6 個開關 S1~S6 將由 Q1~Q6 功率開關器件取代，現時主流的功率開關器件為 IGBT，並配合整體的控制電路而成。控制三相電動機轉速的整個變頻器的方塊電路如（圖：11.47）所示，若用於升降機系統，電動機的功率較大，圖中的整流部分會採用三相橋式整流電路。

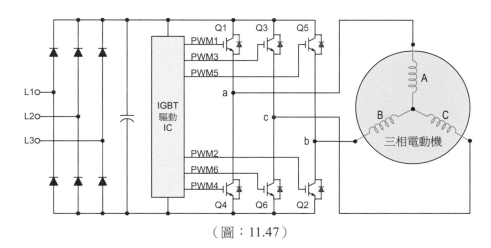

（圖：11.47）

　　控制功率開關器件時，必須做到上開則下關，上關則下開，以防止短路直流源的情況發生。例如：Q1(S1)開，Q4(S4)關；Q3(S3)關，Q6(S6)開，但由於功率

開關器的截止(Turn-off)時間，通常大於導通(Turn-on)時間，因此必須於上、下開
關的訊號之間加入一段延遲時間。

脈衝寬度調制變頻控制器

　　脈衝寬度調制(Pulse Width Modulation, PWM)，簡稱脈寬調變，是將模擬訊
號轉換為脈波的一種技術，它按一定規律將模擬訊號的大小改變為脈衝列的脈衝
寬度，即週期固定，以調節輸出量和波形的一種調值方式（等幅不等寬脈衝）。
電動機的調速系統大多採用脈衝寬度調制控制器。它由控制線路按一定的規律控
制功率開關元件的通、斷，從而在逆變器的輸出端獲得一組等幅而不等寬的矩形
脈衝波形，來近似等效於正弦電壓波。

　　脈衝幅度調制(Pulse Amplitude Modulation, PAM)，是按一定規律改變脈衝列
的脈衝幅度（等寬不等幅脈衝），以調節輸出量值和波形的一種調制方式。

　　脈衝寬度調制變頻，其電路結構與電壓源型變頻相似，電路圖與方塊圖如
（圖：11.48）及（圖：11.49）所示。逆變器主控元件可用晶閘管，大功率電晶體
GTR，包括 GTO、MCT 及 IGBT。由交－直－交變頻器工作原理可知，電晶體逆
變器將直流電壓轉變為頻率不同的交流電壓。但因為其輸出電壓是方波電壓，按
數學的傅立葉級數分解，除基波外，在其電壓波形中還含有較大成份的高次諧波
分量。雖然可在逆變器的輸出端採用交流濾波器來消除高次諧波分量，但又非常
不經濟，且增大了逆變器的輸出阻抗，使逆變器的輸出特性變壞。

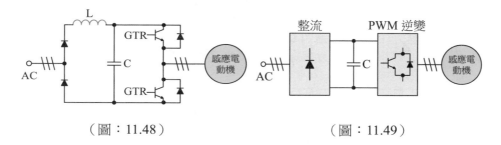

（圖：11.48）　　　　　　　　　　　（圖：11.49）

脈衝寬度調制變頻的工作原理

　　一個波形可以用很多個其他的波形函數替代，因此一個正弦波可以設想用多
個不同幅值的矩形脈衝波來替，如（圖：11.50）所示。在圖中，將一個正弦半波
分割出多個等寬不等幅的波形。如果每一個矩形波的面積都與相應時間段內正弦
波的面積相等，則這一系列矩形波的合成面積就等於正弦波的面積，亦即有等效
的作用。為了提高等效的精度，矩形波的個數分得愈多愈好，圖中分割出的波形
數目 n=6，但這些分割都是由電子電路負責，它的數目往往受到開關器件允許開
關頻率的限制。

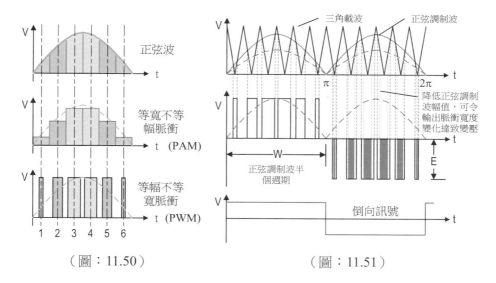

（圖：11.50）   （圖：11.51）

在通用變頻器採用的交－直－交變頻裝置中，前級整流器是不可控的，給逆變器供電的是直流電源，其幅值恆定。若把上述一系列等寬不等幅的矩形波用一系列等幅不等寬的矩形脈衝波來替代，只要每個脈衝波的面積都相等，也應該能實現與正弦波等效的功能，稱作正弦脈衝寬度調制波形(Sinusoidal Pulse Width Modulation, SPWM)。例如，把正弦半波分作 n=6 等分，把每一等分的正弦曲線與橫軸所包圍的面積都用一個與此面積相等的矩形脈衝來代替，矩形脈衝的幅值不變，各脈衝的中點與正弦波每一等份的中點相重合，這樣就形成 SPWM 波形。

上述 SPWM 波形在半周內的脈衝電壓只能在「正」或「負」與「零」之間變化，因主電路每相只有一個開關器件反覆通、斷，稱為單極式 SPWM。如果讓同一橋臂用上、下兩個開關器件互補地導通與關斷，則輸出脈衝在「正」及「負」之間變化，就得到雙極式的 SPWM 波形，稱為雙極式 SPWM。惟開關器件之間的關係是互補的，即通、斷狀態彼此是相反交替的。

SPWM 是利用無線電發射技術，將等幅的三角波作為載波(Carrier wave)，與期望輸出波形相同的正弦波之調制波(Modulation wave)或稱訊號波作比較，載波與調制波相交點發出開、關功率開關元件的觸發脈衝，如（圖：11.51）所示。在正弦波值大於三角波值時，控制逆變器的電晶體開關導通；而當正弦波值小於三角波值時，控制逆變器的電晶體開關截止，就可在逆變器輸出端得到一組「等幅不等寬」脈衝，來模擬正弦波。輸出幅值相等於逆變器直流端的電壓 E，寬度按正弦波規律變化的一組矩形脈衝之次序，它等效於正弦曲線。若載波頻率增高，兩種波的交點增多，令每個週期內的脈衝數增加，便會使輸出更接近正弦波，但控制電路也較複雜。

改變正弦調制波的頻率 f，從而改變週期，週期時間的長短於（圖：11.51）中以 W 表示，可改變輸出電壓的頻率，達至「變頻」。改變直流電壓 E 的幅值，可以改變輸出等效正弦波幅值，達至變壓。可是一般的 PWM，其整流電路採用不可控的二極體，輸出是固定的直流電壓，幅值 E 不能改變。這樣，若降低正弦

調制波的幅值，使各段脈衝的寬度變窄（圖中的綠色線），從而使輸出電壓基波的面積平均值也相應減少，即幅值也減少，間接也可起到調壓的作用。即改變 PWM 正弦調制波的幅值，便可達至「變壓」。

以上的方法只是得到交流正半周的調寬脈衝，對於正弦波的負半周，就要用相應的負值三角波進行調制，如（圖：11.52）所示。在實際控制電路中，一般採用如（圖：11.51）中的相同三角波控制，再加上「倒向訊號」，將負半波反相，就可以得到全波的調寬脈衝。

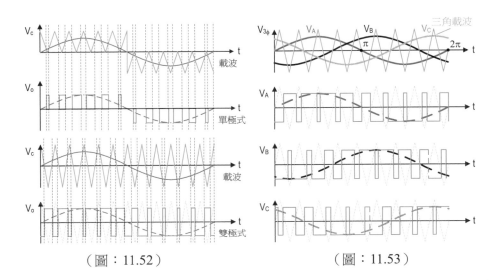

（圖：11.52） （圖：11.53）

若是用於三相逆變器時，必須產生互差 120 度的三相調制波，才可產生可變頻、變幅的三相正弦參考訊號，然後分別與三角波相比產生三相脈衝調制波，其調制方法和單極式相似，只是輸出脈衝電壓的極性不同，輸出波形圖如（圖：11.53）所示。

正弦脈衝寬度調制波形 SPWM 的特點：
1. 輸出接近正弦波；
2. 整流電路採用二極體，功率因數 $\cos\phi$ 可近似為 1；
3. 電路簡單；
4. 控制輸出脈寬來改變輸出電壓，加快變頻過程的動態回應。

低、中速 VVVF 升降機驅動系統

VVVF 升降機的驅動部分是其核心，也是與定子調壓控制方式的主要區別之處。（圖：11.54）所示是一個中、低速升降機驅動系統的方塊圖，速度<2.0m/s。其 VVVF 驅動控制部分由三個單元組成：第一單元是根據來自速度控制部分的轉矩指令訊號，對應該供給電動機的電流進行運算，產生出電流指令運算訊號；第二單元是將經數／模（D/A）轉換後的電流指令和實際流向電動機的電流進行

比較，從而控制主回路轉換器的 PWM 控制器；第三單元是將來自 PWM 控制部
分的指令電流供給電動機的主回路控制部分。

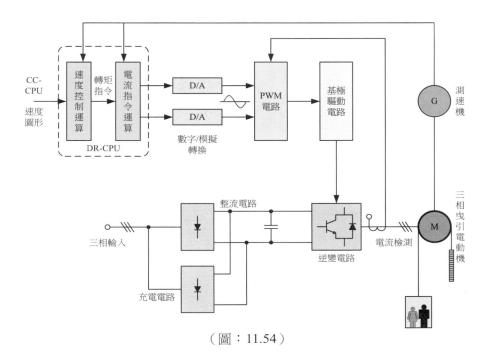

（圖：11.54）

　　當升降機減速時以及升降機在較重的負荷下（如空載上行或重載下行）運行
時，電機將有再生電能返回逆變器，然後用電阻將其消耗，這就是電阻耗能式再
生電處理裝置。高速升降機的 VVVF 裝置大多具有再生電返回裝置，或稱能量
回饋儲能系統，因為其再生能量大，若用電阻消耗能量的辦法來處理，勢必使再
生電處理裝置變得很龐大。

　　基極驅動電路的作用是放大由正弦波 PWM 控制電路來的脈衝列訊號，再輸
送至逆變器的大功率電晶體的基極，使其導通。另外還具有在減速再生控制時，
將主回路大電容的電壓和充電回路輸出電壓與基極驅動電路比較後，經訊號放
大，來驅動再生回路中大功率電晶體的導通以及主回路部分的安全回路檢測功
能。

高速 VVVF 升降機驅動系統

　　VVVF 控制方式用高性能的數字訊號處理器作控制運算，同時採用新的
PWM 調制方式，使控制性能提高，而輸入電流中所含高次諧波成分大幅度降低，
使 VVVF 控制裝置用於高速升降機上。

　　（圖：11.55）所示是新型高速升降機用的 VVVF 控制裝置原理圖。三相交
流電壓電晶體整流器及輸入側的交流電抗器變換成直流電壓，電晶體逆變器再將

它變換成可變電壓及可變頻率的三相交流電壓,供電給驅動用感應電動機。整流器和逆變器均採用高壓大容量的大功率電晶體模塊,由於採用正弦波輸出脈衝寬度調制(SPWM),輸入電流和輸出電流均為正弦波。

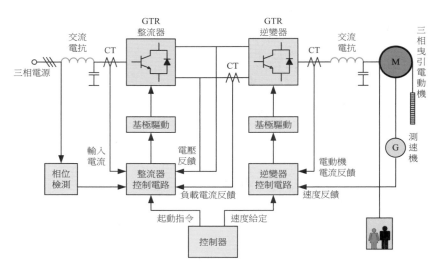

（圖：11.55）

向量控制 VVVF 電動機系統

　　交流感應電動機在變壓變頻調速系統中,雖然可以保持電動機轉矩 M 為常數,電動機磁通為常數的情況下,將獲得很好的轉速調節性能。但是這種特性都是在靜態情況下推算出來的,而沒有考慮到動態時電磁慣性的影響,尤其是升降機負載在運行過程中受到外來因素變動影響,都會導致交流電動機轉矩的變化,便會引起轉速下降和其相對應的響應時間增加,但在直流電動機中就沒有這個問題。因此工程界就設想在交流電動機中盡可能地模擬直流電動機中的電磁轉矩產生的規律。這樣就在交流電動機傳動技術上提出和應用「向量變換控制調速」的概念,向量變換亦稱為磁場導向控制(Field Oriented Control, FOC)。向量變換控制原理如下:

　　根據佛林明的左手法則,電動機導體在磁場中產生的轉矩 M 和磁場磁通 Φ、導體電流 I 之間的關係是:

$$M = \Phi \cdot I \cdot sin\theta$$

　　若磁通 Φ 與電流 I 的夾角 θ 保持不變時,則轉矩 M 與磁通 Φ 和電流 I 的積成正比例,當 θ=90° 時,sinθ=1,相同的磁通 Φ 和電流 I 所產生的轉矩最大。

　　對直流電機結構,其原理如圖（圖：11.56）及相量圖如（圖：11.57）所示,勵磁電流 I_f 產生磁通 Φ,由於碳刷和換向器（銅頭）的作用,電樞電流 I_a 始終與

磁通Φ垂直相交，就能經常產生最大的轉矩並能個別調整 I_f 和 I_a，例如可保持 I_f 不變，只要控制 I_a 的大小，便能非常簡單地對轉矩進行線性控制，以下說明的直流電機轉矩以 T 表示，交流電機轉矩以 M 表示，以示分別。

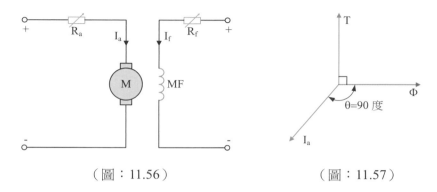

（圖：11.56）   （圖：11.57）

　　交流電機產生的轉矩 M 與磁通 Φ 和定子電流的磁通在空間垂直相交分量的積成比例。但由於沒有像直流電機有碳刷和換向器，因此磁通和定子電流的夾角 θ 隨負載條件而變化，構成定子電流的大小與轉矩不成比例變化。特別是感應電動機，由於沒有勵磁繞組，所以只能用定子電流（交流量）同時控制磁通和轉矩。因此要將交流電機的轉矩控制與控制直流電機一樣的話，就必須採用磁通和轉矩兩者分開進行控制的方法。

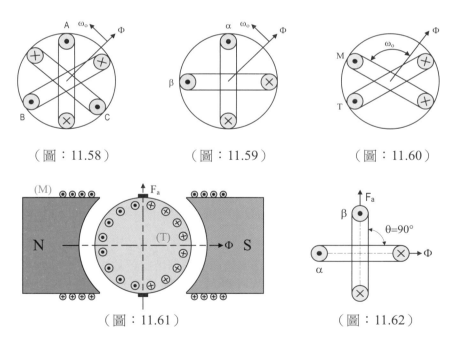

（圖：11.58）   （圖：11.59）   （圖：11.60）

（圖：11.61）   （圖：11.62）

　　假如能將交流電機三相的旋轉磁場，經過適當的變換及控制後能與直流電機中的二個繞組相等效，如（圖：11.58）至（圖：11.62）原理所示，便可模擬直流電機控制電磁轉矩的規律。

在交流電機中，除三相繞組能產生如（圖：11.58）所示的旋轉磁場外，還可以有二相和單相繞組，只要在各相的相對應繞組中通以各相平衡的電流即可。（圖：11.59）所示是二相固定繞組 α 和 β，其位置相差 90°，對其通以兩相平衡的交流電流 iα 和 iβ，當相位相差 90°時，所產生的旋轉磁場為 Φ。假如（圖：11.58）及（圖：11.59）在旋轉磁場 Φ 和角速度 ω₀ 都相同的情況下，則兩圖產生的磁效果便互相等效。若在（圖：11.60）中有兩個固定繞組 M 及 T，如其固定磁通 Φ 也同時以相同的角速度 ω₀ 旋轉的話，則（圖：11.59）及（圖：11.60）兩圖也是相等效。

若站到鐵心上與繞組一起旋轉，所看到的是兩個通以直流電流並互相垂直的固定繞組。（圖：11.61）為固定的 M、T 繞組產生的磁勢，與（圖：11.62）的直流電機的磁場和電樞磁勢進行比較可以發現：M 繞組相當於勵磁繞組，T 繞組相當於電樞繞組。這樣只要（圖：11.58）的三相繞組產生的旋轉磁場，可產生整體磁場的效果同樣與（圖：11.60）的直流繞組互相等效，便相當於正在使用直流電機的控制方法。即 i_a、i_b、i_c 與 $i_α$、$i_β$ 及 i_M、i_T 之間存在著確定的關係，便是「向量變換」關係，也有稱「矢量變換」。

要保持 i_M 和 i_T 為某一定值，三相電流 i_a、i_b 及 i_c 必須按一定的規律變化，控制時需涉及很多數學的複雜計算。只要按照這個規律去控制三相繞組中的電流 i_a、i_b 及 i_c，就可以等效地控制了 i_M 和 i_T，以達到控制不同轉矩的目的，從而得到和直流電機一樣的動態控制性能。

向量變換控制的高速 VVVF 升降機驅動系統

VVVF 的調速系統性能已十分好，但對於高速升降機系統仍不能滿足動態情況下的要求，尤其是升降機負載運行過程中受到外來因素影響時，均能導致交流電動機中電磁轉矩的變化，從而影響升降機的運行性能。但使用帶有向量變換控制的變頻變壓調速系統後，能使高速或超高速升降機充分滿足系統的動態調節要求。

（圖：11.63）所示為一間升降機公司多年前把逆變器裝置及向量控制系統應用於 9m/s 的高速升降機驅動系統的原理圖。實際使用的逆變器能控制滿量程電機的轉矩脈動量，包括了 1Hz 或 1Hz 以下的頻率範圍，使升降機運行舒適，平層精度好。

為了減小電機的電磁雜訊，大功率變換器還須用高頻載波器控制。系統具有較高精度的正弦電流控制的正弦 PWM/PFM 控制系統。還有對已經產生非正常的過電壓採取抑制的控制電路。不管其運行速度是高的還是正常的，這套系統的功率因數幾乎保持為 1。減少了所要求的功率容量，諧波分量也可減至 5%以下。向量變換 VVVF 驅動系統大多需採用多微處理器處理系統。

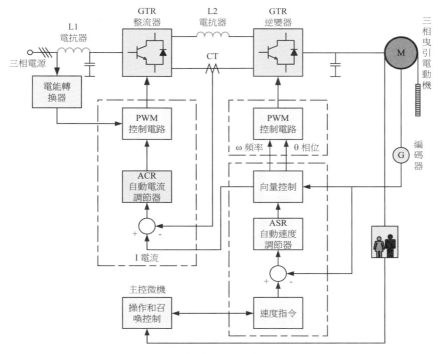

（圖：11.63）

特性	V/f 控制變頻	向量控制變頻
控制參數	頻率：轉速為頻率的函數。電壓：保持 V/Hz 比值恆定，以維持馬達磁束恆定。	頻率、電壓、向量(磁場，轉子，定子之間的相位關係)，以精密電流迴路調節器控制電流。
轉差	未控制。速度誤差與馬達轉差曲線有關。轉矩正比於轉差。	計算最適轉差以產生最大轉矩並用於整個速度範圍。
速度控制	開迴路控制，速度在整個運轉速度範圍為非線性。	從 0 到基本速度提供線性速度控制。
轉矩控制	轉差感應轉子電流，因而產生轉矩。由於電流與轉矩無法瞬時控制，動態響應不佳。	磁化轉子的磁束向量值被精準控制，轉矩可瞬時控制。
定位控制	無法做到，因無法控制馬達轉矩。由於是開迴路控制，通常沒有馬達側的編碼器回饋。	相當準確，因產生轉矩的電流與場電流可精確且獨立地控制。可用編碼器回饋於定位控制。
低轉速轉矩控制	很差，因頻率降低會增加轉子阻抗，定子與轉子耦合變小。電樞電流並不產生正比的轉矩，使得馬達運轉效率變差。	很好。因為可控制轉子磁束向量，使轉子的磁束與電流向量維持在 90° 相位關係，在整個轉速範圍內皆然。
零轉速轉矩控制	此時定子與轉子耦合作用最小，一般只有額定轉矩之 30%。	可達額定轉矩之 150%，原因同上。

（表：11.1）

出現較早的 VVVF 控制系統,多以 V/f 比例保持恆定的變頻方法,一般而言,此種控制方法較為簡單。後來磁場定向向量控制出現,已廣泛用於升降機系統。(表:11.1)所示為兩系統不同範疇的比較。

向量變頻器特性:
● 能調節電動機轉矩,在整個電動機轉速範圍提供恆定轉矩;
● 閉迴路驅動系統提供絕對速度控制;
● 低轉速運轉時仍維持效率;
● 選用變頻器時不必加大一級,即可在低轉速時獲得額定馬達轉矩值;
● 高頻寬提供最佳性能;
● 典型功率因數值為 0.95;
● 有無電動機轉速回饋皆可運轉;
● 動態響應及效率均優於 DC 電動機。

VVVF 升降機相對直流升降機的特點

1. 使用交流電動機,維護簡單,又可用於高速升降機控制;
2. 提高傳動效率,節省能源。即使與同性能的控矽管直接驅動直流升降機比較,可節省 5% 的能量。與發電機電動機組驅動的升降機比較,節能達 40%。與通常的交流定子調速調壓升降機比較,後者在加速過程中(即低速範圍)損耗大。在直流能耗制動的後段,要使升降機低速平層,其效率低,而 VVVF 升降機在加速過程中,所需的功率幾乎正比於機械輸出功率,在減速及滿載下行時,還可將再生功率回送電網;
3. 提高功率因數,尤其是在低速段。由於控矽管(可控矽)直接供電的直流升降機在低速時,控矽管導通角小,引致功率因數降低;而 VVVF 即使在高速梯中,也無需將控矽管轉換器的輸出電壓調得很低,因此提高了功率因數;
4. 結構緊湊,配合機械傳動中的改進,與直流曳引機比較,可縮小體積 50%,減輕建築物重量及機房的佔地面積;
5. 升降機的電源設備容量減低 20%。VVVF 升降機與直流無齒升降機比較,由於提高了功率因數,所以在設計 6 台可容納 24 人的 2.5m/s 和 6 台可容納 24 人的 4.0m/s 共計 12 台升降機的電源容量時,供電變壓器容量最小設計可為 70kVA,而在停電時的備用發電機容量可減少 20%以上;
6. 通過實驗驗證,VVVF 系統具有良好的動態響應、動態品質和抗負荷干擾能力,而且能夠最佳地利用電機的力矩、逆變器的功率和電網能量。

11.7   交流同步永磁電動機驅動系統

　　交流同步永磁電動機曳引升降機是現今較為理想的一種拖動方式。由於交流感應 VVVF 拖動系統在節能和舒適感方面是其他升降機所不可比擬的,但在低、中速時需用減速箱以提高轉矩,這就限制了它的使用範圍與節能效果;而交流同步變頻變壓調速升降機在中低速時也可無齒拖動,使節電效果又大大提高一步,它比同檔次 VVVF 交流感應升降機節能 40%~50%。

交流三相同步電動機的原理與起動

　　三相同步電動機的構造與三相感應電動機的定子構造完全相同,其繞組可接成星形也可接成三角形,不同的是其轉子具有凸形磁極。各個磁極分別產生一定方向的磁通,而成為 N 極或 S 極,如(圖:11.64)所示。同步電動機轉子的磁通可以是輸入直流電勵磁的也可以是永磁的。

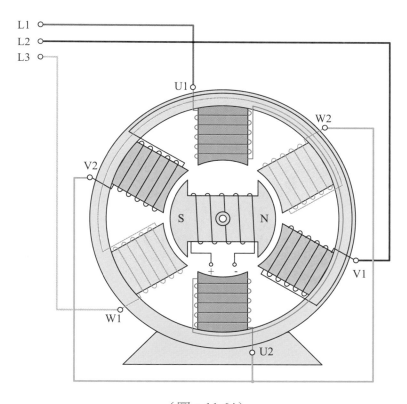

（圖：11.64）

　　當定子繞組中通過三相電流後,便產生旋轉磁場,這個旋轉磁場的磁極對轉子上的異性磁極產生極強的吸力,吸住轉子,強迫轉子按定子旋轉磁場的方向並以同樣轉速而旋轉,所以稱其為同步電動機。

在電源頻率和定子繞組的磁極對數為定值的條件下，旋轉磁場的轉速恆定不變，這時無論同步電動機軸上的負載增大（不能超過額定允許量）還是減小，它的轉子轉速總是保持不變。由此可見，同步電動機有較佳的機械特性。

一般同步電動機不能自動起動。這是因為當電動機接通三相電源後，其旋轉磁場立即以同步轉速旋轉，但轉子具有慣性，不能立即旋轉，所以這時旋轉磁場的 N 極和 S 極同時同轉子的 N 極（或 S 極）相遇，以致在很短時間內受到兩個方向相反的作用力，使其平均轉矩為零，轉子不能啟動。所以為了能正常起動，通常在轉子極面上裝置一個起動繞組，其構造與感應電動機鼠籠轉子相似。起動時，轉子不通電，和起動感應電動機相似，當轉子接近同步轉速時，再將勵磁繞組輸入直流勵磁，使各磁極產生固定的極性、依靠旋轉磁場對磁極的吸力，轉子立即被牽入同步，這種方法稱為同步電機的感應起動法。

交流同步永磁電動機

交流同步永磁電動機(Permanent Magnet Synchronous Motor，PMSM)的定子構造與一般同步電動機相同，但轉子是用高磁性材料稀土製成的永磁轉子，它具有一個恆定的磁場，4 極及 2 極的交流同步永磁電動機之電流及磁場示意分別如（圖：11.65）及（圖：11.66）所示。交流同步永磁電動機用於升降機時會採用 VVVF 技術控制定子繞組的磁極供電頻率，使電動機在起動或慢速制動停車時都有一個變速均勻的平滑的可變頻率，保持電機旋轉力矩不變。這樣，電機在此允許的速度範圍內無論速度快與慢，機械特性都保持不變。這就使升降機不必使用齒輪減速箱也能作良好的慢速運行，從而達到節能、省油、低噪音少污染的效果。

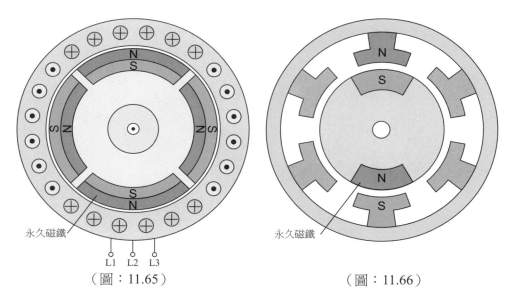

（圖：11.65）   （圖：11.66）

交流同步永磁電動機 VVVF 升降機的曳引系統由三部分組成：交流同步永磁電動機、制動器和曳引輪。曳引輪還可與電動機同軸，使其體積更小。電動機的勵磁部分由稀土永磁材料製成。因稀土磁性材料磁性大，所以電機的體積和重

量都可以減少，做得小巧輕便，可實現無機房和小機房。它無轉差損耗、無勵磁損耗，不需消耗潤滑油。因不用勵磁且定子銅耗也相對較小，因此此種電機功率因數近似於 1，效率高。其特點是：

1. 起動電流低，僅為同類 VVVF 感應電機起動電流的 60%，因此電動機發熱少，機房內不需空調，只要空氣流通即可。
2. 運行平穩，低運行速度。1m/s 以下升降機，電機轉速僅為 25.5rpm；2m/s 升降機，電機轉速僅為約 58.8rpm。因此，減少摩擦和噪音以及制動時的能源耗損和熱量。
3. 可不要機房，將輕便的曳引機安裝在井道上部或機廂下，既簡化了升降機結構，又節省大廈建築成本。
4. 曳引驅動系統不使用減速廂，降低了摩擦損耗、節電、省油，從而減小了對環境的污染。
5. 驅動電機採用兩個獨立制動系統，使升降機運行安全可靠。
6. VVVF 調制驅動系統配合低速驅動電機，使升降機運行更加平穩舒適。

　　交流同步永磁電動機可以取代所有其他拖動系統，從而節約更多的電能和油。既節約了資金又可保護環境。驅動系統簡單緊湊、體積小、功率大、能耗低和無噪音是交流同步電機的優點，也是它具有很好的發展前途的依據。已安裝的低速交流同步永磁直接驅動曳引機實物如（圖：11.67）及（圖：11.68）所示。低至中速如（圖：11.69）所示，高速如（圖：11.70）所示。

（圖：11.67）

（圖 11.68）

（圖：11.69）　　　　　　　　　　（圖 11.70）

相片來自互聯網
http://www.mitsubishielectric.com/elevator/modernization/elevator_index.html

◆　YouTube 影片－kone mx18 ecodisc－無語－無字幕（0:23）
https://www.youtube.com/watch?v=JcswdOrsUqI&list=PLU61T
E8vpJvy301blvV_EEeO6R1noLueJ

◆　YouTube 影片－Modern KONE elevator machine room.－無語
－無字幕（1:18）
https://www.youtube.com/watch?v=nOYK31OHU2s&list=PLU
61TE8vpJvy301blvV_EEeO6R1noLueJ&index=2

◆　YouTube 影片－KONE EcoDisk machine－英語－英字幕
（2:06）
https://www.youtube.com/watch?v=_j4fMLUQsO0&t=41s

◆　YouTube 影片－Comparison of Permanent Magnet Electric
Motor Technology－英語－英字幕（7:58）
https://www.youtube.com/watch?v=E5VS4s-R7vk

◆　YouTube 影片－Synchronous motor with permanent magnets.－
無語－英字幕（2:09）
https://www.youtube.com/watch?v=NRxo5aDGG8M

11.8   液壓控制升降機

液壓升降機又稱為「油壓軨」，主要是通過液壓油的壓力傳動，從而使升降機機廂升降，示意如（圖：11.71）及（圖：11.72）所示。液壓油泵的功率與油的壓力和流量成正比。對同一油缸而言，油壓越高，負載越大，流量越大，油柱行程速度越快。油壓軨利用帕斯卡定律，將力度放大，使機械利益增強，所以可將很重的機廂提升。

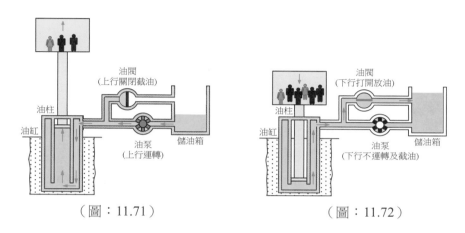

（圖：11.71）   （圖：11.72）

油壓軨的產品有低檔及高檔，也有用較簡單或複雜精密的控制。下列一些油壓軨的基礎知識及專業配件，可能只出現在某些油壓軨中，先介紹其相關用途。

閥組

閥組是液壓系統中的控制元件，它們對油壓軨的起動、運行、減速、停止及緊急情況起著控制作用。各種不同作用的閥及控制環節如下：

1.   安全閥
安全閥也叫「限速切斷閥」，為了防止升降機超速或自由墜落，應設置安全閥(Safety valve)，或稱「管道破裂安全閥」。該閥應滿足：當液壓系統出現較大的洩漏、機廂速度達到了額定速度再加上 0.3m/s 時，安全閥必須能夠將超速的機廂制停，並保持靜止狀態。當有多個油缸工作時，設置的數個安全閥能同時動作。

安全閥的安裝可以與油缸組成一個整體；或者用法蘭盤直接將油缸固定連接；或者把它緊靠油缸，用一段較短的管子並採取焊接的方法，把法蘭盤和油缸連接在一起；或者把安全閥和油缸直接用螺紋連接。但不允許採用壓緊裝配等方法。

2.   溢流閥
溢流閥(Overflow valve)也叫「壓力放洩閥」安裝在泵站和單向閥之間的管路上，其作用是當壓力超過一定值時使油回流到油箱內。溢流閥動作的壓力一般調

節到滿負荷的 140%，為了考慮系統內部損耗，如壓頭損耗、磨擦損耗，可將溢流閥的壓力數值定得較高，但不得高於滿負荷壓力的 170%。

3.　單向閥

單向閥(Check valve)只能向一個方向流動的閥。它的作用是當油的壓力下降到最低工作壓力時，必須能夠把載有額定負荷的油壓軔，在任一位置加以制停並保持靜止。單向閥應安裝在聯接液壓泵和截流閥之間的管路上，截流閥一般應裝在機房內。液控單向閥可以利用控制油壓開啟單向閥，使油在二個方向自由流動。

4.　單向節流閥

對於未裝緊急安全制動裝置的直頂式液壓系統，應設置單向節流閥，防止機廂超速。單向節流閥的安裝方法與安全閥基本相同。

5.　流量控制閥

流量控制閥(Flow control valve)是「液壓控制閥」的一種。它可控制輸送到油缸的液壓油流量，或者由油缸返回油箱的油量，來調節油壓軔速度，是決定油壓軔舒適感和平層精度的重要部件。流量控制閥按結構分有液壓控制式、機械控制式和電磁控制式等。

6.　電磁閥

電磁閥是「流量控制閥」的一種。控制閥可作電控、液控，但大部分屬電磁閥(electromagnetic valve)。由電磁操作在達到定值狀態下開、閉油路。閥芯位置只有油路通、斷兩個位置。

7.　滑閥

滑閥(Spool valve)是「液壓控制閥」的一種。它利用圓柱閥體在中空套管內的滑動面上移動，從而使油路開、閉轉換以作節流阻尼等。

8.　阻尼閥

阻尼閥(Choke valve)是「液壓控制閥」的一種，也叫「阻塞閥」。用以使流體流路截面積變小，若阻尼流路的長度與截面積相比，較大的為阻尼閥，較小的為阻尼孔。

9.　伺服控制閥

伺服控制閥(Pilot valve)是「液壓控制閥」的一種，也叫「導閥」，用作操縱其他閥或設備的控制閥。輸入量相對輸出量連續可調；對靜態精度、動態回應要求高，但價格也較高。

10.　比例控制閥

比例控制閥(Proportion control valve)是「液壓控制閥」的一種。閥的輸出量包括流量或壓力都可按輸入訊號（電或液訊號）的變化，作出有規律或成比例地連續調節。一般按輸入量轉變為閥芯的位移量來調節輸出量。

11. 比例電磁流量控制閥

比例電磁流量控制閥(Proportion electro-magnet flow control valve)是目前油壓
軯中使用較廣泛的一種流量控制閥。按回饋方式可分為：

- 流量－位移－力回饋的比例流量控制閥。它為內部機械液壓回饋閉環流量控制。調速性能取決於比例電磁鐵和動態流量感測器。
- 流量－位移－電回饋的比例流量控制閥。它採用電控運算補償，速度快、動態反應快且密封性能也較前者好。
- 速度－電回饋的比例流量控制閥。採用機廂速度訊號作回饋，補償油溫變化及負載對鋼絲變形等帶來的干擾，調速精度高。

12. 電液比例閥

電液比例閥(Electro-hydraulic proportional valve)是「液壓控制閥」的一種。它採用電液比例技術的閉環控制流量，適用於高檔油壓軯。

13. 減壓閥

減壓閥(Pressure reducing valve)是「液壓控制閥」的一種。它控制流體壓力以保持恆定。把入口側的初級壓力降低到出口側的次級壓力，並使初級壓力與次級壓力之差保持為一常數。一般次級壓力往往在保持恆定狀態下使用。

14. 泄放閥

泄放閥(Relief valve)是「液壓控制閥」的一種，也可作安全閥使用。當油路內的壓力達到設定值時，將放掉一部分流體以保證油路內壓力保持在設定值以下。但放油時與全部放油結束時的壓力差很大，為此可選用經改良的平衡活塞式安全閥。

15. 限速切斷閥

限速切斷閥(Governor rupture valve)也叫「限速閥」及「管路切斷閥」。當液壓回路發生故障，流量失去控制而超出額定數值時，能限制運行系統速度以至切斷某液壓回路的安全閥。按規定應作耐壓試驗、限速性能試驗、耐久性試驗，且檢查調節限速切斷閥螺釘所調節的正常工作流量範圍應處於設計要求之內。

16. 閉路閥

閉路閥(Stop valve, Gate valve)也叫「斷流閥」或「閘閥」。設在油壓軯油缸至油箱配管中途的手動閥。關閉該閥可阻止油缸內的油流向油箱。在作維修保養時起安全保障作用。

17. 速度控制

升降機的速度控制主要通過調節閥的流量來改變油缸的速度。這種閥與電氣控制聯在一起，可以連續控制升降機從起動到停止的全部速度變化。如貝林格控制閥是將流量控制閥、安全閥、手動下降閥備成一種複合閥組，以適應升降機的上升和下降。這種閥組內裝有流量計，升降機在上行或下行時流量計可反映出流量變化，再將流量變化變換成電的訊號再進行回饋控制。這種閉環的伺服控制系統可以保證油流穩定。

18.　手動下降閥和手動泵

　　當電源故障時,油壓升降機不能運作。手動下降閥(Manual lowering valve)可操縱升降機的機廂,放油使升降機下降到最近的一個層站上,使乘客可以走出升降機機廂,全開時的速度應小於下降額定速度,一般不超過 0.3m/s。操作時手動控制的按鈕或其他操縱機構,均應加以保護,避免錯誤動作使機件損壞。

　　油壓軌更會設置一個手動泵,必要時用手動操作的方法,使升降機的機廂上升,手動泵應連接在單向閥或下向閥與截流閥的管道上。為了限制手動泵的超壓工作,在手動泵的回路上應設一個溢流閥,使其壓力限定在滿負荷壓力的 2.3 倍以下。

管路

　　管路是液壓系統中必不可少的附件,管路可以採用剛性的或柔性製成。在油缸、單向閥、下行方向閥之間採用剛性管件時,其計算壓力應是滿負荷壓力的 2.3倍。在規定的彈性極限應力下的安全系數至少為 1.7。在計算壁厚時,對油缸與安全閥之間的聯接管道必須加厚 1mm,對其他剛性管道,須加厚 0.5mm。在油缸、單向閥或下行方向閥之間採用軟管時,其滿負荷壓力相對於爆裂壓力的安全系數應至少為 8。其他軟管及管接頭必須能夠經受得住 5 倍的額定負荷壓力而不致於損壞。

油箱

　　油箱(Oil tank)是油壓軌中作為儲存液壓油的容器,必須保持適量的油量。為防止灰塵隨空氣侵入,一般在其上部設有通氣孔,空氣經此孔出入。油箱應設有顯示最高及最低油面的液位計。其內壁應作除鏽處理並應裝設密封頂蓋及注油器。

油缸

　　油缸(Hydraulic cylinder)也稱作唧筒(Jack)或千斤頂,內有液壓油及可上升及下降的油泵柱或稱柱塞(Plunger),一般用厚壁鋼管製造。油缸壁要承受液體的壓力,油泵柱要承受升降機的總重量。油壓軌上常用單一級的油柱缸,為了提高行程,也有採用二級或至多級的伸縮缸。

　　側頂式油壓軌的油柱或油缸端頭應安裝有導向裝置,為防止油柱脫離缸身,可以採用緩衝制動器或用一種機械聯動機構來切斷電源。

液壓油

　　液壓油(Hydraulic oil)液壓裝置中傳遞動力的媒介使用的油。應保持適當的穩

定粘度和潤滑性能，不會導致生銹，在通常的溫度使用範圍內粘度變化要小，其粘溫特性應符合系統元件正常工作的要求。選擇時需考慮：是否易燃易爆；與液壓元器件塗覆材料和密封材料的相容性；工作壓力；工作濕度；使用壽命及經濟性等。

液壓油溫過熱的保護

液壓油流速度與油的粘度有直接有關，而粘度又受溫度影響，為了控制油溫，液壓系統中應裝設一套檢溫和控溫的裝置。當液體溫度超過預定值時，這套裝置應將泵站制動直至溫度正常為止。

有些系統中為了保持油流速度的穩定，還增加一套泵站迴圈打油控制功能，當油溫過低時，啟動泵站，將油箱中的油迴圈打動，直至升溫到規定值再使電梯運行。油溫過高時，可採取風冷、水冷或其他冷卻方法，進行降溫。

油溫檢測過去採用液體膨脹式油溫檢測儀，現在大多採用精度高、可靠性好的熱敏電阻式油溫感測器。

濾油器

濾油器(Oil filter)能去除液壓系統中異物的裝置。液壓油中若混入鐵屑、砂粒或其他異物時會使液壓裝置造成機械損傷。可在泵的吸入口端裝設粗濾網或稱粗濾器(Strainer)；因工作油通過時阻力較大，小孔的濾油器可裝設在回油端。

控制泵流量的液壓升降機

傳統的液壓升降機主要靠流量控制閥來控制機廂的速度，這種控制速度方式受機廂內乘客數量和油溫變化影響較大，也就是機廂速度與壓力和油的粘度有關，為了使機廂的加減速時間波動減小，液壓閥組須做成具有壓力補償功能。為了保證具有良好的平層精度，還必須在機廂停止前有一個低速爬行段。

現代液壓升降機的新型驅動控制系統，採用變頻變壓 VVVF 的交流電控制驅動油泵的電動機。電機軸上裝有測速用的脈衝產生器，電動機轉速由脈衝產生器檢測到的訊號作反饋控制。電動機的旋轉速度將隨機廂速度的指令值作變化，控制方塊圖如（圖：11.73）所示。機廂在上行時，油泵輸油至油缸；下行時，液壓油從油缸返回油泵，這樣油的流量從起動到平層可以平滑地被控制。為了使機廂在停站時保持靜止，在油泵與油缸的油路中連接有與起動、制動同步開、閉的單向閥。

對油泵的輸出流量進行可變控制的調速系統中，除了有電機速度控制環節外，還附加了以下幾個控制單元，且由高性能的微型計算機進行運算處理，從而

大大提高了控制性能。

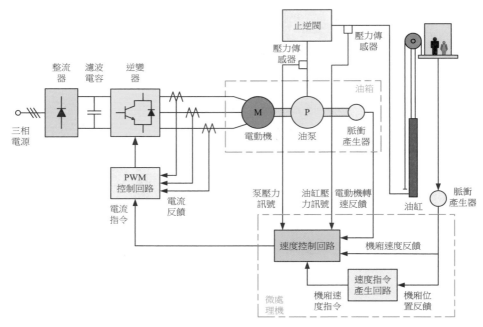

（圖：11.73）

1. 壓力平衡控制

　　機廂起動時，為便於按照單向閥的開口度來抑制機廂震動，獲得較好的乘坐舒適感，應預先使泵側和油缸側的壓力平衡，即應根據設有單向閥的油缸側與油泵側的壓力傳感器產生的壓力訊號，通過反饋控制使油泵的壓力在起動前與油缸的壓力一致。這樣盡管機廂的行程有高低，乘客有多少，油缸的壓力會變化，在單向閥打開時機廂仍能保持靜止，按照速度指令，機廂能平穩起動。

2. 減震控制

　　在液壓升降機中，在帶動油泵的電動機和機廂之間有油泵、管路及油缸等構成的液壓系統，以及包括鋼絲纜的機械系統。因此從電動機來看，負荷是由剛性很小的系統構成，而油缸部分以及導靴與導軌間有摩擦等機械干擾，會導致機廂的低頻震動而影響舒適感。

　　為了尋找減震控制的方法，須用數學模型分析液壓系統和機械系統的傳遞特性。在此基礎上，將油缸內液壓油的震動分量和機廂震動分量分離出來，構成減震控制回路。當受到外部機械干擾時，依靠這種減震控制，可有效地抑制機廂的震動。

3. 流量泄漏的補償控制

　　油泵供給油缸的實際流量比油泵理論輸出量稍少些，這個流量差稱為泄漏流量。這種泄漏流量由於油泵的轉速、輸出壓力及油溫而變化。僅通過檢測到的訊

號對油泵的電動機轉速進行反饋控制,是不能補償由於泄漏流量的變化而引起的速度變化。因此,利用機廂的速度訊號設置流量泄漏補償控制回路,從而保證機廂的速度控制性能和機廂的平層精度。

（圖：11.74）所示的是採用 VVVF 速度控制系統的運行特性與以前用閥控流量的油壓軚的性能比較。VVVF 控制方式的油壓軚具有原控制方式所沒有的平滑加、減速特性,沒有停車前的低速爬行區,實現了直接停靠。

這樣,由 VVVF 控制油泵輸出流量並與閉環速度控制相結合,與舊式油壓軚相比較,大大提高了乘坐舒適感。同時,由於採用了直接停靠層站技術,樓層間的行駛時間縮短約 20%。另外,由於不像閥控方式那樣在上升加減速時油必須返流回油箱,因而可節能約 15%。

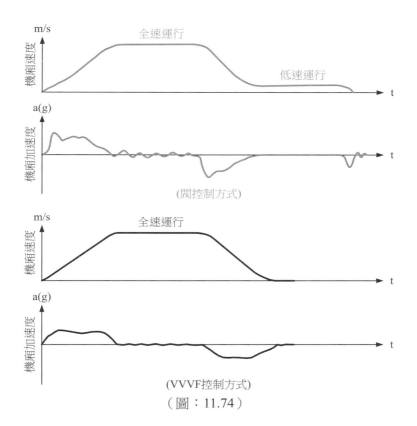

（圖：11.74）

帕斯卡定律

帕斯卡定律(Pascal's law),又稱帕斯卡原理,是流體靜力學的一條定律,它指作用於密閉流體上之壓力(P),可以大小不變由流體傳到容器各部分。

帕斯卡定律只能用於液體中,由於液體的流動性,只要液體仍保持其原來的

靜止狀態不變，封閉容器中的靜止流體的某一部分發生的壓強變化，將大小不變
地向各個方向傳遞，壓力強度(P)等於作用力(F)除以受力面積(a)。

　　根據帕斯卡定律，在水力系統中的一個活塞上施加一定的力 F_1，若兩個活塞
的面積相同，必將在另一個活塞上產生相同的力 F_2；若兩個活塞的面積不相同，
設第二個活塞的面積 a_2 是第一個活塞 a_1 的面積之 50 倍，那麼作用於第二個活塞
上的力 F_2 將增大至第一個活塞之力 F_1 的 50 倍，而兩個活塞上的壓力強度相等
($P_1=P_2$)，示意如（圖：11.75）所示。

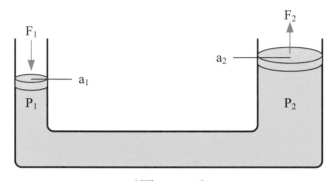

（圖：11.75）

$$P_1 = P_2$$

$$\frac{F_1}{a_1} = \frac{F_2}{a_2}$$

$$F_2 = \frac{F_1 a_2}{a_1}$$

$P_1=$活塞 1 的壓力強度(P_a)
$F_1=$活塞 1 的力(N)
$a_1=$活塞 1 的面積(m^2)
$P_2=$活塞 2 的壓力強度(P_a)
$F_2=$活塞 2 的力(N)
$a_2=$活塞 2 的面積(m^2)

　　油壓輄是利用油作為傳動介質，若因為故障令油管壓力過大，嚴重的可能會
出現爆油喉的情況，升降機便有機會發生不受控下墮的情況。所以油壓升降機
會裝設相應的安全閥，從而避免意外或引致液壓油大量洩漏。另外，採用鋼纜的
油壓升降機，由於鋼纜也有機會斷裂，所以也需裝設安全鉗；直頂式油壓升降機
便不需裝設，因為一些安全閥已能替代其功能。

液壓升降機的特性

優點：
- 液壓升降機的安裝成本平均比其他類型的升降機便宜。
- 佔用建築物的空間較小，升降機井道的面積減少了近 10%。
- 在重載時非常有效，因為液壓動力提供了更大的提升強度。
- 機房不一定需要設在高位，所以也不需要在高位要求高承載結構，升降機的負載分佈在承重牆上。
- 可以選擇使用遠程機房，設在樓宇任合的地方。

缺點：
- 耗電量大，速度相對較慢，液壓升降機的移動速度不會超過 0.75m/s，上行及下行速度並不相同；
- 活塞系統中的油會很快過熱，機房需要控制適當的溫度。
- 液壓油可能會從泵系統洩漏到升降機底部的地下，可能導致地下水污染。
- 液壓升降機往往比其他升降機系統的噪音較多。
- 液壓油因過度使用而變得過熱時，會發出令人不適的氣味。
- 升降機乘坐舒適度通常不如其他升降機系統那麼平穩。

以下條文節錄自【升降機及自動梯設計及建造實務守則 2019】有關（液壓控制及安全裝置，壓力表）的要求

✧ 液壓控制及安全裝置(Hydraulic control and safety devices)：—
✧ 截流閥(Shut-off valve)：必須在液壓缸與單向閥及下行閥之間的迴路中提供一個截流閥。該截流閥必須位於靠近升降機機器上的其他閥。
✧ 單向閥(Non-return valve)：必須在液壓泵與截流閥之間的迴路中設置一個單向閥。當供應壓力下降至低於最低操作壓力時，單向閥須有能力把載有額定負載的機廂保持在任何一個位置上。必須以千斤頂的液壓及至少一條有導向的壓縮彈簧及／或重力使單向閥保持在關閉狀態。
✧ 壓力放洩閥(Pressure relief valve)：必須在液壓泵與單向閥之間的迴路中設置一個壓力放洩閥，並須不能繞過迴路（使用手動泵除外）。液壓油必須回流到油箱內。壓力放洩閥的調定壓力須不大於滿載壓力的 140%。如因內部損耗（壓力損耗、摩擦）太高而有此需要，可以調高壓力放洩閥的設定值，但該設定值不能大於滿載壓力的 170%。在此情況下，須採用一個相等於：

$$= \frac{壓力放洩閥調定壓力}{1.4}$$

的滿載壓力虛擬值來作為液壓設備（包括千斤頂）的計算基礎。在壓屈計算中，超壓系數 1.4 須被一個相應於壓力放洩閥調高設定的系數所取代。註：壓屈(Buckling)或稱側潰或屈曲，是一種結構的不穩定現象。承受壓縮負載之結構或構件（如柱、拱、板、環等），當其達到臨界負載時，只要給一微小擾動，結構或構件就會產生大位移而呈不穩定現象。以柱為例，當柱在承受軸向負載達到臨界負載時，若給予微小擾動，則柱會在側向發生很大的位

移，此即為柱之側潰或屈曲。

❖ 方向閥(Direction valves)：－

❖ 下行閥(Down direction valves)：下行閥必須以電力使其保持在開啟狀態，並藉着千斤頂的液壓，以及每個閥至少一個有導向的壓縮彈簧來使其保持在關閉狀態。

❖ 上行閥(Up direction valves)：若驅動機器的停止轉動按相關項進行，則只可採用旁通閥。旁通閥必須以電力使其保持在關閉狀態，並藉着千斤頂的液壓，以及每個閥至少一個有導向的壓縮彈簧保持在開啟狀態。

❖ 過濾器(Filters)：過濾器或類似的裝置必須設置在下列的迴路中：a) 油箱與液壓泵之間；及 b) 截流閥、單向閥與下行閥之間。設置在截流閥、單向閥與下行閥之間的過濾器或類似的裝置，在進行檢查及保養維修時必須是完全可接近的。

❖ 檢查系統壓力(Checking the pressure)：必須設置一個顯示系統壓力的壓力表。必須在單向閥或下行閥與截流閥之間的迴路中設置一個壓力表。必須在主迴路與接上壓力表的接口位置之間設置一個截流閥。接口位置上必須刻有 M20 x 1.5 或 G 1/2” 的內螺紋。

❖ 油箱(Tank)：設計及建造油箱必須便於進行：a) 檢查油箱內的液壓油水平；b) 補充及排放。在油箱上，必須註明液壓油的特性。

❖ 速度(Speed)：上行額定速度(v_m)及下行額定速度(v_d)不得大於 1.0 米／秒。當液壓油的溫度在正常操作溫度的範圍內，空載機廂的上行速度不得大於上行額定速度(v_m)超過 8%，而載有額定負載時的機廂下行速度亦不得大於下行額定速度(v_d)超過 8%。就向上的行程而言，應假設以電動機的額定頻率及額定電壓供電。

❖ 緊急操作(Emergency operation)：－

❖ 把機廂往下移(Moving the car downwards)：必須在機房內提供一個手動緊急操作下行閥，容許在電力供應中斷的情況下，仍能籍着該閥使升降機機廂下降至一個可讓乘客離開機廂的位置：機房；機械櫃；緊急面板及測試面板。

❖ 機廂速度不得超過 0.30 米／秒。該閥必須用人力不斷操作。該閥必須具有能防止錯誤操作的防護。當壓力低於製造商的預設值時，緊急下行閥不得導致柱塞進一步下沉。

❖ 若會有纜索／鏈條鬆弛危險的非直頂式升降機而言，手動操作閥不得導致柱塞下沉，而超過導致纜索／鏈條鬆弛的範圍。

❖ 在手動操作閥附近，就緊急向下移動的情況，必須有指示牌說明：
「小心－緊急下行」。

❖ 把機廂往上移(Moving the car upwards)：就每部液壓升降機而言，必須設置一個能使機廂向上移動的永久手動液壓泵。如手動泵並非永久安裝，維修和救援人員必須獲得有關手動泵位置及正確連接方法的明確指示。

❖ 手動泵必須設置於單向閥或下行閥與截流閥之間的迴路中。

❖ 手動泵必須設有壓力放洩閥，以保持壓力不大於滿載壓力的 2.3 倍。

❖ 在手動操作閥附近，就緊急向上移動的情況，必須有指示牌說明：
「小心－緊急上行」。

❖ 檢查機廂的位置(Checking of the car position)：如升降機設有多於兩個層站，便須裝設一個不會受供電中斷影響的裝置，用以從相關機器間檢查機廂是否

處於開鎖區：

✧ a) 機房；b) 或機械櫃；或 c) 安裝了緊急操作裝置的緊急面板及測試面板。若升降機設有機械式防蠕動裝置，則此項規定並不適用。

✧ 電動機持續運轉限時裝置(Motor run time limiter)：

✧ 液壓升降機必須設有電動機持續運轉限時裝置，如果電動機啟動時不轉動或機廂不移動，裝置可使電動機停止轉動，並保持在止動狀態。

✧ 電動機持續運轉限時裝置必須在一段時間內起作用，該時間不應超過下列兩個數值中的較小者：a) 45 秒；b) 在額定負載的正常操作中運行全程的時間加 10 秒。如運行全程的時間少於 10 秒，則作用時間至少為 20 秒。

✧ 必須以人手復位方能使升降機恢復正常運作。恢復被切斷的電力供應後，則無須使機器保持在止動狀態。

✧ 電動機持續運轉限時裝置即使啟動，必須不會妨礙檢查操作及電氣防蠕動系統。

✧ 防止液壓油過熱的保護(Protection against overheating of the hydraulic fluid)：必須裝設一個溫度檢測裝置。該裝置須在根據相關項的情況下使機器停止轉動，並保持在止動狀態。

◆ YouTube 影片－Physics - Pascal's law - Animated and explained with 3d program－英語－無字幕（1:35）
https://www.youtube.com/watch?v=qGQ4fojjwvQ

◆ YouTube 影片－Physics - Application of Pascal's Law in Hydraulics -English－英語－無字幕（3:21）
https://www.youtube.com/watch?v=hV5IEooHqIw

◆ YouTube 影片－Physics -帕斯卡原理動畫－國語－中字幕（0:34）
https://www.youtube.com/watch?v=RE2Rq15fFvw

11.9　可編程式邏輯控制器升降機

可編程邏輯控制器(Programmable Logic Controller)簡稱是「PLC」或「PC」，它是一種數字式運算操作的電子裝置。它使用了內部記憶體來儲存可編程式及指令，用來執行如邏輯、順序、計時、計數與演算等功能，並通過數字和模擬的輸入輸出模塊，來控制各種工作程式，它實質上是一種工業專用微型計算機。

PLC 與傳統的繼電器邏輯相比之優點

由於 PLC 充分利用了微型計算機的原理和技術，保留計算機控制的優點，而克服了它的缺點。可編程式控制器具有強大的生命力，它已成為現代一種最重要、最普及、應用場合最多的工業控制器，各行業也紛紛用它來改造舊有的繼電器控制電路，更取得了明顯的效果。PLC 應用在升降機行業中也取得了很大的成功，一般用於單一部舊機更新的工程中，可算是一個過度比較省錢的方案。PLC 與傳統的繼電器邏輯相比有以下之優點：

● 可靠性高
由於採用了大規模集成電路和計算機技術，因此可靠性高，邏輯功能強，且體積小。

● 低經濟成本
在需要大量中間繼電器、時間繼電器和計數繼電器的場合，PLC 無需增加設備，它利用內部微處理器及儲存器的功能，就可以很容易地完成這些邏輯組合及運算，大大降低了成本，方塊圖如（圖：11.76）所示。

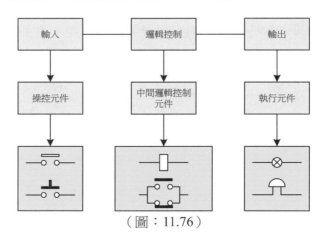

（圖：11.76）

● 更改電路簡單快捷
由於 PLC 採用軟件編程方式來完成控制任務，所以隨著要求的變更對程式進行修改顯得十分方便快捷，而這對佈線邏輯控制的控制器是難以實現的。（圖：11.77）所示為 PLC 控制電氣系統方塊圖。

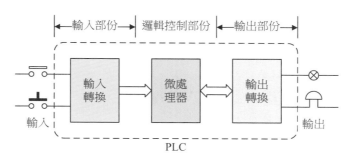

（圖：11.77）

● 　清晰狀態指示

　　PLC 工作運行時，其面板上有對應各通道 I/O 狀態指示燈、清楚地提示各 I/O 點的工作狀態；維修人員只需根據這些狀態指示燈的狀態，便能確認系統是否正常，判斷故障的時間便可大大縮短。

PLC 與計算機控制相比之優點

　　現時升降機市場出產的升降機，大部分為微處理器控制的升降機，因為它與繼電器控制的升降機比較，具有較大的優越性。但是對一般的升降機而言，應用微處理器控制也有其局限性和不足之處。由於 PLC 也採用了計算機技術和微處理器，所以在某些條件下，它與計算機微處理器系統比較又具有以下特別的優點：

● 　PLC 較便宜

　　微型計算機是按數字運算的需要而設計，功能比較齊全，結構比較複雜；而一般的升降機控制只需進行簡單的邏輯運算，運算方式多為「與」、「或」、「非」幾種，運算位數只需 1 位，即「1」與「0」。因此，使用微處理器就有大材小用之嫌。PLC 結構較簡單，減少了數字運算部分，加強了直接控制需要的邏輯運算功能、計數計時和步進等功能，從而使造價降低。

● 　控制大電流較容易

　　微處理器的介面電路沒有標準件，而且一般不控制大電流。但在升降機控制中，往往要求能直接控制 220V 或 380V 的用電設備，如用戶專門配備介面電路既不方便又不可靠。PLC 將輸入、輸出介面標準化，與控制器組裝在一起，採用隔離、濾波的方法加強抗干擾能力，適用於生產現場應用。

● 　電路編程較容易上手

　　微處理器配備的指令較多，要依靠掌握高級編程語言的專門人才來編制程式，因此使它的應用受到限制。PLC 程式編制簡單，採用了面向操作的邏輯語言，以類似繼電器控制形式的「階梯圖」或稱「梯形圖(Ladder diagram)」進行編程，從而具有繼電器控制線路板的直觀感。符合熟悉繼電器控制線路的電氣人員讀圖習慣，一個熟練的電工通過短期的培訓與操作，便能掌握它的使用方法和編程技術。

● 程式儲存及更換方便
PLC 可將程式固化在專用集成電路(EPROM)中，不易丟失和損壞，而且更換方便。

● 使用靈活方便
PLC 的編程器可與控制器分離，這樣編程器便可一機多用，大大降低了成本；編程器具有編程現場調試、模擬運行、在線測試，故障檢測、固化程式和列印程式等多種功能，使用和維修都非常方便。

● 系統擴張容易
PLC 採用模塊化結構，擴展容易，對簡單或複雜的控制系統均可應用；並具有向計算機輸送數據的能力，甚至可以組織起計算機控制的系統來。

● 可於較惡劣環境中使用
PLC 體積小、結構緊湊、接插件少、可靠性高、有停電保護數據和狀態的功能，可在較惡劣的工業環境中運行，因而它的設計著眼於可靠、高抗干擾、密封及堅固。它沒有一般計算機及微處理器必須具備的環境要求。

綜合以上所述，造成用微處理器控制的成本、運行和維修費用均較高，因此，如在一般的升降機上使用微處理器控制，在經濟上不化算；在技術上，目前許多從事升降機的人員暫不能適應。所以解決這矛盾的方法，可考慮應用可編程式控制器於升降機控制中。PLC 既融合了微處理器、計算機的功能完備，使用靈活，通用性強的特點。又具有繼電器系統的直觀、易懂、易學，應用操作和調試方便等優勢。

PLC 與計算機控制相比之缺點

PLC 系統也有自身難以解決的缺陷，它相對後來發展起來的計算機微處理器控制升降機，主要有以下的缺點：

● I/O 接點浪費
升降機控制系統的輸入與輸出大致比例為 1:1，而大多數 PLC 機的輸入與輸出往往是不對稱的，其輸入與輸出接點比例為 3:2，在保證輸出點夠用的情況下，必然造成相當份量的輸入點浪費（某些 PLC 的 I/O 特性可自由改變）。以此推算，樓層愈高，浪費則更大，這對成本降低是極為不利的。

● 控制功能簡單
PLC 升降機大部分是簡單的集選控制，少數具有消防功能。而現代升降機應具備的並聯控制、群控、泊梯等基本功能，但 PLC 升降機都沒有提供。這是因為升降機上用的 PLC 機大多為小型機或帶擴展的機種，受其掃描時間及程式的容量限制，以上功能在大型升降機上難以實現。

● 功能不完善

PLC 系統不具備完善的故障自我診斷、故障監測、故障顯示等現代先進升降機具有的新功能。

綜合上述 PLC 機控制系統有利及不利方面，由此可見，PLC 機控制系統在層數較低，控制功能較少的貨梯上具有很大的優越性，而在較複雜的客用升降機控制系統上，只不過是其發展過程的過度階段。現在，絕大多數品質優良的中高檔升降機都是使用計算機控制系統，這是其發展的必然方向。

一般 PLC 升降機 I/O 配置之方塊圖

用 PLC 控制升降機的方法是將升降機中發出的指令訊號如消防掣、機廂內拎手、層樓外拎手、各類安全開關、升降機位置訊號等都作為 PLC 的輸入，而將其他的執行元件如主接觸器，中間繼電器、層樓指示燈、通訊設施等作為輸出部分。（圖：11.78）所示是一般 PLC 升降機 I/O 配置之方塊圖。根據升降機的操作控制方式，確定程式的編制原則。程式設計可以按照繼電器邏輯控制電路的特點來完成，也可以完全脫離繼電器控制線路重新按升降機的控制功能進行分段設計。前者程式設計簡單，有現成的控制線路作依據，易掌握；後者可以使相同功能的程式集中在一起，程式佔用量較少。

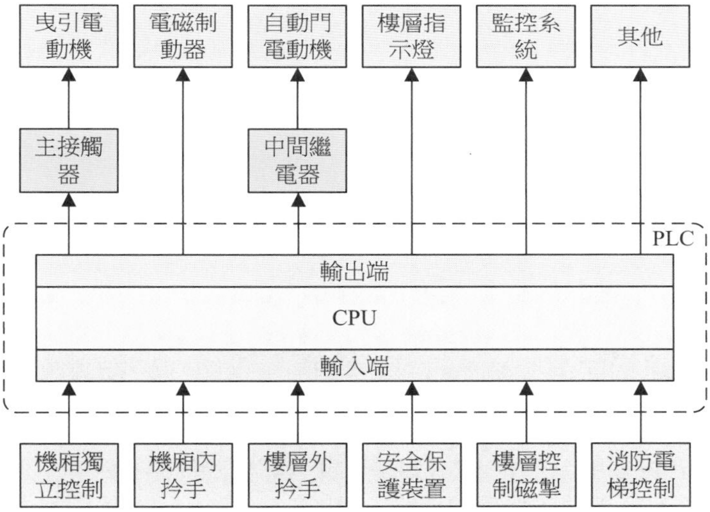

（圖：11.78）

PLC 升降機之使用要點

1. 機廂位置檢測方法

● 採用層樓繼電器檢測，可在機廂上裝隔磁板，在井道每層適當位置裝 1~2 個永磁感應器。按這樣接線佔 PLC 接點太多。可把接線串列連接，引出一根

接線進 PLC，當機廂每經過一個感應器時就給出一個訊號，PLC 收到訊號後，就登記上這個訊號。如果層樓距離小，兩只感應器同時動作時，PLC 的對策是，升降機上升，上層訊號起作用；升降機下降，下層訊號起作用。不運行時，則根據最近運行狀態決定接受哪一層訊號（由 PLC 內部電池保持訊號）。如果層距大於隔磁板的長度，機廂在兩感應器之間時，隔磁板會同時離開任何一個感應器。這時，PLC 保持回路會很容易處理這種情況。

● 可以在機廂頂裝兩只層樓永磁感應器，在每層井道內裝隔磁板兩只，這樣既可節省永磁感應器，又可減少觸點的故障率。

● 還可採用測距脈衝發生器測得樓層訊號，脈衝發生器可裝在限速器軸上與機廂同步。每單位距離發出的固定脈衝，由 PLC 機計算出累計脈衝數，便知升降機位置所在。

　　以上取得的位置訊號作用有兩個，一是參與定向，二是指示機廂所處位置。

2.　指令訊號的記憶與消除

● 機廂內指令訊號可以將指令繼電器拆除接到 PLC 介面上。當按下任何一指令按鈕時，該觸點訊號就被送入 PLC 內，由 CPU 將該觸點訊號與機廂位置訊號相比較。如果不一致就說明機廂不在指令層站，該指令訊號即被登記，由 PLC 記憶下來，參與選向。直到升降機運行到該層站後，該訊號才被消除。

● 外樓層廳召喚訊號的處理方法同樣是將原繼電器拆除改接到 PLC 埠上。當按下召喚按鈕後，PLC 收到該訊號並予以登記，燃亮召喚燈。在訊號控制載貨升降機中，一接到召喚指令訊號，召喚燈亮的同時令蜂鳴器發聲，告訴控制司機某個層站喚梯，便可迅速去接客及貨物。在集選控制的客梯上，這個召喚訊號要參與定向，由 PLC 給出所選層站、方向訊號後，升降機自動向召喚層站行駛。

3.　PLC 的選層定向：CPU 根據被登記指令與層站位置訊號的相對位置來確定升降機的行駛方向。如果升降機方向丟失或無方向，則 PLC 收到第一指令時，即比較它是在機廂當前層站的上方還是下方，在上方取上行，反之取下行。一旦方向確定下來，就始終保持到引起該方向產生的指令消除。至於以後升降機運行的方向，由該訊號之後的指令訊號、層站位置及升降機運行的狀態決定。

4.　升降機用 PLC 的 I/O 介面：升降機的輸入訊號除層站、內外指令訊號外，還有不少觸點訊號與開關訊號需輸入 PLC 內，例如：門閘鎖安全回路的觸點訊號，機廂內、機廂頂檢修開關接點訊號，超載訊號，平層訊號，門限位訊號；上、下限位訊號；上、下強迫換速訊號；開門關門訊號等，都要考慮充分，以列表作記錄。

5.　升降機的輸出有：開關門接觸器線圈；上升、下降、快車、慢車、加速、減速接觸器線圈；超載燈與喇叭；層樓顯示燈；方向箭頭指示；內指令顯示；廳召喚顯示等，這些輸出和設備銜接。

6.   在 ACVV 控制線路中,要把 PLC 輸出的起動訊號、方向訊號、換速訊號等
      接進 ACVV 調速器埠。經這樣的改造設計後,原有的邏輯線路大大簡化了,
      只留下拖動回路及超載安全保護回路同 PLC 機的輸出相聯接。

7.   PLC 的供電:內部採用 5V 直流以下低電壓,外部採用高電壓。例如拖動回
      路的線圈電壓為 220V 交流;制動器、開關門回路線圈電壓為 110V 直流電
      壓,訊號顯示採用 24V 或 12V 直流電壓;輸入部分採用 PLC 內部 24V 直流
      電壓。

8.   PLC 機要接受或驅動這些電器開關和接觸器線圈訊號,就需要將這些外來高
      電位轉換成 PLC 所需的低電平。PLC 是採用光電隔離來處理這些 I/O 訊號
      的,所以抗干擾能力極強,它能使較弱的干擾訊號不能通過,而有效訊號則
      暢通無阻。

9.   將這些輸入/輸出確定後,畫原理圖,然後將這些原理邏輯圖分部分改畫梯
      形圖。

      用於單一部升降機的 PLC 與變頻器控制的 VVVF 升降機方塊圖如(圖:
11.79)所示。

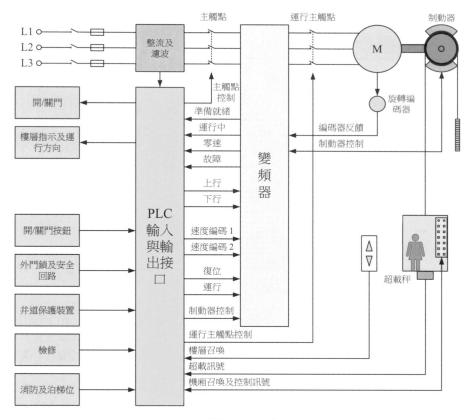

(圖:11.79)

升降機 PLC 訓練控制電路

以下的升降機 PLC 基礎階梯圖控制電路，主要供升降機行業學員於訓練時用作輸入 PLC 練習之用，電路較為簡單易明。

三層樓單一呼喚式升降機 PLC 控制電路

三層樓單一呼喚式升降機控制電路如（圖：11.80）所示，是單速小型載貨三樓層升降機電路圖，電路俗稱霸皇機，任何時間只可有一個樓層召喚按鈕被觸發而使電路行車，樓層有 1/F（最低層）、2/F 及 3/F（頂層）共 3 個樓層。ES 是緊急停止掣；PB1~PB3 是各層樓召喚按鈕或稱拎手按鈕；SQ1~SQ3 是各層樓的平樓板位置常閉開關。當升降機到達某層平樓板位置時，該層之 SQ 掣便被壓到，觸點並開路，升降機便停車。假設機廂停於第 1 層（1/F）平樓板並處於靜止狀態，ES 及外門閘鎖都正常，若 2 樓召喚按鈕 PB2 被按下，接通 R2 繼電器電路，R2→ON，其常閉觸點(3-11)及(2-10)開路分別令 R1 及 R3 不能動作，電源接通 R2(8-12)至二極管 D2，因為 SQ1 開路，電流只流向右方向之 SQ3 再經 CD(21-22)常閉干的令 CU→ON。CU↑後其觸點 CU(13-14)令 R2(5-9)作自保持，CU(1-2)，(3-4)，(5-6)則接通電動機三相電源令機廂上行，直至到達 2/F 平樓板碰到 SQ2 並使其開路，再令 CU 繼電器→OFF，電動機停止，R2 復位。

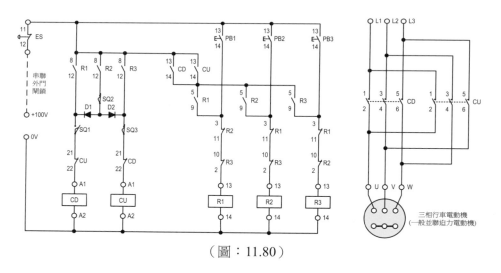

（圖：11.80）

以上的繼電器電路，必須先轉換成 PLC 的階梯圖(Ladder diagram)，並作出適當的輸入及輸出接點配置，才可輸入 PLC。有關 PLC 的階梯圖轉換或使用要點，請參考相關 PLC 書籍，本書以三菱牌之微型 FX1S-20/30MR 可編程序控制器的指令作基礎。

將（圖：11.80）繼電器電路轉換成 PLC 電路，並定出輸入及輸出配置，列表如下：

	符號	繼電器	內容
輸入	ES	X0	緊急停掣、外門閘鎖及所有保險閘鎖的串聯接駁電路
	PB1	X11	1 字樓樓層召喚按鈕
	PB2	X12	2 字樓樓層召喚按鈕
	PB3	X13	3 字樓樓層召喚按鈕
	SQ1	X1	1 樓樓層限位掣
	SQ2	X2	2 樓樓層限位掣
	SQ3	X3	3 樓樓層限位掣
輸出	U	Y0	電動機上行繼電器，需用兩個輸出觸點控制直流電動機
	U	Y2	電動機上行繼電器
	D	Y1	電動機下行繼電器，需用兩個輸出觸點控制直流電動機
	D	Y3	電動機下行繼電器
內部輔助	UD	M11	行車繼電器
	R1	M1	1 字樓按鈕繼電器
	R2	M2	2 字樓按鈕繼電器
	R3	M3	3 字樓按鈕繼電器

　　PLC 輸入接點接駁示意圖如（圖：11.81）所示；為簡化電路，行車電動機改為直流電動機，直流電動機及 PLC 輸出及接駁示意圖如（圖：11.82）及（圖：11.83）所示；轉換成 PLC 階梯圖如（圖：11.84）所示，輸入 PLC 的指令如（表：11.2）所示。

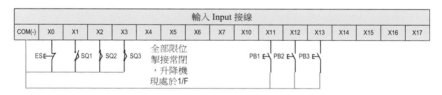

（圖：11.81）

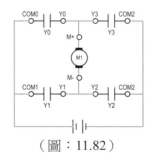

（圖：11.82）

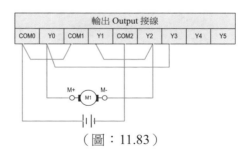

（圖：11.83）

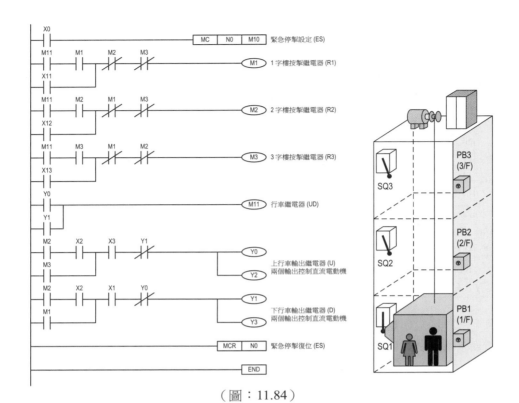

（圖：11.84）

步址	指令		資料	備註
0000	LD	X	0	
0001	MC	N	0	"N" 字會自動顯示，N0 主控區開始
0002	SP			
0003		M	10	
0004	LD	M	11	
0005	AND	M	1	
0006	OR	X	11	
0007	ANI	M	2	
0008	ANI	M	3	
0009	OUT	M	1	
0010	LD	M	11	
0011	AND	M	2	
0012	OR	X	12	
0013	ANI	M	1	
0014	ANI	M	3	
0015	OUT	M	2	

0016	LD	M	11	
0017	AND	M	3	
0018	OR	X	13	
0019	ANI	M	1	
0020	ANI	M	2	
0021	OUT	M	3	
0022	LD	Y	0	
0023	OR	Y	1	
0024	OUT	M	11	
0025	LD	M	2	
0026	AND	X	2	
0027	OR	M	3	
0028	AND	X	3	
0029	ANI	Y	1	
0030	OUT	Y	0	
0031	OUT	Y	2	
0032	LD	M	2	
0033	AND	X	2	
0034	OR	M	1	
0035	AND	X	1	
0036	ANI	Y	0	
0037	OUT	Y	1	
0038	OUT	Y	3	
0039	MCR	N	0	主控區 N0 復位
0040				
0041	END			結束程式

（表：11.2）

四層樓單一呼喚式升降機 PLC 控制電路

　　四層樓單一呼喚式升降機控制電路如（圖：11.85）所示，電路比（圖：11.80）多了一樓層，有 1/F、2/F、3/F 及 4/F 共 4 個樓層，電動機部分與（圖：11.80）相同，省略繪出。ES 是緊急停止掣，PB1~PB4 是各層樓的召喚按鈕或稱拎手按鈕。SQ1~SQ4 是各層樓的平樓板位置開關，惟其結構與 3 層樓升降機不同，當升降機停在某樓層平樓板時，該層的分層開關將處於中間位置。當升降機向上運行時，經過其下方各層的分層開關會置於可接通向下方向繼電器的位置（靠右）；而當升降機向下運行時，經過升降機的上方各層的分層開關會置於可接通向上方向繼電器的位置（靠左）。這樣當升降機機廂所在樓層上方出現召喚訊號時就可

令升降機定為向上運行；而在下方時，則定為向下運行。當升降機到達某層平樓板，該層之 SQ 掣便被壓到，其觸點並開路，升降機停車，然後置於中間位置。假設機廂停於第 1 層（1/F）平樓板並處於靜止狀態，若 2 樓按鈕 PB2 被按下，接通 R2 繼電器電路，R2→ON，其常閉觸點(3-11)及(2-10)分別令 R1、R3 及 R4 不能動作，電源接通 R2(8-12)至 SQ2，再經 SQ4，CD(21-22)常閉干的令 CU 繼電器→ON。CU↑後其觸點 CU(13-14)令 R2(5-9)自保持，CU 主觸點(1-2),(3-4),(5-6)則接通電動機三相電源令機廂上行直至碰到 SQ2 並使其開路，再令 CU 繼電器→OFF，電動機停止，R2 復位。

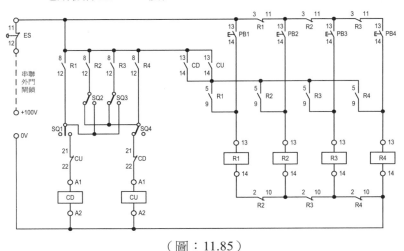

（圖：11.85）

先將（圖：11.85）繼電器電路轉換成 PLC 電路，各樓層限位掣更改為只使用一對常閉觸點，並定出輸入及輸出配置，列表如下：

	符號	繼電器	內容
輸入	ES	X0	緊急停掣、外門閘鎖及所有保險閘鎖的串聯接駁電路
	PB1	X11	1 字樓樓層召喚按鈕
	PB2	X12	2 字樓樓層召喚按鈕
	PB3	X13	3 字樓樓層召喚按鈕
	PB4	X14	4 字樓樓層召喚按鈕
	SQ1	X1	1 樓樓層限位掣
	SQ2	X2	2 樓樓層限位掣
	SQ3	X3	3 樓樓層限位掣
	SQ4	X4	4 樓樓層限位掣
輸出	U	Y0	電動機上行繼電器，需用兩個輸出觸點控制直流電動機
	U	Y2	電動機上行繼電器
	D	Y1	電動機下行繼電器，需用兩個輸出觸點控制直流電動機
	D	Y3	電動機下行繼電器
內部	UD	M11	行車繼電器
	R1	M1	1 字樓按鈕繼電器

輔助	R2	M2	2 字樓按鈕繼電器
	R3	M3	3 字樓按鈕繼電器
	R4	M4	4 字樓按鈕繼電器

　　PLC 輸入接點接駁示意圖如（圖：11.86）所示；直流電動機及 PLC 輸出及接駁示意圖如（圖：11.82）及（圖：11.83）相同，省略繪出；轉換成 PLC 階梯圖如（圖：11.87）所示，輸入 PLC 的指令未有列出。

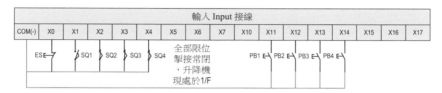

（圖：11.86）

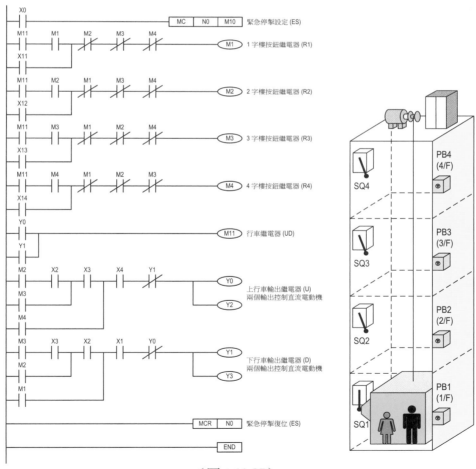

（圖：11.87）

四層樓收集呼喚式升降機 PLC 控制電路

　　四層樓收集呼喚式（按鈕附記憶功能）升降機 PLC 控制電路階梯圖的輸入及輸出配置如下：

	符號	繼電器	內容
輸入	ES	X0	緊急停掣、外門閘鎖及所有保險閘鎖的串聯接駁電路
	PB1	X11	1 字樓樓層召喚按鈕
	PB2	X12	2 字樓樓層召喚按鈕
	PB3	X13	3 字樓樓層召喚按鈕
	PB4	X14	4 字樓樓層召喚按鈕
	SQ1	X1	1 樓樓層限位掣
	SQ2	X2	2 樓樓層限位掣
	SQ3	X3	3 樓樓層限位掣
	SQ4	X4	4 樓樓層限位掣
輸出	U	Y0	電動機上行繼電器，需用兩個輸出觸點控制直流電動機
	U	Y2	電動機上行繼電器
	D	Y1	電動機下行繼電器，需用兩個輸出觸點控制直流電動機
	D	Y3	電動機下行繼電器
內部輔助	R1	M1	1 字樓按鈕繼電器
	R2	M2	2 字樓按鈕繼電器
	R3	M3	3 字樓按鈕繼電器
	R4	M4	4 字樓按鈕繼電器
		M5	起動行車繼電器
		M6	本層呼叫停車繼電器
		M7	行車繼電器
		M8	輔助等候再行車繼電器
		M11	輔助上行選向繼電器
		M12	輔助下行選向繼電器
		T0	等候再行車時間掣

　　PLC 輸入接點接駁示意圖如（圖：11.86）一樣，直流電動機及 PLC 輸出及接駁示意圖也如（圖：11.82）及（圖：11.83）相同，省略繪出；轉換成 PLC 階梯圖如（圖：11.88）所示，輸入 PLC 的指令未有列出。

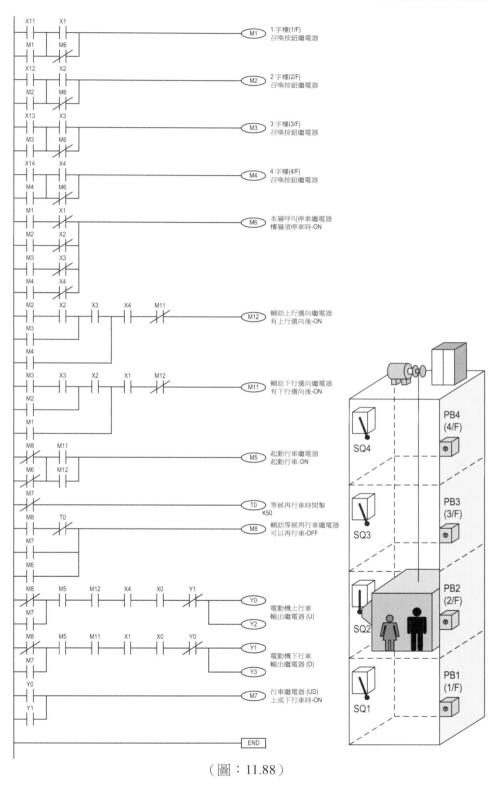

（圖：11.88）

電路原理：

1. 假設升降機現停在 2/F
   - 由於沒有行車訊號，上行 Y0(OFF) 及下行 Y1(OFF)，所以行車繼電器 M7(OFF)，這時等候再行車時間掣 T0 經 $\overline{M7}$ (OFF) 開始計時，5 秒後 T0(ON)，$\overline{T0}$ 使 M8(OFF)，這時所有繼電器都在釋放復位狀態 OFF，準備下一次行程

2. 起動 – 假設 3/F 及 4/F 同時有人召喚，按下 X13 及 X14
   - 樓層按鈕繼電器 M3 經由 X3(ON) 或 $\overline{M6}$(OFF) 觸點自保持；而 M4 經由 X4(ON) 或 $\overline{M6}$(OFF) 觸點自保持，M3 及 M4 都吸索並記憶
   - 輔助上行選向繼電器 M12 經 M3(ON)、X3(ON)、X4(ON) 及 $\overline{M11}$(OFF) 觸點吸索，由於 X3、X4 限位掣現處於常閉狀態，所以 X3、X4 繼電器 ON
   - 起動行車繼電器 M5 經 $\overline{M8}$(OFF) 及 M12(ON) 觸點吸索
   - 電動機上行繼電器 Y0 + Y2 經 $\overline{M8}$(OFF)、M5(ON)、M12(ON)、X4(ON)、X0(ON) 及 $\overline{Y1}$(OFF) 觸點吸索，由於 X4 限位掣現處於常閉，X0 緊急停止繼電器 ON，驅動電動機起動開始上行
   - 行車繼電器 M7 經 Y0(ON) 觸點吸索
   - 輔助等候繼電器 M8 經 M7(ON) 觸點吸索
   - 等候再行車時間掣 T0 由 $\overline{M7}$(ON) 觸點釋放復位

3. 當到達（需要停車）3/F 樓層限位掣 SQ3(X3) 動作
   - 本層呼叫停車繼電器 M6 經 M3(ON) 及 $\overline{X3}$(OFF) 觸點吸索，因為 X3 限位掣剛開路，所以 X3 繼電器 OFF
   - 3/F 樓層按鈕繼電器 M3 由 $\overline{M6}$(ON) 觸點釋放，取消召喚記憶
   - 起動行車繼電器 M5 由 $\overline{M6}$(OFF) 觸點釋放
   - 電動機上行繼電器 Y0 + Y2 經由 M5(OFF) 觸點釋放，驅動電動機停止上行
   - 輔助上行選向繼電器 M12 經 M4(ON)、X4(ON) 及 $\overline{M11}$(OFF) 觸點吸索，因為 X4 限位掣現處於常閉，所以 X4 繼電器 ON，而輔助上行繼電器 M12 仍然有記憶
   - 等候再行車時間掣 T0 經 $\overline{M7}$(OFF) 觸點，因為停車接通開始令 T0 開始計時 5 秒

4. 5 秒鐘後
   - 等候再行車時間掣 T0 計時完畢後吸索
   - 輔助等候再行車繼電器 M8 由 $\overline{T0}$(ON) 觸點釋放
   - 起動行車繼電器 M5 經 $\overline{M8}$(OFF) 及 M12(ON) 觸點吸索
   - 電動機上行繼電器 Y0 + Y2 經 $\overline{M8}$(OFF)、M5(ON)、M12(ON)、X4(ON)、X0(ON) 及 $\overline{Y1}$(OFF) 觸點吸索，由於 X4 限位掣觸點仍處於常閉，X0 緊急停止繼電器 ON，驅動電動機再次起動上行
   - 行車繼電器 M7 經 Y0(ON) 觸點吸索
   - 輔助等候繼電器 M8 經 M7(ON) 觸點吸索

- 等候再行車時間掣 T0 由 $\overline{M7}$(ON)觸點釋放

5. 當到達（需要停車或頂樓必須停車）4/F 樓層限位掣 SQ4(X4)動作
   - 本層呼叫停車繼電器 M6 經 M4(ON)及 $\overline{X4}$(OFF)觸點吸索，因為 X4 限位掣剛開路，所以 X4 繼電器 OFF
   - 4/F 樓層按鈕繼電器 M4 由 $\overline{M6}$(ON)觸點釋放，取消召喚記憶
   - 起動行車繼電器 M5 由 $\overline{M6}$(OFF)觸點釋放復位
   - 電動機上行繼電器 Y0 + Y2 經由 M5(OFF)觸點釋放復位，驅動電動機停止上行
   - 輔助上行選向繼電器 M12 經 M4(ON)、X4(ON)及 $\overline{M11}$(OFF)觸點吸索，因為 X4 限位掣現處於平樓板，所以觸點離開，X4 繼電器 OFF，而輔助上行繼電器 M12(OFF)復位
   - 等候再行車時間掣 T0 經 $\overline{M7}$(OFF)觸點，因停車接通開始計時 5 秒，準備下一次行程

6. 升降機待所有樓層呼叫被回應接收後，機廂會停留在最後應接的樓層

7. 上、下方向行車基本原理一樣，惟須視那個召喚繼電器被觸發情況及限位掣的位置而定。

8. 緊急停掣 X0 安全電路未有放於階梯圖，目的是要求學員按自己的方法設計該電路，並成功進行測試。

11.10　微處理器控制系統在升降機中的應用

　　微處理器(Microprocessor)，又稱中央處理器(Central Processing Unit, CPU)，國內簡稱為「微機」，是一種可程式化特殊集成電路。微處理器是電腦的主要裝置之一，功能主要是解釋電腦指令以及處理電腦軟件中的數據。微處理器用於升降機系統，來控制升降機整個運行過程，它的好處是體積小、成本低、自動化程度高、節省能源、通用性強，可靠性提高，可以實現複雜的功能控制。

<u>微處理器在升降機上的應用範圍及優點</u>

　　微處理器可取代選層器和全部中間繼電器，實行群控管理調度以提高運行效率。微處理器控制升降機的優點是：

1.　取代選層器和大部分的繼電器，甚至全部。
2.　功能靈活多變，只要改變軟件就可以改變升降機功能，以取得不同控制結果，無需做硬體的修改；
3.　可使控制系統緊湊，縮小控制裝置的佔用空間，大大降低了升降機成本；
4.　採用無觸點低電壓，I/O 介面與外部隔離，提高了系統的可靠性，降低了維修費用，提高了產品質量；
5.　使以前無法採用的技術，例如交流同步電機的調頻起動、變頻技術中的向量變換與脈寬調制技術都得以實現，提高升降機的舒適感；
6.　配有故障檢測及顯示功能，維修簡便及省時方便，提高運行率；
7.　用微處理器實現升降機群控管理，合理調配升降機，提高運行效率，節約能源，減少乘客的待梯時間。

　　微處理器在升降機中的控制作用，主要是替代了原來升降機控制中採用的邏輯控制繼電器，通過軟件編程的方法，實現在一定的硬體控制線路下對升降機運行狀態和運行過程的監控。操作簡便容易，控制靈活方便，故障維修簡單，具體控制系統的構成包括硬體系統和軟件系統兩大部分。

1.　微處理器控制升降機的硬體系統
2.　微處理器控制的軟件系統

<u>微處理器控制升降機的硬體系統</u>

　　一般單升降機控制器都配有兩台微處理器，一台監控微處理器，一台速度控制微處理器，為了取得高可靠性和安全性，兩台微處理器相互備用，當監控微處理器出故障，速度控制微處理器將升降機駛到最近樓層。相反，當速度控制微處理器有問題時，升降機停止，然後監控微處理器以低速將升降機駛到最近層。微處理器控制升降機的硬體系統之方塊圖如（圖：11.89）所示，系統中各部分的主要功能如下：

1. 群控管理機

　　實現對多台升降機的調度控制和管理，提高升降機的運行效率，節省能源，減少乘客的待梯時間。採用群控方式，首先要在升降機安裝完畢的情況下。將建築物內所裝升降機的台數、容量、速度、附加功能以及交通數據輸入電腦的程式儲存器 ROM 內加以固化。在交通狀況如客戶變更或建築物佈局改變時，可重新裝入程式。這樣，不需改變控制系統硬體電路，只要改變 ROM 中的應用程式，就可靈活地適應不同狀態下的要求。

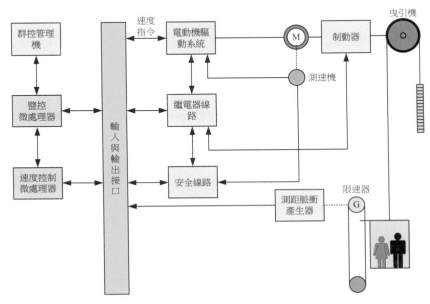

（圖：11.89）

2. 監控微處理器

　　監控微處理器的作用是對升降機運行過程中的召喚訊號、方向訊號、選層訊號和指示燈訊號加以識別，以便根據運行中客戶的實際要求作出相應的反映。滿足客戶的實際需要，另外它與速度控制微處理器之間有相互備用關係，以提高升降機運行的高可靠性。

3. 速度控制微處理器

　　主要根據用戶的實際要求調節拖動電機的運行速度，以保證過渡過程的平穩和停梯準確度，另外門電機的速度調節能夠避免開門和關門時的碰撞以及關門時避免夾傷乘客。

4. 輸入／輸出介面

　　實現微處理器與實際要驅動設備的匹配及訊號轉換。

5. 測速發電機（測速機）

　　根據電動機的實際運轉速度轉換成對應的電壓訊號，以實現對升降機速度的檢測控制。

6.　測距脈衝產生器

根據升降機運行中的不同的位置輸出不同的脈衝個數以實現對升降機位置的控制，達到平層和選層的目的。

7.　限速器

控制升降機的運行速度不能超過極限。

微處理器控制的軟件系統

微處理器控制升降機的軟件系統是由支援微處理器正常工作的系統軟件和控制升降機運行的實用程式兩大部分組成。

1.　微處理器控制的系統軟件

系統軟件包括操作系統、編輯程式、高級語言的編譯程式、匯編程式、診斷程式等。

2.　實用程式

實用程式是針對客戶的實際需要將升降機運行的若干控制參數通過程式來實現。

微處理器操作控制系統

根據升降機功能要求、不同時代的產品和升降機的控制方式，微處理器控制升降機主要有以下多種不同的控制型式：

1.　可編程邏輯控制器

可編程邏輯控制器簡稱是「PLC」，它是一種數字式運算操作的電子裝置，它實質上是一種工業專用微型計算機。它使用了內部記憶體儲存可編程式及指令，用來執行如邏輯、順序、計時、計數與演算等功能，並通過數字和模擬的輸入及輸出模塊，來控制各種工作程式。

2.　單板機控制方式

單板機一般指特定學習訓練的微處理器，以僅有一塊印刷線路板而得名，惟必須擴充接口才能適應單一部升降機控制的要求，在現場易受干擾，可靠性較差。如（圖：11.90）所示為單板機控制方式方塊圖。

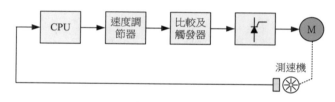

（圖：11.90）

3. 單片機控制方式

　　單片機盡管其功能在不斷加強，但利用它實現控制時無論在介面性能還是計算速度方面，均有軟硬體資源不足的問題。即使利用多個單片機分別構成相互獨立的子系統或多個單片機構成並行處理系統，仍然不能適應較複雜的控制演算法和故障診斷等要求。它不如多片微處理器可以根據系統要求隨意擴充，使系統達到最佳化。（圖：11.91）所示為用單片機組成的升降機控制系統。

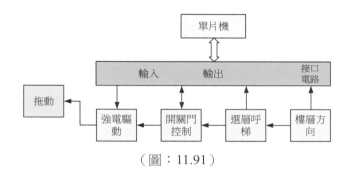

（圖：11.91）

4. 單微處理器控制方式

　　整個升降機的控制系統採用一個微處理器構成最小系統。目前市場佔有率最高的仍然是 8 位微型計算機，拖動為調壓調速系統。這些產品都具有系統設計最佳化，經過長期工業試驗和工藝質量穩定等優點，從而提高了升降機的控制性能和運行的可靠性。

　　系統設計最優化即以最小系統的硬體資源和豐富的軟件資源來實現升降機的基本控制功能的同時，還可以實現可靠性、可維修性、安全性和可使用性等多方面的功能。例如：系統自診斷，冗餘避錯；熱備用電路，重新啟動；故障狀態顯示；故障預警；速度、電源、門區安全和地震方面的保護，功能現場設置等。這些附加功能主要依靠軟件來實現，而硬體成本的增加較少。

5. 雙微處理器控制

　　在交流調速升降機中，採用控制與拖動分開各用一個 CPU，再加上部分繼電器組成整個升降機控制系統，可使升降機的性能大大改善，舒適感提高，平層準確、誤差減小、功能增加、可靠性提高、故障率下降。控制方塊圖如（圖：11.92）所示。此系統可實現起動、制動全閉環控制，穩速運行開環控制。

6. 三微處理器控制方式

　　某些升降機廠生產的 VVVF 系統中，採用三個 CPU 來控制，它的基本原理如（圖：11.93）所示。該系統由：
● DR－CPU 作驅動部分控制；
● CC－CPU 作控制和管理部分；
● ST－CPU 串列傳輸部分。

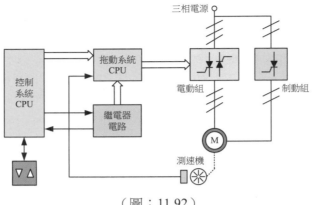

（圖：11.92）

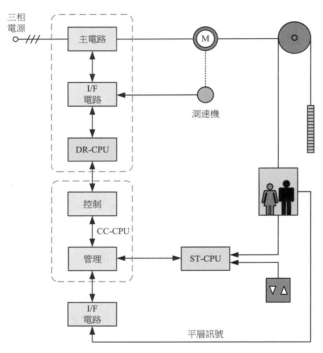

（圖：11.93）

　　驅動部分 DR－CPU，採用 VVVF 方式對曳引機進行速度控制。效率高、節能，並具有減少電動機發熱等優點。

　　CC－CPU 控制的主要功能是對選層器、速度圖形和安全檢查電路三方面進行控制。管理部分主要功能是負責處理升降機的各種運行，以及標準設計和附加設計。

　　標準設計包括：根據廳外召喚運行；根據內指令運行；層樓檢查；低速自動運行；返主樓層運行；特殊運行；選層器修正動作及手動運行等。

　　附加設計包括：有司機運行；到站預報；廳外停止開關動作；停電自動平層；停電手動運行；火災時的運行；地震時的運行；其他運行等。

　　系統的 ST－CPU 系統是串列傳輸系統，它的優點是無論樓層多高，傳輸線只有 4~6 根，主要是利用載波傳輸。

7.　群控升降機的微處理器控制方式
　　使用微處理器對群控升降機進行控制的方式各有不同，使用微處理器的數量也不同。此套控制系統一般分為三部分：

● 　群控裝置
　　群控裝置在整個運行中負責合理地分配機廂，對呼喚進行登記和顯示，主要起分派和調度的作用。此部分由一台微處理器和部分介面電路組成。

● 　運行控制裝置
　　運行控制裝置，主要用來控制機廂運行的速度、方向和制動。它由一台 16 位元微處理器及介面電路組成。

● 　機廂操作控制
　　操作控制部分，主要是對機廂的負荷、命令、位置進行處理，包括語音合成等。由一台 8 位元微處理器和相應的介面電路組成。如果將語音合成和直觀顯示部分包括進去，每個機廂又需要增加兩個微處理器。

　　此種控制還包括：位置傳感器、轉速傳感器、負荷傳感器，以便向控制系統、拖動系統提供資訊，使升降機平穩運行，並完成各種特殊功能的控制。

微處理器控制的實現

　　微處理器控制升降機使升降機實現自動化、智慧化，完成各種功能，主要是通過軟件和硬體兩部分來完成的。

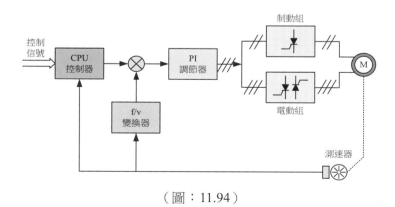

（圖：11.94）

1.　主電路

　　此系統是升降機的主要控制部分，它主要包括由晶閘管組成的三相對稱反並聯組成的電動組，和由兩個晶閘管、二極體接成的單相半波橋式整流電路組成的制動組。制動時使升降機電動機的低速繞組實現能耗制動。微處理器控制升降機原理圖如（圖：11.94）所示。

2.　控制部分

　　控制部分包括計算機控制器、調節器、觸發電路。控制器是按理想速度曲線計算出起動及制動時的給定電壓，即時計算電動機速度及升降機運行行程，實現對系統的控制。

　　調節器是將微處理器控制器產生的給定電壓與測速器反饋電壓相比較後，輸出訊號電壓以控制觸發電路，使晶閘管導電角變化，達到改變交流電壓的目的。此調節器採用比例積分調節器（PI 調節器）。

(a)　控制過程
●　起動加速過程

　　當系統接收到起動訊號後，控制器給出一定的給定電壓，此時迫力打開，調節器輸出電壓為正，使電動組晶閘管移相，輸出電壓，電動機高速繞組獲得電力開始轉動。此時制動組晶閘管被封鎖，測速光電裝置發出脈衝，微處理器按理想速度曲線計算給定電壓值，並定時變化比值。這個電壓與反饋電壓比較後有一個差值，一般這個差值總是使調節器輸出為正值，這樣電動組晶閘管的導電角不斷加大，電動機的轉速也不斷加快。當輸出電壓接近額定值時，起動過程結束如（圖：11.95）所示的 t_1~t_3 段。

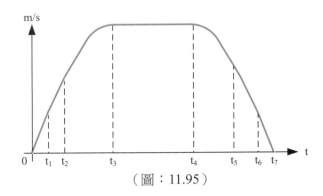

（圖：11.95）

●　穩速過程

　　穩速過程如（圖：11.95）所示的 t_3~t_4 段，當電動組晶閘管全導通時，整個系統處於開環狀態。此時微處理器的任務是測速和查減速點及監控。

●　制動減速過程

　　制動減速過程如（圖：11.95）所示的 t_4~t_7 段，當升降機運行至減速點時，微處理器開始計算行程和確定升降機此時的運行速度。此時微處理器將以實際速度按距離計算出制動時的給定電壓作為系統調節器的輸入值。由於制動時給定電

壓小於反饋電壓，所以調節器輸出為負值，電動組晶閘管被封閉。而制動組晶閘管觸發電路移相輸入為正，所以被導通，電動機速度按理想曲線變化。當轉速等於零或很低時，升降機也相應地平層停靠。

(b)　調速的主要環節及原理
● 　給定電源
　　電源是一個典型的穩壓電源，一般穩壓精度較高。輸出電壓值根據不同要求有所不同。將穩壓電源的輸出電壓經過電阻分壓，根據現場需要定出快速、中速、慢速等運行的給定電壓值，形成不同的階躍訊號構成升降機運行曲線，如（圖：11.96）及（圖：11.97）所示。

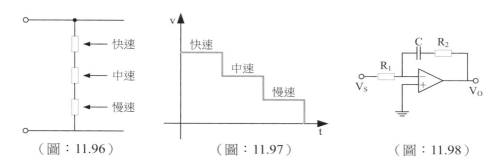

（圖：11.96）　　　　　　（圖：11.97）　　　　　　（圖：11.98）

● 　調節器的組成
　　在升降機調速系統中，一般採用比例積分調節器，即 PI 調節器(Proportional Integral Controller)。PI 調節器是一種線性控制器，它根據給定值與實際輸出值構成控制偏差，將偏差的比例和積分通過線性組合構成控制量，對被控物件進行控制。利用 P 調速器的快速和 I 調節器的穩定性，如（圖：11.98）所示。PI 調節器由放大器與比例－積分環節構成。它的主要作用是將升降機的速度電位元訊號等反饋訊號經分壓和濾波後與給定訊號進行比較，再將差值送入 PI 內放大、調節，使升降機機廂的運行速度跟隨給定速度曲線。

● 　反饋環節
　　在升降機調速系統中，為得到理想的速度，大都採用閉環調速系統。可分單、雙、三閉環控制系統。一般以電流、速度、位置三環控制系統使用居多。反饋的方法可根據不同的目的選用不同的方法。例如：測速發電機的電壓訊號反饋；光碼盤反饋、光帶反饋的脈衝數字訊號；以及旋轉變壓器反饋和電流互感器反饋等。

微處理器的選層

　　微處理器控制升降機運行的選層，是用光碼盤或其他方法選層。升降機在運行中必須知道自己所處的位置，才能正確定向與層樓指示，正確選擇減速點，正確平層。用光碼盤將升降機運行的距離換成脈衝數，只要知道脈衝數，就知道升降機的運行距離。如果系統採用數字調節方式，脈衝數可直接輸入。如果採用模擬量調節方式，則脈衝數要通過數／模(D/A)轉換輸入調節器。

在脈衝記數選層方法中，為了避免因鋼纜打滑等其他原因造成的誤差積累，在井道頂層或主樓層設置校正裝置，即用感應器或者開關，對微處理器的計數脈衝清零，保證平層準確度和換速點的正確。例如：升降機上行到三樓，設三樓距主樓層地面為 9000 個脈衝，而減速距離應在距三樓 2000 個脈衝開始，則升降機減速運行過程如（圖：11.99）所示。有了脈衝計數及樓層數據後，升降機的定向選層、樓層指示、消號、減速等都有更好的辦法處理。

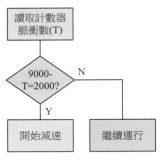

（圖：11.99）

升降機的串列接線

升降機若可減少控制元件的接線，便可提高整個系統的可靠性，（圖：11.100）所示為系統內指令及廳召喚的線路框圖。每層外樓層的按鈕箱都會裝設一塊按鈕介面，機廂內只需一塊介面。它採用串列通訊方式，用一條線就可以傳送多個訊號，通訊方式是利用電子技術來達成。例如：將 1 秒分成 10 份，只要作出適當的控制，每一份便可同時用同一條導線來處理 10 個不同的訊號。

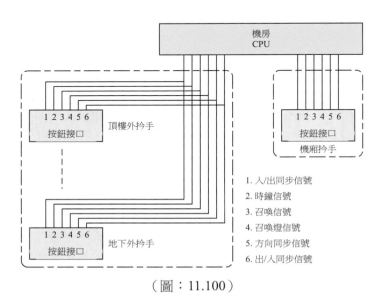

（圖：11.100）

　　圖中微處理器置 5 號線為 0 或 1，就可以決定是微處理器接受來自按鈕接 2 號、3 號線的召喚訊號，還是向介面 4 號線送出方向燈訊號，訊號經放大後就可以驅動按鈕燈。例如：置 5 號線為微處理器接受訊號狀態，則當頂層 1 號線有效時，在時鐘訊號作用下，將頂層 3 號線的訊號輸入微處理器中的移位寄存器，如（圖：11.101）所示。

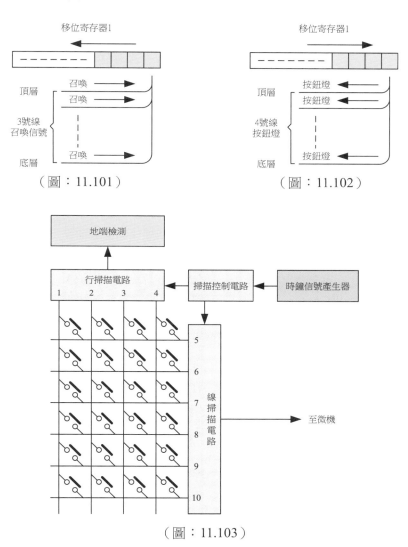

（圖：11.101）　　　　　　　　　　　　　（圖：11.102）

（圖：11.103）

　　頂層 3 號線向微處理器送出訊號後，6 號線發出訊號給下一層 1 號線，通知下一層向微處理器送訊號，這樣由上至下向微處理器送訊號直至底層。訊號送完後由底層 6 號線通知微處理器。由於內指令，廳召喚介面上裝有移位寄存器，每個寄存器每接收到一個訊號向左移一位元，然後將全部訊號送回 CPU 判斷，就知道哪一層有呼喚，有召喚訊號就應使按鈕燈亮。微處理器置 5 號線為送訊號狀態，然後又通過移位寄存器，將訊號由上至下通過 4 號線送到各層按鈕介面，如（圖：11.102），訊號有效的層樓按鈕燈亮，這一串過程實際上是按下按鈕瞬時

完成的。線路中還裝了噪音濾波器，以消除干擾訊號。

　　升降機除內、外指令訊號外，還有不少觸點訊號，如開關門按鈕、開關門限位開關、急停按鈕、安全保護觸點，并道感應開關等等。利用微處理器我們可以將這些觸點訊號接成矩陣的形式，如（圖：11.103）所示，這樣，線路由許多交叉線組成，觸點接在每兩線相交的地方。例如：置1號線為高電平，如果左上角觸點接通，在 5 號線就可以收到高電平訊號，由 1 號與 5 號線就可以確定是那一個觸點接通。訊號送至微處理器，微處理器根據這個觸點訊號就可以作出判斷，確定是那個開關動作，圖中只需用 9 條線就可傳送 24 個觸點訊號。

微處理器的輸入／輸出介面

　　微處理器系統中，對輸入、輸出訊號是有一定要求的，如果不能滿足就得通過介面電路來轉換。

1.　傳送方式的轉換
　　傳送方式有串列也有並行輸入，但要與微處理器協調。如果微處理器是並行接受數據，那麼串列輸入的訊號便需要通過移位寄存器記數，然後並行輸入微處理器進行處理。

2.　電平轉換
　　升降機上的閘鎖線路、安全線路等常用 110V、24V 等高電位，微處理器要接收這些電器觸點的訊號或輸出驅動這些電器，顯然不能直接與之連接，需要將這些訊號通過介面電路轉換成微處理器能接受的電平訊號。

3.　抗干擾
　　常用的介面電路有兩種，一是光電耦合電路，也稱光電隔離器；另一種是施密特觸發器。後者主要是提高門坎電壓，使通常較弱的干擾訊號不能通過，而有效訊號則能暢通無阻。（圖：11.104）是一種通過光電耦合器把外部訊號送入微處理器的形式，外部觸點電源是 +12V，微處理器電源是 +5V，當開關 K 合上時，發光二極體流過電流，發出不可見光，激發三極管，使其導通，緩衝器 D_0 位輸入一個低電平。發光二極體和三極管會一起封裝在一塊晶片上。

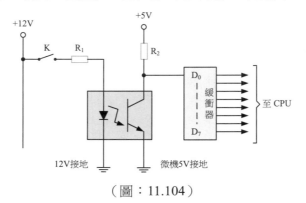

（圖：11.104）

　　（圖：11.105）為利用光電耦合器輸出控制驅動器，去驅動繼電器的一種線路。微處理器輸出的訊號經暫存器輸出，當 D_0 為高電平時，發光二極體通過電流並發出光波，激勵三極管導通在 R_5 上產生壓降，使後面的達林頓管導通、繼電器觸發。驅動器件還可用晶閘管。

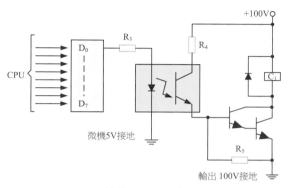

（圖：11.105）

　　（圖：11.106）為介面與數據總線的連接，應用矩陣結構可以減少訊號線。（圖：11.107）為矩陣方式的一個實例。矩陣上有召喚按鈕、開關觸點、繼電器觸點。合上開關 64，當查詢訊號置暫存器 D_7 為零時，G_{16} 三極管導通，電源由 +12V 經 R_1、D_{64}、G_{16} 導通 G_1，緩衝器 D_0 輸入一個低電平。由暫存器 8 位乘緩衝器 8 位，可知矩陣可接收合共 64 個觸點訊號。

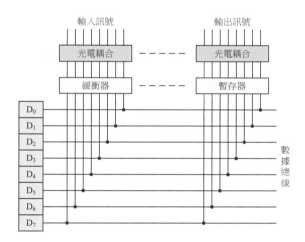

（圖：11.106）

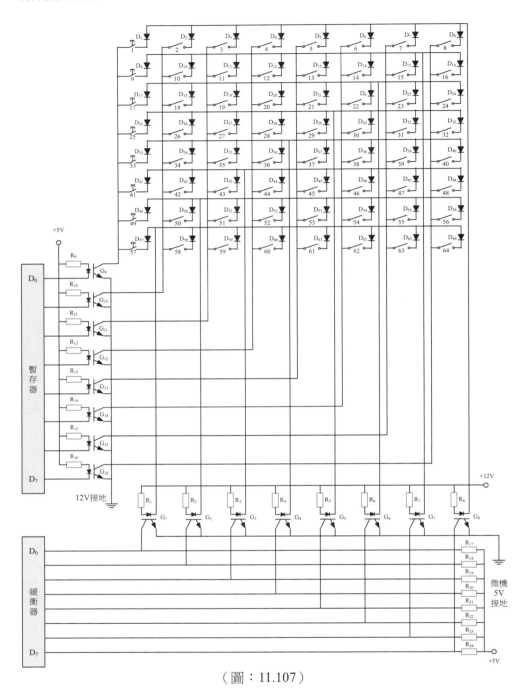

（圖：11.107）

微處理器升降機開關門控制

　　一種微處理器升降機開關門控制方塊圖如（圖：11.108）所示，這種控制方法於機廂頂裝兩塊電子線路板、一塊電源板、一塊控制板。控制板與升降機控制

器通過介面連接，執行開關門指令。

開關門系統可以實現多功能化。此部分有速度選定、調節、反饋、減速、安全檢查、重開等功能，使升降機門的控制系統達到理想狀態。

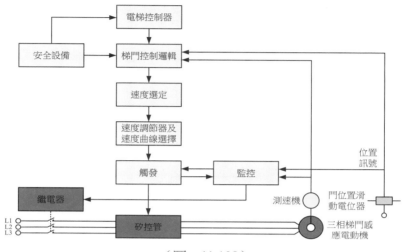

（圖：11.108）

升降機門的拖動系統採用三相感應電動機，由 10 隻矽控管控制，開門時 A 組矽控管負責運行，B 組矽控管負責制動。關門時 B 組矽控管負責運行，A 組矽控管負責制動，如（圖：11.109）所示。

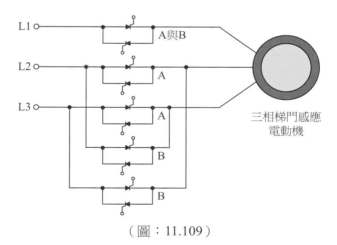

（圖：11.109）

自學習功能

微處理器升降機具有自學習功能。升降機群控管理系統設置時，可以將升降機的規格、數量、建築物內隨時間變化的交通狀況等數據存入微處理器，以達到

高效率的調度。但是，隨著時間的變動，建築物的交通狀況可能會有所改變。自學習功能能夠在運行中收集、分析隨時間變化的交通數據，使升降機群控管理系統能夠適應現時的交通狀況，並預測未來的交通要求。在心理等候時間原則基礎上增加自學習功能，平均待梯時間再減 5%~10%，長時間等候降低 20%~50%。

　　自學習功能包括收集運行數據→未來交通預測→根據預測進行控制→改善服務。升降機群控管理系統中增加了自學習功能後有下列優點：

1.　　對於樓層召喚能適當地調派升降機應召；
2.　　優先將升降機調往服務能力較弱的樓層；
3.　　識別甚麼時候哪一層需要特別服務，如上班時間辦公樓主樓層可能最繁忙，而午餐時間則餐廳樓層最繁忙；
4.　　將空梯停在記錄中召喚頻繁的樓層成為待梯。

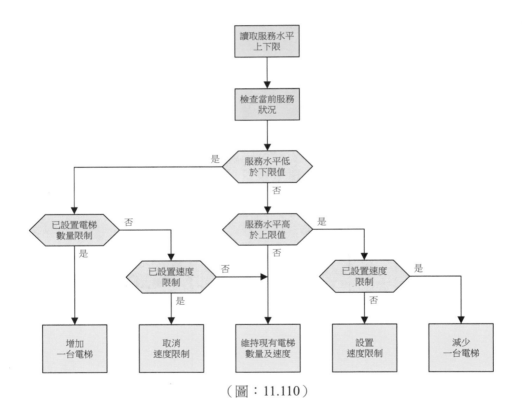

（圖：11.110）

節能運行

　　升降機群控管理系統中，為了解決節省能量和提高服務水準的矛盾，系統的服務升降機數量和最高速度都是可以改變的。但是，如果經常改變這些參數，就會影響升降機的服務，因為每變換一次參數都會改變系統的運行狀態，而系統狀

態的變動會有滯後時間。為此，系統中設置了服務水準的上、下限值，在限值範圍內不改變升降機的速度和數量，節能運行系統流程圖如（圖：11.110）所示。節能功能可以根據現有的交通狀況自動選擇投入運行升降機的最佳數量和升降機的最高速度。

微處理器控制升降機的系統結構

　　微處理器控制升降機主要是通過介面把輸入輸出訊號送入微處理器進行計算或處理，控制升降機的速度及管理系統。其方法有查表法、計算法等。

微處理器控制系統的抗干擾

　　雜訊的干擾會影響整個系統的安全、可靠和穩定運行。例如，電源的波動、電機的起動、晶閘管的導通與截止、接觸器的吸索與釋放等對微處理器都是干擾源，處理不好微處理器就不能正常工作，也不能發揮作用。解決干擾主要是阻擋干擾脈衝竄入微處理器系統及提高微處理器使用模塊固有的可靠性，來抵抗脈衝的破壞作用。常用的其方法有：

1.　光電隔離
　　通過光電耦合，全部的訊息都是通過光電訊號來傳遞，使抗干擾能力提高。

2.　屏罩與接地
　　即把微處理器的金屬外殼接地，形成屏罩。

3.　微處理器電源採用抗干擾措施
　　由於微處理器電源波動較大，加上升降機起動、制動壓降和晶閘管大幅值尖脈衝的干擾，所以要採取一定的抗干擾措施：

● 抗電源干擾開關，此開關與 LC 網絡配合，對高低頻濾波，達抗干擾的目的；
● 用隔離變壓器將初、次級隔離。

4.　模塊及元器件的篩選
● 邏輯功能的檢測；
● 溫度篩選；
● 震動篩選；
● 電源拉偏篩選：電源拉偏後再看靜態、動態和程式工作是否正常。

光纖通訊

　　微處理器升降機會使用光纖系統，大大提高了整個控制系統的反應速度，更達致大量的資料通訊正確、可靠、高速傳輸和處理的要求，更令群組升降機系統的控制性能有了明顯提高。升降機的光纖通訊裝置主要由光源、光電接收器及光

纖組成。

1.　光源

　　微處理器控制系統輸出的訊號為電訊號,而光纖系統傳輸的是光訊號,因此,為了把微處理器系統產生的電訊號能在光纖中傳輸,必須先把電訊號轉換為光訊號。光源便是這樣一種電→光轉換器件。光源首先將電訊號轉換成光訊號,再向光纖發送光訊號。在光纖系統中,光源具有非常重要的地位。目前可作為光纖光源的有白熾燈、雷射器和半導體光源等。半導體光源是利用半導體的 PN 結將電能轉換成光能的,常用的半導體光源有半導體發光二極管(LED)和鐳射二極管(LD)。半導體光源因其體積小、重量輕、結構簡單、使用方便、與光纖易於相容等優點,在光纖傳輸系統中得到了廣泛的應用。

2.　光電接收器

　　在光纖中傳輸的光訊號在被微處理器系統所接收前,先要還原成相應的電訊號。這種光→電轉換是通過光電接收器來實現的。光電接收器的作用是將由光纖傳送過來的光訊號轉換成電訊號,再把該電訊號交由控制系統進行處理。光電接收器是根據光電效應的原理,用光照射半導體的 PN 結,半導體的 PN 結吸收光能後將產生載流子,因此產生 PN 結的光電效應,從而將光訊號轉換成電訊號。目前應用於光纖系統中的半導體接收器主要有半導體光電二極體,光電三極管、光電倍增管和光電池等。光電三極管不僅能把入射光訊號變成電訊號,而且能把電訊號放大,從而能夠與控制系統介面電路很好地匹配,所以光電三極管的應用最為廣泛。

3.　光纖

　　光纖是光訊號的傳輸通道,是光纖通訊的關鍵材料。光纖由纖芯、包層、塗敷層及外套組成,是一個多層介質結構的對稱圓柱體。纖芯的主體是二氧化矽,裡面摻有微量的其它材料,用以提高材料的光折射率。纖芯外面有包層,包層與纖芯有不同的光折射率,纖芯的光折射率較高,用以保證光通訊主要在纖芯裡進行傳輸。包層外面是一層塗料,主要用來增加光纖的機械強度,以使光纖不受外來損害。光纖的最外層是外套,也是起保護作用的。光纖的兩個主要特徵是損耗和色散。損耗是光訊號在單位長度上的衰減或損耗,用 db/km 表示,該參數關係到光訊號的傳輸距離,損耗越大,傳輸距離越短。多微處理器升降機控制系統一般傳輸距離較短,因此為降低成本,大多選用塑膠光纖。光纖的色散主要關係到脈衝展寬。在一條長度相同的光纖上,最高次模與最低次模到達終點所用的時間差,稱為光纖產生的脈衝展寬(Pulse broadening)。

光纖通訊的過程

　　電腦將訊號傳輸主要有串列及並行兩種。串列通訊也稱「序列」,是指電腦之資料傳輸是按順序依次一位元接一位元進行傳送。通常資料在一根資料線或一對差分線上傳輸。並行通訊是指資料傳輸是通過多條傳輸線交換資料,資料的各位元同時進行傳送。串列通訊的傳輸速度慢,但使用的傳輸裝置成本低,可利用現有的通訊方法和通訊裝置,適合於電腦的遠端通訊;並行通訊的速度快,但使

用的傳輸裝置成本高,適合於近距離的資料傳輸。

● 發送
　　CPU 通過專用 IC 將電腦採用的並行資料變成串列,並根據通訊格式插入相應位元碼,包括起始、停止、驗證等,由輸出端「TXD」將訊號送入光纖接外掛程式(定插頭),再由光纖接外掛程式中的光源進行電→光轉換,轉換後的光訊號通過光纖(動插頭)向光纖發送光訊號,光訊號便在光纖中向前傳輸。

● 接收
　　來自光纖的光訊號經光纖接外掛程式的(動插頭),向(定插頭)的接收器發送。接收器將接受到的光訊號進行光→電還原,從而得到相應的電訊號,該電訊號送入到專用的 IC 的「RXD」輸入端,將串列資料改為並行資料後,再向 CPU 傳送。光纖通訊的發送及接收過程之方塊圖如(圖:11.111)所示。

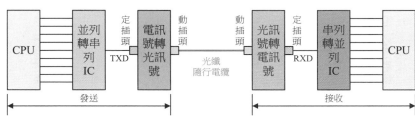

(圖:11.111)

光纖通訊在升降機應用中需注意的事項

　　光纖通訊能保證資料在光纖中高速、可靠傳送,但使用中應注意以下事項:

1. 注意光纖端面的垂直度和粗糙度:如果光纖端面與光纖軸線不垂直,則入射光線的入射角將發生變化,使傳輸的子午光流減弱。如果光纖端面粗糙度大,同樣會消弱光線的光流,從而影響到傳輸品質,嚴重時可導致資訊無法傳輸。
2. 光纖與動插頭的連接:光纖插入升降機控制板後,由於光纖本身的自重會使光纖與動插頭相連處受力較大,如果不進行處理,長時間的使用會使二者連接不穩,從而導致訊號傳輸故障。
3. 動插頭、定插頭的保護:當因為運輸、維護、調試等原因使動插頭與定插頭脫離接觸時,應使用保護套對動插頭、定插頭進行保護,以防灰塵進入後影響訊號傳輸。
4. 光纖的最小彎曲半徑:當光纖的彎曲半徑小到一定程度時,會導致光纖中傳播的光線從纖芯彎曲部分的外側逸出,從而使光線的光流減弱,使訊號傳輸受到影響。因此,為了保護光線在光纖中的可靠傳播,使用時應使光纖的彎曲半徑不要太小。一些升降機在使用過程中遇到光纖通訊的故障,例如:出現群控中的升降機層層停、不響應外召喚訊號等,大多是由於上述原因所致。

11.11　升降機能量回饋儲能系統

　　升降機的運行原理，可以簡單地理解成一個兩端分別懸掛機廂和對重的滑輪組。升降機的曳引機或稱牽引系統實際上是一部電動機，較新型都採用交－直－交（AC-DC-AC）的 VVVF 變壓變頻傳動方式。由於對重的重量一般為機廂重量加上額定載重的 50% 左右，因此當升降機滿載（重載）下行或者空載（輕載）上行時，電動機需要的能量很低，到達某些情況時，曳引機更可以工作在發電機狀態，此時可將一部分機械能轉化為電能回饋到 DC 端，示意如（圖：11.112）及（圖：11.113）。由於大都市的樓宇愈來愈高，升降機的曳引機可工作在發電機狀態，將會時時發生。

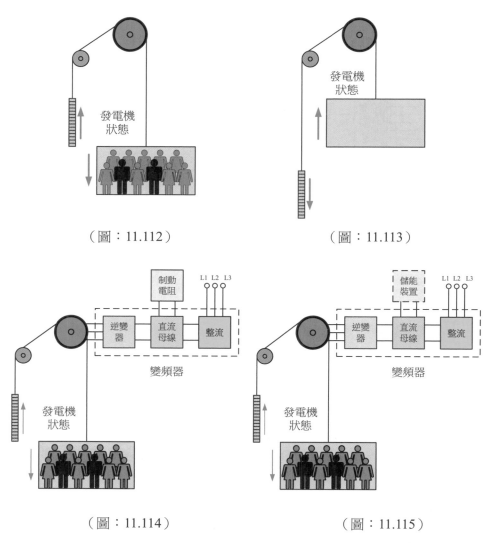

（圖：11.112）　　　　　　　　　　　　（圖：11.113）

（圖：11.114）　　　　　　　　　　　　（圖：11.115）

　　升降機在滿載（重載）下降、空載（輕載）上升以及減速運行時產生的釋放能量和制動能量，由於可以通過電機轉化為電能並輸出到變頻器直流母線，會導

致母線電壓升高,過高的電壓將會損壞電力電子元件 IGBT 等功率模組,造成變頻器損毀。現時一般都會採用制動電阻進行放電,如(圖:11.114)所示。可是電阻產生的熱量非常高,溫度通常都可以達到上百度,為了使升降機能正常運轉工作,不會因為溫度過高而出現機械故障,就需要安裝比較大排風量的空調機或風機。電阻發熱所消耗的電能,加上大排風量的空調機或排風機的耗電量,往往造成升降機的用電量過大,在整體樓宇來看,可能與空調用電量基本差不多,更遠遠超過了照明和供水的用電量。

在正常的狀態下,升降機在發電機運行狀態時,電動機所產生的能量是通過安裝於控制板頂部的耗能電阻以發熱的形式消耗的。而電能再生回饋裝置就是代替這一耗能電阻,將升降機在發電機運行階段產生的多餘直流電儲存起來,如(圖:11.115)所示,供升降機照明、通風等使用。這樣,升降機拖動系統消耗的電網電能便可下降,從而達到有效節約電能的目的。

升降機能量回饋儲能系統,可採用儲能裝置(鋰電池、超級電容器等)將升降機在減速制動、空載(輕載)上行、滿載(重載)下行的運動過程中,把曳引電機轉化的再生電能儲存起來,為升降機再啟動、照明、通風設備等加以利用,以達到回收能源,節省電力消耗的效果。

升降機輕載下行示意如(圖:11.116)所示,這時曳引機處於電動機狀態,電流的流向由三相電源至電動機;升降機重載下行示意如(圖:11.117)所示,這時曳引機處於發電機狀態,電流的流向由電動機至儲能裝置。

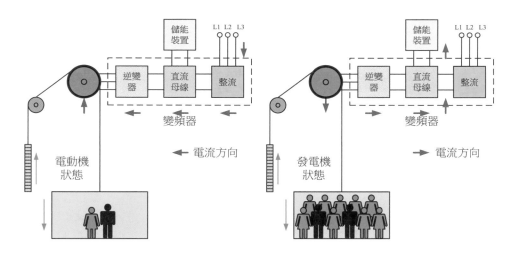

（圖：11.116）   （圖：11.117）

優點:
1.   減少了制動電阻的發熱,降低機房溫度
      通過將制動再生的電能回收儲存與儲能系統中,避免了電阻導致的機房溫度上升,同時也改善了升降機控制系統的運行溫度,延長升降機使用壽命。機房可以不再使用部分空調等散熱設備,可以節省機房空調和散熱設備的耗電

量，節能環保，使升降機更省電。

2.   專門為升降機設計，高效、低噪、綠色環保
        升降機減速／制動的過程就是升降機釋放機械動能的一個過程，變頻調速器通過電動機可以將這一運動過程的機械能轉換成電能，使用升降機能量回饋技術可以有效地將這部分直流電能儲存起來，並在升降機加速過程中加以利用，這樣就實現了節能目的。

◆   YouTube 影片 — The principles of regenerative energy in elevators－無語－無字幕（0:11）
       https://www.youtube.com/watch?v=fdcS_sps5CU

◆   YouTube 影片－ReGen Technology－英語－英字幕（3:13）
       https://www.youtube.com/watch?v=MuMiOTUTrpA

能量回饋變頻器

        以升降機往上或往下為橫軸，以電動機因出力（電動機模式）或受力（發電機模式）時的轉矩正、負為縱軸，則升降機運行的情況可劃分為四種象限的狀況，如（圖：11.118）所示。

（圖：11.118）

●   第一象限：電動機（出力）模式
        機廂負重載並由低樓層往高樓層移動，電動機出力轉矩為正向拉機廂上升，會消耗電力。

●   第二象限：發電機（受力）模式
        機廂負重載並由高樓層往低樓層移動，電動機必須抗拒來自機廂的重力牽引，故電動機受力而以發電機模式將載重的重力位能差轉為電能輸出。

●   第三象限：電動機（出力）模式
        機廂負輕載並由高樓層往低樓層移動，電動機出力轉矩為負向拉對重上升，

以使機廂往下。

● 　第四象限：發電機（受力）模式
　　　機廂負輕載並由低樓層往高樓層移動，電動機必須抗拒來自對重的重力牽引，以發電機模式將對重與輕載機廂的重力位能差轉為電能輸出。當升降機工作在第二、第四象限時，即制動或煞車，變頻器將重力位能差產生的交流電轉換成為直流電，升降機電能便可回饋，將直流電能轉為三相交流電與市電並網。

⌈二象限變頻器⌋

　　　一般的變頻器，會採用二極體整流橋將交流電源轉換成直流，然後採用 IGBT 逆變技術，藉控制電路送出六個 IGBT 閘極控制訊號，將直流電壓切割成三相脈波寬度調變(PWM)的電壓送至電動機，如（圖：11.119）所示。惟這種變頻器只能工作在電動機狀態，因為處於發電機狀態時不能經整流組回饋至電網，所以稱之為二象限變頻器(Two-Quadrant Power Converter)。若新增一個附加 IGBT 功率模組作成整流橋與原二極體整流橋並聯，但方向相反，便能實現能量的雙向流動，把電流流回電網。控制一般電動機及附加能量回饋裝置的示意如（圖：11.120）所示，整個電路的結構如（圖：11.121）所示。

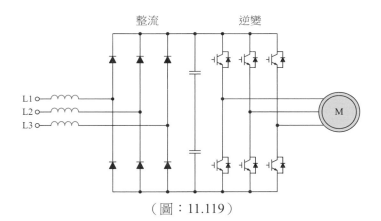

（圖：11.119）

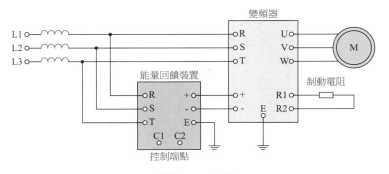

（圖：11.120）

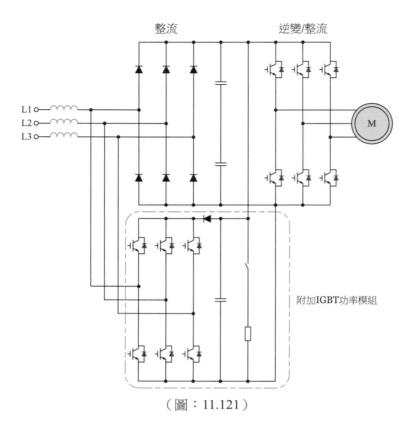

（圖：11.121）

四象限變頻器

　　若在變頻器中採用 IGBT 功率模組，直接替代原來整流橋的二極體元件，如
（圖：11.122）所示，配合使用高速度、高運算能力產生 PWM 控制脈衝，則可
以實現能量的雙向流動，可以將電動機回饋產生的能量反饋到電網，達到徹底的
節能效果，稱為四象限變頻器(Four-Quadrant Power Converter)。

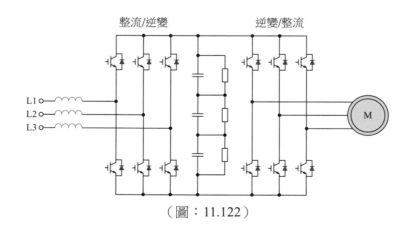

（圖：11.122）

11.12　升降機的交通需求

　　建築物中的交通流量主要由升降機及自動梯等負責，但由於建築物的種類、用途、規模、安裝地方以及使用時間不同，所以時常處於變化狀態之中。商業辦公大樓升降機交通需求統計曲線如（圖：11.123）所示，圖中可發現該大樓在早晨上班時段為交通需求的高峰，一般以此高峰作為規劃中升降機的設置參考。

　　曲線主要統計每天於商業辦公大樓工作時間內，不同時段上行及下行使用人數，從而得知乘客的需求量。根據曲線，該商業辦公大樓，大部分時間的需求都在上班時段、午餐時段及下班時段，更明顯顯示在不同的時段，有不同上行及下行需求運輸形式。例如：早上上班時段稱為上高峰期(Up peak)；傍晚下班時段稱為下高峰期(Down peak)、中段時間稱為四向客流(Four way traffic condition)或隨機平衡運輸(balanced traffic)模式等。在進行大樓升降機配置時，必須按各種情況作客流分析，以確定大樓內升降機的數量及佈置安排，同時也要考慮於不同的時段，升降機作出如何調動，以滿足當時的客流量。

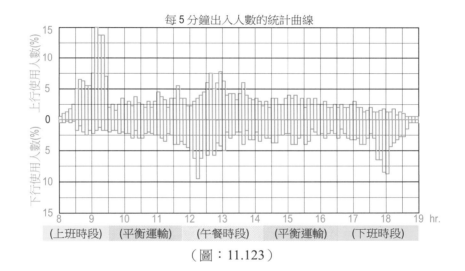

（圖：11.123）

　　住宅樓宇與商業大廈的升降機運輸形式有所不同，例如：早上為住客上班及學生上學的下高峰期，中段時間是隨機平衡運輸，而近傍晚是住客下班回家的上高峰期運輸模式。住宅樓宇升降機交通需求統計曲線如（圖：11.124）所示。

　　酒店和賓館一般在早、晚進出的客流較多，某些酒店在退房(Check out)時段前的下行需求也較多。當酒店內設有餐廳和宴會廳時，更需要考慮早、午及晚餐時所產生的客流量。

　　工廠大廈及貨倉大部分無特定時間高峰期需求，一般只有季節性高峰期需求，例如：要趕及聖誕節前寄往外地貨物的船期。

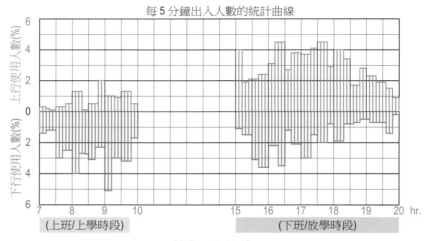

（圖：11.124）

　　調整升降機運輸模式控制時，要根據建築物用途、群控系統特性、乘客使用升降機的慣性和租戶的工作性質，例如：金融、證券和期貨公司等，其客流情況各有特點。大樓內的升降機系統在分析其客流情況時，主要可以歸納三種工況，即上行高峰、下行高峰與層際客流。

上行高峰

　　上行高峰模式(Up peak)是指大部分乘客都由大樓的主樓層進入，目的是上行到達到各樓層的情況。

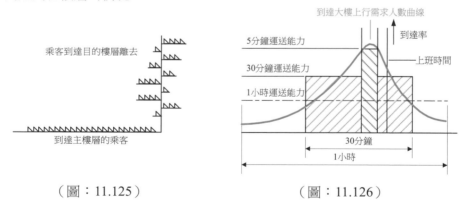

（圖：11.125）　　　　　　　　　（圖：11.126）

　　（圖：11.125）及（圖：11.126）為典型的上行高峰客流分佈圖。客流分佈是瞬時乘客到達率，以單位時間（例如：每分或每秒）到達人數計。圖中可發現大量乘客在辦公前 30 分鐘出現並進入主樓大堂乘搭升降機至所需的樓層。接近辦公前約 5 至 10 分鐘可算是乘客最高上行需求量。所以計算升降機的數量及流量時，常以上行高峰期的 5 分鐘運輸系統的承載量作計算，若升降機系統能滿足上行高峰期，即可代表能滿足其他運輸模式，例如：下行高峰期和隨機平衡運輸

等。

　　圖中紅色曲線在臨近上班時間前達最高峰，高峰的前沿變化比較緩慢，在高峰後面就急劇下降。為使用方便及理解，設計師通常把（圖：11.126）的輪廓用 5 分鐘的高峰率表示。其數量還有用大樓人員總數計算，即 5 分鐘內到達大樓總人數百分率的最大值，如圖中的綠色陰影部分。上行高峰的第二種定義也可以用高峰時 30 分鐘內到達大樓的總人數的百分率表示，圖中橙色的陰影部分。

　　由於僱主要求其員工需要在規定時間上班開始辦公，而大部分僱員的心態都會盡量調較時間至最接近辦公時間前才到達上班的大樓，因而造成上行高峰期。若要避開大樓早上上班和晚上下班的升降機交通的高峰期，僱主可考慮實施彈性上班時間(Flexitime)，便可於乘搭升降機時更輕鬆。

下行高峰

　　下行高峰模式(Down peak)是早上上高峰的相反，指大部分乘客都經由大樓各樓層乘搭升降機至主樓層離開大廈，這時大部分只有下行方向的需求情況。下行高峰的客流率如（圖：11.127）及（圖：11.128）所示，這種下行高峰模式通常出現在商業辦公大樓傍晚下班時，也會出現在午飯期間一小段時間。在傍晚下行高峰時間會比早上上行高峰延長約多 50%，即 10 分鐘，如（圖：11.128）陰影部分所示。

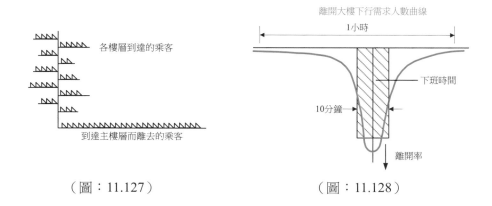

（圖：11.127）　　　　　　　　　　（圖：11.128）

雙向客流及四向客流

　　雙向客流模式(Two way traffic condition)及四向客流模式(Four way traffic condition)是表述升降機客流量的情況。雙向客流：這情況出現在大樓的某一樓層，但該樓層並非主樓層（始發層或基站），卻成為主要客流的到達及離開層。例如：茶點部、醫院的掛號處及藥房等，一般在早上時間及休息時間發生。

　　四向客流：這情況出現在大樓的某兩層，該兩層成為大部分客流的到達層和

離開層，其中一樓層可能是主樓層。例如：餐室、小賣商店或繳費中心等，一般在中午休息時間發生，因較多人會在休息時間前往這些層光顧及繳費等。

在大部分的建築物中，此兩種情況出現，有時不易覺察，也會因租戶變動而改變。

隨機樓層運輸

隨機樓層運輸模式(Interfloor traffic)又稱普通模式(Normal)，它出現於非繁忙時間，多在上行高峰和午飯之間時間，及午飯後至下行高峰之間的時間，這時人流較少，沒有特定方向呼喚按鈕數目。

此運輸模式每天大多數時間都會出現，主要是因為乘客往來各層做商業活動現象。此模式有時稱為平衡雙向運輸或平衡運輸的層間交通模式。因運送乘客包括上和下，平衡是因為乘客最後會返回自己辦公室工作的樓層，乘客通常要求最小的等候和乘搭升降機時間。一般升降機群控系統會將大部分升降機分散在各層待命以接載乘客，其餘一至兩部則留在主樓層以接載到大樓各層的乘客。

空閒交通

空閒交通模式又稱為輕量服務(Light service)，通常發生於商業大樓在黎明、深夜、假日等情況下，此時大樓的客流稀少、乘客的到達間隔很長，在這種狀況下群控系統中僅有部分升降機運行工作，而其餘的升降機則閒置作備用狀態。若需求快速地增加，才會觸發更多升降機提供服務。

現代升降機群控系統的主要目標是減小乘客平均等候升降機時間，減少乘客平均乘搭升降機時間，以及降低系統運行能耗等，然後將群控升降機進行最優化調度方案。隨著升降機智能分配系統出現，便能更精確地計算每一部升降機及每一個樓層上行或下行的客流情況，從而作出最適當的升降機調度。

升降機運送能力

評定升降機運送能力(Handle capacity)或服務品質的重要指標是 5 分鐘運送能力和平均等候時間。

● 5 分鐘運送能力(HC5)(5 minutes handling capacity)

5 分鐘運輸能力是用作表示升降機的運送能力，即該升降機在 5 分鐘內能運送的人數佔升降機服務樓層總人數的百分比，數據反映了升降機總體運載能力。HC5 值愈小，乘客等候升降機的時間愈長；HC5 值愈大，升降機的數量愈多，投資也愈大，但乘客等候升降機的時間愈短。5 分鐘運輸能力數據可以下列公式計算，根據英國註冊屋宇設備工程師學會(Chartered Institution of Building Services Engineers, CIBSE)標準，HC5 ≧ 12。

$$5分鐘運送能力 = \frac{額定載客人數 \times 0.8 \times 300(s)}{一個運行週期的時間(s)}$$

$$N部升降機5分鐘運送能力 = \frac{N \times 單部升降機5分鐘運送能力 \times 100\%}{升降機使用人數}$$

● 平均等候升降機時間(WT)

　　平均等候升降機時間又叫平均運行間隔(Interval)，表示乘客在主樓層站登記召喚，直至升降機廂接載開始啟動離開這一樓層的平均時間。平均等候升降機時間反映升降機系統回應服務的時間，對乘客的耐心和情緒有重要影響。平均等候升降機時間可以下列公式計算，根據 CIBSE 標準，WT≦35s。

$$某一台升降機的平均等候時間(s) = \frac{升降機運行週期時間(s)}{升降機群組總部數}$$

● 到達目的樓層時間(DT)

　　到達目的樓層時間表示乘客在主樓層站登記召喚訊號直至升降機廂接載乘客到達目的樓層的平均時間，其中包括其他乘客進出機廂的等候時間。根據 CIBSE 標準，DT≦120s。

● 平均運行一週時間

　　平均運行一週時間代表單台升降機沿建築物樓層上下運行，往返一次所需的時間。內容包括升降機運行時間，開關門過程所需時間，乘客出入升降機廂所需的時間（即開門保持時間），以及無效時間（即約佔運行週期 10%的損失時間）。

升降機總台數的簡單評估

　　商業大樓的使用人數可按 10~12m² ／人的使用實用面積估算，一般都以 8~12m² ／人計算，以實用面積為建築面積 80%，當換算成建築面積時約為 10~15m² ／人。例如：商業大樓總面積為 36000 平方米，若以 12m² ／人計算，未來進駐辦公客戶預計為 3000 人，即未來升降機使用人數為 3000 人。一般商業大樓 5min 輸送能力指標為 11%~15%，設計時可參考（圖：11.129）所示的流程，並要注意下列各點：

● 必須進行上、下交通分析；
● 考慮大樓於數年後才完成，當時客流可能產生變化；
● 升降機總台數設置應能滿足各類建築設計規範要求的最低配置；
● 大樓一般不能只配一部升降機，否則升降機一旦停止服務，大樓的上、下交通便會完全癱瘓。

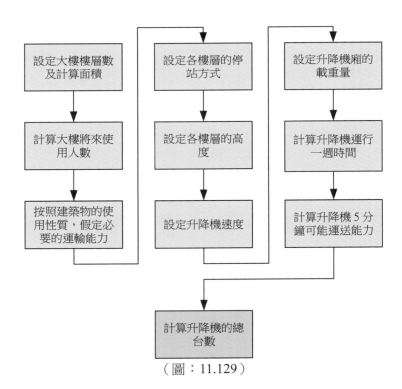

（圖：11.129）

12

升降機的安裝、保養與檢驗

學習成果

完成此課題後，讀者能夠：

1. 說明升降機工程及自動梯工程實務守則之用途及精神；
2. 說明升降機安裝之步驟；
3. 說明升降機完成安裝後的檢驗工作；
4. 說明升降機維修、保養工作及要點；
5. 說明升降機定期測試之項目及步驟。

本章節的學習對象：

☑ 從事電梯業技術人員。
☑ 工作上有機會接觸升降機及自動梯人士。
☑ 對升降機及自動梯的知識有濃厚興趣人士。
☐ 日常生活都會以升降機及自動梯作為交通工具的人士。

12.1 升降機工程及自動梯工程實務守則

　　香港政府為了配合《升降機及自動梯條例》《條例》，所以也制定了新的相關工程實務守則，就升降機及自動梯的安全事宜，尤其是升降機及自動梯工程(包括升降機及自動梯或其相聯設備或機械的安裝、試運行、檢驗、保養、修理、更改或拆卸)提供指導。此外，新實務守則也就上述工作的相關程序要求給予指引。

　　新的工程實務守則稱為《升降機工程及自動梯工程實務守則》，最新版本為2018 (「守則」)，主要為業界從業員提供參考。守則由機電工程署署長(「署長」)根據《條例》的規定發出。在草擬守則時，署長已就守則的擬議內容徵詢業界意見。守則內的指導考慮到業界一般從業員的技能及風險認知，從而定出符合《條例》規定的最低行業標準。

升降機工程及自動梯工程實務守則 2018 下載超連結如下：
https://www.emsd.gov.hk/filemanager/tc/content_805/CoP%20on%20Lift%20Works%20and%20Escalator%20Works%202018%20Edition%20(Chi).pdf

　　工程實務守則說明以下人士在升降機工程及自動梯工程中的一般責任，及註冊人士之間的一般關係，使工程進行得更順暢，更安全。

- 負責人
- 註冊承辦商
- 註冊工程師
- 註冊工程人員

負責人的的一般責任

　　升降機／自動梯負責人的一般責任已在第 1 章說明。

註冊承辦商的註冊及一般責任

　　若申請人擁有以下所指定的條件，便合資格申請成為升降機承辦商及／或自動梯承辦商：

(甲) 最少有一位董事、合夥人或僱員為：
　　(i)　香港工程師學會正式會員；或
　　(ii)　註冊升降機工程師及/或註冊自動梯工程師；
(乙) 以連續受僱模式聘用不少於兩名其他工程僱員，而其中一人須為註冊升降機工人及/或註冊自動梯工人，或合資格升降機工人及/或合資格自動梯工人，並可獨立執行所有種類自動梯工程或升降機工程；
(丙) 擁有工場設施及進行升降機工程或自動梯工程所需的設備；及
(丁) 能令註冊主任信納有足夠能力進行升降機工程或自動梯工程，及能從升降機

製造商或自動梯製造商取得技術更新、員工技術培訓及提供備用零件的支援。

　　所有已註冊的升降機承辦商或自動梯承辦商在申請註冊續牌時，需提交文件證明擁有所需的設施、資源及專業技能，以繼續履行條例所要求的責任及執行條例所要求的工作。

以下條文節錄自【升降機工程及自動梯工程實務守則 2018】有關（註冊承辦商的一般責任）的要求，全書詳細內容請參考相關書刊

3.3　　　註冊承辦商的一般責任

3.3.1　　註冊承辦商的一般責任訂明於《條例》第 16 條和第 47 條，以及《一般規例》第 2 部的第 2 分部及第 6 分部。

3.3.2　　承辦升降機工程或自動梯工程的註冊承辦商，須根據《一般規例》第 3 條或第 18 條，在工程展開前以指明表格通知署長。

3.3.3　　承辦升降機或自動梯安裝工程的註冊承辦商，必須確保除非有關升降機或自動梯及其所有安全部件均已取得署長授予的種類許可，否則不得就該升降機或自動梯及其安全部件進行安裝工程。申請種類許可所需符合的規定及程序的詳情，請參閱第 4 部。

3.3.4　　承辦升降機工程或自動梯工程(升降機或自動梯安裝除外)的註冊承辦商，如安全部件牽涉在工程之內，必須確保除非有關安全部件均已取得署長授予的種類許可，否則不得進行有關工程。申請種類許可所需符合的規定及程序的詳情，請參閱第 4 部。

3.3.5　　承辦升降機工程或自動梯工程的註冊承辦商，均須確保有關工程安全妥善地進行。為妥善執行職務，註冊承辦商須遵從第 4 部及第 5 部所訂明的安全相關規定，亦須：—
(a)　建立一套工作制度以確保工程按照《條例》的規定進行；
(b)　進行風險評估[1]以找出與工程有關的安全及健康危險，制訂和實施所需的安全措施，包括實施安全措施的相關施工方案，以及為進行有關工程提供所需的有效設備和工具，包括個人的防護裝備[11]；
(c)　為工程人員提供足夠培訓和指示，使工程人員能妥善和安全地進行工程。註冊承辦商有責任保存其工程人員的培訓記錄，並定期覆檢工程人員的能力，特別是當工程人員被調派執行新職務的時候；
(d)　為工程人員提供所有必須資訊，包括相關的設計圖則、施工方案，與該工程有關的風險評估結果，連同已找出的安全隱患及相應的緩解措施，與工程有關的特別指示，以及升降機或自動梯製造商所發出的相關工作手冊；以及
(e)　監督有關工程，以確定有關措施和指示已予落實及遵行。

ⁱ *為升降機工程或自動梯工程進行風險評估的規定，亦訂明於勞工處發出的《工作安全守則（升降機及自動梯）》。*

ⁱⁱ *個人防護裝備可包括安全帽、手套、眼部防護設備、聽覺保護器、呼吸器、面罩、安全鞋，和安全吊帶／安全帶（附有牢固繫穩物或獨立救生繩）等。這類裝備必須保持良好狀況及性能。*

3.3.6　承辦升降機工程或自動梯工程的所有註冊承辦商，必須提供充分的安全措施，以及足夠人手以進行有關的升降機工程或自動梯工程。所採取的安全措施及提供的人手，必須符合升降機或自動梯製造商就該項特定升降機工程或自動梯工程所提供的建議，並須配合風險評估的結果，同時考慮到環境因素和工程人員的技術水平。

3.3.7　承辦升降機工程或自動梯工程的註冊承辦商，必須根據工作環境、工程人員的技術水平，以及升降機或自動梯製造商的指示和建議，確保有足夠設備及工具以進行有關工程。為進行有關工程而提供的所有設備及工具，必須狀況良好。而進行測試及試運行工程時，所有設備及工具經適當測試及校準。這應包括為工程人員提供合適的個人防護裝備，以應付與工作相關的危險。

3.3.8　承辦升降機或自動梯拆卸工程的所有註冊承辦商，如所拆卸的升降機或自動梯是安裝在建築物，或屬建築物的一部分，則必須在合理地切實可行的範圍內採取措施，以減少該工程可能對該建築物的結構完整性的影響。

3.3.9　根據《條例》第 8 條和第 42 條，承辦升降機工程和自動梯工程的所有註冊承辦商，必須確保有關工程由合資格人士¹、指明人士²，或由合資格人士在施工地點所直接監督的工程人員所進行。

¹ *合資格人士的定義載錄於《條例》第 2(1) 條。簡括而言，合資格人士是指具有進行有關類別工程的資格，並作為註冊承辦商或受僱於承辦有關工程的承辦商的註冊工程師或註冊工程人員。*

² *指明人士是署長根據《條例》第 123 條以書面授權可親自進行任何升降機工程或自動梯工程的人。*

3.3.10　根據《條例》第 38 條和第 68 條，除非獲署長書面批准，否則註冊承辦商不得將升降機工程、自動梯工程，或該工程的任何部分，分包予並非註冊承辦商。升降機或自動梯的安裝或拆卸工程則不在此限。

3.3.11　承辦任何升降機工程或自動梯工程的註冊承辦商，如在進行升降機工程或自動梯工程（例如例行保養）時發現不正常情況，均有責任通知負責人。不正常情況包括《條例》附表 7 指明的負責人須向署長報告的主要部件故障。

3.3.12　分包升降機工程或自動梯工程予任何人士的註冊承辦商，須在工程展開之前，根據《一般規例》第 4 條或第 19 條以指明表格通知署長。

3.3.13　根據《一般規例》第 5 條及第 6 條，或第 20 條及第 21 條規定，每名註冊承辦商必須備存所安裝的升降機或自動梯的技術文件，以及所承辦的工程記錄。註冊承辦商必須備存的資料清單見附錄 I。

3.3.14　當註冊承辦商得知升降機發生事故後的 4 個小時內，升降機的正常使用及操作未能恢復，註冊承建商必須根據《一般規例》第 7 條規定，以指明表格張貼告示，說明升降機的服務經已暫停。

3.3.15　註冊承建商必須根據《一般規例》第 8 條規定，在得知緊急裝置故障的 4 個小時內到達現場，及註冊承辦商如無法在得知故障後的 24 小時內，修復該裝置，註冊承建商必須以指明表格通知署長。

3.3.16　如註冊承辦商的工場地址有任何變更，註冊承辦商必須於工場地址變更之後的 14 天內通知註冊主任。註冊承辦商還須承諾新工場的設施/設備維持在不低於註冊要求的水平。

3.3.17　註冊承辦商須遵守和遵從附錄 XXIII 的附件 A 所載列的誠信指引。

| 註冊工程師的註冊及一般責任 |

　　註冊資格類別申請人若具備以下任何一個途徑，即（圖：12.1）途徑 1 至途徑 3）所訂明的資格及經驗，便符合資格申請成為註冊升降機工程師／註冊自動梯工程師。

　　為了提升註冊升降機或自動梯工程師資歷要求，長遠只有屬於相關界別的註冊專業工程師，並具備最少 2 年工作經驗的人員，才獲考慮註冊為升降機或自動梯工程師（RPE），即途徑 2 及 3 將來可能會取消。現時《條例》提供過渡期（2018 年開始，途徑 3 的過渡期已屆滿），原有工程師身份可保留。但所有已註冊的升降機工程師或自動梯工程師在申請註冊續牌時，需要符合以下要求：

(甲) 在提交註冊申請日期前之 5 年內，已累積不少於 12 個月有關升降機工程及／或自動梯工程的工作經驗；以及
(乙) 在提交註冊申請日期前之 5 年內，已累積不少於 90 小時的持續專業進修課程。

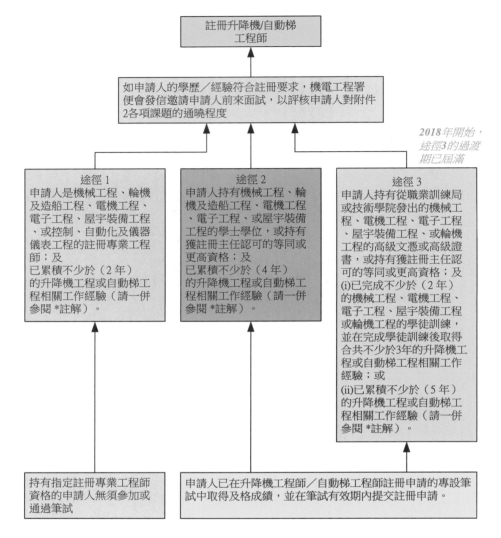

註冊升降機/自動梯
工程師

如申請人的學歷／經驗符合註冊要求，機電工程署
便會發信邀請申請人前來面試，以評核申請人對附件
2各項課題的通曉程度

*2018年開始，
途徑3的過渡
期已屆滿*

途徑 1
申請人是機械工程、輪機
及造船工程、電機工程、
電子工程、屋宇裝備工程
、或控制、自動化及儀器
儀表工程的註冊專業工程
師；及
已累積不少於（2年）
的升降機工程或自動梯工
程相關工作經驗（請一併
參閱 *註解）。

途徑 2
申請人持有機械工程、輪
機及造船工程、電機工程
、電子工程、或屋宇裝備
工程的學士學位，或持有
獲註冊主任認可的等同或
更高資格；及
已累積不少於（4年）
的升降機工程或自動梯工
程相關工作經驗（請一併
參閱 *註解）。

途徑 3
申請人持有從職業訓練局
或技術學院發出的機械工
程、電機工程、電子工程
、屋宇裝備工程、或輪機
工程的高級文憑或高級證
書，或持有獲註冊主任認
可的等同或更高資格；及
(i)已完成不少於（2年）
的機械工程、電機工程、
電子工程、屋宇裝備工程
或輪機工程的學徒訓練，
並在完成學徒訓練後取得
合共不少於3年的升降機工
程或自動梯工程相關工作
經驗；或
(ii)已累積不少於（5年）
的升降機工程或自動梯工
程相關工作經驗（請一併
參閱 *註解）。

持有指定註冊專業工程師
資格的申請人無須參加或
通過筆試

申請人已在升降機工程師／自動梯工程師註冊申請的專設筆
試中取得及格成績，並在筆試有效期內提交註冊申請。

*註解
申請成為註冊升降機工程師必須具備所需的升降機工程實際經驗；而申請成為註冊自動梯工
程師也須具備所需的自動梯工程實際經驗。如申請人在同一時期從事升降機工程及自動梯工
程兩類工作，則兩類工作的累積時間可重疊計算。

升降機工程或自動梯工程包括：
任何升降機或自動梯、或任何其他關乎升降機或自動梯的機械或設備的安裝、試運行、巡視
、檢驗及測試、保養、維修、更改或拆卸的各類工作，但建築工程除外。

（圖：12.1）

以下條文節錄自【升降機工程及自動梯工程實務守則 2018】有關（註冊工程師的
一般責任）的要求，全書詳細內容請參考相關書刊

3.4   註冊工程師的一般責任

3.4.1   註冊工程師的主要責任,是檢驗升降機、自動梯及其相聯設備或機械,
以決定有關裝置是否處於安全操作狀態。註冊工程師就升降機及其相聯
設備或機械,或自動梯及其相聯設備或機械進行徹底檢驗[1]後,可發出
安全證書,以顯示有關升降機或自動梯及其相聯設備或機械處於令其感
到滿意的安全操作狀態。

> [1]   如徹底檢驗是在升降機或自動梯作出主要更改後進行,則該檢驗所
> 涵蓋的升降機或自動梯範圍,必須足以斷定該升降機或自動梯(包
> 括任何相聯設備或機械)受主要更改工程影響的部分是否處於安全
> 操作狀態。為此發出的證明書須顯示有關的檢驗結果。

3.4.2   如註冊工程師認為有關升降機、自動梯或其相聯設備或機械並非處於安
全操作狀態,即須根據《條例》第 24 條或第 54 條,在緊接檢驗完成後
的 24 小時內,以指明表格通知負責人及署長。類似的規定適用於升降
機(《條例》第 25 條)或自動梯(《條例》第 55 條)完成主要更改工程
後所進行的檢驗。

3.4.3   每名以合資格人士身份獨立進行及監督他人進行升降機工程或自動梯
工程的註冊工程師,有責任確保工程妥善和安全。根據《條例》第 17 條
及第 48 條,從事任何升降機工程或自動梯工程的註冊工程師必須確保:
(a)   工程妥善和安全地進行。為妥善執行職務,註冊工程師須遵從第 4
部及第 5 部所訂明的安全相關規定;
(b)   在工程進行期間,必須按製造商就該項特定升降機工程或自動梯工
程所提供的建議,並須配合風險評估的結果,採取充分的安全措施,
以防止任何人受傷或任何財產受損;
(c)   如工程關乎升降機的安裝,除非有關升降機及其所有安全部件,均
屬署長授予承辦該工程的註冊升降機承辦商的許可所關乎的種類,
否則工程不得進行;
(d)   如工程關乎自動梯的安裝,除非有關自動梯及其所有安全部件,均
屬署長授予承辦該工程的註冊自動梯承辦商的許可所關乎的種類,
否則工程不得進行;以及
(e)   如升降機或自動梯安裝以外的工程,但關乎任何安全部件,除非所
有有關工程的安全部件,均屬署長授予承辦該工程的註冊承辦商的
許可所關乎的種類,否則工程不得進行。

3.4.4   註冊工程師負有一般責任,在工作時須顧及其個人及在同一施工地點工
作的人員的安全。

3.4.5   註冊工程師進行升降機或自動梯工程時,必須遵守本守則所載述的安全
措施及規定。註冊工程師並須熟習註冊承辦商或其直接監督人員所提供
的指示、指引、施工說明、程序及其他技術資料,以進行工程。註冊工
程師必須:
(a)   注意風險評估的結果,確保在開始任何工程前已妥善落實安全措
施;

     (b)   嚴格遵守安全守則及任何專為升降機或自動梯制定的緊急程序；

     (c)   在專為升降機或自動梯而設的工作日誌上，填寫最新的工作和檢驗結果詳情；以及

     (d)   隨身攜帶載列署長指定及具明註冊身分的註冊證，以便在執法人員查詢時，展示該證以供檢查。註冊工程師亦須在負責人作出查詢時，向其展示註冊證，以證明他／她的註冊身分。

3.4.6   根據《一般規例》第 12 條或第 26 條，註冊工程師必須備存其所擬備的安全證書及檢驗報告記錄，不少於三年。

3.4.7   為確保檢驗工作（包括升降機和自動梯安裝/主要更改後的檢驗，以及定期檢驗）能妥善和安全地進行，註冊工程師在計劃檢驗工作時，應小心考慮所需的時間和人力資源。在正常情況下，除非有充分理由支持，一名註冊工程師在同一日檢驗和認證的升降機及自動梯的數量不應多於 8 部。此外，亦可理解到，在某些情況下，例如升降機或自動梯的行程相對較短、設計較簡單、或經過非常簡單的主要更改工程後所進行的檢驗，所需的檢驗時間可能會縮短，因而在特定的一天內可完成更多的升降機或自動梯的檢驗。在此情況下，負責的註冊工程師可以在一天內完成更多的檢驗。註冊工程師應保存適當的記錄及理據，以支持其檢驗更多數量的升降機或自動梯。

3.4.8   註冊工程師須遵守和遵從附錄 XXIII 的附件 B 所載列的誠信指引。

註冊工程人員的註冊及一般責任

     根據法例，任何工程人員必須成為註冊升降機工程人員或註冊自動梯工程人員及受僱於註冊升降機承辦商或註冊自動梯承辦商，才可在沒有合資格人士直接監督的情況下，親自進行升降機或自動梯工程。

     註冊工程人員會獲發註冊證書及註冊證，以識別身分。註冊升降機工程人員及註冊自動梯工程人員的名字、註冊編號、註冊有效期及註冊工程的級別等資料，將會分別被記錄在「升降機工程人員名冊」及「自動梯工程人員名冊」中，以備公眾查閱。註冊有效期為五年，之後可申請續期。申請人須於續期前的 5 年期間內，取得最少一年的相關工作經驗，及於上述的 5 年期間內，完成最少 30 小時的相關訓練。

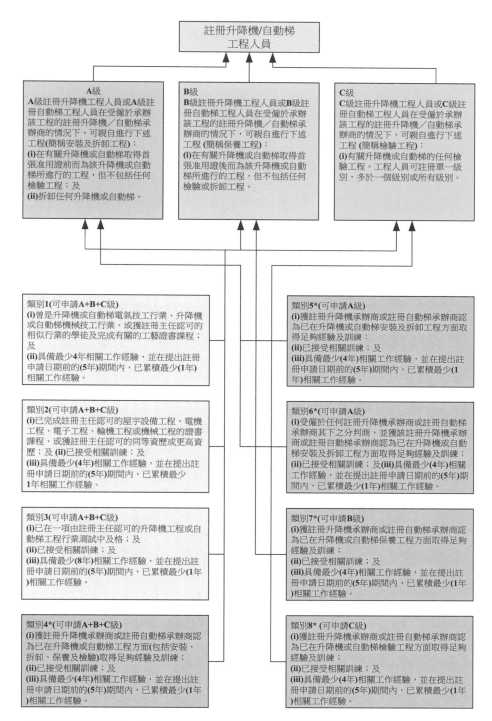

（圖：12.2）

　　　申請成為註冊升降機或自動梯工程人員,若具備以下任何一個類別,如(圖:12.2)所示,即類別 1 至類別 8 所指定的資格及經驗,便合資格申請成為相應級別之註冊升降機工程人員或註冊自動梯工程人員。註冊升降機或自動梯工程人員級別可分為 A、B 及 C 三個級別,工程人員可註冊單一級別,多於一個級別或所有級別。

● A 級 – 安裝及拆卸工程
● B 級 – 保養工程
● C 級 – 檢驗工程

1. 升降機安裝工程應包括但不限於開綫、安裝電動機、制動器、制板、控制設備、安全裝置、限速器、綫槽、導軌及固定件、纜索、對重裝置、機廂、安全鉗、層站門及緩衝器等。
2. 升降機保養工程應包括但不限於抹油、檢查及調校電動機、制板、控制設備、安全裝置、限速器、纜索、對重裝置、安全鉗、層站門及緩衝器,分拆、檢查及調校制動器、分拆、檢查及調校門鎖,更換制板、纜索、纜輴及啤呤等。
3. 自動梯安裝工程應包括但不限於梯架安裝及接駁、安裝梯級、扶手帶、制板、控制設備、安全裝置、主驅動裝置系統、制動器及梯級鏈等。
4. 自動梯保養工程應包括但不限於抹油、檢查及調校梯級、扶手帶、制板、控制設備、安全裝置、主驅動裝置系統、制動器及梯級鏈、裝拆梯級及更換扶手帶等。
5. 檢驗包括檢查及測試。

以下條文節錄自【升降機工程及自動梯工程實務守則 2018】有關(註冊工程人員的一般責任)的要求,全書詳細內容請參考相關書刊

3.5　　　註冊工程人員的一般責任

3.5.1　　註冊工程人員是業界的前線人員,為僱用他們的註冊承辦商進行一種或多於一種的升降機工程或自動梯工程。註冊工程人員在進行升降機工程或自動梯工程時,必須遵守本守則載述的安全措施及規定。註冊工程人員亦應熟習註冊承辦商或其直接監督人員所提供的指示、指引、施工說明、程序及其他技術資料,以進行工程。

3.5.2　　每名以合資格人士身份獨立進行或監督他人進行升降機工程或自動梯工程的註冊工程人員[1],有責任確保工程妥善和安全。根據《條例》第18 條及第 49 條,從事任何升降機工程或自動梯工程的註冊工程人員必須確保:
　　　　(a)　工程妥善和安全地進行。為妥善執行職務,註冊工程人員須遵從第 4 部及第 5 部所訂明的安全相關規定;以及
　　　　(b)　在工程進行期間,必須按製造商就該項特定升降機工程或自動梯工程所提供的建議,並須配合風險評估的結果,採取充分的安全措施,以防止任何人受傷或任何財產受損。

3.5.3   註冊工程人員負有一般責任，在工作時須顧及其個人及在同一施工地點
         工作的人員的安全。

3.5.4   註冊工程人員宜應參加僱主為其安排的訓練及簡介課程，並妥善保存培
         訓記錄。

3.5.5   進行任何升降機工程或自動梯工程前，註冊工程人員應：
         (a)   了解工作內容，以確定他／她按其註冊 [2] 合乎資格獨立進行該工作；
         (b)   了解其本身在有關工程中的職責，並在斷定其本人或在其直接監督
               下的人員不適合或無能力進行有關工程時，通知其監督人員；以及
         (c)   準備及檢查其本人的工具及設備，如發現欠妥之處或不正常的情
               況，即向其監督人員報告；

         [1]   *根據註冊的分類，某些註冊工程人員的註冊資格只限於進行某種類*
               的升降機工程或自動梯工程。
         [2]   *註冊的級別是根據業界人士現時承辦的工作種類劃分，並分為 3 個*
               類別，分別為 A 級、B 級及 C 級，取得註冊而成為合資格人士的升
               降機工程人員或自動梯工程人員可親自進行以下工作：
               (i)   就 A 級註冊而言，因應升降機或自動梯在獲發第一張准用證
                     前而進行的有關升降機工程或自動梯工程(不包括任何檢驗)，
                     及拆卸升降機或自動梯；
               (ii) 就 B 級註冊而言，在升降機或自動梯獲發第一張准用證後，任
                     何有關該升降機或自動梯的升降機工程或自動梯工程(關乎升
                     降機或自動梯的任何檢驗及拆卸除外) 及
               (iii) 就 C 級註冊而言，任何升降機或自動梯的檢驗工作。

3.5.6   進行任何升降機工程或自動梯工程時，註冊工程人員應：
         (a)   注意風險評估的結果，確保在任何工程開始前已妥善實施安全措
               施；
         (b)   嚴格遵守安全守則及任何專為升降機或自動梯制定的緊急程序；
         (c)   在專為升降機或自動梯而設的工作日誌上，填寫最新的工作和檢驗
               結果詳情；以及
         (d)   隨身攜帶署長指定及具明註冊身分的註冊證，以便在執法人員查詢
               時，展示該證以供檢查。註冊工程人員亦須在負責人作出查詢時，
               向其展示註冊證，以證明他／她的註冊身分。

3.5.7   註冊工程人員須遵守和遵從附錄 XXIII 的附件 C 所載列的誠信指引。

◆   YouTube 影片－註冊升降機及自動梯工程人員的一般責任－
    粵語－中文字幕（17:16）
    https://www.youtube.com/watch?v=XO3siBeSZK8

註冊人士之間的一般關係

3.6   註冊人士之間的一般關係

3.6.1   為確保升降機及自動梯安全，《條例》規定升降機工程及自動梯工程必須由合資格人士[1]進行。升降機或自動梯的試運行及檢驗工作可由註冊工程師獨立進行，或由其他人在註冊工程師[2]的直接及恰當的現場監督下[3]進行。只有註冊工程師方獲授權發出證書，證明升降機或自動梯處於安全操作狀態。

   [1]   合資格人員是指 (i)合資格人士，(ii)指明人士，或(iii)在有關工程進行的地方，受合資格人士直接監督下進行有關升降機或自動梯工程的人士。
   [2]   請參閱《條例》的第 19 條及第 50 條。
           根據《條例》第 123 條獲署長授權進行升降機工程或自動梯工程的人士。
   [3]   有關直接及恰當的現場監督的規定，詳述於第 4 部。
           除非獲署長書面批准，《條例》第 38 條及第 68 條禁止把升降機工程或自動梯工程（安裝或拆卸升降機或自動梯除外）分包予並非註冊承辦商的其他人。

3.6.2   規管制度除了限定試運行及檢驗工作須由註冊工程師進行外，某些受規管制度管制的升降機工程或自動梯工程，須由註冊承辦商進行。表 1 載列須由註冊承辦商及註冊工程師進行的工程。

表 1		
進行升降機工程或自動梯工程的人士	註冊承辦商	註冊工程師
升降機工程或自動梯工程的類別	安裝	
	試運行	試運行
	檢驗	檢驗*
	保養	
	修理	
	更換	
	拆卸	
* 註冊工程師獲《條例》授權，在為升降機或自動梯進行徹底檢驗後，發出證書證明升降機或自動梯處於安全操作狀態，或報告該裝置並非處於安全操作狀態。		

3.6.3   《條例》第 8 條及第 42 條進一步規定只有合資格人士或指明人士[2]，或在升降機工程或自動梯工程進行的地方受合資格人士直接監督的人員，才可親自進行升降機工程或自動梯工程。換言之，有關工程可由以註冊承辦商身分承辦有關工程，或受僱於承辦有關工程的註冊承辦商的註冊

工程師或註冊工程人員進行。《條例》亦對升降機工程或自動梯工程的分包定下限制。表 2 撮列可親自進行升降機工程或自動梯工程的人士。

2   根據《條例》第 123 條獲署長授權進行升降機工程或自動梯工程的人士。

表 2		
	獲授權可親自進行升降機工程或自動梯工程的人士	
	以註冊承辦商身分承辦有關工程的合資格人士（註冊工程師或註冊工程人員），以及受合資格人士監督的工程人員	合資格人士（受僱於進行工程的註冊承辦商的註冊工程師或註冊工程人員），以及受合資格人士監督的工程人員
升降機工程或自動梯工程	安裝*	
	試運行	
	檢驗	
	保養	
	修理	
	更換	
	拆卸*	
* 工程可分包予並非註冊承辦商的其他人。有關工程須在承辦該工程的註冊承辦商屬下的合資格人士直接監督下進行。		

由註冊承辦商承辦升降機或自動梯工程

為確保工程質素，以保障公眾使用升降機或自動梯的安全，工程實務守則規定升降機或自動梯工程必須由註冊承辦商承辦，而註冊承辦商將僱用合資格的人員進行相關工程。

以下條文節錄自【升降機工程及自動梯工程實務守則 2018】有關（必須由註冊承辦商承辦的工程）的要求，全書詳細內容請參考相關書刊

4.7   必須由註冊承辦商承辦的工程

4.7.1   為確保工程質素，以保障公眾使用升降機或自動梯的安全，《條例》規定只有合資格的人員[3]才可親身進行升降機工程或自動梯工程。根據《條例》第 15 條和第 46 條，負責人須確保與升降機或自動梯的安裝、主要更改或拆卸有關的工程，或相當可能影響升降機或自動梯安全操作的工程，必須由註冊承辦商承辦，否則該等工程不得進行。

³   *合資格人員是指 (i) 合資格人士，(ii) 指明人士，或 (iii) 在有關工*
       程進行的地方，受合資格人士直接監督下進行有關升降機或自動梯
       工程的人士。

4.7.2   基於上述規定，修理、改裝、更改、保養等可能會影響升降機或自動梯
        安全操作的工程，必須由註冊承辦商承辦。

4.7.3   不會對升降機或自動梯安全操作有影響的工程(例如為機房吊舉工字樑
        進行負重測試)，倘若由註冊承辦商以外的人士進行，則建議應由合資
        格人士監督有關工程，以保障執行該工作的人員，以及減少對升降機或
        自動梯造成非法干擾或損害的可能。如執行某些工作時須進入升降機或
        自動梯的禁區或操作升降機或自動梯，例如為升降機井道底坑或自動梯
        機器間進行清潔，雖然有關工作無須由註冊承辦商進行，但仍強烈建議
        由負責保養有關升降機或自動梯的註冊承辦商，或承辦有關升降機或自
        動梯任何工程的註冊承辦商派出的合資格人士，直接監督有關工作。

12.2　升降機的安裝

在升降機安裝前，應從建築的圖則，知道升降機的數目、位置、層樓高度、升降機行程、門口的分佈和機房的位置等，但有些尺寸及位置應再三測量，以便日後方便安裝。升降機安裝的方塊圖如（圖：12.3）所示。

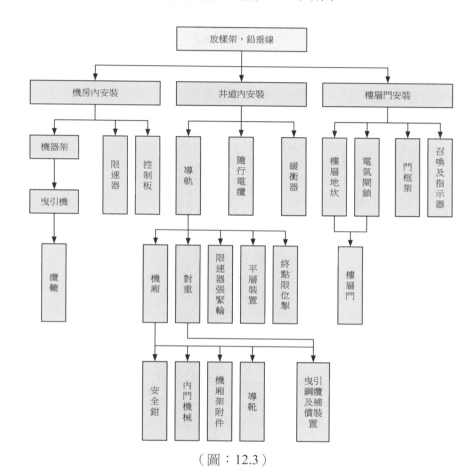

（圖：12.3）

1.　井道尺寸
   ● 上落指示燈箱及外拎手箱窿位大小
   ● 門框窿位大小尺寸
   ● 升降機井道之尺寸
   ● 導軌碼預留之尺寸
   ● 升降機各部之相距位置，如導軌距，對重
   ● 緩衝器之位置
   ● 井底爬梯及井底照明燈位置
   ● 若有多一部升降機共用相同井道之距離尺寸

2.　升降機機房尺寸

- 機器之位置及尺寸
- 控制板位置及尺寸
- 機房樓面預留之尺寸（纜轆、行車纜、限速器等）
- 預留通道以便移入或搬出大型機器
- 機房樓面是否有足夠的負荷重量
- 機房內之吊重設備
- 足夠電力供應及電掣位置
- 照明及通風系統

鉛錘線

　　升降機在井道內上下行走，都是沿著導軌運行的，而導軌，機廂（行內稱機身）等與其他零部件大部分都裝在井道內，所以升降機井的正確尺寸對整個裝置成功非常重要，垂直的導軌為一重要的開始點，若導軌位置準確，其他參考尺寸都可由導軌測定，若導軌之尺寸不正確或誤差大時，其他地方之尺寸也不甚準確。所以要安裝正確，必須有正確之垂直線作參考之用，這些垂直線通常由井道頂放多條鐵線直至井道底坑，再將鐵線尾端固定，以後所有裝置都依靠這些鉛錘線 (Vertical line) 作參考。

機廂前後中心線

　　機廂線條的位置，理論上若與機廂中心線相同，吊索懸吊機廂上下運行時效果必定最好。但因為機廂門的開門設備，一般只裝於機廂前後的某一邊，所以相對機廂中心線來說，裝有開門設備那一邊便會較重，機廂的前後兩邊的重量便不能平衡，上下運行時效果必定受到影響。機廂的實際中心線或平衡點，需按機廂的材料、裝有開門設備位置及相關重量作計算，以便使原有的中心線作調整，令機廂吊索的位置是在機廂（整體重量）中間，如（圖：12.4）所示。由於這些數據每間升降機廠都不同，所以一般則樓需要估算時，便將原來吊索中心線，向機廂門安裝位置的方向移動（向機廂前）約 50mm 作平衡機廂前後的重量，也有一些升降機廠以這方法為指引。

　　根據以上的原則，若機廂加設一些設備，其重量便會影響升降機廂前後位置的平衡。所以升降機廠於設計時，都會考慮如：花線架、補償鏈或纜、冷氣機、接線箱、制板及飛氣的位置及重量，來決定機廂前後中心線的位置。假如預先知道機廂會有裝飾，也需知道其安裝位置及重量。經廠方計算後的圖則安裝位置及尺寸，應該是最適當的配對，所以必須按圖則安裝。

　　某些高速升降機，為了運行平穩，當發覺機廂前後不平衡時，會在機廂底架 4 個角位的地方，加裝「機廂平衡裝置」。機廂平衡裝置主要由一個可放入「鉈塊」的鐵架組成，用以平衡機廂前後重量的誤差，一般可承重 100kg 以內，如（圖：12.5）所示。

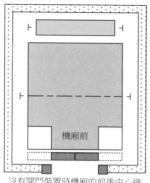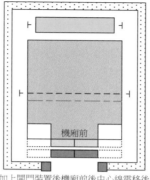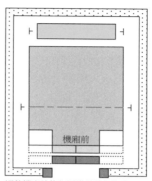

沒有開門裝置時機廂的前後中心線　　加上開門裝置後機廂前後中心線需移後　　調整機廂線條位置滿足移位的中心線

（圖：12.4）

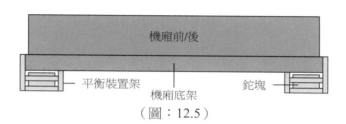

機廂前/後

平衡裝置架　　　機廂底架　　　　　鉈塊

（圖：12.5）

如何取得正確之鉛錘線

　　一般升降機之安裝，都會採用 6 條鉛錘線之方法，如（圖：12.6）所示，它們的距離便可於安裝時作為參考準則，包括：門框闊度、機身中心線闊及對重之中心線闊。其中機身與對重分別會將距離減一吋，即離開線條咀半吋（12mm），目的是用作安裝及調校線條位置之用。用作量度門框闊度之兩條鉛錘線，一些升降機公司可能只在中間放一條，即總共 5 條鉛錘線。

　　首先，從升降機之圖則，知道升降機廂外形尺寸，機身線條之距離。用不易變形的木料製作機房底樣板架。樣板架木料必須光滑平直,升降機提升高度越高,木條厚度應相應增大,誤差愈小。在樣板架上標示出機廂中心線、門中心線、門口淨寬線、導軌固定位置線和廳門地坎線等,如（圖：12.7）所示,並在需放鉛錘線的各點處釘一鐵釘,以備放線和固定線用。樣板架外型如（圖：12.8）所示,井底坑也要製樣板架,外型尺寸也可如機房底的一樣。

　　在機房底以下約 500~1000mm 以內的位置，先放置兩根截面大於100mm×100mm 的平滑木方，將木方用楔塊固定於井道牆壁上，將整個機房底樣板架放於上面。在樣板架上標出放鉛錘線的點，用 20~22 號幼鐵絲放鉛錘線至井底坑，並在離底坑地面 200~300mm 處懸掛重 10~20kg 的錘或重物，待鉛垂線穩定後，再測量各廳門口及井壁的相對位置。

　　在最下的一層外門走廊，從建築公司繪在地下的外門框之中心線及平衡線，

求出機身鉛錘線 X1 及 X2 之正確位置，如（圖：12.9）所示，而 X1 及 X2 的距離，也是機身中心線闊，最後將井底坑樣板架固定，高度約離井底坑地面 800~1000mm。若鉛錘線兩點未能正確地錘在井底木板上的兩點，則必須要在機房底調校樣板架的位置直至兩鉛錘停在井底樣板架的兩點，此時便可將機房底之木板固定，再將鐵線的另一端固定在井底坑的樣板架上。每次調校機房底之樣板架或移動鉛錘線後，要待鉛錘線停止搖動才可測量尺寸。

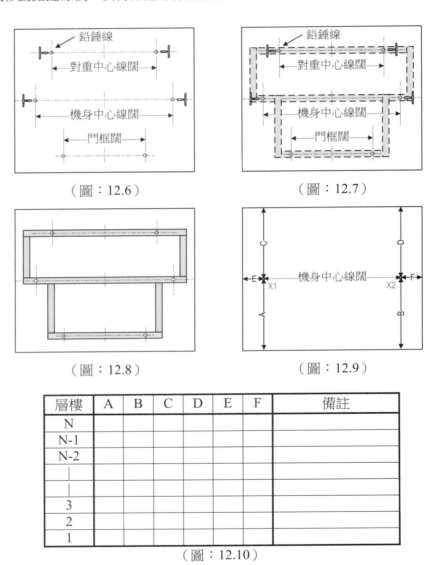

（圖：12.6）

（圖：12.7）

（圖：12.8）

（圖：12.9）

層樓	A	B	C	D	E	F	備註
N							
N-1							
N-2							
｜							
｜							
3							
2							
1							

（圖：12.10）

　　升降機的外門框，必須與大廈的建築配合，例如：需與大堂走廊平衡，水平相同。若升降機是多部平排，更要留意必須一致。

　　當求出機身線條的鉛錘線後，設計一尺寸表，於每層或隔層距離，量度有關之尺寸，如（圖：12.9）及（圖：12.10）所示。因為井道之石屎，不是每層都相

等，一般都有誤差，表中需備註各突出部分，及其特徵的位置及尺寸（如柱、管在井道之位置），參看尺寸表之最小距離，再配合安裝圖則時，機身廂或對重框會不會撞到井道之石屎，若每層的位置都是太狹窄時，須先與公司或監督員研討。將鉛錘線偏向前後或左右，假如井道整體都偏窄時，可能要更改升降機之尺寸，如果只是幾層的石屎凸出，可通知建築營造商，按照圖則鑿去或切掉部分井道牆壁。

　　當所有尺寸都測量正確，鉛錘線與牆壁之距離足夠時，便可根據以上之方法再定出對重與門框的鉛錘線。放鉛錘線是行內傳統的方法，但鉛錘線的鐵線可能會受井道內風力的影響而擺動，調校時要待鐵線靜止才可繼續。所以也有一些升降機公司會採用鐳射電子儀器幫助，從機房底射出鐳射線至井道底，或從井道底射出鐳射線至機房底，從而代替實體的鉛錘線，如（圖：12.11）所示。

（圖：12.11）

相片來自互聯網以下 YouTube 影片

◆ YouTube 影片－Laser Alignment Tools Demo | Wurtec－英語－
英字幕（0:30）
https://www.youtube.com/watch?v=S5KzYSP83MA&list=RDq_
o_1r13oCM&index=29

導軌的安裝與調校

　　升降機導軌的一般安裝流程如（圖：12.12）所示。

（圖：12.12）

　　最舊式的安裝導軌碼方法是依照建築營造商預留的導軌碼窿，將全部導軌碼托架裝上，再用混凝土固定。兩隻導軌碼之間的上、下距離約為 2~2.5m，通常是按廠方的設計距離來安裝，惟不可超過 3.5m，重載的升降機需要將距離減低。當

原有位置可能受阻不能安裝導軌碼時，應將兩隻導軌碼距離縮減。現時主流的方法是由升降機工程人員用油壓鑽鑽孔，藏入爆炸螺絲，再將導軌碼裝上。為了使導軌碼安裝位置準確，易於調校線條位置，一般會先放鉛錘鐵線，用作參考導軌碼安裝位置。也有一些建築營造商會在落石屎前預先將較輕便由升降機公司提供的導軌碼構件裝於適當位置，然後才落石屎。石屎乾涸後，導軌碼便可裝於這些構件中，使安裝更方便省時，但這技術對建築營造商的要求較高，不是每間建築營造商都可達致這樣的安裝要求。

　　導軌碼安裝完成後，可將導軌懸吊入井道進行安裝，但必須採用不能自行彈出的 D 形吊環，將滑車鈎與導軌魚尾板連接，用起重吊機吊入升降機井。第一段導軌可能較標準長度為短，如此可確保接頭魚尾板位置不會與線條碼位置重疊，引致該導軌碼不能使用，此正確長度可由導軌草圖及一般佈置圖上確定。當導軌吊到適當位置使其靠托架定位，再將線條壓板裝在導軌碼上，收緊壓板使到線條固定，如（圖：12.13）所示，最後才從魚尾板上取下 D 形吊環。以同樣方法安裝次一段導軌，連接的導軌段將降落在先前安裝的導軌上，但在接合兩條線條之前，應將接口清潔，經導軌及魚尾板裝入各螺絲，再將線條壓板裝在導軌碼托架上。繼續用同樣的方法，將線條一直裝至井道頂部。最末段的導軌可能較短，頂部接頭會被截掉，因此將無孔可供 D 形吊環鈎入。若此段長度不太長時，可直接搬運至安裝位置。

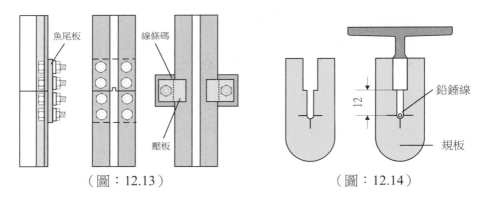

（圖：12.13）　　　　　　　　　　（圖：12.14）

　　重複用以上方法，裝置其他三組導軌，但有些升降機公司則會四組同時進行，即同一高度的導軌完成後，才接駁第二條導軌。

　　當所有的導軌都安裝好後，便可進行調校工作。一般導軌的位置測量，都會預先製定模板，以便調校。由於導軌與鉛錘線相差 12mm，所以行內都會用一塊 U 形的鐵板，並有 12mm 深之坑，如（圖：12.14）所示，以便鉛錘線楔入，若鉛錘線不是在模板預定之位置時，則需要放鬆線條壓板，並用手鎚打向導軌之旁邊，切記不是光滑表面，使到導軌可左右走位，直至鉛錘線在導軌之中央，若導軌與鉛錘線距離大於 12mm 時，可在導軌背面與導軌之間放一兩塊薄薄的填隙片，使到導軌與鉛錘線距離正確。

　　當機身或對重的一邊導軌調校好後，便應用同樣方法調校另一邊的導軌，若其餘一邊也正確時，便需測量兩導軌之距離，通常都會用預先製定導軌距對準規，

如（圖：12.15）所示。它是由一木條及兩邊要裝有標準規製成，標準規有一凹位，凹位之距離便是導軌之距離，只要將導軌距對準規放在導軌之間，再用平水尺測試是否水平，若凹位之間沒有虛位或不大緊時，導軌距便正確；若有誤差時，便需再次調校導軌之正確位置，當全部的測試正確無誤時，便將線條壓板收緊，再調校另一個導軌碼的位置。

（圖：12.15）

　　當所有導軌位置對準後，導軌接口必須加以修整，即將所有運行表面銑光滑或鉋光滑，使升降機的操作平穩寂靜。

◆　YouTube 影片－Scaffoldless Rail Installation Part 3 | Installation and Alignment | Wurtec－英語－英文字幕（2:43）
　　https://www.youtube.com/watch?v=MapD3e7kdgI&list=RDq_o_1r13oCM&index=5

◆　YouTube 影片－piconorm montage－無語－無字幕（5:15）
　　https://www.youtube.com/watch?v=q_o_1r13oCM

外層門及門套之安裝

　　升降機外層門的一般安裝流程如（圖：12.16）所示：

（圖：12.16）

　　外門框又叫門套(Landing door jamb)，安裝時通常預製一結實木料模板以精確配裝於兩導軌中間，如（圖：12.17）所示，並壓緊兩導軌側面，但模板的準確度必須確保，並以強固的轉角拉條保持穩固，由於機身線條的位置已調校正確，所以離開外門框的位置假設每層都相同，所以模板是十分方便的，只要量度一層，製好模板，每層的尺寸也十分正確。外門框的模板最主要可劃出門口的中心線，並將門框緊貼模板邊緣作參考距離。

　　若不預製模板，也可利用門口的兩條鉛錘線，有些公司只是設一條中心線，先將門框放好，然後用平水尺或在門框再放另外的鉛錘線測量門框是否垂直，上與下相對鉛錘線是否相同，左右的位置有沒有偏差，並利用平水尺查核門框是否

水平，必要時調整托架或利用填隙片使其水平，在落固定石屎或焊緊前，更要檢驗門檻高度距離與完工地台面是否正確。

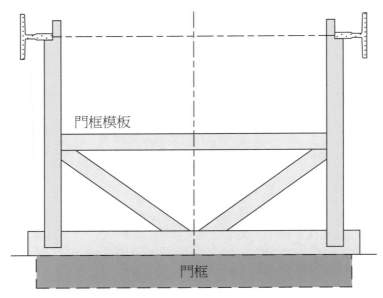

（圖：12.17）

　　在同一層站有多部升降機時，更要檢測每個門框與走廊是否安裝於同一平行水平線，如（圖：12.18）及（圖：12.19）所示，X1~X8 的尺寸應相同，誤差須在 2mm 範圍之內。

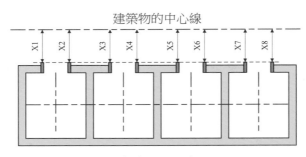

（圖：12.18）

◆　YouTube 影片－Elevator Installer－無語－英文字幕（0:55）
　　https://www.youtube.com/watch?v=VTQqO_h-Uf4

◆　YouTube 影片－TRESA.Монтаж направляющих лифта. (安裝線條碼及線條)－無語－無字幕（18:38）
　　https://www.youtube.com/watch?v=fNZ4q3I1YWA

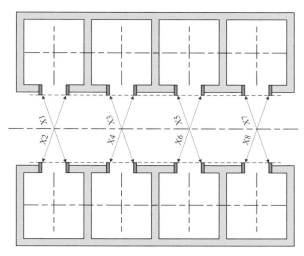

（圖：12.19）

● 外層門地坎之安裝

可從機房底樣板架上放下兩條外層門安裝鉛錘線作參考，也可採用外門框的模板作基準。根據外層門踏板中心及淨開門寬度，在踏板上畫出淨開門中心線和淨開門寬度線，根據淨開門寬度，確定層門踏板長度。地坎水平高度必須與建築單位確定層門地坎標準高度線，因某些樓宇可能按客戶需要，安裝地坎高出裝飾後的地平面約 5~10mm，以防止清洗地台面時水流有機會流入井道。

地坎安裝前，一般在地坎的位置，用爆炸螺絲於井道正面，固定安裝一條與地坎寬度略長（每邊約多 50mm）的 75 x 100mm 角鐵，角鐵主要用作安裝地坎鋼製樑托架時可作燒焊定位之用。鋼製樑托架一般由升降機廠設計及提供，托架應通過連接件或燒焊與角鐵或井道鋼筋牢固。

根據踏板標準高度線校正地坎高度，使地坎平面與標準高度線重合，然後測量機廂導軌側面至層門踏板的距離，使左右兩側的距離相等，這樣地坎的定位即完成。定位完成後應檢查外層門踏板淨開門線是否與踏板安裝標準線對準，踏板水平度誤差是否小於 1/1000，即每 1000 長度單位(例如：1000mm)只容許 1 長度單位(例如：1mm)內的誤差，外層門踏板淨開門中心點是否對準，其誤差應不大於 1mm。當全部尺寸經檢測無誤後用螺栓固定，定位後用混凝土把地坎固定在鋼製樑托架（又稱牛腿）上，惟要確定混凝土已乾涸才可進行下一個工序。

● 門套、層門、上坎的安裝

安裝前應對層門各部件進行檢查，對不符合要求應進行修整，對轉動部分應進行清洗並加潤滑油。再次檢查地坎是否有足夠的強度，其水平度誤差不大於 1/1000。把門立柱、上坎用螺栓組裝成門框架，將門框架立在地坎上，用地腳螺栓把門框架固定在井道牆壁上。

舊式的方法會在門框的位置，預留窿位以便用混凝土藏入門框碼，再用燒焊的方法固定門框，適用於升降機井道為磚牆結構，如（圖：12.20）所示。若為混

凝土結構,則可以打爆炸螺絲作固定點。現時較主流方法會先在混凝土鑽多個直徑 5.5mm 約 50mm 深的石屎窿,再將 6.0mm 直徑鋼筋打入石屎窿成為固定,然後用燒焊的方法再加其他支撐物固定門立柱,如(圖:12.21)所示。

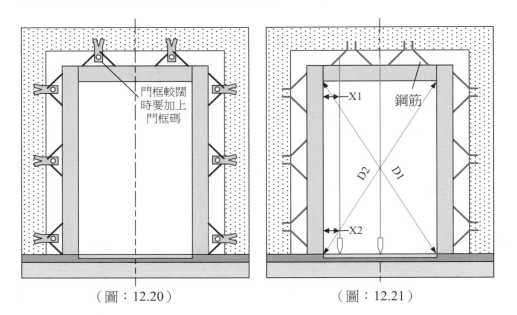

（圖：12.20）   （圖：12.21）

　　（圖：12.21）門框對角線尺寸 D1 及 D2 應相等,用鉛錘線方法量度 X1 及 X2 尺寸也應相等。在安裝門框時,還應考慮門框與層門的間隙距離是否正確,門套中心與上坎中心是否對正,淨開門距離是否準確。最好在門套與混凝土牆連接處加上 2~3mm 厚的井道封閉鐵板,其作用是防止異物墜入井道,還可以在門套與混凝土牆灌漿時,避免混凝土漿流入地坎凸牆面,造成層門不能開啟或門面劃傷等問題。

　　安裝上坎時,應用平水尺測量其水平度,並用線錘檢查門導軌與地坎滑槽的平面度。上坎兩側與機廂導軌的距離是否一致,上坎中心與地坎中心是否對正。

● 　外層門的安裝
　　將門通過吊門輪吊掛在門轆路(導軌)上,下端放置在地坎槽內即完成了層門的安裝,如(圖:12.22)所示。層門安裝完成後,用鉛錘線測量門扇鉛錘度誤差是否不大於 1/1000,包括正面和側面,有需要時用專用塞片調節,也可用小塞片在滑塊處調節。門扇調正後,檢查門扇之間、門扇及閘套之間、門扇與地坎之間的間隙,都應不大於 6mm。

　　門導軌的外側垂直面與踏板槽內側垂直面的距離,在門口兩側和中間三點值的相對偏差均應 ≦1mm。門導軌水平面與踏板水平面的平行度偏差應 ≦於 1mm,門導軌本身的鉛錘度偏差 ≦0.5mm。

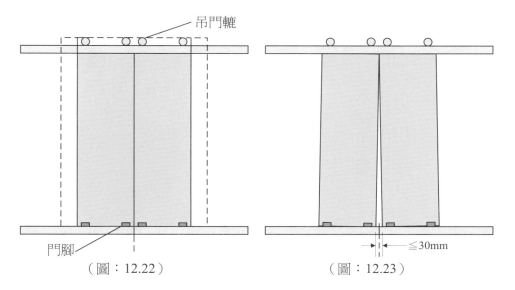

（圖：12.22）   （圖：12.23）

層門門扇下端與踏板面的間隙，以及門扇及閘套兩鉛垂面的間隙均應≦6mm。層門門扇鉛錘度偏差應≦2mm。在門縫下口施以 150N 的扒門力，其扒開距離應≦30mm，如（圖：12.23）所示，門偏心壓輪對門導軌間隙應≦0.5mm。

機廂之安裝

升降機機廂的一般安裝流程如（圖：12.24）所示。升降機機廂通常包括機底框連同保險夾及導軌，與裝於框內支承機廂旁板，機頂及天秤架等。機廂之安裝，可在近頂樓或近地下完成，位置視乎各升降機公司的習慣而定。若在頂層安裝機廂，一般會在頂樓裝機廂頂，頂樓低一層裝機身。安裝前先建造一穩固的底座支架，用來支持整個機身廂，然後將機身底部之機底架安置在底座支架上，底座支架可使用適當之木方或填隙片，使底架各方向均水平，如（圖：12.25）所示。然後裝兩旁的垂直樑及天秤架、機廂壁旁板及機廂頂蓋等。由於每件零件重量不輕，所以應在適當地方掛上吊重設備，例如：手拉葫蘆(Hand chain hoist)，如（圖：12.26）所示，以方便機廂之大型配件吊入。安裝機廂時，應常常參考圖則尺寸，導軌與鉛錘線的距離，以保持安裝正確、垂直及水平。安全鉗夾塊必須距離導軌則面 2.3~2.5mm，如（圖：12.27）所示。

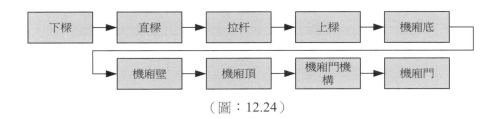

（圖：12.24）

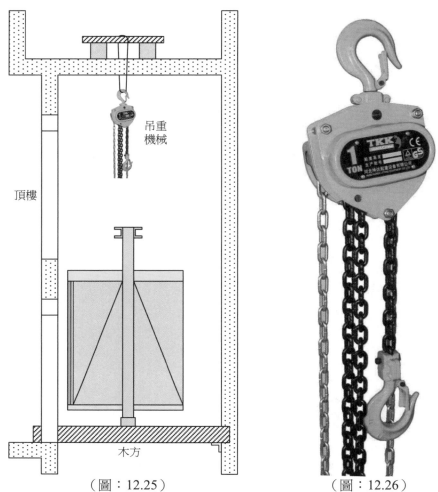

（圖：12.25）

（圖：12.26）

相片來自互聯網
http://www.tkkei.com/html/20141215.htm

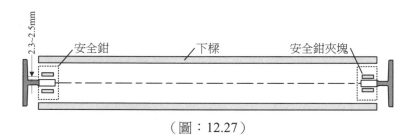

（圖：12.27）

對重之安裝

　　對重的安裝位置剛與機身相反，若機身在頂樓，則對重在地下。先將一條粗
木方放在對重線條碼上，然後用吊機將對重框放在木方上，再安裝導軌使其位置

固定，調校導軌位置使到對重在正確位置，再將生鐵鑄件放進對重框內，但完成後要用架將鑄鐵件固定，以免鑄鐵件受震盪時走出框外。

　　若升降機平衡系數為 40~50%，需要將合適重量的對重塊件放入對重框內。一般的升降機，在設計時已根據升降機的要求，用途及載重等資料按一定的規範作出設計，所以機廂及對重用的材料及重量，已完全掌握相關的數據，利用這些數據便可計算對重塊件放入對重框的重量。更有一些升降機廠，送貨的物料已包括對重塊件。雖然用較厚和較堅固材料製成的機廂及對重雖然可能令升降機更長壽，但不必要的負重，升降機每天運行都要付出更多電費，還會影響能源效益。假如客戶需要在機廂裝飾，一般合約限定不應多於 600kg。過重的裝飾不是增加對重的塊件便可解決，因為它會影響曳引力，鋼纜的壽命也縮短。放進對重框的重量最終是否適合，必須要經過平衡系數的測量，才可作最後確定。

曳引機之安裝

　　當機廂導軌與對重導軌完全調校正確後，便可安裝牽引機器，而牽引機器通常包括牽引電動機、減速齒輪、主動槽輪及機械迫力等，全部都裝置在鋼製座上，一般稱為承重樑架。安裝牽引機器的舊式方法一般都會在機房建造兩個高出機房樓面約 600mm 的石屎躉，再把承重樑架裝在石屎躉上。若升降機需裝置轉向滑輪，會在承重樑架下面焊上鐵板，再鑽出轉向滑輪安裝孔或加上轉向滑輪安裝架，再將轉向滑輪裝上。

　　承重樑架與石屎躉之間會用絕緣（避震）材料相隔，作用是當機器震盪時，有了這些防震盪材料時，震盪的感覺不會傳至整個機房及大廈。

　　承重樑架以承受升降機的全部動載荷及靜載荷，一般升降機廠都按機房的實際尺寸，機器的大小及重量，設計好適當的承重樑架與機器一同運送。一般承重樑架的安裝形式如（圖：12.28）所示。

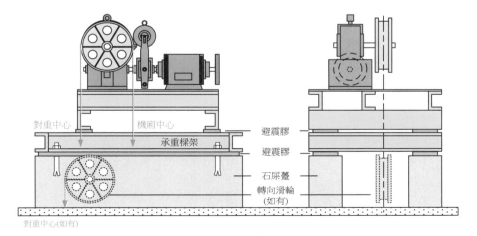

（圖：12.28）

　　較新或主流的安裝機器方法是採用工字鐵取代石屎薑。升降機工程人員先在機房放置 3 條工字鐵，工字鐵的一端會插入機房牆身由建築承造商預留的凹位，這凹位的下端為主力的樑或陣位，可直接承受較大的承托力，如（圖：12.29）及（圖：12.30）所示。再按圖則在適當的機房樓面的主力石屎樑位置，用爆炸螺絲固定工字鐵，惟固定前必須預先調校好 3 條工字鐵的平水，以便將整套機器放於上面時，只需作很少的微調便可。工字鐵的底部及頂部會裝有避震膠來防震，承重樑架便放在工字鐵上，如（圖：12.31）所示。

（圖：12.29）　　　　　　　　　　　　（圖：12.30）

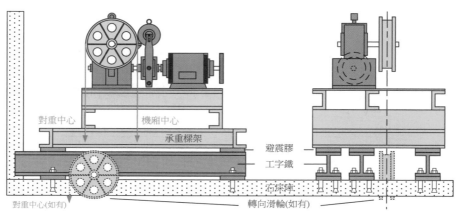

（圖：12.31）

　　固定機器底座前，在曳引機上方固定一根水平鉛鐵絲，從這根水平鉛鐵絲上懸掛兩根鉛錘線，對準機房底的樣板架上的機廂中心點和對重中心點。若機器沒

有轉向滑輪（壓轆），便可根據這兩條鉛錘線調校機器的位置，如（圖：12.32）及（圖：12.33）所示。

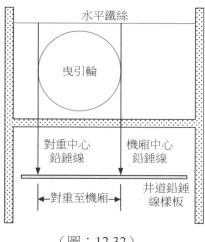

（圖：12.32）

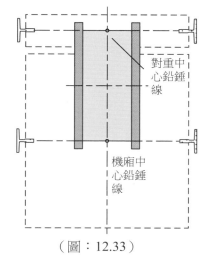

（圖：12.33）

　　若機器需加設轉向滑輪（壓轆），可根據曳引纜中心計算出曳引輪圓直徑，然後在水平鉛鐵絲上相應位置再懸掛另一根鉛錘線，如（圖：12.34）及（圖：12.35）所示。利用新加的鉛錘線及機廂中心鉛錘線，調校機器的曳引輪位置，直至鉛錘的位置正確。曳引輪位置偏差：前、後（向著對重）方向不應超過 ±2mm，左、右方向不應超過 ±1mm。曳引輪鉛垂度誤差不大於 2mm，如（圖：12.36）所示，曳引輪與轉向滑輪或複繞輪的平行度誤差不大於 ±1mm。

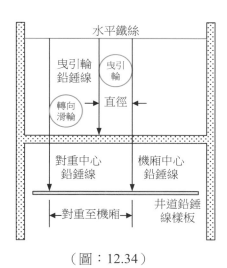

（圖：12.34）

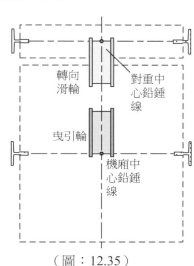

（圖：12.35）

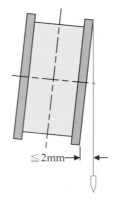

（圖：12.36）

轉向滑輪之安裝

安裝轉向滑輪，壓輥或導向輪時，先在機房樓板上或承重樑上對準樣板架上的對重中心點懸掛一鉛錘線，在這條鉛錘線兩側，以轉向滑輪的寬度為間距，分別懸掛兩條輔助鉛錘線，以這三條線為基準，首先對曳引輪進行安裝並校正。

轉向滑輪平行度的正確調較是指曳引輪上的機廂中心點與轉向滑輪上的對重中心點的連線，應該與承重樑、曳引輪、轉向滑輪定位的基準線在垂直方向重合，並且轉向滑輪兩側面應與基準線平行，如（圖：12.37）所示。轉向滑輪鉛錘度誤差應≦2.0mm；轉向滑輪端面與曳引輪端面的平行度誤差應≦1mm。

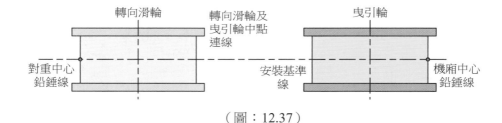

（圖：12.37）

控制板之安裝

控制板／櫃由金屬框架結構、螺栓及薄金屬片拼裝組成。控制板／櫃正面的面板裝有可旋轉的銷鈎，構成可以鎖住的轉動門，以便從前面接觸到裝在控制櫃內的全部元器件，使控制櫃背板可以靠近牆壁安裝。常用的兩種控制板／櫃的外形如（圖：12.38）及（圖：12.39）所示。

控制櫃的安裝應遵循維修方便、巡視安全的原則，並按圖則的位置安裝。為了防止機房積水，控制櫃在安裝時最好穩固在高約 100~150mm 的水泥墩子上。穩固控制櫃時，一般先用磚塊把控制櫃墊到需要的高度，然後敷設電線管或電線

槽，待電線管或電線槽敷設完畢後，再澆灌混凝土造成墩子，把控制櫃穩固在水泥墩子上。

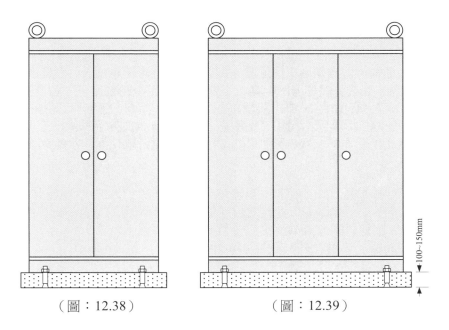

（圖：12.38）   （圖：12.39）

控制櫃的正面距離機房門、窗應不小於 1000mm。當幾個控制櫃成排安裝，且其寬度超過 5m 時，兩端應留有出入通道，通道寬度應不小於 600mm。控制櫃與機房內機械設備的安裝距離≧500mm。控制櫃安裝後的垂直度偏差應不大於3/1000。

升降機的供電電源應由專用開關單獨控制供電。每台升降機應分設三相動力開關和單相照明電源開關。主開關（動力開關）電源進入機房後，由用戶將動力線分配至每台升降機的動力開關上。升降機廠供給的主開關應安裝於控制板／櫃能隨手操作的位置，且能避免雨水和長時間的日照。開關以手柄中心高度為準，離地距離一般為 1.3～1.5m。安裝時要求牢固，橫平垂直。如機房內有數台升降機時，主開關應設有便於識別的標記。單相照明電源開關應與主開關分開控制。整個機房內可設置一個總的單相照明電源開關，但每台升降機應獨立設置一個單相控制開關，以便維修之用。

行車纜之安裝

當行車機器安裝完成後，便可落行車纜。行車纜最好從同一卷纜取出所需之數目，否則各行車纜所承受之力可能有不平衡之現象，落纜時應用手不停地轉動纜群，才不會令到行車纜有氣（旋轉）。先將行車纜在頂樓放出，然後慢慢穿上機房，繞過主動槽輪及壓輪，再穿回井道，先接緊機身或對重，然後從另外一邊的纜頭放落井底，再接緊另外的一端，再用同樣做法，一條一條的接上，直至所有行車纜都完成，但必須常常留意行車纜是否有打交加，整個行程須保持平衡。

　　新安裝的升降機,可能需要將裝崁完成的機廂,用手拉葫蘆吊到適當的高度位置,才處理行車纜。這樣對行車纜的長短之評估,較容易掌握及計算。

限速器之安裝

　　根據限速器位置圖則做一個混凝土基礎座,該基礎座應大於限速器底座每邊約 25~40mm,然後將限速器固定其上。惟必須根據限速器上、下運行方向來安裝,絕對不能對調。固定後的限速器輪垂直誤差度<0.5mm,轉動時應運行平穩、無雜聲。限速器鋼絲纜頭必須用三個纜夾,其間距應大於 6 倍鋼絲纜直徑,U 型纜夾螺絲置於不受力的一邊。限速器在底坑張緊裝置距離地面的距離應按圖則的要求。

　　限速器張緊裝置配重的選擇:限速器張力應取至少 300N 或安全鉗動作所需力的兩倍中較大的一個,並以此設置限速器張力裝置配重的重量。按安裝平面佈置圖的要求,限速器的位置偏差在前後和左右方向,應不大於 3mm。限速裝置纜索與導軌的距離,偏差值應不超過 ±5mm。

　　當限速器鋼纜伸長到預定限度或脫斷時,限速器斷鋼纜開關應能斷開控制電路的電源,強迫升降機停止運行。升降機正常運行時,限速裝置的纜索不應觸及裝置的夾纜機件。

緩衝器之安裝

　　緩衝器安裝在底坑槽鋼或底坑地面上。對重在底坑裡的對重導軌內距底坑地面 700~1000mm 處組裝。緩衝器安裝在升降機井道的底坑內,必須牢固、可靠地固定在緩衝器底座,槽鋼或混凝土基礎座上。緩衝器經安裝調整後,應滿足下列要求:

　　當機廂底部碰撞板中心及對重底部碰撞板中心與其相對緩衝器頂面板中心偏差<20mm;若一個機廂採用兩個或更多緩衝器時,各個緩衝器頂部高度偏差不大於 2mm;採用液壓緩衝器時,其柱塞垂直誤差度不大於 0.5mm;採用彈簧緩衝器時,彈簧頂面的不水平度應不大於 4/1000mm;液壓緩衝器內的用油標號、油量加注必須正確;液壓緩衝器的電氣安全開關安裝要保證一旦液壓緩衝器動作,除必須待其完全復位以後才可再次接通外,還要保證緩衝器動作期間,升降機的安全回路始終處於斷開狀態。

其他輔助器材安裝

　　安裝行車纜完工後,便可安裝補償鏈或補償纜,打磨工作大部分都完成。此時可安裝層樓選擇器(如有)、外拎手燈箱、預報運行方向指示燈及到站鐘燈箱,但必須根據圖則之尺寸來安裝及調校,所有工程完成後,便可配合電氣裝置工作,準備行車。

電氣裝置之安裝程序

　　電氣裝置一般較打磨工程工作人員較遲到工作地盤開工，電氣開始工作時，通常已裝好部分機身導軌及對重導軌。在開始前，應從電氣圖則計算電線的數目，包括機房線、層樓線、花線等。更要計算電線之截面積及估計線槽的大小尺寸；燈喉的直徑及數目。再計算各零碎的材料，例如：螺絲、喉碼、過路箱等。當所有物品及材料估計好後，應向公司或供應商申請及安排送貨日期。

　　當所有材料及用品準備好，便可開始工作，應從機房做槽到半路箱及至井底，槽行走的位置必須參考圖則，否則可能會阻及升降機廂。通常半路箱前之槽較闊，之後則會變窄，因為大多數之電線已穿入半路箱。若有較多之人手，可同時做機房之線槽或燈喉裝置，當所有線槽做好後，便可開始落電線。

　　由於近年電腦升降機佔據了大部分升降機市場，而這類升降機使用的花線芯數需求較少，而香港的花線一般由國內輸入，價格可大幅降低。所以大部分升降機公司都會將隨行電纜直上機房，省去做半路箱及在半路箱簷線等工序，使安裝成本降低。升降機電氣佈線安裝的方塊圖如（圖：12.40）所示，注意配電箱必須給予三相（動力）及單相（插座及照明）兩組獨立供電給控制板。

◆　YouTube 影片－Elevator Project Animation - UC Berkeley－無
　　語－英文字幕（10:25）
　　https://www.youtube.com/watch?v=vuhQnO8HXZc&t=30s

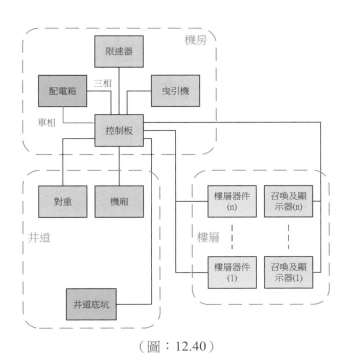

（圖：12.40）

層樓半路箱線與花線

　　層樓半路箱及線槽做好後，便可開始落線（硬線）。先在機房製造一線架，將線轆穿好放在架上，拉動電線看看線轆是否可以運轉，利用重物之幫助，繫緊線頭，然後從槽的位置放下，落層樓線應從最底的井底開始，跟著是地下，一樓直至頂樓，這樣對電線之長度較易估計。當線頭到達目的地時要有專人看管及繞好，電線有足夠之長度後立刻通知機房停止放線。機房的一端在剪斷電線前先將電線掛在臨時線碼上，以免電線因地心吸力跌落井底。直至所有之電線落完後，須在線槽內用線碼掛緊電線。機房的臨時碼才可解開。由於電線的數目太多，所以每條電線都應用升降機線薑號碼或編號代表，每條線之一端用刀仔打上行內通行的記號，如（圖：12.41）所示，也可用號碼貼紙作記號，惟另一端必須用同一號碼，從而分辨每一條線之用途及將來簪線之用。

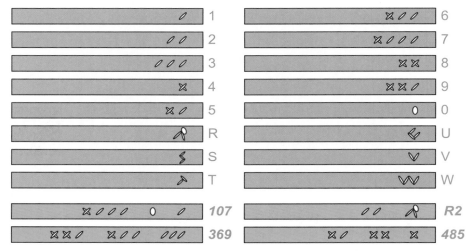

由線端開始依方向及次序讀取整個數字　◀──

（圖：12.41）

　　落花線前先在半路箱底或井道頂（沒有半路箱時）建造一堅固的花線碼，用作懸掛花線。固定花線碼後再將花線掛上，將花線另一端放落井道底已裝好的機廂，並掛在機廂底部。若在頂樓裝機廂，則先在機廂底碼好花線，再放落半路箱，但兩方法都要留意花線的平衡、花線彎位的高低位置（機廂頂盡泵後花線彎位離地約 100~150mm，可量度機廂現時尚有多少行程距離才到達頂盡泵，然後將距離除 2，便是花線彎位到時會到達的尺寸），假如是圓型花線，更要觀察花線是否有氣，否則行機時可能會鈎斷花線。

　　現時大部分升降機都會採用扁花線，一般都會使用花線廠提供的塑膠製造花線碼，其中一間廠方建議的安裝方法如（圖：12.42）所示。圖中標示某些尺寸是該花線廠相對不同型號的花線夾可容許最大花線數量及尺寸，必須按廠方的規格去安裝，否則可能影響花線碼的承載力。

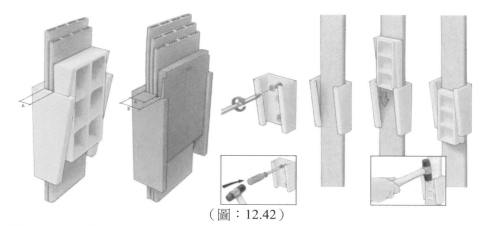

（圖：12.42）

相片來自互聯網
https://www.cabling.datwyler.com/

　　除了花線的大小尺寸及數量會影響花線碼承載力外，花線的長度也是另一個因數。廠方也提供每一個花線碼可承受最大的花線長度如（圖：12.43）及（圖：12.44）所示，即無論用該兩圖任何一個方法安裝，每一個花線碼給予花線最大的長度為 80m。井道的花線碼與機廂底的花線碼在安裝時應成一條中心線，不應有任何的位移，以免花線運行不暢順，如（圖：12.45）及（圖：12.46）所示。

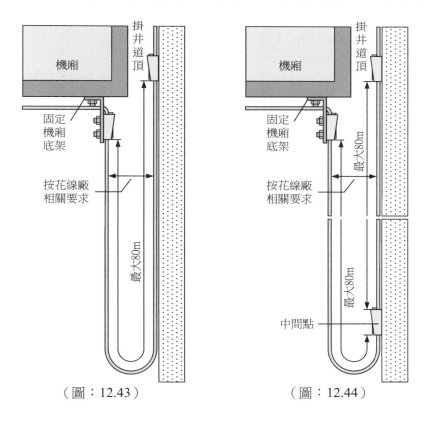

（圖：12.43）　　　　　　　（圖：12.44）

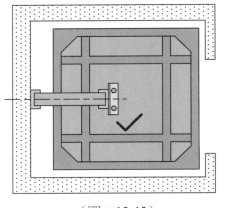

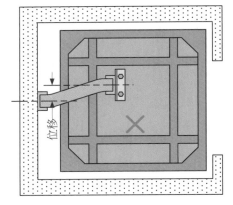

（圖：12.45）   （圖：12.46）

　　花線彎位半圓形的半徑距離應按花線廠相關要求安裝，半徑太窄會令花線運行時加大不必要的壓力，減低使用壽命；半徑太闊會在升降機行至低層時，花線有機會摩擦機廂，增加不必要的損耗。當用一個花線碼同時固定多條花線時，每條花線彎位與另一條之間，應保持 50~100mm 的上下距離，如（圖：12.47）所示。

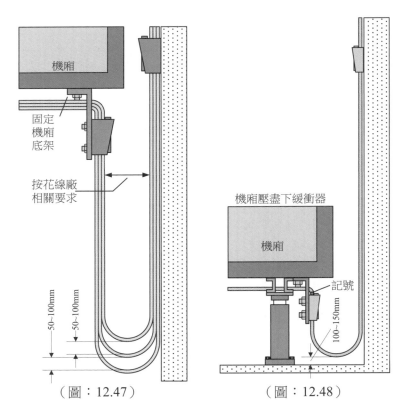

（圖：12.47）   （圖：12.48）

　　評估花線長度應預留多少空間時，應以花線彎位離開井底坑地面的位置為基

礎。升降機在不正常運行情況下,升降機廂有機會壓盡下緩衝器才停止,這時花線彎位約離開井底坑地面 100~150mm,如(圖:12.48)所示。安裝花線時先將其中一條花線或以一條較幼的軟線放落井底坑,模擬升降機廂已壓盡下緩衝器的位置,按花線彎位離開井底坑地面尺寸,在壓盡緩衝器的位置(機廂底架最低的位置),於花線或軟線作一記號,然後將花線或軟線用繩拉到裝機身的位置,便可按記號作參考,來固定花線架及花線的高低位置。

　　當樓宇太高令花線碼的長度大於 80m 時,根據廠方的指引,應採用兩旁有鋼纜的花線,再配合用金屬製成的適當規格尺寸之花線碼懸掛,如(圖:12.49)及(圖:12.50)所示。

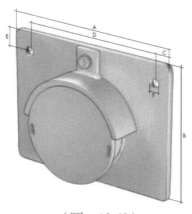
（圖：12.49）

（圖：12.50）

　　首先評估安裝位置,在花線的適當高度位置左、右兩旁的膠皮脫去由廠方指示的「L」長度,如(圖:12.51)所示,使鋼纜露出並將向上的一端鋼纜剪斷,然後按廠方的安裝指引及尺寸要求懸吊鋼纜。

（圖：12.51）

（圖：12.52）

　　鋼纜應掛上花線碼的圓形纜槽中,鋼纜末端可按花線廠產品目錄的數據資料用適當的纜夾或專用的套管並用套管鉗固定,如(圖:12.52),(圖:12.53)及(圖:12.54)所示。安裝後的示意如(圖:12.55)及(圖:12.56)所示。當有

兩條不同闊度的花線同時懸掛時，較闊的一條應放於外面，並泊齊一邊，這樣的支撐力度較好；不要將較窄的一條放於外面，如（圖：12.57）所示。

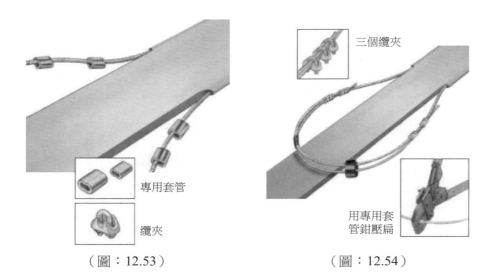

三個纜夾

專用套管

纜夾

（圖：12.53）

用專用套管鉗壓扁

（圖：12.54）

◆ YouTube 影片－Installation Travelling Cable For Elevator－無語－無字幕（1:00）
https://www.youtube.com/watch?v=DlfD-E3URhw

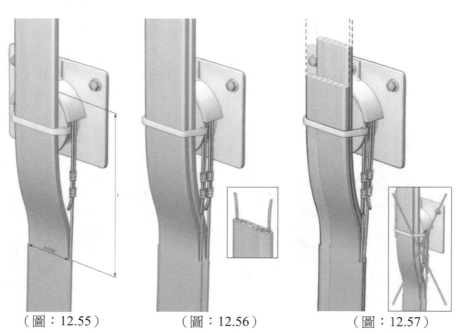

（圖：12.55）　　　（圖：12.56）　　　（圖：12.57）

　　根據花線廠的資料，當採用兩旁附鋼纜的花線後，每一個花線碼可承受最大的花線之長度如（圖：12.58）及（圖：12.59）所示，即無論用兩圖任何一個方法

安裝，每一個花線碼給予花線最大的長度已增加至 220m。（圖：12.60）所示為對重需要加設安全鉗，必須附加花線用於安全閘鎖，花線與機廂的懸掛方法。

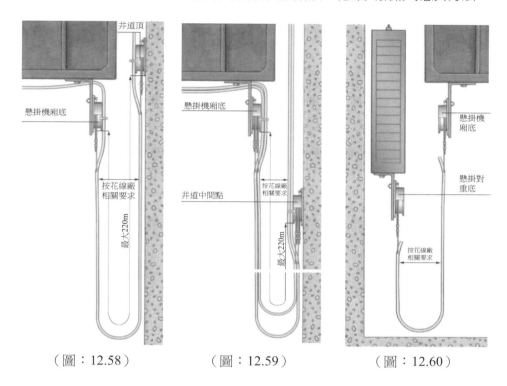

（圖：12.58）   （圖：12.59）   （圖：12.60）

機身線及機房制板線

花線安裝好後，便可做機身線及其他樓層線。例如：機身拎手、門頭、層樓指示燈等。更可做機房制板線、機器線、層樓選擇器控制線等。跟著便是簪線的工作，即除後備線外，須將所有導線的頭尾都接到線簪。當所有接線箱及各部電線接妥後，便可準備試行慢車。

升降機的綜合調試及性能試驗

升降機的全部機、電零部件經安裝調整和預試驗後，拆去井道內的棚架，將全部支撐木方移開，給升降機的電氣控制系統接上電源，控制升降機上、下作試運行。試運行是一項全面檢查升降機製造和安裝質量好壞的工作。這一段工作，直接影響著升降機交付使用後的效果，因此必須認真負責地進行。為確保檢修後各項指標達到生產廠家的出廠標準和當地政府有關標準，使升降機能夠安全正常地運行，必須進行相應的調試和性能試驗。現將升降機於安裝、大修後綜合調試和整機性能試驗的程式、步驟、方法敘述如下。

調試前的檢查

　　升降機在進行綜合調試前，應對各系統、部位進行一次全面細緻的檢查，以防止因檢修時某些環節疏漏而影響調試和試驗的順利進行，避免發生事故。檢查的主要內容包括：

1. 施工現場的檢查
   - 檢修工具、用料和影響調試的支架、墊塊等是否已清除並撤離現場，機房、機廂頂、底坑、層門等部位是否已清掃，尤其是各地面殘存的油污一定要清洗掉。
   - 檢修用的臨時電源接線是否已全部拆除。氧氣、焊機、噴燈、各強光燈等一時不便運走的，應存放在遠離調試現場的安全區域。
   - 在升降機未正式交付使用前，檢修時設置的臨時安全圍護設施和警示牌是否完好。因調試期間，現場仍需安全保護。

2. 系統狀態的檢查
   (A) 電氣系統與接地保護
   - 設備清潔狀況是否良好，有無灰塵油污和檢修時殘存的碎物及垃圾，重點應檢查控制板內部。
   - 供電電壓、電流是否穩定，各儀表指示是否正確，各繼電器、熔斷器熔絲的額定值是否符合要求。各引入、輸出線的接點是否正確、可靠，動力電源和照明線路是否嚴格分開。
   - 控制板、電動機、機廂及各線槽、線管等各部位接地線的接駁是否緊固、可靠，並用水氣錶測量接地電阻是否符合要求。
   - 斷開升降機動力電源和照明電源，並將驅動回路、控制回路、低壓回路分別斷開，用兆歐表測量各回路及電氣設備，例如：變壓器的絕緣電阻是否符合要求。
   - 恢復驅動回路、控制回路及低壓回路的斷開線路和動力電源，檢查控制板工作是否正常，電源指示燈應點亮，檢相器指示燈正常，確認控制板電源電壓值在規定範圍。然後斷開各路保險，測試各路電壓應符合要求。
   - 測試檢查照明回路的電壓值是否正確。井道、底坑、機廂和機房的照明燈具應齊全；安裝應符合要求。對電源插座、開關也應作同樣的檢查。

   (B) 安裝的穩固性與相對位置(機械檢查)
   - 各裝置部件的緊固螺栓是否穩固、牢靠。
   - 複查電動機與蝸杆軸的同心度，確認制動器與制動輪的間隙均勻且符合要求，彈簧、鎖母調整位置正常。
   - 檢查曳引纜的纜頭組合裝置各鎖母、開尾栓是否裝配齊全及位置正常，安裝應緊固可靠。
   - 確認機廂、對重裝置之間距離符合要求。
   - 檢查限速器鉗口與限速纜的距離及限速張緊裝置距底坑地面距離，均應符合規定值。
   - 檢查導靴安裝是否安全、與導軌間隙是否符合要求。
   - 檢查機械選層器傳動機構是否均已安裝到位，鋼帶張緊輪距底坑地面距

離是否符合規定。
- 檢查平層裝置和感應器是否安裝齊全、位置符合要求。
- 檢查開門刀、門鎖是否安裝穩固、齊全，相對位置符合要求。
- 檢查終站限位保護開關、撞輪是否安裝齊全、穩固，接線可靠。
- 檢查各安全開關是否安裝齊全、接線可靠。
- 檢查緩衝器是否安裝穩固、位置精度符合要求。

(C) 傳動、滑動與潤滑
- 檢查各潤滑部位的油量是否充足。油路應暢通，油位顯示應正常，油質純潔、符合要求。
- 各轉動、滑動部位靈活、無障礙。
- 曳引輪纜槽無油污，曳引纜有適量潤滑。
- 各皮帶傳動、鏈傳動、鋼帶傳動、齒輪傳動的鬆緊度和間隙符合要求，潤滑良好。
- 檢查各儲油部位無泄漏，盤根密封漏油量應符合要求。

調試的步驟和方法

各系統檢查確認無誤後，通常應對升降機進行無載模擬試車、帶載試車和額定速度運行三個步驟的調試：

1. 無載模擬試車
- 無載模擬試車的範圍包括升降機的控制回路和曳引機在不帶機廂和對重情況下的試運轉這兩部分，以檢驗控制程式的正確性和曳引機運轉的可靠性。在空載試車前，應將曳引電動機電源線從控制板上脫開，只對控制板及其電氣線路作短時通電試驗，確認一切正常後再進行電氣控制程式的試驗。
- 將控制板內的開關置於檢修運行狀態，由調試主持人在機房指揮機廂內調試人員按其指令操作。先由機廂頂調試人員試驗機廂頂急停開關，然後按升降機運行程式進行模擬操作。主持人根據其指令和相應的操作順序，檢查確認控制板內各電氣元件的動作是否正常，順序是否正確。
- 從曳引輪上取下曳引纜，即機廂仍然吊起。檢查試驗曳引機在不帶機廂和對重的空載狀態下運行是否正常，確認其轉向正確，制動器開迫力間隙是否符合要求並能可靠制動。此時曳引電動機可恢復接線。
- 對試驗中的問題進行排除後，應再次進行試驗，直至達到要求。

2. 帶載試車
- 按順序掛好曳引纜。
- 斷開電源總開關（電動機電源線已接好），放下吊起的機廂，人工盤車使機廂往下移動約 200mm 的距離，撤走對重下面的支撐物。然後再次盤車使機廂上下移動一段距離，確認無誤後再關迫力給電作帶載試車。
- 由調試主持人進入機廂頂，以檢修速度試運行。同時，在機廂內和機房均應由調試人員負責監視運行情況。主持人點動上下按鈕，檢查機廂上

下運行方向是否一致。確認運行方向正確後,再反復上下運行數次,但每次運行時間不應超過電動機慢速運行允許的時間,防止損壞電動機。試運行的同時,各調試人員以所處位置分別進行以下項目的檢查及清理相關的雜物:

➢ 滑動導靴與導軌的間隙是否合適,潤滑是否良好,各部位固定有無鬆動,滾動導靴的滾輪壓貼是否均勻,有無晃動。

➢ 遮磁板與感應器、雙穩態開關與磁環的間隙是否符合要求。

➢ 機廂上的碰鐵與上限位開關、極限開關的接觸是否在準確位置,開關動作是否靈敏可靠。

➢ 井道內各纜、鏈在機廂、對重運行時有無相互碰擦或與其他裝置相碰。

➢ 纜頭組合裝置或機廂頂輪、對重輪工作是否正常,輪的轉動應靈活。

➢ 控制板內各元器件動作有無異常。

➢ 進一步確認曳引裝置運行正常,平穩無異常響聲,潤滑良好,制動可靠。

➢ 選層器各觸頭接觸良好,滑動運行正常。

➢ 各層門地坎與機廂地坎的距離、各層門地坎與門刀的間隙,以及門鎖滾輪與門刀和機廂地坎的間隙均符合要求。

➢ 各層門門鎖機構動作應準確、可靠。

➢ 在底層試驗下限位開關、極限開關應靈敏、可靠。

➢ 檢查確認底坑急停開關、各斷纜、斷帶開關、液壓緩衝器重定開關動作可靠、有效。

● 經慢速試運行和對有關部件進行調整校正後,才能進行快速試運行和調試。

● 對試車中發現的問題進行排除,正常後再進行快車試運行。

3. 額定速度試運行

● 機廂內操作升降機按正常程式運行,觀察升降機起動、加速、穩速、換速、平層、停車的全過程是否正常。此時,機房也應有人監視曳引機、控制板等設備的運行狀態,觀察各部溫升、制動是否正常。

● 反復運行調整開關門機構和平層準確度,使其達到規定要求。

● 檢查確認機廂內選層與廳外召喚、各指層燈、開關、按鈕正確有效。

● 確認廳、機廂門閉鎖的可靠性,廳門關閉後不能從外面隨意撬開。

● 調整試驗安全系統是否可靠。確認機廂上下運行無障礙,平穩舒適無震動、晃動,井道內無異常響聲。

性能試驗的項目及要求

　　升降機的性能試驗通常以各種狀態下的載荷試驗和安全系統的試驗為主,其目的是為了確保升降機運行安全可靠。升降機的類型之部分試驗會有所不同,例如:用工業搬運車裝卸貨物的載貨升降機及汽車升降機,便與其他載客升降機不相同,必須留意。

1.　絕緣及水氣電阻測試

　　當隨行電纜芯線作為保護導線時，該保護導線截面積不得少於 0.75mm²，最大對地電阻應少於 0.5Ω。在進行絕緣測試時，應先關下電源總掣，檢查是否有水線連接，可先將各回路水線拆除，並將水線獨立分開處理。電力線路及電氣安全裝置線路之絕緣電阻應≧1.0MΩ；控制、照明及訊號等線路之絕緣電阻應大於≧0.5MΩ。驅動機器框架、控制器框架、限速器框架、層站按鈕及顯示器面板、電氣安全裝置外殼及其他有機會故障帶電的升降機外露金屬部件，包括導軌等，必須以輔助保護導線，與主開關的主接地端連接。

2.　相序保護試驗

　　新型的升降機，都會加設相位器(Phase Sequence Detector)，用以保護當三相供電相位相序不同、缺相、或電壓不正常時，截斷保護電路，使到升降機不能起動，以免升降機行上時摩打會轉落方向，落時摩打會轉上方向。測試時先將相位器之三相輸入線其中兩條互換；然後再將其中一相導線拆掉，看看這兩次測試時相位器是否令升降機繼續工作。某些相位器會有中性點接線（也有一些沒有），可檢測中性線是否正常連接。如有中性點接線，可將中性線拆開，再看升降機是否可繼續工作。

3.　載荷試驗
● 空載試驗：在機廂空載狀態下，使升降機往復上下運行各 90 分鐘，用電流表測量曳引電動機的起動、運行、制動的電流各三次，其最大值應分別符合該電動機相應的技術要求。
● 平衡負荷試驗：機廂在 40%~50%額定載荷下以空載相同運行方式測量曳引電動機的起動、上下運行電流各三次，其最大值應分別符合該電動機的相應技術要求。上下運行電流值應基本相符，誤差值不應超過 5%。曳引機應運行平穩，制動可靠。
● 額定載荷試驗：將機廂置於額定載荷，以空載相同的運行方式測量曳引電動機的起動和上下運行電流各三次，其最大值應分別符合該電動機相應技術條件。曳引機運行正常，制動器線圈、電動機和減速器軸承溫升在允許值以內(<60°C)。
● 超載試驗：斷開超載電路，將機廂內均勻放置 110%的額定載荷並處於行程下部適當高度，運行 30 分鐘，升降機的起動、運行、停止正常，曳引機運行可靠、無異常震動和噪聲，制動器能可靠制動。
● 靜載試驗：將機廂停在底層平層位置，陸續在機廂內平穩加載至 150%的額定載重量，歷時 10 分鐘，檢查曳引鋼纜應無打滑現象，制動器仍能可靠制動，各承重機件應完好無損壞。

4.　制動系統測試

　　將機廂加載至 125% 的升降機額定負載，以額定速度下降時，終止電動機和制動器的電力供應，量度並記錄緊急煞車距離。如屬用工業搬運車裝卸貨物的載貨升降機及汽車升降機，機廂須載有 150%的升降機額定負載。再測試空載額定速度在上升時的緊急煞車距離。

5.　曳引力測試

　　將機廂空載，在高層向上運行；機廂載入 125% 的升降機額定負載，在低層向下運行。如屬用工業搬運車裝卸貨物的載貨升降機及汽車升降機，機廂須載有 150% 的升降機額定負載。升降機在曳引力正常情形下，機廂仍可以正常地停頓，鋼纜不會出現打滑情況。

6.　安全鉗動作試驗

　　由於各類升降機驅動機種、限速器及安全鉗的不同，以致試驗時都有不同。有些升降機公司會將限速器及安全鉗分開作獨立測試。將機身加進 100~125% 額定負載，然後從頂樓以快車下行，用手動方法觸發限速器，使其帶動安全鉗工作，看安全鉗是否可產生機械動作，制停升降機機廂。測試限速器時需先拆離保險纜，將限速器的電氣開關及機械動作開關連接到可給予接線的測速錶，再用可以調速的電鑽帶動限速輪，由慢速至快速旋轉，測速錶可記錄電氣開關及機械動作開關的觸發轉速，再利用轉速數據計算觸發時升降機的速度是否達標。限速器的起動速度，必須根據機廂向下或向上運行的方向進行檢查。

　　也有升降機公司會先將限速器的電氣開關及機械動作開關連接到可給予接線的測速錶，但不需拆離保險纜。先將機身加進 100% 額定負載，然後從頂樓打開迫力。由於機廂的重量（100% 額定負載）較對重的重量（50% 額定負載）為重，所以升降機開迫力後機廂便會溜落地下，加速度更令機廂速度愈行愈快，直至安全鉗觸發。這個過程是模擬升降機行車鋼纜全部斷裂，機廂於 100% 額定負載掉下的情況，行內稱為「放飛機」。最後須檢查限速器電氣開關及機械動作是否根據該升降機的額定速度於適當速度觸發，再配合安全鉗可否於規定的距離內制停升降機機廂。香港房屋署屬下的升降機，也會要求承辦商採用這方式作為限速器及安全鉗測試的指標。

　　某些升降機公司會根據升降機及自動梯的檢查、測試及維修保養實務守則之指引進行測試。惟無論用甚麼方法測試，當安全鉗動作後，相關部件不應損壞，導軌咬合處應修復光滑。

　　若對重也裝有安全鉗，並由限速器啟動，須在測試機廂安全鉗的相同條件下進行測試，但機廂為空載。如對重裝置安全鉗並非由限速器啟動，必須進行動態測試。進行測試後，必須確定沒有出現對升降機正常使用造成不良影響的損壞情況。

7.　對重重量平衡測試

　　將相等於升降機額定載重一半的鉈鐵平均放入機廂地板，在行程一半數層範圍內行機。當機廂到達中線時，即機身與對重當時在同一位置，將當時速度、電壓及電流數字記下；然後再反方向行機，當到達中線時亦將速度、電壓及電流數字記下。若對重的一端總重量與機廂另一端的重量相同時，上行與下行的讀數應該相同。

8.　緩衝器試驗

　　某些公司將機廂以空載和額定載荷對機廂和對重的緩衝器進行靜壓 5 分鐘，放鬆緩衝器後使其自動恢復至正常位置，緩衝器各零件應完好。液壓緩衝器復位

時間應不超過 120 秒，安全開關動作回復正常。也有公司在最低層放入 125% 載荷於機廂內，並壓在緩衝器，再看緩衝器的結果。大部分會根據《升降機工程及自動梯工程實務守則》附錄 IX「升降機完成安裝後的檢驗工作」的細節作指引。

9. 層門鎖和機廂門電氣閘鎖裝置的試驗

　　檢查各樓層外門門鎖，應能可靠鎖緊，從外面不能打開，在停層開門時能隨機廂門同時打開。在各樓層門或機廂門未關閉時，操作檢修運行按鈕，升降機應不能起動；當機廂運行時，打開樓層外門或機廂門，升降機應立即停止運行。

10. 各安全開關的試驗
   ● 終端強迫減速開關：以額定速度上下運行各兩次，此開關均能可靠動作。
   ● 終端限位開關：升降機以檢修速度上下運行各兩次，分別在機廂頂和井底坑檢查上、下限位開關，應在超出上下端樓層門地坎 50~150mm 時，都能可靠動作，但不影響機廂反向運行。
   ● 終端極限開關：升降機以檢修速度上下運行各一次，分別在機廂頂和井底坑檢查，在機廂或對重接觸緩衝器之前，該開關均能可靠動作，其越程距離應不超過上下端站廳門地坎 150~250mm 範圍，並在緩衝器被壓縮期間能保持其動作狀態。極限開關動作後，應能切斷電動機電源，制動器也同時失電制動，只有人工復位後，升降機才能恢復運行。
   ● 急停開關：升降機以檢修速度上下運行各一次，分別操作機廂內、機廂頂、井底坑和機房的急停開關，升降機都應立即停止運行。只有人工復位，升降機才能恢復運行。
   ● 安全窗開關：升降機以檢修速度上下運行各一次，打開安全窗，升降機均能立即停止運行。人工復位後，升降機方能恢復運行。
   ● 限速器超速開關和斷纜開關：升降機以檢修速度上下運行各一次，分別啟動限速器超速開關和斷纜開關，升降機廂應立即停止運行，人工復位後才可恢復運行。

11. 消防掣試驗

　　將消防掣轉到消防狀態，升降機在運行中應能就近平層，但不開門，直接返回主樓層，自動開門後不自動關門。若升降機屬於群組控制時，不屬於消防升降機的其他升降機，也應同樣返回基站，自動開門後不自動關門。此時調試人員進入消防升降機的機廂，模擬消防人員整個消防狀態是否正常。例如：按目的樓層的指令按鈕（或關門按鈕），並保持到升降機關好門起動之後，升降機起動行車到達目的選層後不自動開門，須按開門掣才有效地開門，期間放手機廂門會立刻改為關閉，開盡門後不會自動關門等，再測試其餘消防機運行狀態是否有效。消防機相關的詳細要求在「升降機的消防條例」章節中詳細說明。

12. 平層準確度的試驗

　　升降機分別以空載和額定載荷作上下運行，在底層端站的上一層、中間層和頂層端站的下一層，分別用 1%精度的鋼板尺測量各層誤差，其最大值應符合平層精度要求。若達不到規定範圍，應進一步調整。機廂的停層準確度須為±10 毫米，一般平層準確度須保持在±20 毫米。如果平層誤差超過 20 毫米（例如在裝貨及卸貨時），須重新校準。

13. 總掣之測試

升降機之總掣(Main switch)，通常都會有電流過載保護，即電流過大時，會將開關截斷，這樣可保護行車摩打，以免摩打因某種原因不能起動，長時間維持起動電流時，截斷電源。但跳掣之性能及操作時間之長短非常重要，所以每年也要進行測試。

首先將摩打之其中一條線拆開，使到摩打少了一相電，然後將摩打接上電源，固定摩打飛輪使它不能起動，固定在起動電流，而這電流往往是額定電流之 4~5 倍，再用鉗錶測出現時之電流，並用計時錶看看跳掣多少秒後才觸發。正常情形下，跳掣應在 6~8 秒內觸發，便是正常，否則可作適當的調校，但最少要等幾分鐘讓各部分冷卻，再作測試。最後記錄跳掣在何時觸發，電流多少，更要將記錄寫在大掣內及升降機記錄簿內，以方便日後測試時作參考用。當測試完畢後，必須將拆出之電線接駁好，以免常常跳掣。總掣之測試，如測試不當，或頻密過高，可能會引致電動機繞組的損害。

14. 求救裝置及緊急電池燈的試驗

檢查及試驗機廂內求救裝置及緊急電池燈功能是否正常，應符合法例要求。

15. 對講機通話試驗

檢查對講機系統各通話點是否正常通話，關上主電源看電池操作對講機系統是否同樣正常。

16. 升降機 CCTV 閉路電視系統

檢查升降機 CCTV 閉路電視系統收錄效果，檢查錄影系統是否正常。

以下條文節錄自【升降機工程及自動梯工程實務守則 2018】有關（升降機或自動梯完成安裝後的檢驗）的要求，全書詳細內容請參考相關書刊

5.3   升降機或自動梯完成安裝後的檢驗 [2] 工作

5.3.1   註冊承辦商應與獲指定就升降機或自動梯進行檢驗的註冊工程師（包括由負責人委任的註冊工程師）聯繫及提供支援。註冊承辦商應提供予註冊工程師審閱的文件，包括升降機或自動梯的圖則、手冊、種類檢驗證明書、由署長發出關於升降機或自動梯本身、以及其安全部件的種類許可及設計計算等。

5.3.2   每部升降機或自動梯均須在完成安裝後，進行某些測試以完成相關檢驗報告，藉以核實該升降機或自動梯（包括任何相聯設備或機械 [3]）的設計及構造良好，並且處於安全操作狀態。

5.3.3   《條例》第 19 條訂明，只有在以下情況，才是由註冊工程師檢驗升降機或其部分，或升降機的相聯設備或機械：即該升降機或其部分、或其設備或機械是由該工程師親自檢驗，或是由其他人在該工程師的直接及恰當的現場監督下檢驗。自動梯檢驗的相關規定見載於《條例》第 50 條。

(a) 負責檢驗的註冊工程師可委任其他人(助理人員)協助檢驗升降機或自動梯。

(b) 註冊工程師須採取所有必需安全措施,保障參與檢驗工作的助理人員的安全。註冊工程師不得要求助理人員進行能力範圍以外的工作。

(c) 註冊工程師須監督有關的檢驗工作,確保在其監督下的助理人員能清楚接收指示,並無不適當的阻礙。

5.3.4 負責升降機或自動梯檢驗工作的註冊工程師須緊記其須為協助進行檢驗的人員所作的錯誤評估負責。註冊工程師務須小心謹慎,充分留意升降機或自動梯狀況的評估工作。

5.3.5 如符合下列條件,升降機或自動梯及其相聯設備或機械即視作設計及構造良好:

(a) 升降機或自動梯及其使用的所有安全部件均屬署長許可的種類。

(b) 升降機或自動梯(包括其相聯設備或機械)的安裝工程是按照署長授權承辦安裝該升降機或自動梯的承辦商的種類許可訂明的條件,以及升降機或自動梯製造商提供的圖則及設計規格進行。如種類許可的規定與製造商的規格有衝突,則應以種類許可的規定為準。

(c) 升降機或自動梯及其相聯設備或機械的造工和構造均符合良好工程標準。

(d) 合乎《設計守則》[1]的相關規定,特別是當中有關保護罩、安全告示、警告告示、設備標誌的條文,以及給予豁免的訂明條件(如適用)。

5.3.6 如升降機系統或自動梯系統的運作,包括安全設備或部件的正確啟動和功能、平層、平衡對重(升降機)的正確設定、控制及監察裝置、和警報系統等均符合《設計守則》的規定,則該升降機或自動梯及其相聯設備或機械即視作處於安全操作狀況。

5.3.7 附錄 IX 載列升降機完成安裝後,須由註冊工程師進行藉以核實該升降機是否處於安全操作狀態的必要檢驗工作。核實自動梯是否處於安全操作狀態的必要檢驗工作載列於附錄 X。

5.3.8 在升降機或自動梯完成安裝後,註冊工程師除進行徹底檢驗外,亦應對附錄 IV 或附錄 V 所表列的項目作出檢查,以避免對准用證的發出造成不必要的障礙。

5.3.9 如註冊工程師完成檢驗後認為升降機或自動梯的設計及構造良好並處於安全操作狀況,則應發出徹底檢驗報告及安全證書(表格 LE5),證明該升降機或自動梯處於安全操作狀態。相關檢驗報告上的所有項目均須妥為填寫。相關檢驗報告可瀏覽以下網站:
https://e-platform.gld.emsd.gov.hk/examrpt_setup.asp

5.3.10 如註冊工程師完成檢驗後認為升降機或自動梯的設計及構造並非良好，也非處於安全操作狀況，則須在完成檢驗後的 24 小時內 [1] 以指明表格，即表格 LE4，通知署長和負責人，表示有關升降機或自動梯並非處於安全操作狀態。為避免在通知負責人方面有任何延誤，建議為升降機或自動梯進行徹底檢驗的註冊工程師在進行檢驗工作前，應先取得負責人的緊急聯絡電話號碼、傳真號碼或電郵地址。

5.3.11 註冊工程師亦須把有關檢驗工作詳情記入工作日誌。

5.3.12 如負責檢驗升降機或自動梯的註冊工程師是受僱於承辦該升降機或自動梯檢驗的註冊承辦商，註冊工程師可合理地依靠註冊承辦商保存檢驗證書及報告複本，以履行保存該記錄的法定職責。註冊工程師與註冊承辦商須對該安排有相互理解。

[1] *EN 13015 升降機及自動梯的保養－有關保養指示的守則(EN 13015 Maintenance for lifts and escalators – Rules for maintenance instructions) 就升降機及自動梯的保養指示提供具體規定。*

[2] *根據《條例》第 2(1)條，「檢驗(examine)」包括檢查及測試，因此，檢驗工作(examination)亦包括檢查及測試工作。*

[3] *升降機及其相聯設備及機械，以及自動梯及其相聯設備及機械的範圍見第 4.6 條。*

附錄 IV

1. 機房和滑輪房的永久門均向外開出及裝上自動關門裝置和適當的鎖。門板的外表面亦應貼上永久警告告示。

2. 通往機房及滑輪房的通道已保持暢通和安全。

3. 機器平台已有足夠而高度合適的圍欄。平面之間如有高低差距，已設置適當的梯級或樓梯。

4. 升降機井道、機房和滑輪房已完全圍封，所有不必要的孔洞已填塞。

5. 升降機井道、機房、滑輪房及/或機器平台已有固定和足夠的照明設備。

6. 抽氣扇已配備保護外罩。機房內空氣對流。通風窗已配備風罩。

7. 已設有固定電纜提供足夠的電力供應。

8. 每部升降機均已配備附有永久辨識標籤的合適隔離開關掣，並可從機房入口輕易接近。

9. 升降機機廂、井道或井道底坑、機房及/或滑輪房的照明設備及/或電源插座均已配備附有永久辨識標籤的微型斷路器和合適隔離開關掣。

10. 升降機井道、機房及滑輪房內的不必要孔洞均已填塞。

11. 升降機井道內所有剩餘/突出的鐵杆均已移走。

12. 必需的檢修門、緊急門和檢修活板門，均已裝上合適的鎖，而通道也保持暢通和安全。

13. 共用井道內的升降機運行通道已分隔。

14. 升降機井道底坑已完全圍封和防水。

15. 已裝設配備合適扶手的豎梯通往升降機井道底坑。

16. 升降機井道頂的通風開口已裝有支架和強化鐵絲網。
17. 升降機門廊已設有固定和足夠的照明設備。
18. 升降機井道的通風已直接或通過管道/機房/滑輪房通往露天地方。
19. 升降機井道及井道底坑已設有固定和足夠的照明設備。
20. 升降機井道、機房及滑輪房內的廢料及無關物料已予清理。
21. 機房內的金屬部件已接地。
22. 層站門入口周圍的相關工程（純為裝修進行的工程除外）均已完成。
23. 在升降機機廂內和各層站均已展示必需的中、英文對照指示和告示。
24. 在吊重樑或吊鈎上，已以中、英文標明其最高允許荷載。

附錄 IX
升降機完成安裝後的檢驗工作

以下檢驗工作應在升降機完成安裝後，由負責徹底檢驗工作的註冊工程師進行。

IX.1   查核文件及進行檢驗

IX.1.1   最少必須包括下列項目：
           (a) 查核有關升降機及其使用的安全部件是否已獲署長發出種類許可；
           (b) 查核註冊承辦商須就有關升降機保存的文件（見附錄 I）；
           (c) 核實有關升降機是否符合《設計守則》的規定及其他相關規定（包
                括種類許可所訂明的條件（如有））；
           (d) 對升降機進行目視檢驗，以確定部件是否符合構造良好的規則；
           (e) 將曾進行種類檢驗的升降機及安全部件的種類檢驗證明書內載列
                的詳細資料，與實際配置的部件作比較，並將升降機與安全部件的
                特性作比較，以確保兩者能互相配合；以及
           (f) 查核署長對有關升降機給予的豁免證明，以及有否履行所施加的條
                件。

IX.2   測試及核實

IX.2.1   測試及核實最少必須包括下列升降機的項目：
           (a) 鎖緊裝置
           (b) 電氣安全裝置
           (c) 懸掛裝置及其附着配件－必須核實懸掛裝置及其附着配件的特性
                是否與測試證明書所述的相同。
           (d) 制動系統－進行測試時，機廂內必須載有 125%（除另有規定）的
                升降機額定負載，並在機廂以額定速度下降時，終止電動機和制動
                器的電力供應。另外，檢驗報告亦應量度並記錄空車在上升時及在
                額定速度的緊急剎車距離。
           (e) 電流或功率及速度的測量
           (f) 絕緣電阻及電氣連續性

(i) 測量不同電路的絕緣電阻。進行有關測量時，所有電子部件與電路間的接駁必須截斷。

(ii) 核實機房內的接地終端與升降機任何可能意外帶電的部分之間接駁的電氣連續性。

(g) 終端限位開關

(h) 曳引力的檢查

(i) 曳引力須在升降機制動系統的最壞情況下，作多次緊急停車測試。機廂在每次測試中均須能完全停止移動。須在下列情況進行測試：

1. 機廂空載，在高層向上運行。

2. 125%的升降機額定負載，在低層向下運行。

(ii) 必須檢查當對重裝置壓在緩衝器之上時，空載機廂是不能因驅動輪的操作而上升。

(iii) 如屬用工業搬運車裝卸貨物的載貨升降機及汽車升降機，機廂也須在載有 150%的升降機額定負載下，進行靜態的曳引力測試。

(iv) 必須檢查重量平衡百分率對比是否與升降機製造商所註明的相符。這項檢查可通過電流測量連同下列測量進行：

1. 如屬交流電動機，進行速度測量。

2. 如屬直流電動機，進行電壓測量。

(v) 必須檢查升降機機廂的平層準確度。

(i) 限速器

(i) 限速器的起動速度，必須根據機廂向下或向上運行的方向進行檢查。

(ii) 升降機的制停操控運作，必須在升降方向都進行測試。

(iii) 必須檢查在限速器起動後，所產生的限速器纜索拉力是否符合《設計守則》的規定。

(j) 機廂安全鉗－必須檢查包括機廂安全鉗、導軌及其固定於建築物的配件的整個裝置是否安裝正確、設定正確，以及是否穩當。安全鉗的夾緊測試必須在機廂下降時進行。如屬液壓升降機，則安全鉗及限速器的安全電路接點必須短路，以防止下向閥關上；如屬電動升降機，必須開啟制動器及使曳引機繼續操作，直至纜索滑動或鬆弛。在這兩種情況下，都須以下列方式進行測試：

(i) 如屬瞬時式安全鉗或具緩衝作用的瞬時式安全鉗，機廂須載有額定負載（必須均勻分佈於機廂內），並以額定速度夾緊。

(ii) 如屬漸進式安全鉗，機廂須載有 125% 的升降機額定負載（必須均勻分佈於機廂內），並以較低的速度（例如平層速度或檢查速度）夾緊。

為方便鬆開安全鉗，建議在面對層門位置進行測試，以便從機廂卸下負載。

如屬使用工業搬運車裝卸貨物的載貨升降機及汽車升降機，機廂必須載有 150%而非 125%的升降機額定負載。

進行測試後，必須確定沒有出現對升降機正常使用造成不良影響的損壞情況。在特殊情況下及如有需要，可以更換摩擦部件。

(k) 對重裝置安全鉗

(i) 如對重裝置安全鉗由限速器啟動，須在測試機廂安全鉗的相同條件下進行測試（機廂並無負載）。

(ii) 如對重裝置安全鉗並非由限速器啟動，必須進行動態測試。進行測試後，必須確定沒有出現對升降機正常使用造成不良影響的損壞情況。在特別情況下及如有需要，可更換摩擦部件。

(l) 緩衝器

(i) 如屬蓄能式緩衝器，必須以下列方式進行測試：將載有額定負載的機廂或對重裝置（如有對重裝置緩衝器）壓在緩衝器上；如屬電動升降機，則須使纜索鬆弛，然後檢查壓縮情況是否合乎特徵曲線提供的數據。

(ii) 如屬具緩衝復位動作的蓄能式緩衝器及耗能式緩衝器，必須以下列方式進行測試：載有額定負載的機廂或對重裝置（如有對重裝置緩衝器），必須以額定運行速度撞擊緩衝器；如使用減行程的緩衝器，機廂或對重裝置便須以緩衝器行程計算所得的速度撞擊緩衝器，並須驗證其減速。

進行測試後，必須確定沒有出現對升降機正常使用造成不良影響的損壞情況。

(m) 警報及對講裝置

(n) 電氣測試

(i) 必須測量不同電路的絕緣電阻。進行測量時，必須截斷所有電子部件與電路間的接駁。機房內的接地終端與升降機任何可能意外帶電的部分之間接線的電氣連續性，必須加以核實。

(ii) 必須核實反相及斷相裝置是否操作正常。

(o) 測試超載感應器時，負載須均勻分佈。

(p) 消防升降機的操作控制。

(q) 必須徹底測試升降機的控制性能，核實是否完全符合《設計守則》的規定。

(r) 必須檢查導軌是否符合《設計守則》的規定。

(s) 上升機廂限速保護裝置－必須檢查包括機廂、上升機廂限速保護裝置、導軌及其固定於建築物的配件的整個裝置是否安裝正確、設定正確，以及是否穩妥。進行測試時，空載的機廂須以不低於額定速度向上運行，並以上升機廂限速保護裝置制停。進行測試後，必須確定沒有出現對升降機正常使用造成不良影響的損壞情況。在特殊情況下及如有需要，可更換摩擦部件。

IX.2.2 特別適用於液壓升降機的附加測試及核實工作必須最少包括下列各項

(a) 夾緊裝置－測試必須在機廂以正常速度向下運行時進行，負載必須均勻分佈，夾緊裝置和起動裝置上的安全電路接點必須短路，以防止下向閥關閉，而機廂必須載有 125% 的升降機額定負載。用工業搬運車裝卸貨物的載貨升降機及汽車升降機，其機廂必須載有

150% 的升降機額定負載。進行測試後，必須確定沒有出現對升降機正常使用造成不良影響的損壞情況。

(b) 因懸掛裝置失效或由安全纜索起動的安全鉗（機廂或對重裝置）－必須檢查安全鉗以確保操作正常。

(c) 由槓杆起動的機廂安全鉗（或夾緊裝置）－槓杆和所有固定止動位置的接合，以及槓杆和所有固定止動位置之間的水平量度運行間隙，必須加以檢查。

(d) 棘爪裝置

  (i) 動態測試

    1. 測試必須在機廂以正常速度向下運行時進行，負載必須均勻分佈，如有夾緊裝置和耗能式緩衝器，則該等裝置的安全電路接點必須短路，以防止下向閥關閉。

    2. 機廂必須載有 125% 的升降機額定負載，並須在每個層站由棘爪裝置止動。進行測試後，必須確定沒有出現對升降機正常使用造成不良影響的損壞情況。

  (ii) 棘爪和所有支承的接合，以及棘爪和所有支承之間水平量度的運行間隙，必須加以檢查。

  (iii) 緩衝器的行程必須核實－用工業搬運車裝卸貨物的載貨升降機及汽車升降機，其機廂必須載有 150% 的升降機額定負載。

(e) 柱塞行程的限制－必須加以核實以確保柱塞止動時具有緩衝作用。

(f) 滿載壓力－滿載壓力必須加以量度。

(g) 壓力安全閥－必須檢查是否已作正確調校。

(h) 限速截止閥－性能測試必須在下行機廂載有額定負載且負載均勻分佈的情況下進行。必須檢查解扣速度是否已作正確調校，例如和製造商的調校圖進行比較。至於有多個互相連接的限速截止閥的升降機，必須量度機廂傾斜度以確定限速截止閥於同一時間關閉。

(i) 限流器（或單向限流器）－必須檢查以確定最大速度 Vmax 不超逾下行額定速度 V_d+0.3 米／秒。V_{max} 可用下列公式計算：

$$V_{max} = V_t \sqrt{\frac{p}{p - p_t}}$$

p = 滿載壓力（MPa）

pt = 在向下行程中而機廂有額定負載的情況下量度所得的壓力（MPa）

如有需要，壓力損耗和摩擦損耗必須計算在內。

V_{max} = 液壓系統出現破裂時的最大下行速度（米／秒）

V_t = 在向下行程中而機廂有額定負載的情況下量度所得的速度（米／秒）

(j) 壓力測試－須把相等於滿載壓力 200% 的壓力施加於止回閥和千斤頂（包括在內）之間的液壓系統，觀察 5 分鐘以確定是否有壓力下降或滲漏迹象（液壓油溫度轉變可能帶來的影響也應計算在內）。

完成測試後,必須進行目視檢查,確定液壓系統是否仍然完整無損。這項測試必須在防止自由下墜裝置的測試完成後進行。

(k) 蠕動測試－必須檢查以確定機廂在有額定負載的情況下停於最高樓層後,不會在 10 分鐘內向下移動超過 10 毫米(液壓油溫度轉變可能帶來的影響也應計算在內)。

(l) 緊急下移操作(間接驅動升降機)－在手動下移機廂至支座時(或啟動安全鉗或夾緊裝置),必須檢查以確定沒有出現纜索鬆弛或鏈條鬆弛的情況。

(m) 電動機運行限時器－必須檢查所調校的時間(以模擬電動機運行的方式作出調校)。

(n) 電動溫度探測裝置－必須檢查所調校的溫度。

(o) 電動防止蠕動系統－必須在機廂有額定負載的情況下進行性能測試。

建造業議會有關升降機槽的工作安全指引

建造業議會為推薦良好守則,旨在建造整段樓宇佔用期間,提升在升降機槽附近或升降機槽內工作人員的作業安全,已發表四卷刊物涵蓋不同階段的工作安全指引,並可按相關連結下載。內容包括:

第 1 卷－施工期間直至移交予升降機安裝承建商前(2010 年 7 月)
http://www.cic.hk/files/page/50/Guidelines%20on%20Lift%20Shaft%20Works%20(Vol%201)%20July%202010%20c%20r1.pdf

第 2 卷－升降機安裝期間直至獲發佔用許可證及交予發展商(2012 年 1 月)
http://www.cic.hk/cic_data/pdf/about_cic/publications/chi/V10_6_e_V00_20120106_.pdf

第 3 卷－整段樓宇佔用期間(第二版－2019 年 8 月)
http://www.cic.hk/files/page/50/%E5%8D%87%EF%A8%89%E6%A9%9F%E6%A7%BD%E5%B7%A5%E7%A8%8B%E5%AE%89%E5%85%A8%E6%8C%87%E5%BC%95%EF%BC%9A%E7%AC%AC3%E5%8D%B7%20%E2%80%94%20%E6%95%B4%E6%AE%B5%EF%A5%8C%E5%AE%87%E4%BD%94%E7%94%A8%E6%9C%9F%E9%96%93%EF%BC%88%E7%AC%AC%E4%BA%8C%E7%89%88%20-%202019%E5%B9%B48%E6%9C%88%EF%BC%89Compacted.pdf

第 4 卷－升降機槽內的建築工地升降機(2016 年 12 月)
http://www.cic.hk/cic_data/pdf/about_cic/publications/chi/guidelines/Guidelines%20on%20Builders%20Lift%20(Vol%204)_c.pdf

◆ YouTube 影片－Монтаж лифта Часть первая (安裝升降機線條碼,線條及機廂)－俄語－俄文字幕(11:16)
https://www.youtube.com/watch?v=NoQwODlzbRM

◆ YouTube 影片－Монтаж лифта ПБА, производства ОАО "Могилевлифтмаш", Беларусского партнера АО ГК "ОЛК"(安裝升降機機器)－俄語－俄文字幕（7:25）
https://www.youtube.com/watch?v=XcNhFDuuCN0

◆ YouTube 影片－JADE ELEVATOR COMPONENTS ELEVATOR INSTALLATION GUIDE !!!－英語－英文字幕（8:25）
https://www.youtube.com/watch?v=uX9i5YAVhQw

◆ YouTube 影片－Scaffoldless Rail Installation Part 1 | False Car Setup | Wurtec－英語－英文字幕（2:33）
https://www.youtube.com/watch?v=xwjYNFDiBis

◆ YouTube 影片－Scaffoldless Rail Installation Part 2 | Rail Hoisting | Wurtec－英語－英文字幕（1:57）
https://www.youtube.com/watch?v=IB6CloYiG_o

◆ YouTube 影片－Scaffoldless Rail Installation Part 3 | Installation and Alignment | Wurtec－英語－英文字幕（2:43）
https://www.youtube.com/watch?v=MapD3e7kdgI

◆ YouTube 影片－三菱電梯安裝動畫－無語－無字幕（3:15）
https://www.youtube.com/watch?v=WCsl8FJ76_8

◆ YouTube 影片－2010.02.04 Fujitec Travelling Cable assembly training [PART 1]－粵語－無字幕（4:12）
https://www.youtube.com/watch?v=gMEXZQxSrUc

◆ YouTube 影片－2010.02.04 Fujitec Travelling Cable assembly training [PART 2]－粵語－無字幕（1:01）
https://www.youtube.com/watch?v=aLxXO6CC6QE

◆ YouTube 影片－2010.02.04 Fujitec Travelling Cable assembly training [PART 3]－粵語－無字幕（2:07）
https://www.youtube.com/watch?v=F7usoty4AZU

12.3　升降機一般保養程序及檢查內容

1.　升降機維修保養首要工作：
   - 通知大廈管理處安排進行檢查工作；
   - 詢問管理處或管理員有關升降機之近況；
   - 於機廂入口掛上欄河，在主樓層外門入口放置圍欄，以通知乘客，並於進入井底工作時阻隔其他人士。

2.　保養日誌、緊急維修記錄及報告的作用是保存升降機有一詳細紀錄，以便日後維修時可準確找出原因。當有意外發生時，可根據記錄找出意外的成因。由記錄可知元件損壞的時間，可在預定時間更換，減少壞機率。

3.　維修人員與客戶、大廈住戶及管理人員的關係由其重要。
   - 可減少不必要的投訴；
   - 可從大廈管理人員在溝通時，得知升降機在平時運行時有那些不正常運行故障；
   - 有時可能要大廈管理人員幫忙及處理某些事項。

4.　保養升降機各部分元件應有一定的保養計劃，升降機保養公司早為升降機編好一張維修保養表，表內列明那些元件需在何時進行檢查、維修及更換，維修人員需依照保養表定時工作。

5.　安全及正確使用工具、儀錶、程序及遵守工作安全守則。

6.　維修保養工作完畢：
   - 關閉井道及機房燈及將機房上鎖；
   - 根據實況填寫大廈升降機「工作日誌」及記下須跟進之工作；
   - 要求管理處簽署「工作日誌」以確認相關工作。

特別保養

　　由於曾發生舊式升降機意外，機電工程署於 2018 年宣佈落實兩項短期措施。首項措施要求升降機承辦商為舊式升降機的重要保護部件，包括制動器、曳引機及層站門，每年提供最少兩次「特別保養」工作，兩次保養工作應最少相距 4 個月，並須將特別保養預定日期、時間和檢測結果，經網上平台向機電署提交，署方亦會加強相應抽查工作。假如舊式升降機已加裝／具備以下 3 項的安全設備，可豁免該兩次特別保養工作。

1.　雙重制動系統(Double/Dual brake)
2.　防止機廂不正常移動的裝置(UCMA)
3.　防止機廂向上超速安全裝置(ACOP)

　　第二項措施則要求承辦商須於 2019 年 2 月 1 日開始採用已改良之工作日誌

格式記錄保養工作，列出每次維修工作牽涉的重要保護部件，以便署方及升降機負責人更有效監管承辦商的保養工作。新版本的工作日誌下載連結如下：

https://www.emsd.gov.hk/filemanager/tc/content_807/LE50L-Log-book%20for%20lifts.pdf

「特別保養」是針對舊式升降機的制動器、曳引機及層站門鎖的保養。「特別保養」項目的保養範圍則包括：

● 為升降機制動器作制動器裝置分解保養及為制動器的重要部件作量度、清潔及潤滑；
● 為升降機制動器進行空載煞車距離測試；
● 量度升降機曳引機的曳引輪坑及進行空載曳引力測試；
● 檢查所有升降機層站門的機械鎖及電氣觸點。

所有「特別保養」的項目每年均需進行兩次，但制動器裝置分解保養的次數，則以製造商指示為準。

「特別保養」較一般保養所需的時間為多，而「特別保養」實際所需要的時間則會因不同型號設計、不同廠方的要求及升降機安裝環境而有所分別。而在一般情況下，每次「特別保養」所需的時間約 2~4 小時，而「特別保養」屬於連續性的工作及途中不能中斷，負責人應配合保養承辦商，預留充裕時間，以便承辦商完成「特別保養」工作。

工作日誌

升降機承辦商須為升降機的負責人提供一本認可格式的工作日誌，升降機及自動梯擁有人必須備存工作日誌最少 3 年。工作日誌須記錄由註冊升降機承辦商、註冊升降機工程師及註冊升降機工程人員所進行的升降機工作，處理事故、故障及檢驗的詳細資料。作為負責進行保養工作的註冊升降機及自動梯承建商，必須遵守下列規定：

1. 升降機及自動梯擁有人、註冊升降機及自動梯工程師、承建商及其代表所須記入工作日誌的資料，已在《升降機工程及自動梯工程實務守則》說明。
2. 對工作日誌作出修訂時，應將已過時的資料劃掉，並在更正地方旁邊簽署，不可塗掉資料或使用塗改液修訂資料。
3. 註冊升降機／自動梯工程師完成升降機及自動梯的週年檢驗／測試後，應在工作日誌上正式簽署，並加蓋標示其姓名及識別號碼的印章。
4. 工人應在工作日誌上書寫全名，並在完成升降機／自動梯的保養工作後，在工作日誌上簽署，並加蓋標示其姓名及識別號碼的印章。即使有工人不是註冊工程人員，只要當時參與工作，也要加蓋標示其姓名及識別號碼的印章，以表示是兩人或多人工作。
5. 升降機及自動梯擁有人或其代表應在工作日誌上簽署，並按要求，向機電工程署人員交出有關工作日誌，以供查閱。

6. 註冊升降機及自動梯承建商在其升降機／自動梯保養合約終止時,不應拿走工作日誌。

7. 每個註冊工程師、註冊工程人員及一般工人均須帶備本身的印章,其印章不得交予他人使用。加蓋印章須標示其姓名及識別號碼（如屬註冊人士,即其註冊編號）,以確認有關記錄。

以下條文節錄自【升降機工程及自動梯工程實務守則 2018】有關（工作日誌）的要求,全書詳細內容請參考相關書刊,全書詳細內容請參考相關書刊

6.1   把資料記入工作日誌

6.1.1   負責安裝升降機或自動梯的註冊承辦商最遲應於安裝工程完成時,把該升降機或自動梯的基本特點記錄在工作日誌內。

6.1.2   負責保養升降機或自動梯的註冊承辦商應把升降機工程或自動梯工程的詳情記入該升降機或自動梯的工作日誌,特別是進行保養期間發現的不正常情況及為升降機或自動梯進行的維修或更改、修理故障及救出被困乘客等詳情。

6.1.3   註冊承辦商必須按照《一般規例》第 5 條或第 20 條,更新升降機或自動梯的工作日誌內的指明資料(有關工程、事故、或有關升降機或自動梯的故障事件)。有關工程的資料須在工程進行當日記入工作日誌。

6.1.4   有關事故的日期、時間、性質及詳細情況的資料,必須在註冊承辦商獲悉事故後起計的 2 日內,記入工作日誌。有關調查及涉及事故的升降機或自動梯恢復正常使用及操作的日期的資料,註冊承辦商必須在工作項目或事項發生當日記入工作日誌。

6.1.5   有關任何故障事件(事故以外)的日期、時間、性質及詳細情況的資料,註冊承辦商必須在獲悉故障後起計的 2 日內,記入工作日誌。有關故障的升降機或自動梯恢復正常使用及操作的日期,註冊承辦商必須在恢復正常使用及操作當日記入工作日誌。

6.1.6   為了使負責人知悉工程的最新發展、事故、或有關升降機或自動梯故障事件,以備所需預防措施及監察工作進展,註冊承辦商應盡可能在得到指明資料時,更新工作日誌。作為一個良好的操守,註冊承辦商應在抵達工作現場時,在工作日誌中記入工人的資料和工程的一般描述,以及在完成日常工程項目和離開工作現場前,將任何特別發現或工程進度記入工作日誌。

6.1.7   負責進行徹底檢驗的註冊工程師也須取得工作日誌的資料,以便找出自上次檢驗後,升降機或自動梯曾作出的改變及進行的維修或改裝。

6.1.8   註冊工程師須按照《一般規例》第 11 條或第 25 條，在完成檢驗當日，
         將有關該升降機或自動梯檢驗的資料載入升降機或自動梯的工作日誌。
         為了使負責人知悉工程的最新發展，以備所需的預防措施及監察工作進
         展的最新情況，註冊工程師應盡可能在得到指明資料時，更新工作日誌。

6.1.9   附錄 VI 載列須記入工作日誌的各項資料及記錄資料時的做法。

6.1.10   為升降機或自動梯進行現場風險評估、監督檢查和質量檢查時，註冊承
         辦商須更新升降機或自動梯的工作日誌。與評估工作、監督檢查和質量
         檢查工作有關的資料，必須在進行有關工作當日記錄在工作日誌內。

附錄 VI
須記入工作日誌的資料

VI.1   必須記入工作日誌的一般資料包括：
         (a) 升降機或自動梯的所在地點或地址；
         (b) 安裝工程承辦商的名稱；
         (c) 保養承辦商的名稱；
         (d) 擁有人姓名；
         (e) 安裝日期；
         (f) 承辦商開始提供保養的日期；
         (g) 升降機或自動梯的地點識別編號；
         (h) 每部升降機或自動梯的詳情，例如：
              (i)   該升降機或自動梯的一般規格；
              (ii) 纜索／鏈條的數量、直徑和種類；
              (iii) 該升降機或自動梯的安全部件種類；
              (iv) 工作日誌開始日期；
              (v)   工作日誌完結日期。

VI.2   升降機保養工作（抹油）的預計工時
         (a) 如工作日誌是專供升降機使用，則負責保養升降機的註冊承辦商須
              在工作日誌內就升降機的日常保養工作（抹油）加註預計保養工時。
         (b) 負責保養的註冊承辦商須在升降機現行工作日誌的面頁，用印章或
              類似方式加註預計的保養（抹油）工時，並以「每年／每季不少於
              若干小時」及「預計每次需時____小時至____小時」的形式填報。
              以上要求適用於所有新開始使用的工作日誌。繼後如由另一個註冊
              承辦商接手升降機的保養工作，有關承辦商應在工作日誌的內頁用
              印章加註預計保養（抹油）工時，並以同樣形式填報。
         (c) 工作日誌應時常附有印章形式的加註，以顯示註冊承辦商就現行保
              養合約為升降機定下的預計保養（抹油）工時。註冊承辦商可在工
              作日誌上以額外的印章為位於同一地點的不同升降機加註預計保
              養（抹油）工時，以作識別。

VI.3   升降機工程或自動梯工程的資料

VI.3.1　有關已進行或進行中的升降機工程或自動梯工程,註冊承辦商須將以下資料記入工作日誌:

(a)　合資格人士或參與該工程的指定人士的名稱;

(b)　參與工程的註冊人士的註冊編號;

(c)　工程展開日期;

(d)　工程完成日期(如適用);及

(e)　工程的簡單描述,包括但不限於:

 (i)　升降機或自動梯在安裝或作出主要更改後的檢驗;

 (ii)　對升降機或自動梯進行的定期保養和觀察所得;

 (iii)　對升降機或自動梯進行的定期徹底檢驗,以及觀察所得;

 (iv)　按署長命令進行的升降機或自動梯檢驗;

 (v)　升降機或自動梯曾作的主要更改;及

 (vi)　曾予更換的升降機或自動梯重要部件(包括纜索);

VI.3.2　有關已分包或將分包給其他人士承辦的升降機工程或自動梯工程,註冊承辦商須將以下資料加入工作日誌:

(a)　承辦工程的分包商名稱及聯絡資料;及

(b)　分包工程的範圍。

VI.3.3　有關調查或處理任何與升降機或自動梯有關的故障事件,註冊承辦商須將以下資料加入工作日誌:

(a)　收到召喚的日期和時間;

(b)　故障的性質和詳細情況,包括被困乘客的數量(如適用);

(c)　由承辦商授權或指示去處理故障的人士的名稱;

(d)　修正工作的詳細情況與完成修正故障的日期和時間;及

(e)　(如適用)升降機恢復正常使用及操作的日期和時間。

VI.3.4　有關調查或處理任何與升降機或自動梯有關的事故,註冊承辦商須將以下資料加入工作日誌:

(a)　事故的日期和時間;

(b)　事故的性質和詳細情況,包括因事故而道致任何人士傷亡,及對任何財產造成破壞;

(c)　(如適用)緊急拯救、修正工作及懷疑道致事故原因的詳細情況;

(d)　(如適用)事故中拯救每名人士的所需時間;

(e)　由承辦商授權或指示去處理事故的人士的名稱;

(f)　展開調查或檢查的日期和時間;

(g)　採取的安全措施;

(h)　(如適用)移除的部件和進行的測試,

(i)　完成調查或檢查的日期和時間;及

(j)　(如適用)升降機恢復正常使用及操作的日期和時間。

VI.3.5　有關對升降機或自動梯進行全面檢驗,註冊工程師須將以下資料加入工作日誌:

(a)　參與檢驗的合資格人士或指定人士的名稱和註冊號碼(如適用);

(b) 展開檢驗的日期；

(c) 升降機或自動梯的檢驗結果，包括於檢驗後對其功能及效能的觀察；

(d) 對升降機或自動梯的建議(如恢復或暫停操作、所需修正工作、安全措施等)；及

(e) 完成檢驗的日期。

VI.4 工作日誌須根據《一般規例》的指明表格備存。所有在施工現場工作的註冊工程師和註冊工程人員，均須將所進行的升降機工程或自動梯工程詳情清楚準確地記入工作日誌內，使這些資料可予辨識，以供檢討和調查（視乎情況而定）之用。

VI.5 為證明升降機工程或自動梯工程是按照《條例》的規定進行，註冊工程師、註冊工程人員及一般工人須在工作日誌上簽署並加蓋標示其姓名及識別號碼（如屬註冊人士，即其註冊編號）的印章，以確認有關記錄。因此，每個註冊工程師、註冊工程人員及一般工人均須帶備本身的印章，其印章不得交予他人使用。

VI.6 此外，有關人員亦須在工作日誌記下到達現場的時間、服務恢復的時間和任何不尋常的情況，例如故障尚未修妥、有人受傷、升降機或自動梯不安全等。

VI.7 如有關事故涉及升降機或自動梯，須記錄事故發生日期及時間，以及事故的性質及詳情，包括事故有否導致傷亡及財產受損。在工作日誌上作出任何更正時，應劃掉錯誤的資料，並在更正地方旁邊簽署。

VI.8 為確保負責人或其代表知悉工程進度或設備的狀況和事故的性質，註冊工程師或註冊承辦商必須告知負責人或其代表應在工作日誌上簽署。

VI.9 註冊承辦商不得在升降機／自動梯保養合約被中止時拿走工作日誌。

> 升降機進行定期保養時必須檢查的項目

以下條文節錄自【升降機工程及自動梯工程實務守則 2018】有關（升降機進行定期保養時必須檢查的項目）的要求，全書詳細內容請參考相關書刊

附錄 XIV

XIV.1 升降機進行定期保養時必須檢查的項目

XIV.1.1 為保持升降機及其相聯設備或機械處於安全操作狀態，至少必須就下列適用項目按升降機製造商建議的時間表進行檢查，以確保操作正常，並在有需要時加以修理：

(a) 升降機曳引機齒輪箱及軸承

(b) 曳引機包括電動機軸、連接蝸輪和牽引滑輪法蘭的螺栓

(c)　制動器及檢查制動器釋放裝置與盤車手輪是否位置正確，制動襯片、制動鼓、制動壓縮彈簧及相關的樞軸和接頭

(d)　限速器

(e)　鼓輪、纜輪、纜輪坑及滑輪

(f)　電動發電機組的換向器及換向環

(g)　控制器觸點、聯鎖及減震器

(h)　選層器

(i)　對重裝置導靴及潤滑器

(j)　升降機井道是否清潔及井道圍壁的狀況

(k)　導軌及固定件

(l)　限位開關、方向開關及其操作裝置

(m)　機廂門及層站門的操作，包括間隙、底部導向裝置、地坎突邊、互連鋼絲索或鏈條，以及門操作裝置

(n)　機廂導靴及潤滑器、張力調整器和門操作齒輪

(o)　升降機在啟動、停止及一般運行時，是否有任何不正常的地方

(p)　機廂控制器、機廂門開關、保險刀、緊急制動掣、警鐘及對講機系統；機廂體裝嵌是否堅固、機廂內部及地板蓋面、機廂照明、機廂通風及平層準確度

(q)　層站按鈕、顯示器及消防升降機開關

(r)　門鎖操作，包括機廂門和層站門的電聯鎖及機械聯鎖

(s)　懸吊纜索、補償纜索／鏈條、其定位接件及纜索保持器（纜索保護器）

(t)　纜索鬆弛開關、安全鉗開關、斷帶或纜索開關及限速器開關

(u)　供纜索伸展用的對重裝置間隙、纜索平衡器、對重磚塊的固定件，以及檢查安全鉗，確保導向裝置不受阻礙及可自由活動

(v)　緩衝器情況

(w)　隨行電纜及其定位接件

(x)　安全告示及標誌

XIV.1.2　除了升降機製造商在保養時間表內載列的項目外，負責保養升降機的註冊承辦商也須遵守下列各項規定（如載列於製造商指示內的規定與下文的規定有偏差，應以較嚴格的規定為準）：

(a)　控制及監察裝置 – 除在升降機進行測試期間外，不可令控制及監察裝置（包括安全設備及安全部件）失效或不使用自動裝置。在升降機恢復正常使用及操作之前，須使所有裝置回復正常操作狀態。

(b)　潤滑 – 為升降機任何部件加潤滑劑時所使用的方式及潤滑劑種類，必須嚴格遵照升降機製造商的建議。如使用其他潤滑劑，則該等潤滑劑的特性必須與製造商所建議使用的潤滑劑相等。

須按照升降機製造商的指示，保持懸吊纜索和補償纜索輕度潤滑及清潔（升降機製造商應已考慮到纜索製造商的指示）。

限速器纜索不可在安裝後加潤滑劑。

須嚴格遵照升降機製造商的適用指示為導軌加潤滑劑（升降機製造商應已考慮到安全鉗製造商的指示）。

(c) 線路圖 – 須在升降機系統的機器間、機房、控制間或控制室，備存一份最新的升降機系統電力供應及控制電路線路圖。

(d) 塗漆 – 為設備上漆時，須小心謹慎，以免影響到升降機任何裝置的正常運作。

(e) 標誌及資料牌 – 設備或部件上的標誌、標貼、告示及資料牌須完好無缺及清晰可讀。

(f) 安裝連接裝置 – 須按照升降機製造商的建議小心鎖緊連接點或安裝部件，以免對有關零件造成不必要的損壞。

(g) 油壓緩衝器 – 須經常檢查所有油壓緩衝器以確定液壓油是否足夠。只可使用建議種類及級別的液壓油。為緩衝器補注不同品牌的液壓油或會造成不良影響，這一點須予小心留意。

(h) 安全鉗 – 升降機的安全鉗須按照升降機製造商的指示保持潤滑（升降機製造商應已考慮到安全鉗製造商的指示）。安全鉗的活動部分必須保持整潔及運作自如。
須經常檢查安全鉗的夾緊爪與導軌的間隙。

(i) 制動器 – 須在正常運作下觀察驅動機制動器活動部分的可動度。制動器的設置和狀態（例如彈簧設置和制動襯片狀態）正確，以提供足夠制動力，而制動器的運作暢順，活動部分沒有生銹、油和碎片。升降機的煞車
距離必須至少每年量度一次，以核實制動器是否有效運作。

(j) 限速器 – 須檢驗限速器以確保所有出廠時已被調校螺絲的封記號都保持完好，並以人手操作限速器，以確定所有活動部分，包括夾纜爪及夾纜掣，均可運作自如。限速器、限速器纜索及所有纜輪必須沒有污物或阻礙物。

(k) 機廂門及層站門 – 機廂門和所有層站門的機械及電氣部件均必須處於安全操作狀態，並按《設計守則》的規定配有與升降機運作相聯的有效機械聯鎖及電聯鎖。必須檢查電動門是否暢順及正常運作，包括關門速度、關門力度及動能，以符合升降機製造商的規格，以及確保不會違反《設計守則》訂明的規定。

(l) 平層 – 須檢查升降機的操作，以使升降機的平層準確度在不同層站和不同負載的狀況下，均能維持在準確平層，符合升降機製造商的規格。

(m) 機廂非預定移動保護裝置及機廂上行超速保護裝置– 升降機的有關保護裝置應按照升降機/部件製造商的指示保持潤滑。保護裝置的活動部分應無積聚污物，並可自由運行。如保護裝置使用安全鉗，須定期檢查安全鉗與導軌之間的間隙。

合資格人士單獨工作於升降機或自動梯工程

由於香港電梯業人手短缺，以致分配工作時十分緊張。工程實務守則容許某些工種，讓合資格人士經評估後可以單獨工作，惟必須採取一些程序及措施。但某些工種，因涉及重大危險，所以必須由兩名或以上升降機或自動梯工程人員進行工作，而實務守則內已說明這些工種。

以下條文節錄自【升降機工程及自動梯工程實務守則 2018】有關（單獨工作的安全）的要求，全書詳細內容請參考相關書刊

4.10　　單獨工作的安全

4.10.1　如經評估當中所涉及的風險斷定合資格人士無可避免要在升降機或自動梯上單獨工作時，則須採取下列程序及措施：

(a) 該合資格人士應在開始工作前，先向負責人在施工地點的代表報到。合資格人士亦應在到達施工地點時，通知其不在工程現場的直接監督人員。

(b) 應作出適當安排，包括定時聯繫，確保按照風險評估所訂明的相距時間，定時查證該合資格人士是否安全無恙。合資格人士與監督人員可使用無線電話、對講機等定時聯繫（通訊），但應考慮通訊裝置在該工作環境下的效用及雙方是否熟悉所用的語言。如無可避免，合資格人士需要單獨在升降機槽[1]內進行與升降機有關的工作，並且在工作場所並沒有陪同的升降機工人，除通訊裝置之外，還應提供有效的活動(保持清醒)警報裝置。

(c) 負責查證該單獨工作的合資格人士是否安全無恙的監督人員，應知道在緊急情況下如何安排救援。監督人員亦應備有負責人代表的緊急聯絡方法，以在有需要時使用。

(d) 應以風險評估衡量，並知會該合資格人士及監督人員在有關安全工作程序中，所訂明查證該合資格人士是否安全無恙的具體安排和次數。

(e) 單獨工作的合資格人士應把其在工程進行期間的預計路線，事先通知不在工程現場的直接監督人員，並在工作完成後再通知有關人員。該合資格人士亦應在其工作完畢及離開工作場地時知會負責人的代表。

[1] 「升降機槽」是指一個物理結構而形成的圍牆，而升降機的運載裝置在該圍牆內在層站間穿梭。除非另有註明，在本守則中「升降機槽」的意思與「升降機井道」相同。

4.11　　由兩名或以上升降機或自動梯工程人員進行的工作

4.11.1　註冊承辦商必須確保下列升降機工程（梯級升降機和垂直升降台工程除外）應按規定由兩名或以上的升降機工程人員進行：

(a) 將被困停於開鎖區外的升降機機廂的乘客救出；

(b) 用手鬆開電動升降機的曳引機的制動器，或操作液壓升降機的手控緊急下降或上升裝置；

(c) 在升降機井道底坑進行的工程；

(d) 對重組件的保養工作；

(e) 須在升降機開動時進行的保養工作，而有關工作不能由控制升降機運行的工程人員同時執行；

(f) 為纜索加潤滑劑；

(g) 檢查機廂頂纜轆狀況；

(h) 人手量度電動曳引式升降機的煞車距離；

(i) 分解及重組制動器；

(j) 測試層站門或機廂門鎖的電氣安全裝置；

(k) 防跳裝置（補償纜張緊滑輪）及其開關掣的保養工作；

(l) 緩衝器的保養工作；

(m) 安裝在機廂底安全鉗裝置、機廂上行超速保護裝置及機廂非預定移動保護裝置的減速元件保養工作；

(n) 井道底坑的電氣安全裝置保養工作；以及

(o) 有關以下液壓升降機的組件的保養工作：－

- 安全鉗、棘爪及夾緊裝置；
- 防止蠕動裝置及手動泵；
- 限速切斷閥、單向限流器、手動下降閥；以及
- 硬管/喉管。

4.11.2 註冊承辦商必須確保下列自動梯工程應按規定由兩名或以上的自動梯工程人員進行：

(a) 須在自動梯開動時進行的保養工作，而有關工作不能由控制自動梯運行的工程人員同時執行；

(b) 人手為鏈條加潤滑劑；以及

(c) 分解及重組制動器。

4.11.3 以上規定已考慮到一般從業員的技能及風險認知，並相當於符合《條例》規定的最低行業標準。

保養時間表

以下條文節錄自【升降機工程及自動梯工程實務守則 2018】有關（保養時間表，維修及更換）的要求，全書詳細內容請參考相關書刊

5.4.7. 保養時間表

(a) 接管升降機或自動梯保養工作的註冊承辦商，應就有關的保養時間表向負責人作出解釋，並在工作日誌內寫上完成保養計劃的預計保養工作時間。保養計劃項目包括升降機或自動梯製造商建議應在保養周期內完成的各項保養工程。

(b) 註冊承辦商應向負責人提供一份升降機或自動梯全面的保養時間表並附加在工作日誌中。註冊承辦商進行定期保養時必須就升降機或自動梯進行的檢查項目，載列於附錄 XIV。

(c) 全面的保養時間表應根據附錄 XIV - 升降機進行定期保養時必須檢查的項目及製造商的規定列出所有保養項目，並以下列主要項目分類：

- 曳引機、制動器

- 纜索、鼓輪、曳引輪及滑輪
- 控制裝置、安全開關
- 限速器、安全鉗
- 層站門、機廂門
- 機廂內的裝置
- 井底裝置
- 機廂上行超速保護裝置及機廂非預定移動保護裝置保養時間
  表亦應列出保養項目在年內所須進行的次數、次序，並提供升
  降機的基本資料，包括升降機機種、升降機機號及升降機所安
  裝的地址（例如大廈名稱）。

5.4.8. 維修及更換

(a) 進行定期保養時如發現任何不正常情況或欠妥地方，須向負責人報
     告。

(b) 進行維修或更換工程時所使用的零件，在物料、強度和設計方面都
     應至少與原本的零件同等，以確保升降機或自動梯的設計及構造保
     持良好。

(c) 不得以拼接方法加長或維修懸吊纜索、限速器纜索及補償纜索。

(d) 更換懸吊纜索

     (i)   懸吊纜索的安全系數雖然高，但這並不表示懸吊纜索可一直使
           用至不能操作為止。為確保升降機處於安全操作狀態，應在懸
           吊纜索斷裂前予以更換。因此，應以(表 3)（表：12.1）所列的
           更換準則、升降機製造商的更換準則、或纜索製造商的更換準
           則（以較嚴格者為準）為基礎，在發現懸吊纜索出現更換準則
           所述的情況時，立即予以更換。

     (ii) 如纜輞內任何一條纜索需予更換，則該纜輞上所有纜索均需予
           更換。如升降機在投入服務前的安裝或驗收測試過程中，在一
           套纜索中有一條遭到損壞，則容許在符合下述規定的情況下只
           更換該條已損壞的纜索：

     (aa) 新纜索的資料須與原本該套纜索的證書上的資料相符合。

     (bb) 原本有問題的纜索先前未經截短，與安裝時的狀況一樣。

     (cc) 新換上的纜索應在安裝後至少兩個月的期間內，每隔兩星
           期進行張力檢測及調校。如 6 個月後該纜索的張力容限不
           能維持於升降機製造商所指定的範圍內，則整套纜索應予
           以更換。

     (dd) 新纜索所使用的纜索固定裝置（纜頭組合）類別須與其他
           纜索相同。

     (ee) 新纜索在承受張力的情況下，不能與其餘纜索的標稱直徑
           有超過 0.5% 的差別。纜索直徑應按照升降機製造商的指
           定方法量度。如升降機製造商並無指定量度方法，則應採
           用國際標準 ISO 4344 所指明的方法量度。

(iii) 安裝新懸吊纜索或截短現有的懸吊纜索時應維持最低的機廂
和對重裝置的越程和間距。應以下列任何一種方法維持最低間
距。

(aa) 限制懸吊纜索被截短的長度。

(bb) 在機廂或對重裝置衝擊板上穩固地裝上碰塊。該碰塊的強
度應足以承受緩衝接觸的應力而不會永久變形。如使用木
碰塊與緩衝器直接接觸，應在接觸面加裝一塊鋼板，或在
該碰塊與旁邊的碰塊之間加上鋼板，以便在緩衝接觸時分
散負荷。

(cc) 在機廂及／或對重緩衝器下穩固地裝上碰塊，該碰塊的強
度應足以承受緩衝接觸的應力而不會永久變形。

表3		
纜索情況	更換纜索的準則	
	6 股 x 19 纜索 6 股 x 25 纜索	8 或 9 股 x 19 纜索 8 或 9 股 x 25 纜索
直徑縮少	10%	10%
每捻距內，外繩股的斷支數目(斷支是無規則分佈的)	>24	>32
有嚴重銹蝕或廣泛紅鐵粉時，每捻距內，外繩股的斷支數目(斷支是無規則分的)	>12	>16
每捻距內，外繩股的斷支數目(斷支集中在某一兩外線股)	>12	>16
有嚴重銹蝕或廣範紅鐵粉[1]時，每捻距內，外繩股的斷支數目(斷支集中在某一兩外線股)	>6	>8
同一外繩股中，相鄰斷支的數目	>4 及每捻距內斷支的數目>12	>4 及每捻距內斷支的數目>16
有嚴重銹蝕或廣範紅鐵粉時，同一外繩股中，相鄰斷支的數目	>2 及每捻距內斷支的數目>6	>2 及每捻距內斷支的數目>8
[1] 在不高於30米行程的懸吊纜索裝置中的個別纜索，有多過1米累積長度的纜索出現紅鐵粉，或在高於30米行程的懸吊纜索裝置中，有3米累積長度的纜索出現紅鐵粉，應同樣被視為纜索嚴重銹蝕或廣泛紅鐵粉。		

（表：12.1）

(e) 運輸帶（鋼帶）及鏈條
如一組運輸帶或鏈條當中有一條的損耗或拉扯程度已超出升降機
製造商訂明的限度，或因損壞而需予更換，則整組運輸帶或鏈條均
需予更換。如鏈輪及有齒纜輪的損耗程度已超出升降機製造商訂明
的限度，則亦需予更換。

(f) 更換驅動鏈條

鏈條的安全系數雖然高,但這並不表示鏈條可一直使用至不能操作為止。為確保自動梯處於安全操作狀態,須在鏈條斷裂前予以更換。因此,須以鏈條製造商或自動梯製造商提供的更換準則(以較嚴格者為準)為基礎,在發現鏈條出現更換準則所述的情況時,立即予以更換。就爬升高度達 15 米以上的長自動梯而言,除鏈條製造商或自動梯製造商另有規定外,所有驅動鏈條須每隔不超逾 6 年運作更換一次。

(g) 除在升降機/自動梯進行測試、試運行及保養期間外,不可令控制及監察裝置(包括安全設備及安全部件)失效或不使用自動裝置。在升降機/自動梯恢復正常使用及操作之前,須使所有裝置回復正常操作狀態。

升降機裝置保養及更換工程的抗火結構規定

以下條文節錄自【升降機工程及自動梯工程實務守則 2018】有關(升降機裝置保養及更換工程的抗火結構規定)的要求,全書詳細內容請參考相關書刊

升降機裝置保養及更換工程的抗火結構規定

(a) 除下文(b)段另有規定外,在進行升降機裝置保養或更換工程期間,所有升降機層站門應一律保持關閉。

(b) 如為進行工程而必須打開升降機層站門,則不論何時,升降機井道內通常不應有多於一道層站門同時處於開啟狀態。除升降機機廂停泊樓層的門口,所有開啟的層站門必須有升降機工人看管。如有需要在同一時間打開多於一道層站門以便進行工程,則必須遵守以下附加條件:
(i) 在同一時間最多只可有 3 道層站門處於開啟狀態;及
(ii) 不得進行可產生高溫的工程或焊接作業。

(c) 如要拆下層站門,則應避免在任何同一時間內於升降機井道內拆除多於一道層站門。

(d) 如要在同一時間拆除多於一道層站門,則應以耐火時效不少於 1 小時的圍板把門口暫時圍封,以作防護。

(e) 圍板不得有開口,但為升降機井道提供通風的細小開孔及用以進出井道的檢修門則除外。

(f) 每一個通風口的面積不得超逾 5,500 平方毫米,並應位於圍板上端。每條井道只許有 2 個通風口,圍板則最多只可有 4 個開口。

(g) 圍板上的通道門應與圍板具有相同的耐火時效。通道門應可自動掩上及裝有門鎖,以防有人擅闖。門鎖應配備裝置,無須鎖匙即可從內開啟。

(h) 圍封升降機井道的臨時圍板應盡可能以不阻塞逃生通道或縮減其闊度為準。

(i) 在保養或更換工程進行期間,於升降機井道內加設的臨時棚架、模板及立柱釘板等,均應以不可燃物料構造。

(j)　在保養或更換工程進行期間的午膳時間或下班前，如仍有工程尚未完成，則須作出安排，把所有已開啟的升降機層站門關上，或以抗火圍板把該等臨時開口妥為圍封，以確保所有臨時開口都得到防護。

處理故障召喚及安全救出被困乘客

以下條文節錄自【升降機工程及自動梯工程實務守則 2018】有關（處理故障召喚及安全救出被困乘客）的要求，全書詳細內容請參考相關書刊

6.4　處理故障召喚及安全救出被困乘客

6.4.1　接到升降機內有乘客被困的召喚時，註冊承辦商須安排兩名或以上的升降機工程人員前往現場，以救出被困升降機內的乘客。只可調派熟悉該肇事升降機特性的升降機工程人員前往處理拯救行動。

6.4.2　前往現場處理升降機故障或乘客被困事故的工程人員，須包括至少一名合資格人士。該合資格人士在離開現場前，必須在工作日誌內記下所採取的行動。

6.4.3　處理升降機故障事故時，務必查看是否有乘客被困於該停頓的升降機內。處理故障的合資格人士離開現場前，應先實際檢視機廂內部以確定並無乘客被困。

6.4.4　負責救出乘客的升降機工程人員必須嚴格遵行升降機機房或控制屏展示的拯救乘客程序。進行手動操作前，必須先隔離升降機的電源（關上總掣）。

6.4.5　為協助被困乘客安全離開升降機機廂，負責拯救工作的合資格人士須與機房的人員及機廂內的乘客保持溝通，並應不斷安撫乘客耐心等候救援，切勿強行從裏面打開機廂門。

電源中斷釋放被困於升降機中乘客之步驟

1.　確定升降機停放之位置；
2.　通知被困之乘客，拯救工作正在進行，不要擅自打開升降機門，及必須保持鎮靜；
3.　確定所有外門全部關妥，並關閉升降機之總掣；
4.　用對講機提醒升降機乘客升降機將會被絞上或絞下；
5.　將絞手曲柄（迫力杆），置於其開迫力位置上，用手緊握摩打之「飛輪」；
6.　將迫力慢慢放鬆，嘗試轉動絞手或飛輪向左或右，以比較容易絞動升降機之方向為準；

7. 再次提醒乘客拯救工作正在進行，然後慢慢絞動升降機；
8. 迫力應該一開一合，使其速度不至太快；
9. 慢慢升上或下降升降機廂，直至到了最接近有撬門匙窿之樓層為止，其位置最好與外層樓水平；
10. 仍然保持總掣關掉，以鎖匙打開外門讓被困之乘客行出。

主鋼纜張力測試

　　主鋼纜張力測試方法，行內會採用下列兩種方法：

1. 彈簧秤量度法
● 將機廂停在最低層，按下機廂頂停止掣，在機頂纜頭對上約 1 米位置之鋼纜作記號；
● 用彈簧秤以水平方向拉動每根鋼纜至一相等距離，記錄張力的數據。若張力相等時，每條鋼纜將測出相同的張力數值，如（圖：12.61）所示；如張力不平衡時，一些鋼纜會較「緊」，一些會較「鬆」；
● 計算各數據之平均張力；
● 若某鋼纜張力與平均張力相差 ±0.1kg 時，應調節纜頭張力均衡裝置；
● 調節纜頭張力均衡裝置後，應作上下較長距離的行車再作測試。

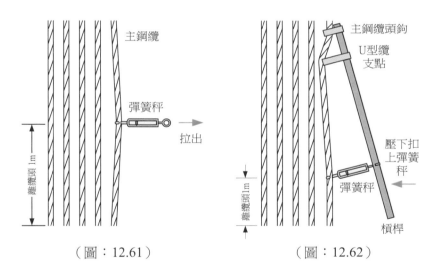

（圖：12.61）　　　　　（圖：12.62）

　　另外一些公司會在彈簧秤加上槓桿的方法量度，主要分別是：
● 借助用裝上頭鈎、U 型纜支點頂桿和彈簧秤的槓桿；
● 彈簧秤鈎應扣在離纜頭 1m 處，先作記號；
● 將主鋼纜鈎在主纜離纜頭 1m 處更高（約 2m）的地方；
● 將 U 型纜支點頂住鋼纜，將槓桿壓下；
● 將彈簧秤扣上槓桿，若不能扣上，移動整條槓桿上下位置配合，直至可扣上，如（圖：12.62）所示，將頭鈎及槓桿扣上彈簧秤的位置作記號（其後測量其他鋼纜都以這些記號的高度位置為準），記錄該鋼纜張力的數據；

- 再用相同方法測量其他主鋼纜，其餘計算方法及調節張力工序與以上的彈簧秤方法相同。

鋼纜編號	拉力 T (kg)	平均拉力 T_{av} (kg)	差距 T_{av} - T (kg)
1	T1		
2	T2	$T_{av} = \dfrac{T1+T2+T3+T4+T5}{總纜數}$	
3	T3		
4	T4		
5	T5		

2. 敲擊法
- 將機廂停在最低層，在機頂纜頭對上約 1 米位置之鋼纜作記號；
- 用膠鎚敲擊鋼纜，並用秒錶記錄 5 次往返時間；
- 計算各數據之平均往返時間；
- 若某鋼纜張力與平均張力相差 ±0.1s 時，應調節纜頭張力均衡裝置；
- 調節纜頭張力均衡裝置後，應作上下較長距離的行車再作測試。

鋼纜編號	時間 t (s)	平均時間 t_{av} (s)	差距 t_{av} - t (s)
1	t1		
2	t2	$t_{av} = \dfrac{t1+t2+t3+t4+t5}{總纜數}$	
3	t3		
4	t4		
5	t5		

當升降機行車鋼纜張力不同時，可能會引致下列之情況：
- 鋼纜坑磨損程度不同
- 鋼纜磨損程度不同
- 鋼纜滑動移位
- 鋼纜震動搖擺
- 鋼纜互相敲擊
- 縮短鋼纜及纜轆的壽命
- 安全系數改變

　　除以上方法可簡單測試行車鋼纜張力外，也有多種電子儀器可更精確量度數據，其中一個產品如（圖：12.63）所示，只要將儀器依次地鎖緊於每一條需要測試的行車鋼纜上，期間不需拆卸任何零件，便可得出張力的數據，適用於任何場合。

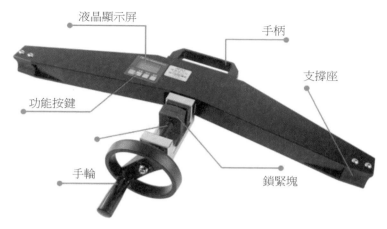

液晶顯示屏

手柄

支撐座

功能按鍵

手輪

鎖緊塊

（圖：12.63）

相片來自互聯網
https://item.taobao.com/item.htm?spm=a21wu.10013406.0.0.731418703Cd1HV&id=583596587646

◆   YouTube 影片－Overload measuring device for lifts－無語－無字幕（1:14）
      https://www.youtube.com/watch?v=x0TTDA9UezI

◆   YouTube 影片－Henning Mobile Weight Watcher | Product Tutorial | Wurtec－無語－無字幕（6:09）
      https://www.youtube.com/watch?v=9tmLS98t5eU

修理燒毀摩打繞組的步驟

　　行車摩打經過長年的運行或不適當之保養，摩打的繞組是會燒斷或短路，這情況又以舊式的行車摩打較多。由於一般升降機之行車摩打，燒毀後行內都是會重新繞線後再投入服務，甚少更換另外一個新摩打。這時必須進行重繞摩打之繞組，這樣便必須將摩打拆出，以下是施工時的工序：
1.　首先將連接摩打之電線拆開，並留下記號，以便日後駁回。
2.　鬆開摩打座螺絲，並將摩打搬離底座，一般摩打底部楔有薄片，使到摩打水平，記下薄片的數目及位置，如果不阻礙其他工序，更應固定在原位，以免重裝時再次調校，然後將摩打搬到工場。
3.　拆開前後蓋前，先在蓋與摩打身之間用鋸片劃一直線，另一邊劃二條，以便日後對位安裝。
4.　前後蓋拆開後，必須從摩打繞組根查並記錄以下之數據，若已知摩打之數據，可省去此程序。
　　●　摩打銘牌數據。
　　●　摩打線之截面積（可能有多種類的線）。

- 槽數、絕緣種類、線圈匝數、數量、線圈節距、相隔槽數和線圈圓周大小。
- 接法、極數。

5. 拆卸電機零件及舊繞組銅線，清洗內部及各零件。
6. 若是直流電機，更要檢查整流器（銅頭）及其附件。
7. 繞製新線圈，並放置鐵芯槽坑絕緣。
8. 將線圈根據數據之槽距放入槽內及接駁。
9. 用指南針方法作初步的磁場極性測試，再用布帶包紮。
10. 上絕緣漆，並烘乾。
11. 裝回機殼，進行試車，沒有問題，便搬回升降機所在地。
12. 裝落機器架，簪回摩打接線。
13. 試慢車及快車，看轉動上落方向是否配合，否則要調相序線更正。
14. 試正常行車。

三相感應電動機頭尾線的辨別

交流感應電動機的三相定子繞組共有三組，合共有六個頭、尾端點，分別接在電動機接線盒的六個接線端上，並標有 U、V、W、Z、X、Y 或 U1、V1、W1、W2、U2、V2，可以按需要接成星形或三角形。假如六個接線端的標記遺失，必須先辨別各繞組首、尾，才可接成星形或三角形，因頭、尾線的不正確可能令電動機不能起動，甚至燒毀。

首先應先用萬用錶的電阻檔，將三個繞組獨立分辨出來，6 個線端若通路的，視為一組，共分 3 組，並做上標記，例如：1、2；3、4；5、6，然後再判斷各繞組的首、尾端。

以下的剩磁法、交流指示燈法、交流感應法及直流感應法等辨別三相感應電動機頭尾線的方法，條件是被測試的三相電動機之繞組必須是完全正常，包括：繞組的接線及磁極方向完全正常，並且沒有斷路或短路的情況。

剩磁法

將電動機三相繞組假設的頭、尾線並聯在一起，並接在指針式毫安錶或萬用錶的毫安培（mA）檔上，用手轉動電動機的轉子。若萬用錶指針不動或作出小幅度微弱擺動，如（圖：12.64）所示，則說明三相繞組的頭、尾線連接已完全是正確的；如萬用錶指針作出相對較大幅度擺動如（圖：12.65）所示，說明某繞組頭、尾線連接是錯誤的，應該將某繞組頭、尾線對調後再重試，直至獲得指針沒有擺動或只作出小幅度微弱擺動的結果。

這方法是利用轉子中的剩磁，經轉子轉動後，在定子三相繞組中感應出一個大小相等，相位相差 120° 的感應電動勢及電流，若三相繞組各頭、尾線正確，並聯在一起，其電流相量和為零，萬用錶沒有電流；若三相繞組其中有某組的頭、

尾線不正確，繞組的電流相量和便不再是零，所以萬用錶感應出電流，指針便會擺動。這種方法簡單，不需電源，準確，適用於較小型的電動機，惟電動機必須曾經運行過，轉子要有剩磁才可使用。

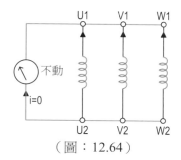
（圖：12.64）

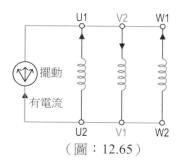
（圖：12.65）

　　剩磁法也可用另一種方法找出頭、尾線。先將三相繞組其中兩相繞組的假設頭、尾線用頭尾→頭尾方法串聯，即 U1→U2→V1→V2 再串聯連接一個毫安錶或萬用錶的毫安培（mA）檔，及最後一相繞組，基本上是將三相繞組接成角形，即 U1→U2→V1→V2→mA→W1→W2，如（圖：12.66）所示。慢慢地轉動電動機的轉子，若毫安錶指針不動或動作幅度很小，這表示三相繞組各繞組的頭、尾線之假設已全部正確，即頭、尾線 U1、U2；V1、V2；W1、W2 構成的角形接法全部正常。

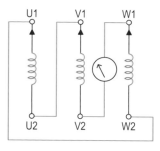
（圖：12.66）

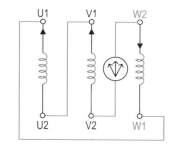
（圖：12.67）

　　如指針擺動，可先將第三相的兩個引出線 W1 及 W2 的頭、尾調換後再試，如（圖：12.67）所示。如指針不動了，表示 W1 及 W2 的頭、尾對調已正確。若指針仍然擺動，則表示先前兩組引出線頭不正確，可先將第二相的 V1 及 V2 對調，如（圖：12.68）所示。如指針仍擺動，再將第三相的頭、尾線 W1 及 W2 調回原位再試，如（圖：12.69）所示。以上（圖：12.66）至（圖：12.69）4 張圖的繞組頭、尾不同接法，一定有一個令指針不動或動作幅度很小。

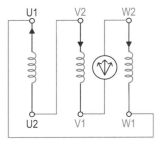

（圖：12.68）

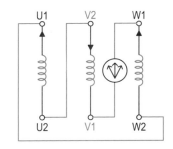

（圖：12.69）

　　此方法的原理與以上方法相同，只是將三相繞組中感應出的大小相等，相位相差 120° 的感應電動勢及電流接成角形，同理如果三相繞組頭、尾線正確，角形內不會產生環流，其電流相量和為零，萬用錶沒有電流；相反，角形會產生環流，串聯的電流錶指針便會擺動。

交流指示燈法

　　將三相繞組第一相繞組接約 30V 低壓交流電，對小容量的電動機可直接用 220V 電源，但中、大功率電動機不宜用 220V 電源，其餘兩相串聯起來，再與一個燈泡串聯，燈泡額定電壓必須高於輸入電壓，可使用 220V。這時第一相繞組便相當於變壓器的初級，共餘兩相繞組便相當於變壓器的次級。如果燈發亮，如（圖：12.70）所示，表示繞組頭、尾連接是正確的，作用在燈泡上的電壓是兩相繞組感應電動勢（箭咀方向）的「相加」，電壓較高；如果燈泡不亮，說明兩相繞組頭、尾反接，作用在燈泡上的電壓是兩相繞組感應電動勢的「相減」，電壓很低，如（圖：12.71）所示，應該對調後重試。

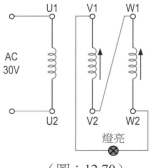

（圖：12.70）

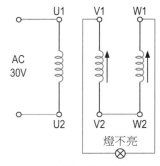

（圖：12.71）

交流感應法

　　用一台約 30V 變壓器作交流電源，分別將六根電機引線中的任意兩根與電

源碰擦，如果是繞組的兩端，便會產生火花，把碰擦時有火花的兩個端頭作為一相繞組，最後共分可為三組（三相），然後把各三相繞組中的假設尾端標示為 4、5、6 三個端頭接在一起，接於變壓器電源的一端，再將另外三端標示為 1、2、3 的任意一端（假設將 1 端）接到電源另一端，接線如（圖：12.72）所示。

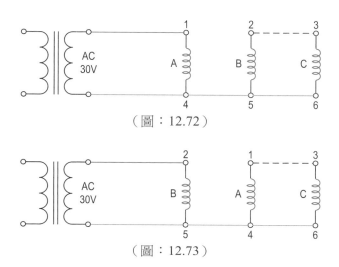

（圖：12.72）

（圖：12.73）

　　將餘下的兩端 2、3 互相碰擦，若無火花，則此兩端 2、3 皆為頭端或均為尾端；再換上接線端 2 接在電源上，把 1、3 相碰擦，如（圖：12.73）所示，若無火花，則說明 1、2、3 均為頭端（或均為尾端）。若有火花時，應將三個繞組中的任一組調換頭、尾端，重複上述試驗步驟，直至沒有火花為止。

　　交流感應法原理與交流指示燈法相同，只是比較兩組感應電動勢極性時，若極性相等，便沒有太大的電位差，並聯使頭、尾碰擦時將沒有火花；若極性相反，相當於將兩電動勢串聯，電壓較高，所以繞組頭、尾碰擦時將產生火花。

　　交流感應法也可用另一直接採用交流 220V 電源的方法找出三相電動機的頭、尾線。先將三相繞組分成三組，並預先假定各相的頭、尾線，再作出標記。將 U1→U2→V1→V2 串聯，U1 及 V2 間直接接上 220V 交流電源，用萬用表的交流電壓檔量度 W1 與 W2 間之電壓。若測出約為 20~50V 的高電壓（視每個電動機而定），這表示 U1→U2→V1→V2 串聯的頭、尾線完全正確。由於串聯後兩繞組構成一個由兩個相同方向電壓相加的變壓器初級繞組，這時初級繞組的激磁電流便會產生一個單方向的磁通，而繞組 W1 與 W2 之間，成為變壓器次級，並感應出約較高電壓，如（圖：12.74）所示。

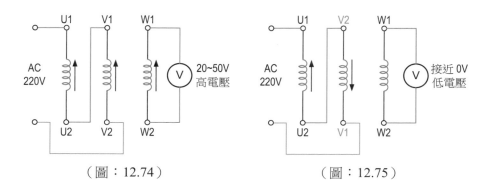

（圖：12.74）   （圖：12.75）

　　若測出為接近「0V」的低電壓，這表示 U1→U2→V1→V2 串聯的頭、尾線，其中一個繞組的頭、尾線相反。由於串聯後兩繞組構成一個由兩個相反方向電壓相減的變壓器初級繞組，這時初級繞組的激磁電流便會產生兩個大小相同，但不同方向的磁通，即兩磁通互相抵消，由於沒有磁通，繞組 W1 與 W2 之間並不能感應出電壓，如（圖：12.75）所示。這時應將其中一個繞組的頭、尾線對調再作測試。

　　當三相繞組其中兩個已找出頭、尾線後，可以將它們作基準，再用同樣方法找出第三相的頭、尾線。

直流感應法

　　假設一個兩極電機繞組如（圖：12.76）所示。將 U2 接到用兩個乾電池串聯的負極，從 U1 引出一根導線，碰一下電池的正極（觀察電流錶在碰一下時的情況），這時將有電流從 U1 進入 A 相繞組，從 U2 流回電源。繞組線圈中的電流產生一個向上的磁場方向（實線箭頭），在 A 相接通時，磁場從無到有地逐漸增加。根據電磁感應定律，它在 B、C 兩相繞組中將感應電動勢，其方向必然反對這個變化（增長）的方向，即 B、C 兩相線圈中電流將產生一個方向朝下的磁場（虛線箭頭），來抗衡 A 相線圈磁場的增長。按右手定則，B、C 相感應電動勢（電流）方向是從 V2、W2，流進線圈，從 V1、W1 流出線圈。用直流電流錶或萬用錶的毫安培檔作檢測，若 V1 或 W1 接在錶頭的正極，V2，或 W2 接錶頭的負極時，錶針作正向擺動，如（圖：12.76）所示，表示 V1、V2 及 W1、W2 都正確；相反，若某錶針作反向擺動，如（圖：12.77）所示的 W1、W2，則表示 W1、W2 兩端點的頭、尾線需對調。

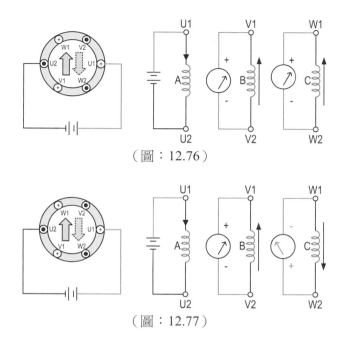

（圖：12.76）

（圖：12.77）

　　若將已經接在電池正極上的 U1，突然斷開時，A 相線圈中磁場向減少的趨勢變化。接著重複上述過程，其結果應相反。若在測量中連續地將電源打開、閉合，會使錶針來回擺動，就不能準確地作出判斷，因此，測試時切忌抖動電源。

　　此方法適用於已安裝好，而且電動機不易用手轉動的場合，測試時只需留意電流錶的電流方向，不需理會電流其大小。

接管升降機保養工作時的建議檢查範圍

　　有關升降機的保養工作，升降機負責人可能會於升降機保養合約期滿時，交予另一間新的註冊升降機承辦商負責。新的註冊升降機承辦商，在接收升降機時，應該作出風險評估，並作出詳細檢查，以保障同事的安全。

以下條文節錄自【升降機工程及自動梯工程實務守則 2018】有關（接管升降機保養工作時的建議檢查範圍）的要求，全書詳細內容請參考相關書刊

附件 A - 接管升降機保養工作時的建議檢查範圍
下列為升降機可能會出現的常見異常情況例子。本一覽表並非詳盡無遺，註冊承辦商應進行徹底檢查，以找出任何不符合相關安全標準或規定的地方。

1.　　在消防升降機層站門前面裝上鐵閘或類似閘門，阻塞升降機入口。
2.　　在消防升降機入口以外的其他升降機入口前面，裝上並無按《設計守則》規定附有聯鎖的鐵閘。
3.　　升降機安裝時所裝設的層站門被停止使用（即升降機不會停於這些層站）。

4. 沒有適當調校層站門的鎖緊裝置（即當升降機機廂並非停於層站的開鎖區時，層站門可從層站一邊以手動方式打開）。

5. 沒有適當調校用作確證層站門已有效鎖緊於關閉位置的安全掣，或該安全掣並非直接操作類型。

6. 沒有適當調校用作確證層站門已處於關閉位置的安全掣，或該安全掣並非直接操作類型。

7. 層站與機廂門板（關閉時）的間隙過大，或層站與機廂門板及企柱之間的間隙過大。

8. 層站門或機廂門的關門力度或動能過大。

9. 驅動機器的齒輪箱漏出潤滑劑，影響升降機的安全運作。

10. 懸吊纜索並非處於安全操作狀態（例如纜索之鋼纜絲嚴重生銹或銹蝕、斷支數量過多，或出現其他嚴重異常情況）。

11. 沒有適當調整驅動機器的制動器，或制動器襯套嚴重損耗，影響其安全運作。

12. 斷相或反相保護裝置未能有效運作。

13. 機房內升降機機械可接觸的活動部分並無防護，可令人受傷。

14. 升降機機廂的機身或機廂吊架有嚴重侵蝕或銹蝕情況。

15. 消防升降機操作模式失效。

16. 沒有妥善安裝升降機機廂頂的護欄。

17. 超載感應裝置並非故障保護類型。

備註：

a. 註冊承辦商應就相關標準或規定的實施日期，檢查升降機是否符合有關標準或規定。

b. 註冊承辦商接手保養工作時，應與負責人聯絡，以確定上一位註冊承辦商是否有任何保養工程尚未完成。新接手的註冊承辦商應盡可能與負責人聯繫，從上一位註冊承辦商取得所有必需技術資料或數據，以進行升降機保養及檢驗工作。

12.4 保養時機房、機器間或滑輪房內之工作

以下條文節錄自【升降機工程及自動梯工程實務守則 2018】有關（在機器間或滑輪房內工作）的要求，全書詳細內容請參考相關書刊

4.31 在機器間或滑輪房內工作

4.31.1 在機器間或滑輪房內工作的全部人員，均須遵守所有相關安全標誌的規定。

4.31.2 除非機器間或滑輪房內有工程進行，否則通往機器間或滑輪房的門必須時刻鎖上，以防有人擅自內進。

4.31.3 機器間或滑輪房內裝置的所有永久起重設備，只可在不超過安全操作負載下運作。起重設備亦應根據《工廠及工業經營(起重機械及起重裝置)規例》(第 59J 章)進行測試及檢驗。

一般工作

● 清潔及整理機房，檢查線路圖是否完好。
● 檢查各器械運作正常，無異常聲響。
● 檢查機房門警告牌、出入口門、窗、鎖是否完好。
● 檢查手動放人程序指引是否完好，盤車手輪、迫力桿等部件是否齊全。
● 檢查滅火器、照明、溫度、抽風系統是否妥善。

控制板

● 檢查控制板表面的清潔情況。
● 檢查檢相器功能、接觸器、繼電器等觸點有無燒傷，動作是否正常。
● 檢查及更換所有不合規格的保險絲。
● 收緊各簧線螺絲及線薑。
● 檢查控制板、主控器的故障記錄。
● 檢查控制板內各指示燈的工作狀態（安全回路、門鎖回路等）。
● 檢查外掛程式接線端子的緊固情況。

行車摩打及曳引輪

● 檢查曳引機與機座的固定情況，各軸承潤滑情況。
● 檢查及清理直流電機銅頭及炭精，確定彈簧壓力相約。
● 清潔杯士內的帶油令。
● 檢查急輪膠狀態。
● 清理摩打殼內／外塵埃。

- 檢查測速飛梳（離心開關）表面狀況及炭精彈簧壓力，帶動飛梳轉動的皮帶狀況及張力等。
- 檢查曳引輪纜坑及鋼纜的狀況，曳引輪運轉時應無異常聲音和明顯震動。
- 檢查花纜頭穩固狀況。

發電機

- 檢查及清理主及輔助發電機銅頭及炭精，確定彈簧壓力相約。
- 檢查啤令及加油。
- 清理發電機殼內／外塵埃。
- 清理及檢查九線掣／油掣運作狀況。

迫力

- 檢查制動器的銷軸是否能自由轉動，對所有活動部分進行潤滑加油。
- 檢查制動器動作靈活、工作可靠、調整螺絲有無鬆動。
- 檢查電磁鐵工作正常無卡住現象，制動器線圈接線無鬆動。
- 拆散制動器組件及檢查各部件狀況。
- 檢查開迫力連接摩打電源接點，例如：龍蝦頭（如適用）之運作狀況。
- 測試緊急煞車距離。
- 檢查迫力皮損耗情況。

牙箱

- 檢查牙箱油的高度水平及油質情況，是否有漏油現象。
- 檢查牙箱運行狀況及虛位，要檢查電動機軸線是否與蝸杆軸線在一條水準直線上。
- 檢查齒輪嚙合狀態及齒的磨損情況。當減速器使用年久後，齒的磨損逐漸增大，當齒間側隙超過 1mm 以上，並在工作中產生猛烈的撞擊時，應考慮更換蝸輪與蝸杆。

檢速器

- 清理及檢查檢速器（測速發電機）。
- 檢查皮帶狀況及張力。
- 檢查炭刷狀況。

壓轆及複繞輪

- 檢查所有機器的壓轆及複繞輪的工作狀態，全部軸承均須加油。

● 檢查壓轆安裝位置是否正常，壓轆槽的磨損，輪子運轉時應無異常聲音和明顯跳動。

樓層選擇器

● 檢查各附件之狀況及加油。
● 收緊各簣線螺絲。

限速器

● 檢查軸、銷的運行狀況，並加潤滑油。
● 檢查電氣閘鎖，接線端子的緊固，觸點動作情況。
● 檢查制動盤的動作靈活情況。
● 檢查夾纜鉗口部位的清潔狀況，清除污垢使之動作可靠。
● 檢查保險纜槽的磨損情況，超速開關動作的可靠性檢查。

油壓機油箱及油壓控制閥

● 檢查各油管表面狀況。
● 檢查各油喉、油管接駁狀況，如有漏油情況即要收緊或處理。
● 檢查及清理隔油器。
● 測試減壓閥及安全切斷閥。
● 測試手動放油（手動下降閥）及手動泵裝置性能，確定油壓錶有效。
● 測試自動回平層性能及準確性。

安全線路

● 測試樁掣性能及有需要時作出調較。
● 測試所有機房電氣閘鎖性能。

緊急電池燈、充電機及對講機

● 測試緊急電池燈及對講機性能。
● 檢查充電機，蓄電池是否需要加蒸餾水。

機廂監察鏡頭顯示器

● 檢查機廂監察鏡頭顯示器的性能及影像質素。

12.5　保養時層站、層站門及機廂門有關的工作

以下條文節錄自【升降機工程及自動梯工程實務守則 2018】有關（與層站門及機廂門有關的工程）的要求，全書詳細內容請參考相關書刊

4.27　　與層站門及機廂門有關的工程

4.27.1　在進行任何與層站門及機廂門有關的工程時，至少須在升降機的主要層站顯眼地展示適當的警告標誌。有關標誌的式樣見圖 1（圖：12.78）。如有人正在升降機井道內工作，或正進行涉及層站門及機廂門的工作，升降機的機廂入口必須用附有警告標誌的圍欄適當地阻隔，以免有使用者在不經意的情況下走進機廂。

4.27.2　如需繞過、臨時更改或干擾升降機的安全電路，以致影響使用者的安全，則除了在機廂入口架設圍欄外，亦須在所有層站門的當眼處展示警告標誌。在緊急情況下，可先進行拯救工作，然後才展示標誌。無論如何，在任何時間均須採取足夠的安全預防措施。

4.27.3　必須防止電動自動門意外開啟。

4.27.4　如層站門沒有上鎖或已開啟，但升降機機廂卻並非處於該層站的水平，便須採取適當的安全預防措施，而層站門的開啟時間亦不得較工作的實際所需時間為長。無論如何，必須採取有效的預防措施以防止有人走近正開啟或沒有上鎖的層站入口。下列是可供採用的措施：
(a)　在層站入口門檻架設一道頂部設有高度不少於 900 毫米及不多於 1,150 毫米的欄杆、中間設有高度不少於 450 毫米及不多於 600 毫米的欄杆、並附有踢腳板的圍欄；或
(b)　在層站門檻外適當的距離位置，架設至少 1 米高的鐵絲網或實心圍封物。

如需拆除升降機層站門，除非層站門可在拆除後隨即裝上，否則，拆除升降機層站門前，應在升降機層站出入口建立能幅蓋樓層整個高度及連同出入口的固定圍板。

4.27.5　即使已架設上文所述的圍欄或圍封物，如無人在層站或附近地方工作，層站門便須關閉及鎖上。如層站門無法關閉及鎖上，則除非機廂是處於該層站的水平，否則須把圍欄伸延至遮蓋層站入口的整個高度。

4.27.6　所有防護圍欄必須附有中、英文警告字句和適當的安全標誌。
這些圍欄必須存放在鄰近升降機且方便拿取的地點，以便工程人員遇有需要時可馬上取用。

4.27.7　若存在由沒有防護措施的層站下墮超過 2 米的風險，則不應只派遣工作人員在層站看守以取代設置防護圍欄防止有人進入危險範圍。在緊急情

況及經評估有關風險後認為派遣工作人員在層站看守屬無可避免,須採取適當安全措施確保該人員應與該沒有防護措施的層站保持安全距離。

4.27.8   如機廂並非處於層站的水平,只可由合資格人士開鎖或打開升降機的層站門或閘。

4.27.9   開鎖工具必須存放在安全穩妥的地方。如沒有開鎖工具,應建立一個安全工作制度。

4.27.10   完成工作後,應核實層站門已關閉並鎖上。

(圖 1)

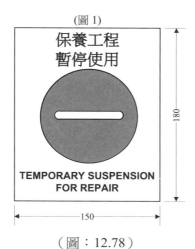

(圖:12.78)

層站召喚

● 檢查外拎手板及樓層召喚按鈕,拎手燈是否正常。
● 檢查樓層顯示,到站提示及聲響。
● 檢查地下求救警鐘聲響。

主樓消防掣

● 檢查消防掣面板膠片。
● 測試消防掣功能。

層站外門

● 清掃層站門地坎、門道更換磨損的門腳。
● 檢查層站門各尺寸螺絲緊固狀況。
● 檢查層站門的開門機構是否正常。

● 檢查層站門門輪磨損情況。
● 檢查強迫開門機構是否正常。

機廂內門

● 檢查內門之運作性能，需要時清理，加油及調較。
● 檢查機廂門垂直度、門腳的安裝情況。
● 清潔吊門轆路及地砰坑。
● 檢查門頭皮帶或鏈條，於需要時作出調較。
● 檢查門頭各磁力線圈（如適用）之運作性能。
● 檢查內門（內閘）閘鎖狀況及位置。
● 檢查內門刀之運作及位置，於需要時調較。
● 檢查吊轆狀況及門板調較位置。
● 測試內門壓力掣性能。
● 檢查門刀尺寸安全觸板的固定情況（如適用），有無變形，開關的動作及配
  線狀況，檢查各轉動部位轉軸的潤滑。
● 檢查門光電裝置或光帶有無光軸偏移及污損，接線端子是否鬆動，動作是否
  可靠。

12.6   保養時井道內，機廂頂及機廂之工作

以下條文節錄自【升降機工程及自動梯工程實務守則 2018】有關（在升降機井道內及機廂頂工作）的要求，全書詳細內容請參考相關書刊

4.28   在升降機井道內工作

4.28.1   應確定在升降機機廂下面至井道底坑及在升降機機廂頂至上行程最高處，是否留有安全空間／間距。如果只有有限的空間／間距，應展示相關的安全及警告標誌，並考慮採取其他安全預防措施。

4.28.2   應安排工作人員在工程進行期間使用的通訊設備，亦應訂明通訊時所使用的主要用詞或訊號。

4.28.3   井道（包括井道底坑）的安全裝置及機廂頂的控制裝置必須運作良好，尤其應在展開任何工作前，先行檢查緊急停止運行掣及非自動控制模式掣的效能。

4.28.4   應評估井道（包括井道底坑）的工作環境，並就擬進行工作的種類，評估升降機井道的溫度、通風、照明等環境條件，以在展開工作前確定有關環境條件是否適合進行該工作。

4.28.5   應在層站門前架設圍欄。層站門的開啟時間不得較實際所需時間為長。

4.28.6   進出入井道前，須先清楚確立安全進出通道。無論工程處於任何階段，均應設有安全進出通道，讓工程人員可隨時從工作地點進入該通道。

4.28.7   有人在井道內工作時，應禁止未獲授權人士進入機器間。

4.28.8   應盡量減少同一時間在井道內工作人員的數目。不得有來自超過一個行業的人員同時在井道內工作。應實施安全工作制度，以及透過風險評估決定應否實施工作許可證制度。

4.28.9   應避免在升降機槽內懸吊著的負荷物(例如正進行安裝的對重或懸吊鑽索)下面工作，除非已落實適當安全措施防止該等負荷物意外墮下。

4.29   在升降機機廂頂上工作

4.29.1   應使用升降機機廂頂部的控制裝置來控制機廂，並採用檢查操作模式，把機廂的上落速度設定為不超逾 0.63 米／秒。

4.29.2   工作人員如需進入或離開升降機機廂頂，則須採取下列適當預防措施，以確保升降機機廂處於停止狀態：
(i)   啟動機廂頂的停機裝置；或
(ii)   關上升降機的主要電源。

除非升降機的主要電源已關上及機廂處於停止狀態，否則任何工作人員在進入升降機機廂頂部前，須先按下機廂頂的停機裝置並須核實停機裝置操作正常無誤。

4.29.3　開始進行任何工作前，須先核實機廂頂部的控制裝置操作正常無誤。

4.29.4　每當機廂處於停止狀態時，停機裝置須運作。

4.29.5　應盡量減少同一時間內在升降機機廂頂部逗留人員的數目。只應指派一名人員單獨控制機廂的開動和停止。

4.29.6　必須按既定程序控制升降機機廂上落，以令機廂頂部的所有工作人員都知道升降機機廂會在何時及如何移動。

4.29.7　機廂頂部必須清潔，沒有油污並且結構穩妥。應避免站立於機廂頂部緊急活板門上的門鎖和安全裝置。

4.29.8　每次進行工作後，必須清潔機廂頂部及清理其上的雜物，並移走所有工具和設備。不必要的易燃物料和雜物，例如沾有油漬的布、廢棄手套及垃圾，必須在工作前和工作後加以清理。

4.29.9　如無需使用升降機機廂頂部的手提燈，必須予以關上及妥善地掛在遠離任何易燃品的掛鈎上，以防止手提燈成為火源。

4.29.10　在完成工作後，除非升降機的主要電源已關上及機廂處於停止狀態，否則須在所有工作人員離開升降機機廂頂部後，方可解除位於機廂頂的停機裝置。

井道裝置

- 檢查井道清潔衛生情況、井道照明安裝及破損情況。
- 檢查井道內各撞掣、樓板燈及磁掣之位置及狀況。
- 檢查各撞掣咕刀及磁石之狀況及位置。
- 檢查各開關撞輥的磨損情況，相關的行程及觸點的磨損。
- 測試所有安全電氣掣性能。
- 檢查隔磁板的安裝情況，有無彎曲變形及銹蝕。
- 檢查行車纜索表面狀況及張力是否相若。
- 檢查行車及限速器鋼纜固定情況，螺母及開口銷情況。
- 檢查行車及限速器鋼纜的磨損情況，有無斷絲、松股、銹蝕、鋼絲纜纜頭開裂及生銹情況。

電纜及隨行電纜

- 檢查電纜、線槽、燈喉及隨行電纜安裝情況。
- 檢查隨行電纜有無損傷及其運行情況。

導軌

- 檢查導軌（線條）支架部件、連接板部位螺絲緊固。
- 檢查導軌有無損傷、接駁位是否正常。
- 檢查導軌表面潤滑情況，油盒油量是否充足。

機廂

- 測試求救鐘按鈕及求救鐘的響聲。
- 檢查拎手板各樓層召喚按鈕，拎手燈泡是否正常。
- 測試機身對講機系統與其他位置的對話情況。
- 檢查樓層顯示，照明燈，風扇，緊急電池燈。
- 檢查各鎖匙控制開關是否正常。

補償鏈或補償纜

- 檢查補償鏈的鏈環是否有開裂、兩端固定處可靠、螺母鎖緊、銷釘齊全。
- 檢查補償鏈是否與井道器件碰撞或磨擦，有無阻力。
- 檢查補償鋼纜固定情況。
- 檢查補償鋼纜表面及狀況磨損情況，有無斷絲、鬆股、銹蝕、鋼絲纜纜頭開裂及生銹情況。

油壓裝置

- 檢查各油喉、油管接駁狀況，如有漏油情況即要收緊。
- 檢查各油管表面狀況。
- 檢查及收緊主油唧之螺絲。
- 檢查油唧地洞有否積水或油。
- 清潔及潤滑唧頭滑轆之導向裝置（包括路軌及導靴）。
- 檢查機身及井道間的鋼纜或鍊條之狀況及張力。

機廂頂

- 檢查機廂頂環境、清潔及清除機廂頂污物。
- 檢查油盒的磨損情況，並作適當加油。

● 檢查導靴的安裝情況及橫向震動情況,靴襯是否需要更換。
● 檢查機廂頂複繞輪的安裝磨損情況,是否需要加潤滑油。
● 檢查機廂頂秤量裝置安裝狀況及開關動作狀況。

對重

● 檢查對重塊裝配緊固情況。
● 檢查對重導靴及油盒、複繞輪的固定及軸承的潤滑。
● 若對重設有安全鉗,檢查對重安全鉗情況。

12.7 保養時機廂底及井底之工作

以下條文節錄自【升降機工程及自動梯工程實務守則 2018】有關（在升降機井道底坑工作）的要求，全書詳細內容請參考相關書刊

4.30 在升降機井道底坑工作

4.30.1 工作人員在進入或離開升降機井道底坑前，應先確定四周有否任何潛在危險。

4.30.2 應在最低樓層的層站門前面和升降機機廂內架設有警告標誌的圍欄，以防任何人接近施工地方、跌入升降機井道底坑或走進升降機機廂。

4.30.3 在升降機井道底坑工作時，應開啟照明設備；每名工作人員均應帶備電筒。

4.30.4 所有人都應經由井道底坑的檢修門進入或離開升降機井道底坑。如井道底坑沒有檢修門，進入升降機道底坑前，應清楚確定安全的進出道。

4.30.5 如需經由最低樓層的層站門進入或離開升降機井道底坑，則須採取下列適當預防措施，以確保升降機機廂處於停止狀態：
(i) 按下位於最低樓層層站門附近的緊急掣（紅掣）；
(ii) 啟動機廂頂的停機裝置；或
(iii) 關上升降機的主要電源。
除非升降機的主要電源已關上及機廂處於停止狀態，否則任何工作人員在進入升降機井道底坑前，須先按下位於最低樓層層站門附近的緊急掣（紅掣）或機廂頂的停機裝置（紅掣）並須核實停機裝置操作正常無誤。

4.30.6 進入升降機井道底坑後，須立即按下井道底坑內的緊急停止開關（紅掣）。

4.30.7 離開井道底坑時，只須（必須）在確定情況安全後，方可把緊急停止開關（紅掣）復位。此外，也須確保沒有工具或物料遺留在井道底坑。

4.30.8 在啟動升降機機廂前，必須先確保逗留在井道底坑的工作人員與機廂頂部的工作人員（如有的話）之間已作直接和有效溝通。井道底坑的工作人員可就機廂的移動優先發出指令。如有人員在升降機井道工作時，必須確保他們之間保持直接和有效溝通。

4.30.9 在升降機井道底坑進行任何工作前，合資格人士應先在井道底坑找出並確定一個安全地點，供工作人員在升降機機廂向最低層站移動時安全逗留。任何在井道底坑的工作人員必須知道該已確定的安全地點，並在工程進行期間盡可能留在這個安全地點。

4.30.10 每當機廂處於停止狀態時，緊急停止開關（紅掣）須運作。

4.30.11 當在液壓升降機的井道底坑進行工作時，應使用專為支撐或固定機廂或平台保持停留不動的裝置。當要離開井道底坑時，應還原該支撐或固定裝置。

4.30.12 在完成工作後，除非升降機的主要電源已關上及機廂處於停止狀態，否則須在所有工作人員離開升降機井道底坑後，方可解除位於最低樓層層站門附近的緊急掣（紅掣）。

機廂底

● 檢查及清潔安全鉗裝置緊固，夾塊與導軌的間隙是否正常。
● 檢查機廂底架結構有無變形，螺絲緊固狀態，機廂地坎是否穩固。
● 檢查及清潔機底導靴（雞蘇），有需要時調較。
● 檢查花線狀況。
● 測試超重掣或電子超重掣的性能。

井道底坑裝置

● 檢查底坑有無水滲漏，有無特殊氣味，清掃井底污物。
● 檢查井底紅掣性能。
● 檢查井底照明是否正常。
● 檢查對重打樁及頂鉈尺寸，需要時提出改短行車鋼纜要求。
● 檢查全部滑輪及需要時加油。
● 檢查液壓緩衝器油量及緩衝距離。
● 測試所有井底電氣閘鎖性能。
● 檢查油緩衝器固定及電氣閘鎖功能。
● 檢查張緊輪纜槽及鋼纜磨損，開關動作情況。

◆ YouTube 影片－認識升降機的定期保養工程－粵語－中文字幕（21:40）
https://www.youtube.com/watch?v=Oj7Tg1H_7-M

進出升降機槽的安全工作流程圖

　　升降機從業員當進入升降機槽時，危險程度便大大增加。建造業議會為升降機從業員進出升降機槽時，包括機廂頂及井底坑，設計進出升降機槽的安全工作流程圖作指引，相關流程圖如（圖：12.79）所示。

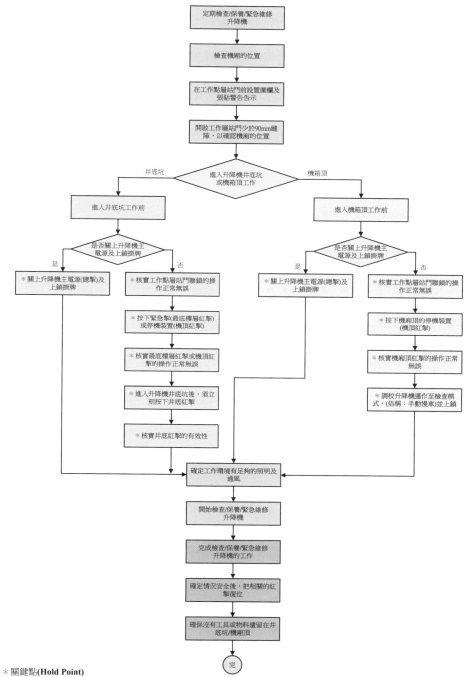

＊ 關鍵點(Hold Point)
1. 該動作必須正確無誤地執行後，才可進行下一項工作。
2. 如未能完成關鍵點，升降機工程人員需向升降機承辦商管理層匯報，並尋求指示或依從承辦商制定的相關緊急應變措施。

（圖：12.79）

12.8　潤滑劑

　　潤滑劑(Lubricant)有助於機件減低摩擦和冷卻，防止生銹，如無適當的潤滑，機械及滑動零件則會產生噪音，迅速磨耗，可能造成過熱及不必要的損耗。對於用在各種場合的工業用潤滑劑來說，化學穩定性、熱穩定性，減少摩擦和耐負荷能力是最普通的要求。由於使用中的潤滑油及裝置種類繁多，使用時需要細心規劃及實施。在升降機及自動梯使用的潤滑劑，主要有潤滑油和潤滑脂。

潤滑油

　　工業潤滑油(Lubricating oil)主要有液壓油、齒輪油、汽輪機油、壓縮機油、冷凍機油、變壓器油、真空泵油、軸承油、金屬加工油（液）、防銹油脂、氣缸油、熱處理油和導熱油等。潤滑油一般由基礎油和添加劑兩部分組成。基礎油是潤滑油的主要成分，決定著潤滑油的基本性質，添加劑則可彌補和改善基礎油性能方面的不足，賦予某些新的性能，是潤滑油的重要組成部分。

　　工業潤滑油應用範圍很廣，基礎油的種類也很多，例如：純礦物油，聚醚合成油，烷基苯油，可生物降解脂類油。但當它們成為某種工業潤滑油時，不同類別之間是不能互相混合的。例如：聚醚合成油和別的工業油混合之後，其性能就會顯著下降。工業潤滑油在不同的應用場合中，其添加劑也不一樣。例如：室外用的液壓油，要有適合當地的溫度變化，就不能用室內密閉環境下的液壓油。另外像重載齒輪油和成型油，使用條件也不同。重載齒輪油含有極壓添加劑來確保可以在苛刻環境下使用；成型油，通常是純礦物油，不會含添加劑。

　　潤滑油的基礎油主要分礦物基礎油、合成基礎油以及植物油基礎油三大類。礦物基礎油應用廣泛，用量很大，約佔 95% 以上，但有些應用場合則必須使用合成基礎油或者植物油基礎油調配的產品。

　　礦物基礎油由石化產品原油提煉而成。礦物基礎油的化學成分包括高沸點、高分子量烴類和非烴類混合物。其組成一般為烷烴（直鏈、支鏈、多支鏈）、環烷烴（單環、雙環、多環）、芳烴（單環芳烴、多環芳烴）、環烷基芳烴以及含氧、含氮、含硫有機化合物和膠質、瀝青質等非烴類化合物。

　　合成潤滑油是指由通過化學方法合成的基礎油，合成基礎油有很多種類，常見的有：合成烴、合成酯、聚醚、矽油、含氟油、磷酸酯。合成潤滑油比礦物油的熱氧化安定性好，熱分解溫度高，耐低溫性能好等優點，但是成本較高，可以保證設備部件在更苛刻的場合工作。

　　生物基礎油（植物油）可以透過生物降解，其過程較快速，使污染環境時間縮短。這種「天然」潤滑油雖然成本高，但相對其成本增加的費用，足以抵消使用其他礦物油、合成潤滑油所帶來的環境污染治理的費用。

　　添加劑是近代高級潤滑油的精髓，正確選用並合理地加入，可改善其物理化

學性質，對潤滑油賦予新的特殊性能，或加強其原來具有的某種性能，滿足更高的要求。根據潤滑油要求的品質和性能，對添加劑精心選擇，仔細平衡，進行合理調配，是保證潤滑油品質的關鍵。一般常用的添加劑有：黏度指數改進劑，傾點下降劑，抗氧化劑，清淨分散劑，摩擦緩和劑，油性劑，極壓劑，抗泡沫劑，金屬鈍化劑，乳化劑，防腐蝕劑，防銹劑，破乳化劑。

工業潤滑油的基本性能及主要選用原則是潤滑油的黏度(Viscosity)。

● 高黏度
在高載荷、低轉速和溫度較高的情況下，選用高黏度潤滑油或添加極壓抗磨劑的潤滑油；例如：齒輪箱（牙箱）裝置以及其他用於動傳遞系統的配件。

● 中黏度
一般在中轉速、中載荷和溫度不太高的情況下，選用中黏度潤滑油；例如：機械及引擎的曲柄軸（曲軸）箱，對主軸承及其他應力活動配件。

● 低黏度
在低載荷、高轉速和低溫的情況下，選用低黏度潤滑油；例如：軸心軸承，變壓器及油掣的散熱油。

● 合成潤滑油
在寬高低溫範圍、輕載荷和高轉速，以及有其他特殊要求的情況下，選用合成潤滑油。

● 油壓機油
油壓機油為特種類型的潤滑油，用於油壓緩衝器及電動油壓升降機之用。使用時必須查明油壓機油的編號，並且確定是十分潔淨並無砂粒或雜質，更要檢查液壓管、閥及配件的內部油路，也必須十分潔淨，否則會損壞油壓系統。

潤滑脂

潤滑脂(Grease)俗稱雪油，形態如雪糕一樣，它的基本性能和主要選用原則是錐入度(Penetration)，以錐入度來劃分潤滑脂稠度等級。錐入度是各種潤滑脂常用的控制工作稠度的指標，用以表示潤滑脂進入摩擦點的性能和潤滑脂軟硬程度的指標。錐入度值越大，表示潤滑脂越軟，反之就越硬。一般使用潤滑脂的軸承所承受的負荷大、轉速低時，應該選用錐入度小的潤滑脂。反之所承受的負荷小、轉速高時，就要選用錐入度大的潤滑脂。在寬高低溫範圍、輕負荷、高轉速和低溫很低時，以及有其他特殊要求時，應選用合成潤滑脂。

潤滑脂一般用滑脂杯(Grease cup)貯存，通常用於升降機纜轆軸承或密封的滾珠或滾子軸承之潤滑，該等軸承可長時間，甚至不需要維護。由於它不會由軸甩出，故能與軸承表面保持接觸，當工作件不容許污染時，可使用滑脂。

潤滑油的選用

　　潤滑油選用是潤滑油使用的首要環節，是保證設備合理潤滑和充分發揮潤滑油性能的關鍵。

● 　選用潤滑油應綜合考慮以下三方面的要素：
1. 　機械設備實際使用時的工作條件（即工況）；
2. 　機械設備製造廠商說明書的指定或推薦；
3. 　潤滑油製造廠商的規定或推薦。

● 　潤滑油性能指標的選定：
1. 　黏度：設備用潤滑油黏度選定依設計或計算資料查有關圖表來確定。
2. 　傾點：傾點是間接表示潤滑油貯運和使用時低溫流動性的指標。
3. 　閃點：閃點主要是潤滑油貯運及使用是安全的指標，同時也作為生產時控制潤滑油餾分和揮發性的指標。潤滑油閃點指標規定的原則是按安全規定留 1/2 安全系數，即比實際使用溫度高出 1/2。如內燃機油底殼油溫最高不超過 120°C，因而規定內燃機油閃點最低 180°C。
4. 　性能指標：性能指標比較多，不同品種差距懸殊，應綜合設備的工作情況、製造廠要求和油品說明及介紹合理決定，做到既滿足潤滑技術要求又經濟合理。

潤滑油的代用及混合使用

　　不同種類的潤滑油各有其使用性能的特殊性或差別。因此，要求正確合理選用潤滑油，避免代用，更不容許亂代用。一般升降機及自動梯的潤滑油都有指標，必須按廠方指引來使用。用於油壓升降機的油壓油，更需嚴格按廠方要求採用。

　　潤滑油代用的原則：
1. 　盡量用同一類油品或性能相近的油品代用。
2. 　黏度要相當，代用油品的黏度不能超過原用油品的 ±15%，應優先考慮黏度稍大的油品進行代用。
3. 　品質以高質來代替低質。
4. 　選用代用油時還應注意考慮設備的環境與工作溫度。

　　潤滑油混合使用的原則：
1. 　不同種類品牌號、不同生產廠家、新與舊油應盡量避免混用。下列油品絕對禁止混合使用。
　● 　軍用特種油、專用油料不能與別的油品混合使用。
　● 　有抗乳化性能要求的油品不得與無抗乳化要求的油品混合使用。
　● 　抗氨汽輪機油不得與其他汽輪機油混合使用。
　● 　含鋅抗磨液壓油不能與抗銀液壓油混合使用。
　● 　齒輪油不能與蝸輪蝸杆油混合使用。

2. 下列情況可以混合使用：
   - 同一廠家同類品質基本相近產品。
   - 同一廠家同種不同牌號產品。
   - 不同類的油品，如果知道混合使用的兩組份均不含添加劑。
   - 不同類的油品經混合使用試驗無異常現象及明顯性能改變的。

3. 內燃機油加入添加劑的種類較多，數量較大，性能不一；不瞭解性能的油品的混用問題必須慎重，以免導致不良後果。

潤滑裝置

供應潤滑劑給活動零件的方法，可視下列因素而定：
1. 活動零件的可達性；
2. 所加的負荷；
3. 活動零件的速率。

- 機械潤滑
  此種潤滑方法僅在低速時有效，可用於小型蝸輪及齒輪箱一類的項目潤滑，油槽密封，必須妥加維護以防洩漏。

- 飛濺潤滑
  飛濺潤滑的活動部件是裝在一保護殼內，例如：曲柄軸箱，當操動時，一個或一個以上的配件浸入油槽，並將油帶給其他配件。

- 環、鏈條及軸環給油
  環、鏈條及軸環的潤滑，可用一個環或無端環鏈，鬆弛地裝在軸上，與軸一起轉動，軸承下方的貯油槽便會將油帶上來。這方法可用於低速及中速機械中的普通潤滑，例如：齒輪式升降機。

- 油繩給油及潤滑墊
  需要供油率低的配件常用油繩給油潤滑。吸油繩的一端懸垂在油槽中，利用虹吸作用來供油給需要潤滑的部分，常用於一些滑動部件，例如：使用導靴運行升降機的導軌潤滑。潤滑墊通常由氈材料製成，將氈材預先浸在油中並與所要潤滑的部分保持接觸，例如：小型電動機的軸承潤滑及一些轉動部件。吸油繩及潤滑墊應定期檢查有無磨耗或加潤滑油，如有需要便要換新。

- 滑脂杯
  一些滑脂潤滑的軸承是由滑脂杯供應滑脂，滑脂杯有兩種型式：
  ➢ 彈簧操作
    貯存在杯中的滑脂，在彈簧壓力作用下不斷地被擠至軸承，如（圖：12.80）及（圖：12.81）所示，此種滑脂杯僅適用於較稀的滑脂等級，一般用於直接給脂的短導管或管子。

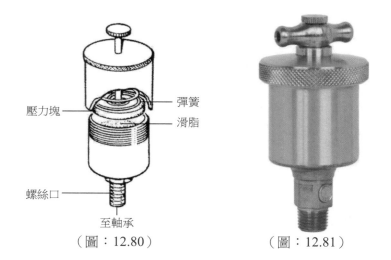

壓力塊——— ———彈簧 ———滑脂 螺絲口——— 至軸承 （圖：12.80）	（圖：12.81）

> 螺旋操作
>
> 藉操作螺旋蓋迫使滑脂透過導管至軸承，如（圖：12.82）及（圖：12.83）所示，此種滑脂杯適用於較稠密的滑脂等級，以及較長的給脂導管。當重新裝滿滑脂杯時應將舊有的滑脂除去，因其傾向會變硬與劣化，裝滑脂時必須特別小心以防空氣封閉在滑脂中。

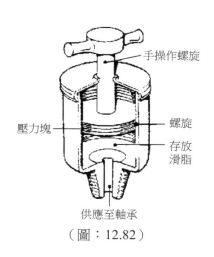

手操作螺旋
壓力塊———
———螺旋
———存放
滑脂
供應至軸承
（圖：12.82）

（圖：12.83）

● 滑脂槍

滑脂槍(Grease gun)俗稱「雪油槍」，用泵壓方法將滑脂加至軸承。滑脂槍通過一個止回加脂乳頭作為入口，實物如（圖：12.84）及（圖：12.85）所示。當加滑脂完成後，加脂乳頭可留在原位或更換一螺旋蓋封鎖，常用於大型的軸承中。當重新裝滿滑脂槍時，必須特別小心以防將空氣封閉在滑脂中。

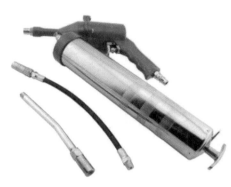

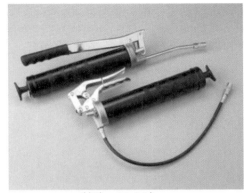

（圖：12.84） （圖：12.85）

相片來自互聯網
https://www.china.cn/qidonghuangyouqiang/3711105345.html
https://gss3.bdstatic.com/-
https://www.tricocorp.com/product/grease-guns/

- 自備潤滑
  - 滑脂裝填
    此種潤滑方法常用於軸承負載輕的低速機械。滑脂是盛在軸承蓋內部，並與軸頭接觸。在拆下滑脂蓋重新裝滿滑脂之前，必須徹底清潔周圍的設備，以防污物進入軸承。當用滑脂裝填軸承時，需留意避免過度潤滑。

  - 油滲入多孔軸承
    有些機器可能有多孔的青銅、銅或鐵軸承，油自軸承中不斷地滲出供給潤滑。

| 單點式智能注油器 |

　　單點式智能注油器的工作原理與滑脂杯相同，但智能注油器內有鈕扣電池來控制內部電路。它只要輸入正確指令數據，軟體便能按需要提供注油器所需的注油時間，更可適用於不同的場合，用於升降機及自動梯實例如（圖：12.86）及（圖：12.87）所示。根據廠方的資料，智能注油器的優點如下：

- 最佳成本效益：減低維修保養成本；
- 環保：準確的注油量，油瓶可於添加後再次使用；
- 用途廣泛：任何惡劣的工作環境均可安裝使用；
- 不再有溢油或飛濺；
- 簡單地改造現有裝置；
- 提高職業安全性（沒有多餘油滑倒的風險）；
- 可持續使用潤滑劑，無級設置潤滑劑分配時間從一個月到一年。

　　用於電梯業的優點：
- 導軌獲得可靠潤滑，升降機安靜運行；

- 不再需要使用收集多餘油的容器；
- 自動梯導軌，傳動鍊和梯級鏈都可獲得可靠潤滑；
- 靜音運行，沒有令人不快的噪音；
- 可防止靜電荷的積聚或火花。

（圖：12.86）   （圖：12.87）

相片來自互聯網
http://www.directindustry-china.cn/prod/simatec-ag/product-19092-742051.html

◆ YouTube 影片－Automatic bearing lubricator simalube－無語－
   無字幕（3:14）
   https://www.youtube.com/watch?v=whbPECeic5c

◆ YouTube 影片－Filling and Refilling lubricator #simalube with
   grease－無語－無字幕（1:55）
   https://www.youtube.com/watch?v=ZvZHT1gUsiU

◆ YouTube 影片－シマルーベ 自動給油器　商品紹介動画 -
   Simalube Oil 片山チエン株式会社－日語－日字幕（3:21）
   https://www.youtube.com/watch?v=RjNb-S0wjLg

主鋼纜的潤滑及鋼纜與纜轆坑槽打滑的距離

　　升降機主鋼纜或補償纜潤滑油應具有較低的粘貼度和良好的滲透性，以便能
滲透入鋼纜的內部。不同速度的升降機，需加其他溶劑，以調節適合的濃度和黏
貼度，以防止鋼纜在升降運行時，潤滑油由鋼纜中溢出飛散。鋼纜於運行時轉動，
會使毛塵黏著於表面，造成「纜屎」，在適當時要清除，以免影響鋼纜打滑及磨
損。

　　　升降機鋼纜生產商，其生產鋼纜所加的潤滑油分量有所不同，保養時應根據生產商指引，定期添加建議的潤滑油型號及份量。檢查鋼纜時也要留意周圍環境是否潮濕及鋼纜表面的鋼絲是否有生銹徵象。如有生銹，應先用鋼絲刷擦除銹積，才加上適量潤滑油。經驗檢查方法可用手擦一擦鋼纜和纜坑槽位置，如仍有微量油積或油感，便不需加潤滑油。鋼纜添加潤滑油一般可用噴壺或油壺，輔以油掃或油轆幫助，行慢車來添加潤滑油於鋼纜上，惟每次只可潤滑 2 至 3 條鋼纜。升降機停止使用超過 6 個月或鋼纜長時間放置，必須檢查是否需要加潤滑油。

　　　測量曳引升降機的鋼纜與纜轆坑槽之間打滑(Rope slip)（跳纜）距離的方法：
1. 先將空載機廂的升降機以額定速度運行至頂樓或最底樓；
2. 停車後以粉筆在主鋼纜跨於纜轆坑槽的位置畫一橫線，如（圖：12.88）所示；
3. 將升降機以額定速度由頂樓下降至最底樓層（全程），然後再上升返回頂樓，以相反方向作全程運行也可；
4. 如發現剛才粉筆畫的橫線已斷開，即上、下一分為二有位移的情況，表示主鋼纜有曾經打滑（跳纜），適當的打滑距離是正常的，用尺量度兩線間移動差距，這表示鋼纜與纜轆坑槽間打滑距離，如（圖：12.89）所示。

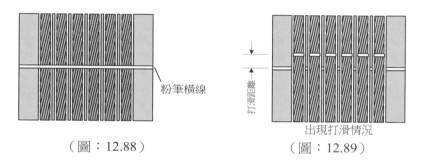

粉筆橫線

打滑距離

出現打滑情況

（圖：12.88）　　　　　　　（圖：12.89）

5. 打滑距離對鋼纜的潤滑指引如下：
   - 速度比 1:1
     - 打滑距離百分比 ≦0.1%，鋼纜需要重新潤滑；
     - 打滑距離百分比 ＞0.1%，鋼纜不需要重新潤滑；
   例如：行程(RD)=80m，速度比(TR)=1:1，打滑距離(SD)=20mm(0.02m)。
   計算曾經過曳引輪的鋼纜總長度(WRD) = 2 x RD x TR = 2 x 80 x 1 = 160m；
   打滑距離的百分比 = SD/WRD x 100% = 0.02/160 x 100% = 0.125%
   ∴ 打滑距離百分比 0.125%＞0.1%，表示鋼纜不需要重新潤滑。
   - 速度比 2:1
     - 打滑距離百分比 ≦0.2%，鋼纜需要重新潤滑；
     - 打滑距離百分比 ＞0.2%，鋼纜不需要重新潤滑；
   例如：行程(RD)=50m，速度比(TR)=2:1，打滑距離(SD)=40mm(0.04m)。
   計算曾經過曳引輪的鋼纜總長度(WRD) = 2 x RD x TR = 2 x 50 x 2 = 200m；
   打滑距離的百分比 = SD/WRD x 100% = 0.04/200 x 100% = 0.02%
   ∴ 打滑距離百分比 0.02%≦0.2%，表示鋼纜需要重新潤滑。
6. 鋼纜如果有適當潤滑保護會出現輕微打滑，這些輕微打滑會由鋼纜本身調整平層的，如果鋼纜沒有輕微打滑，即是潤滑不足，要添加適當潤滑保護。如果嚴重打滑，則表示曳引力不足，不須要再潤滑，但要檢查鋼纜及纜坑。

12.9　升降機的檢驗

　　根據升降機及自動梯條例，為升降機定期檢驗及測試作出規管。法例規定升降機的定期維修保養、檢驗和測試包括：

註冊升降機承建商／工程師進行的工作	相隔時間
升降機的定期保養	不超過 1 個月
升降機的定期檢驗	不超過 1 年
升降機安全設備的定期測試	不超過 1 年
在升降機內有十足額定負載的情況下安全設備的定期測試	不超過 5 年

以下條文節錄自【升降機及自動梯條例，第 618 章】有關（升降機的檢驗）的法例要求

第 3 分部
升降機的檢驗

19.　　釋義
　　　就本分部而言，只有在以下情況，才是由註冊升降機工程師檢驗升降機或其部分，或升降機的相聯設備或機械：該升降機、部分、設備或機械，是由該工程師親自檢驗，或是由其他人在該工程師的直接及恰當的現場監督下檢驗。

20.　　在投入使用及操作前檢驗升降機
　　(1)　在升降機投入使用及操作前，該升降機的負責人須安排註冊升降機工程師——
　　　　(a)　按照第 24(2)條，檢驗有負載的該升降機；及
　　　　(b)　徹底檢驗該升降機的所有相聯設備或機械。
　　(2)　任何人無合理辯解而違反第(1)款，即屬犯罪，一經定罪，可處第 3 級罰款。
　　(3)　凡升降機在第 157 條的實施日期前已安裝，並已於該日期前投入使用及操作，本條並不適用於該升降機。

21.　　在主要更改後檢驗升降機
　　(1)　如有任何主要更改已就升降機作出，在該升降機恢復正常使用及操作之前，該升降機的負責人須安排註冊升降機工程師——
　　　　(a)　徹底檢驗該升降機及其所有相聯設備或機械；或
　　　　(b)　按照第 25(1)條，檢驗該升降機的受影響部分。
　　(2)　任何人無合理辯解而違反第(1)款，即屬犯罪，一經定罪，可處第 3 級罰款。

22.　　升降機的定期檢驗

(1) 升降機的負責人，須安排註冊升降機工程師每隔不超逾附表 5 第 2 部指明的或根據該部斷定的期間，徹底檢驗該升降機及其所有相聯設備或機械一次。

(2) 任何人無合理辯解而違反第(1)款，即屬犯罪，一經定罪，可處第 3 級罰款。

23.　檢驗有負載的升降機

(1) 升降機的負責人，須安排註冊升降機工程師每隔不超逾附表 5 第 3 部指明的或根據該部斷定的期間——

(a) 按照第 24(2)條，檢驗有負載的該升降機一次；及

(b) 徹底檢驗其所有相聯設備或機械一次。

(2) 任何人無合理辯解而違反第(1)款，即屬犯罪，一經定罪，可處第 3 級罰款。

24.　註冊升降機工程師發出安全證書

(1) 除第(2)款另有規定外，承辦升降機檢驗的註冊升降機工程師，須確保該升降機由該工程師徹底檢驗。

(2) 承辦有負載的升降機的檢驗的註冊升降機工程師，須確保該升降機——

(a) 由該工程師徹底檢驗；及

(b) 由該工程師按照附表 6 檢驗。

(3) 承辦升降機的相聯設備或機械的檢驗的註冊升降機工程師，須確保該等設備或機械由該工程師徹底檢驗。

(4) 如註冊升降機工程師根據本條進行檢驗後，認為升降機及其所有相聯設備或機械的設計及構造屬良好，並處於安全操作狀況，該工程師可就該升降機向第(9)款指明的負責人發出證書，證明該升降機及其所有相聯設備或機械處於安全操作狀態。

(5) 第(4)款提述的證書須採用指明表格，並須載有該表格指明的資料及詳情。

(6) 如註冊升降機工程師根據本條進行檢驗後，認為升降機或其任何相聯設備或機械的設計及構造，並非屬良好，或並非處於安全操作狀況，則該工程師——

(a) 不得根據第(4)款發出證書；及

(b) 須在完成該項檢驗後的 24 小時內——

(i) 以書面將不發出證書的原因，通知第(10)款指明的負責人；及

(ii) 向署長報告檢驗結果，以及該工程師的意見。

(7) 第(6)(b)(ii)款所指的報告須採用指明表格，並須載有該表格指明的資料及詳情。

(8) 任何人無合理辯解而違反第(1)、(2)、(3)或(6)款，即屬犯罪，一經定罪，可處第 6 級罰款及監禁 6 個月。

(9) 就第(4)款而言——

負責人(responsible person)指僱用或安排(不論是否通過其他人)該款提述的工程師進行有關檢驗的有關升降機的負責人。

(10) 就第(6)款而言——
負責人(responsible person)指僱用或安排(不論是否通過其他人)
該款提述的工程師進行有關檢驗的有關升降機的負責人。

25.　　在主要更改後註冊升降機工程師發出安全證書
(1) 承辦升降機任何受影響部分的檢驗的註冊升降機工程師，須確保該
升降機及其相聯設備或機械，是由該工程師在必要範圍內徹底檢
驗，以斷定該受影響部分是否處於安全操作狀態。
(2) 如註冊升降機工程師根據第(1)款進行檢驗後，認為受影響部分的
設計及構造屬良好，並處於安全操作狀況，該工程師可就有關升降
機向第(7)款指明的負責人發出證書，證明該受影響部分處於安全
操作狀態。
(3) 第(2)款提述的證書須採用指明表格，並須載有該表格指明的資料
及詳情。
(4) 如註冊升降機工程師根據第(1)款進行檢驗後，認為受影響部分並
非處於安全操作狀態，則該工程師——
(a) 不得根據第(2)款發出證書；及
(b) 須在完成該項檢驗後的 24 小時內——
(i) 以書面將不發出證書的原因，通知第(8)款指明的負責人；
及
(ii) 向署長報告檢驗結果，以及該工程師的意見。
(5) 第(4)(b)(ii)款所指的報告須採用指明表格，並須載有該表格指明的
資料及詳情。
(6) 任何人無合理辯解而違反第(1)或(4)款，即屬犯罪，一經定罪，可處
第 6 級罰款及監禁 6 個月。
(7) 就第(2)款而言——
負責人(responsible person)指僱用或安排(不論是否通過其他人)
該款提述的工程師進行有關檢驗的有關升降機的負責人。
(8) 就第(4)款而言——
負責人(responsible person)指僱用或安排(不論是否通過其他人)
該款提述的工程師進行有關檢驗的有關升降機的負責人。

以下條文節錄自【升降機工程及自動梯工程實務守則 2018】有關（升降機的定期
檢驗）的要求，全書詳細內容請參考相關書刊

附錄 XVI

升降機的定期檢驗

XVI.1　　負責為升降機進行定期徹底檢驗的註冊工程師必須最少進行下列檢驗
工作，以確定升降機是否處於安全操作狀態：
1.　電動機及其過載保護；
2.　制動器及制動器部件，例如制動器輪鼓、轉軸和聯動裝置，必須確
保並無損耗、腐蝕、油或積聚污物，以免影響正常操作；制動器的

設置和狀態（例如彈簧設置和制動襯墊狀態）正確，以提供足夠制動力；

3. 曳引機包括電動機軸、連接蝸輪和牽引滑輪法蘭的螺栓；
4. 控制設備及安全裝置；
5. 層站門和機廂門的機械及電力聯鎖裝置；
6. 限速器、安全鉗及與此有關的其他裝置；
7. 在機廂空載及低速情況下測試緩衝器；
8. 保險刀/門重開裝置及門的操作；
9. 警鐘及對講裝置；
10. 消防升降機的操作控制；
11. 絕緣電阻及電氣連續性；
12. 液壓升降機的迴路；
13. 在機廂空載及低速情況下測試夾緊裝置及棘爪裝置；
14. 蠕動檢查及電動防蠕動系統；
15. 包括終端裝置的纜索或鏈條；
16. 所有纜輪包括驅動輪及導向輪；以及
17. 所配置的任何齒輪箱和發電機。

XVI.2   測試升降機的安全設備、部件及控制及監察裝置─須進行的測試，包括相關檢驗報告指明的適用測試項目，以及《條例》第 23 條（檢驗有負載的升降機）訂明須予進行的測試。進行測試後，必須確定沒有出現對升降機正常使用造成不良影響的損壞情況。按照《設計守則》設計及建造的升降機，或因應特別用途而按特定規格設計及建造的升降機（例如汽車升降機），其制動器必須每隔不超逾五年測試一次。就制動器的操作進行測試時，升降機運載裝置應以額定速度下行，其負載則為 125% 的升降機額定負載或按特定設計要求所定的負載。在其他時段就升降機的安全設備進行測試時，則須在升降機空載情況下測試制動器。

（圖：12.90）

（圖：12.91）

（圖：12.92）

在進行負載測試時（舊機每五年一次），測試的負載生鐵鉈應在最低層（地下）加進升降機機廂，如（圖：12.90），（圖：12.91）及（圖：12.92）所示。當負載差不多達致滿載時，應先觀察曳引輪的曳引力是否有異常，然後再慢慢加鉈至需要的負重。

因為某些舊機可能由於升降機擁有人，自行加進了機廂裝飾或保護屏障，使機廂負載已無形中增加了，卻沒有通知保養承辦商。這時即使曳引力有問題，最壞的情況只會在曳引輪產生鋼纜打滑，機廂溜向井底坑，距離有限，最後緩衝器產生作用，從而保護工作人員安全。

12.10   升降機的排除故障

　　升降機的故障有機械故障和電氣故障兩大類。機械故障較容易觀察，可通過外觀的檢查和聽聲及手摸便可發現故障部位，再經過分析就可找出故障發生原因及解決方法。可是電氣故障不大相同，除聽聲、手摸及嗅覺等直觀檢查外，很多時還需要借助一些儀錶和工具對故障線路及元器件進行檢測，還要明白電路工作原理，進利邏輯分析，才找到故障問題。常用查找電氣故障的方法有：

● 電阻法

　　電阻法是通過檢測電路中導線或元件的數值來查找電路中故障點的方法，常用的檢測儀錶有萬用錶和兆歐錶等。電阻法查找電路故障是在斷電的條件下進行的，否則可能造成測量儀錶的損壞。當電路中的開關、觸點、連接導線等發生接觸不良或斷路故障時，可用此方法。利用電阻法檢查電路故障時，應注意以下幾點：

1. 測量電路的通、斷時，應用小電阻檔，利用萬用錶進行檢查時，選用 R x 1 或 R x 10 檔較為合適；
2. 測量電路電阻時，被測元件的電阻值應與指針式萬用錶錶針停止的位置作比較，當錶針停止靠近偏轉角度中間位置時，這時的檔位便是選擇適當的檔位；
3. 對電路的漏電故障應選用兆歐錶進行測量。

● 電壓法

　　電壓法是通過對電路中元件兩端的電壓進行測量，將讀數與標準電壓進行比較，找出電路故障的方法。這種方法是在通電的條件下進行的。利用電壓法對電路故障進行檢查和判斷的基本條件是已知電路的標準電壓。標準電壓是指電路正常工作時的電源電壓、元件兩端的電壓或電路中某電位點相對於參考點的電壓值。標準電壓的獲得方法主要有三種：

1. 計算法：它是利用電路的基本原理與規律對電路中元件的電壓進行計算的方法。這種方法適用於未有標出標準電壓的電子電路。
2. 圖樣獲取法：它是通過對電路圖的認知及評估而獲取標準電壓的方法。
3. 直接測量法：它是對工作正常的電路，直接測量電路中元件兩端的電壓作為標準電壓的方法。

　　標準電壓獲取後，即可以作為依據對電路中的電壓進行測量，然後將電路中對應的電壓測量值與標準電壓值進行比較，並對不正常的值進行分析，最終找到故障問題。通常用電壓法對繼電器控制升降機電路故障進行的查找方法有兩種：

1. 將測試棒的一端作為基準，固定在電源的一端上不作移動，再用另一測試棒從電源的另一端開始依次觸碰元件的兩端，查看電壓錶的讀數。當檢測到某元件兩端的電壓不正常後，該元件對應的點即為故障點，這種方法適用於電路元件集中放置的電路。
2. 直接測量電路中元件兩端的電壓。如用作測量正常工作導通的開關兩端電壓，接通後正常值應為 0V，若有電壓則說明開關接觸不良或斷路，這種方

法適用於元件分佈較散的電路。

● 短路法

短路法是用一條導線將電路中的開關或觸點短接，再觀察與其對應的驅動元件動作是否有變化，從而對電路工作狀態是否正常而進行檢查和判斷的方法。短路法一般在通電條件下進行，適用於由開關或觸點構成的小電流電路的檢查。

使用短路法對電路故障進行檢查和判斷的基本條件是必須熟悉電路元件在電路板上的位置佈置與電路導線的走向，因此在平常實踐中應多注意觀察並牢記，這是用短路法對電路故障進行檢測和判斷的基本要求。短路法的具體操作方法有兩種：

1. 短接多個串聯或混聯的觸點，它主要用於快速劃定故障範圍；
2. 短接單個觸點，它主要用於檢測單個觸點的好壞。

使用短路法對電路故障進行檢測和判斷時，應特別注意短路故障的發生，最好在短接線上串聯一隻 0.5A 的熔斷器。另外，手不可握著短接線的金屬部分，以防觸電。

● 他燈法

他燈法是電壓檢查法的演變，以往萬用錶不太普遍時被廣泛採用。它是用一個 220V，60~100W 鎢絲燈泡代替電壓錶來對電路的電壓進行檢查，效率也十分理想，技術人員會觀察燈泡的光亮度與熄滅狀態來反映電壓的大小狀況。用他燈法查找故障與用電壓法大同小異，惟他燈法不可以單一個燈泡來測量三相電源的線電壓（V_L=380V），否則燈泡會燒毀；這時須用兩個瓦數相同燈泡串聯，使每個燈泡只可分到 190V 電壓，才可進行線電壓的測量。

● 程式檢查法

在調試、大修、改造以及進行較大規模的系統故障排除時，將電動機與制動器電源切除，按其電路圖和操作說明書要求短接不滿足運行條件的接點和觸頭，人為地給邏輯控制線路或 PLC 的梯形圖創造一個工作條件，以滿足電動機起動、加速、快速運行、換速減速、制動平層、停車開門、關門運行等條件，然後用導線短路法，給控制板加上位置訊號、召喚訊號、指令訊號，觀察控制系統中各部位、各環節接線是否正確，各輸出訊號的順序是否符合升降機運行的順序。

| 排除故障步驟 |

新型的電腦升降機，都設有故障檢測記憶紀錄及顯示功能。升降機技術人員在維修時，只要在控制板的接觸式顯示屏輸入密碼，登入系統，然後再選擇某些功能，系統便會顯示一些已被記憶的故障訊息，以便技術人員更簡易及更省時掌握升降機維修的需要。

有一些升降機廠，更會開發其他的升降機軟件，讓其僱員下載於手提電腦，

軟件一般有效期只有一年，僱員必須每年向總公司申請更新軟件。這些軟件的用途是讓技術人員首先將手提電腦連接至升降機，再透過軟件更強大的功能，從升降機下載更多及更深入的故障訊息以便作出更詳盡的分析，有需要時更可將某些較新的程式寫入升降機系統中。

雖然電腦升降機可提供記憶的故障訊息，但這些訊息也可能並不太全面，某些訊息可能只會給予一個引致故障原因的範圍，這時也要靠技術人員的經驗及電路理解能力去解決問題。

如果技術人員需要維修繼電器邏輯升降機，這時完全沒有任何故障訊息提示，當升降機有故障時，應該如何排除故障（排故）呢？繼電器控制升降機出現故障時，技術人員先要了解升降機的故障情況，並進行分析、判斷，確定出發生故障的電路，然後進行檢修。在這一過程中，升降機故障範圍的判斷是至關重要的，升降機故障範圍判斷的先決條件是熟悉升降機電路的工作原理和電路之間的相互關係，以及各電路出現故障時可能引起的故障現象，有了這些先決條件，故障範圍的判斷就變得簡單了。

筆者覺得升降機技術人員必須熟習升降機線路的原理及設計目的，是維修故障時必備的條件。升降機的電路可分成不同的種類，更有多張不同功能的電路圖。如果你發覺某升降機只是某一層的內拎手不工作，你卻找了一張升降機的行車電動機圖則來看，我想你看了半天都找不出答案，你應該找一張關於內拎手的圖則來研究。

如果你是一位初入行的升降機業技術人員，利用各種按鈕對升降機電路進行故障判斷是一種較為簡單及容易掌握的方法，因每一個按鈕都對應著一個電路，並有與之相應的動作。它動作與否即說明對應電路或與之相關的電路工作是否正常。根據這一點，我們可以用它來確定升降機電路的故障範圍。這些按鈕包括樓層廳外召喚外拎手、機廂內拎手和開關門按鈕。通過這些按鈕的組合，可以對電路的故障範圍進行判斷。例如：按下這些按鈕中的任意一個，觀察對應的指示燈是否發亮，若發亮便說明按鈕電路是正常的。若不發亮再按下第二個按鈕，若對應的指示燈亮，說明第一個按鈕對應的電路有故障；若不發亮則說明按鈕電路可能有故障。如再按下機廂內拎手，訊號能夠進行正常的觸發及記憶，表示內拎手電路正常。當按下關門按鈕卻不能關門，則說明開關門電路可能有故障。另外，利用各種指示燈也可以對電路的故障進行判斷，例如：機廂內樓層指示燈可發亮，但外樓層指示燈不亮，則說明樓層指示燈控制電路於機廂部分沒有問題，只有外樓層部分有故障。這些判斷技巧及知識需要在平時多加注意及累積經驗便能事半功倍。

一般的基本故障檢修步驟流程如（圖：12.93）所示，但必須注意以下幾點：

1. 雖然有些電路故障，只要更換受損元件就可以排除，但應注意有時還需經調整相關機械部件或電路以後才能完全修復。
2. 有些電路故障不是因為元件損壞而造成的，只需要調整相關的機械部件或電路元件就能修復。

3.　如何準確地找出故障電路是屬於哪一個部分或哪一個元件構成故障的原因。

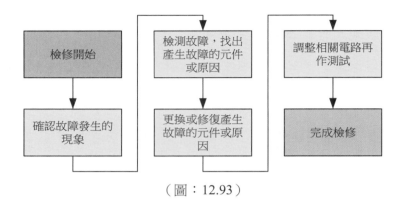

（圖：12.93）

　　升降機的電路按不同廠的設計，品種及類別都十分多。以下是採用一部簡單的小型載物升降機（霸王機）電路作例子，說明排故時應注意的事項。為了更容易說明電路的情況，除了電路中一些位置為了易於接線，電路已設計了「線號碼」或叫「線薑號碼」外，在某些同一電位的位置也加進了做控制電路時，穿在拍頭簪電線位的「穿珠仔號碼」，如（圖：12.94）所示的紅色圓圈 5~14 數字。圖中原來有變壓器經 L1 及 L2 取 380V 至初級，次級輸出 100V，再經橋式整流提供 DC 100V 供電至控制電路，並將負壓（-0V）接地。由於篇幅所限，省略繪出。

　　升降機排除故障時若可連接電源，排故會較容易，效率將大大提高；但假如故障是短路，令保險絲（菲士）不停地燒毀，便不可連接上電源，應在無電的情況下進行排故，當電路回復正常後才可接上電源。

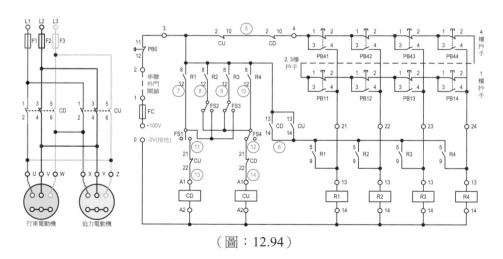

（圖：12.94）

短路故障

　　當電路接上電源後，若控制電路 FC 保險絲便燒毀。這表示黑色線薑號碼「1」

以後某些位置，已經短路，或說已經「落地」。用萬用錶的電阻檔 R x 1 量度線薯號碼「1」對地電阻，應該是很低的阻值，如（圖：12.95）所示。圖中為了節省空間，將圖放大，所以省略繪出電動機及迫力部分。

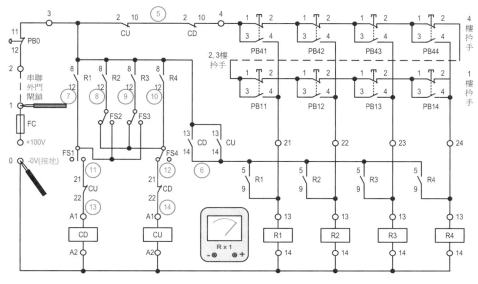

（圖：12.95）

　　這時應將線薯號碼「1」的兩條線拆離並分開，其中一條線應去 FC 保險絲，另一條會去外門閘鎖。再用萬用錶的電阻檔量度這兩條線，去 FC 保險絲的線很大機會是正常，而外門閘鎖線應該得出很低的阻值。這時便可斷定外門閘鎖線的部分已落地。根據電路圖的結構，外門閘鎖線是連接至整個控制電路的總線，即整個控制電路都有機會落地。但在電路圖中，某些部分是經過常開觸點才接通，例如 R1(12)、R2(12)、R3(12)、R4(12)，R1(5)、R2(5)、R3(5)及 R4(5)等，所以常開觸點以後的部分，應不是落地的部分。而最大機會落地的是外門閘鎖、緊急停掣及各層的拎手掣。

　　盡量把整個落地電路分成兩個部分，運用測試儀器判斷哪一部分是正常工作的，哪一部分是有故障的，從而縮細故障範圍。再對有故障的部分再分成兩個部分，直到故障被孤立於某一小段電路或元件為止。

● 用萬用錶的 R x 1 電阻檔繼續量度外門閘鎖線對地電阻，再用手按下主接觸器 CU 或 CD，由於 CU(2-10)或 CD(2-10)按下後，其常閉觸點打開，便會將電路分成兩段；
● 若外門閘鎖線對地電阻仍然短路，即表示短路故障應不屬於拎手掣部分，很大機會是外門閘鎖及緊急停掣電路段。為了確認短路不屬於拎手掣部分，應將萬用錶棒移至 CD(10)，再按下主接觸器 CU 或 CD，查看對地電阻。若該位置的對地電阻是正常，便可確認短路是外門閘鎖及緊急停掣電路段；
● 將線薯號碼「2」的兩條線拆離並分開，即分隔外門閘鎖及緊急停掣成兩段，

再量度哪一電路段出問題；

● 假如是外門閘鎖出現落地短路問題，可先在全部外門閘鎖中間的位置拆離作分隔，再查看是上部分還是下部分短路，有需要時更可再分細段檢測；如果最初發覺是拎手短路，也應該用分隔路段的方法找出故障點；

● 升降機的短路故障，可能是導線損傷了外皮或簪線不良而落地；也有機會是某些零件被水份入侵（水濕），與地電位接觸，形成落地通道，產生電流及高溫，最後令一些本來是絕緣體的位置（大多是電木膠）被破壞變成導體（電木膠受熱後炭化），與地接觸，形成短路。

運行性能故障

運行性能故障可能有很多種，以下是列舉幾個不同故障的檢測方法。

(1) 按下拎手後，電路卻全無反應。

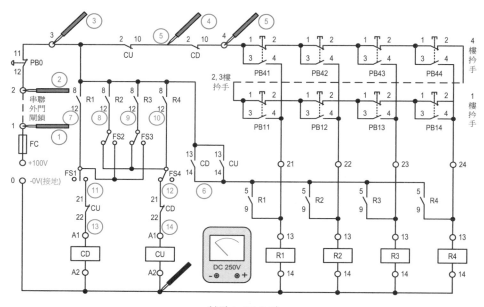

（圖：12.96）

● 這樣的故障應用電壓法或他燈法檢測相關的電位；

● 用萬用錶的直流電壓檔，黑棒固定在 0V 地電位，不需移動；紅棒按（圖：12.96）所示依次序移至綠色字①，②，③，④及⑤位置，檢測電壓是否正常；

● 當發現某一點沒有電壓時，便是該段的串聯電路出現問題，需要查找為何斷路；

● 若發現③點有電壓但④點沒有電壓，即可能是 CU(2-10)常閉觸點未能通電，可用短路法將 CU(2-10)常閉觸點短路，再按下拎手電路看電路是否有反應；假如電路可行車，即表示 CU(2-10)常閉觸點未能接通，需檢查及維修該觸點；

- 用電壓法檢測電壓時，留意某些點本來是同一電位的，但電路不正常時便是不同電位。例如：CU(10)與 CD(2)應該是同一個穿珠仔號碼「⑤」，若 CU(10)有電，CD(2)也應有電。但假如 CU(10)與 CD(2)之間的電線斷了或接線鬆脫，兩點電壓便不同，所以有懷疑時應分別在 CU(10)及 CD(2)各測試一次，再比較結果。

(2) 1 樓每個拎手都全無反應，但 2，3，4 樓可正常工作。
- 這樣的故障，應該是 1 樓拎手沒有總氣；
- 用萬用錶的直流電壓檔，黑棒固定在 0V 地電位，紅棒檢測拎手總氣電壓是否正常；
- 若沒有任何電壓，應檢測上一樓層 2 的 PB24 的常閉觸點是否通電，如果發覺是正常通電，便要檢測由 2 樓至 1 樓的拎手總線是否斷開或接駁有問題。

(3) 升降機在 2 樓，當按下 4 樓拎手，R4 及上行 CU 拍吸索，但 R4 及 CU 立刻釋放復位，然後 R4 及 CU 又再吸索，又再釋放復位，不斷重複，直至 4 樓拎手不再按下，升降機從未有行車。若改為按下 1 樓拎手，R1 及下行 CD 拍吸索，但 R1 及 CD 立刻釋放復位，然後 R1 及 CD 又再吸索，又再釋放復位，不斷重複，直至 1 樓拎手不再按下，升降機從未有行車。

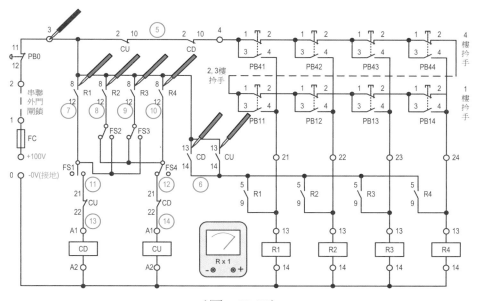

（圖：12.97）

- 這樣的故障，應該是拎手自保持電路出問題；
- 若電路於上行及下行都不能作自保持，很大機會是 CD(13-14)及 CU(13-14)常開觸點作自保持的電路出問題，可先檢測這兩對觸點。理論上 CD(13-14)及 CU(13-14)同一時間不正常的情況很少，相反是 CD(13)及 CU(13)的總氣出問題的機會較大；
- 原因是當 CU 或 CD 吸索時，CU(2-10)或 CD(2-10)已離開，截斷拎手總氣。

R1 或 R4 已無電，立刻截斷 CU 或 CD 主接觸器線圈，升降機應該開左迫力後，立刻又會關上；如果拎手長按下，便形成再吸索，再釋放復位，不斷重複。

● 採用電阻法來檢測電路中某些同電位的點是否未能接通。用萬用錶的 Rx1 電阻檔，黑棒固定在線蠆號碼「3」，紅棒檢測其餘「3」的電位，包括 R1(8)，R2(8)，R3(8)，R4(8)，CD(13)，CU(13) 等位置，如（圖：12.97）所示；

● 由於 CU 及 CD 都可被觸發，R1(8)，R2(8)，R3(8)，R4(8) 應該問題不大，但 CD(13) 及 CU(13) 很大機會未能接通，以致不能自保拎手拍。如果屬實，可先用短路法加一條導線從 R4(8) 短路至 CD(13)，再作上、下行車測試，如果回復正常，才檢查並修理原有的導線。

(4) 升降機剛由 4 樓到達 1 樓後，再按下 2、3 或 4 任何一樓的拎手，R2、R3 或 R4 可吸索，放手後便釋放復位，但 CU 從沒有吸索，升降機沒有上行。

● 這樣的故障，應該是 4 樓的樓層撞掣 FS4 未能通電；

● 用萬用錶的 Rx1 電阻檔，黑棒接在 FS4 上端的公共點，紅棒接在 FS4 的左邊接線端，檢測其通電狀態，若是不通電，需檢查接點及接線是否正常；

● 某些樓層撞掣可能裝在井道，便需要到井道檢查。

(5) 按下拎手 1、2 或 4 樓拎手後，升降機都可提供服務；但當按下 3 樓拎手後，電路全無反應，R3 也沒有吸索。

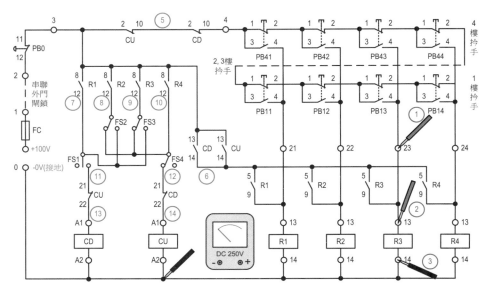

（圖：12.98）

● 這樣的故障應該是 R3 的觸發電路出現問題；

● 用萬用錶的直流電壓檔，按下 3 樓的拎手，黑棒固定在 0V 地電位，不需移動；紅棒按（圖：12.98）所示依次序移至綠色字①及②位置，檢測電壓是否正常；

- 若在①及②位置都檢測到電壓，很多人都會覺得②位置是線圈R3(13)的來電，有電卻未能吸索，一定是線圈燒斷，便開始更換線圈；
- 其實在更換線圈前，應該將黑棒移至③位置，紅棒保持在②位置，直接檢測R3 線圈兩端 R3(13)及 R3(14)是否有電位差；
- 如果 R3 線圈兩端是有電位差，但 R3 線圈沒有吸索，表示線圈真的燒斷；如果 R3 線圈兩端沒有電位差，表示 R3 線圈的回路 R3(14)未能與 0V 接上，或接線斷開，俗稱「無回路」，這時便需要檢查線圈的回路線，惟不需更換新線圈；
- 也有一些人會直接用紅棒測試①、②及③位置。正常情形下，③位置接通了0V，與黑棒之間都是 0 電位，應該沒有電位差；但如果③位置也有電壓時，即表示線圈沒有斷開，但其回路線已開路。

升降機行車控制流程

　　一般升降機的行車控制流程如（圖：12.99）所示，說明如下：
1. 需有內拎或外拎訊號，通知升降機系統需要行車；
2. 根據內拎或外拎訊號與升降機現時的位置作分析，觸發定向或選向電路，決定升降機將會上行或下行；
3. 定向電路再觸發預備行車訊號，表示升降機將會上行或下行；
4. 觸發關門訊號，通知系統需要關閉升降機廂門（已關好機廂門便省略）；
5. 關門訊號令升降機廂門開始關閉；
6. 關門期間不斷地監察自動門安全裝置是否被觸發，有需要時會立刻轉為發出開門訊號，令機廂門由關門狀態變為開門，使機廂門重開；
7. 檢測內、外門已關好，通知系統可以行車；
8. 根據上行或下行訊號，通知系統，系統會按行程的長短，選擇正確行車方向及速度；
9. 打開迫力，供正確行車方向電力予電動機行車，觸發行車訊號；
10. 當升降機行車差不多到達目的地樓層後，按行車方向與內拎或外拎訊號配合，產生一個預備停車訊號；
11. 按運行速度及方向於適當減速位置產生一個減速訊號；
12. 升降機開始減速運行至平層區，平層區按運行方向於適當位置觸發停車訊號；
13. 升降機於目的地樓層之平層區平樓板停車，截斷電動機供電，關閉迫力；
14. 將引致該行程的內拎或外拎訊號取消（某些升降機可能已於較早時段已取消）；
15. 檢測升降機位置是否位於外門的開門區，配合停車訊號觸發開門訊號；
16. 升降機廂門打開完成該行程。

　　當你遇到升降機故障時，例如：升降機不行車。你當然可以按部就班，由有沒有內拎或外拎訊號開始，按每個流程檢測，但排故的速度將會較慢。但如果你發覺升降機只是不關門，關門以前流程的訊號已全部具備，你便可以由升降機門為何不關閉的流程開始檢測，從而省卻時間。

　　假如你對需要排故的升降機一無所知，連最基本的拎手召喚電路也無從入手，你也可以試一試用反方向排故法，看是否可解決問題。

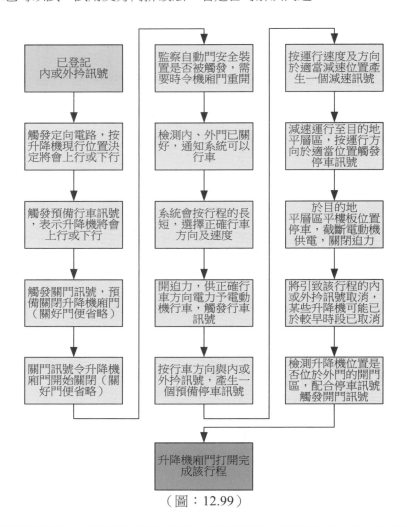

（圖：12.99）

　　找出電動機的主電路圖，觀察電路中電動機行車需要那個／些主接觸器需要吸索，然後查找控制板那個／些主接觸器並沒有吸索。尋找該個／些主接觸器線圈的觸發電路圖則，看那個／些繼電器線圈為何沒有電令其吸索，應該又是另一個／些繼電器的觸點沒有觸發；再按電路查找再前一級那個／些繼電器沒有吸索的原因。然後如此類推，直至找到最前級未能供電的觸點或故障原因。

　　反方向排故法絕對需要較長時間排故，但也是一個可行的方法去解決一些不太熟悉的升降機電路之故障。

13

自動梯的安裝、保養與檢驗

<u>學習成果</u>

完成此課題後，讀者能夠：

1. 說明自動梯安裝與維修之步驟；
2. 說明自動梯定期測試之項目及步驟；
3. 說明自動梯完成安裝後的檢驗工作。

本章節的學習對象：

☑   從事電梯業技術人員。
☑   工作上有機會接觸升降機及自動梯人士。
☑   對升降機及自動梯的知識有濃厚興趣人士。
☐   日常生活都會以升降機及自動梯作為交通工具的人士。

13.1　自動梯的安裝

　　香港的自動梯，一般是當樓宇差不多落成時，將整條大部分已完成部件裝嵌及測試的自動梯，由廠房直接經貨櫃運送至工地，然後吊起至安裝位置，進行安裝，便可直接再進行測試，故安裝方法與升降機大大不同，惟送貨的船期必須與建築的進度配合。也有一些自動梯的長度太長，運輸及安裝都較困難，所以在自動梯廠便暫時不裝玻璃及扶手來減低高度，並先將整條自動梯在製造廠剖切，以 6m 可入貨櫃長度為標準，拆開二至三段，最長的「天梯」，曾分成十段，到達工地後才將它們重新接駁，合體後再進行安裝，然後再測試運行。

　　自動梯在工地現場安裝，主要用吊裝的方法。吊裝也可分為整機吊裝和分段吊裝、懸空對接兩種方式。

● 　整機吊裝
　　提升高度較小的自動梯，製造廠一般在工廠已完成裝配和調試，包括扶欄在內，整體運到工地，直接吊裝到自動梯井道上，自動梯提升高度一般在 4m 以下。

● 　分段吊裝、懸空對接
　　對不能作整部機吊裝的自動梯，一般在工廠裝配調試後，先分開幾段運到工地，並將幾段同時吊入井道，在空中對接，然後放置入井道正確位置。此時自動梯整個扶欄已被拆下，需要重新安裝。

　　在吊裝前，應仔細檢查現場，充分考慮運輸路線和吊裝方式。一般在吊鉤 2m 的範圍內不應有任何障礙物，以免吊掛鋼絲纜與障礙物相碰撞。同時，在吊裝時，還要考慮如何保護桁架，一般在桁架的吊掛點用麻布或木板等物品保護好桁架。對於分段吊裝的自動梯，在空中對接好成整體後才將其兩端同時放下。

　　某些自動梯公司，也會在工地由桁架開始，將每個部件，包括：機器，路軌，梯級，扶手，電器，零件等依次進行安裝。但自動梯的零件較多，經分解後運輸成本將上升，到工地安裝及測試需時也較長，也受到建築物完工時間的限制，所以已很少採用。

自動梯的獨立機房

　　自動梯的設備，一般都會裝置於上機房及下機房，維修人員要進行維修時，必須停止自動梯的運行，打開上或下檢修蓋板，進入狹窄的上或下機房，有需要時更要拆下二至三級梯級，才可進行維修。

　　早期的自動梯，沒有自動滑潤裝置。一些屬於高用量的自動梯，例如：繁忙的地鐵站，機場等的場合，自動梯每天可能運行了接近 18 小時。另外因為要符合這些地方的防火條例及其運作的需要，所以在自動梯最初建造時，建築師會為自動梯設置一個獨立的機房，並將部分自動梯的部件，遷至機房內。自動梯機房內可看到桁架，電動機、驅動鏈及梯級的運作，更有樓梯給維修人員上落，這樣

便可以在日間不需要停機下，為自動梯先做一些簡單的維修，例如：目視檢查及加滑潤油的工作。自動梯獨立機房佈置如（圖：13.1），（圖：13.2），（圖：13.3）及（圖：13.4）所示。

　　香港的地方寸金尺土，自動梯獨立機房，只會出現於特殊的地方，例如：地鐵站，如（圖：13.5）所示，但一般的商業樓宇，不會採用，它們仍會依賴上機房及下機房設置自動梯設備。香港一些上落天橋的自動梯，梯底下都會圍封一個房間，如（圖：13.6）所示，這個房間，主要是為自動梯供電的電掣房而設，自動梯的電力便由這電掣房供電，並不是用作裝置自動梯的設備。

◆　YouTube 影片－2016-07-06 Escalator mechanical room (60fps)
　　－無語－無字幕（0:21）
　　https://www.youtube.com/watch?v=sgmsIsxm588

◆　YouTube 影片－Машиное помещение эскалаторов（自動梯獨
　　立機房）－俄語－無字幕（3:31）
　　https://www.youtube.com/watch?v=U0vNq9vbFrQ

（圖：13.1）　　　　　　　　　　　　（圖：13.2）

（圖：13.3）

（圖：13.4）

（圖：13.5）

（圖：13.6）

自動梯桁架基準線

　　某些自動梯廠於製造自動梯時，會定出兩個參考工作點來量度尺寸，它是自動梯傾斜線與上層水平線及下層水平線相交的兩點，UP 及 LP，也有稱為「工作

點 WP2(UP)」及「工作點 WP1(LP)」。另外，自動梯廠於製造時也要掌握較重要的數據包括：提升高度(H)，它是自動梯放在建築物上、下樓層間的高度；傾角(α)是自動梯的傾斜角，主要有 30°及 35°；自動梯斜段距離，斜段水平距離及平梯級段距離等，示意如（圖：13.7）所示。當自動梯整體完成裝嵌運到工地後，為了使自動梯安裝位置準確，自動梯安裝時需參照建築佈置圖與井道實際情況，按建築公司提供的軸線，來定出自動梯桁架安裝中心線，使上部支承處尺寸(X)與下部支承處(Y)相同，並在上、下支承處地面用彈墨斗線的方法作好標記。

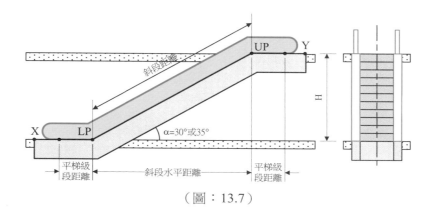

（圖：13.7）

　　如果有多部自動梯特別是在交叉佈置或縱向垂直佈置情況下，可以移動桁架安裝中心線，以便考慮牆面和外側板之間的最終允差及上下各層自動梯外側板之間垂直度的允許誤差。自動梯桁架的定位，主要參考：

● 　高度位置
　　高度位置可通過桁架兩端自動梯頭上的調整螺栓或墊片加以調整。高度的調整須考慮與地面最終裝修面的配合。在桁架定位前，一定要求提供地面最終裝修面的完成線，自動梯高度方向的定位應以此為依據。調整自動梯桁架使其保持水平，同時還應調整自動梯與地面的最終完成面的高差，一般要求自動梯高出最終完成面 2~5mm，再由地面裝修以局部斜面收口。桁架定位需經監理人員認可。

● 　水平位置
　　水平位置可根據自動梯的安裝佈置圖，通過左右移動桁架加以調整。在調整時還需要對主驅動軸用平水尺檢測水平誤差，水平度一般不應大於 0.5/1000。一些自動梯在安裝時需要拉中心樣線，它的作用是作為安裝調整導軌、扶欄等部位的基準。

◆ 　YouTube 影片－Schindler InTruss Escalator Modernization－無
　　語－無字幕（3:15）
　　https://www.youtube.com/watch?v=u1dcFwnsEno

自動梯安裝後的測試

　　自動梯安裝後的測試，一般按照廠方產品說明書或常規的要求進行，一般工藝流程如（圖：13.8）所示。

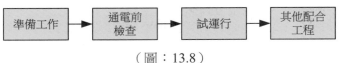

（圖：13.8）

準備工作：
1. 隨機文件、有關圖則、說明書齊全，調試人員必須熟悉該自動梯的性能特點和測試儀器的使用方法，調試時更要認真負責、細緻周到並嚴格做好安全工作。
2. 對全部電氣、機械設備清潔，檢查全部部件的螺栓、平光墊、彈簧墊、卡簧等是否齊全緊固，開口銷是否開尾正確。檢查設備、元件應完好無損，如有問題需要及時解決。
3. 上、下出入口位置必須封閉，並設立警示標誌以防非專業人員誤入造成安全事故。

電源部分檢查：
1. 檢查並測定電源斷路器及熔斷器。
2. 檢查安裝自動梯地點提供的電力供應（相線、中性線、接地線）。
3. 檢查電源的連接是否與電氣佈線圖和當地的規程相符，例如：控制系統、照明及分支線路，電壓是否正確。
4. 檢查控制電路的熔斷器。
5. 導體與導體之間及導體對地之間的絕緣電阻，必須大於 1,000 歐姆／伏特，且不小於以下數值：
   (a) 就供電電路及電氣安全裝置電路而言，500,000 歐姆（0.5MΩ）；
   (b) 就其他電路（控制、照明、訊號等）而言，250,000 歐姆（0.25MΩ）。
6. 接通電動機及控制電源的主開關。
7. 上、下機房都設置有一個檢修開關，在檢修時將兩隻開關之一調到檢修位置。

起動檢查：
1. 試運轉時，如兩人以上配合，操作人必須聽到所有人的準備完畢的訊號後才可運轉自動梯，從而保障大家的安全。
2. 將檢修操縱盒與控制板連接，此時應不能用鑰匙開關起動自動梯或乘客輸送機。用檢修上行或下行按鈕點動，檢查運行的方向是否正確，必要時可改變驅動電動機的兩相接線進行修正。
3. 檢查自動梯或乘客輸送機是否能按鑰匙開關按鈕選定的方向起動。對於自動梯有自動起動功能的，應能實現此功能。
4. 檢查鑰匙開關和急停按鈕。將檢修操縱盒從控制板上斷開，當操縱鑰匙開關工作時，其運行方向是否與所選方向一致。按下急停按鈕或使安全開關動作時，自動梯或乘客輸送機應能夠急停，迫力立刻動作剎停。

梯級的拆裝

　　所有梯級應順利通過梳齒板，梯級與裙板不得發生摩擦現象，運行平穩，無異常聲音發生，相鄰兩梯級之間的整個嚙合過程無摩擦現象，有需要時須將梯級拆出進行調整。

　　梯級一般在自動梯下端張緊裝置處（下機房內）拆卸，用檢修操縱盒（行慢車）將要拆卸的梯級移動到與拆卸口互相水平的位置（即轉向壁上的裝卸口），如（圖：13.9）及（圖：13.10）所示，便可以拆卸梯級。若要拆卸三隻連續的梯級時，每個梯級都要標上記號，一般在新裝配時已作編號，若未編號則必須予以編號。

　　梯級拆卸的順序：
1.　用劃針在梯級軸上劃出梯級的精確位置；
2.　鬆開定位夾緊環上的夾緊螺栓；
3.　將梯級襯套和定位夾緊環沿軸向梯級的中心方向推移；
4.　將梯級從軸上翻轉開，梯級輔輪沿著轉向壁輪的缺口緩慢拉出拆卸。

　　重新裝梯級應按相反順序：
1.　按原有的劃線位置和梯級序號逐一裝入梯級；
2.　梯級輔輪沿著轉向壁輪圓上的缺口緩慢滑轉向壁輪圓；
3.　將梯級的兩個軸承座推向梯級主軸軸套，並蓋上軸承蓋，收緊夾緊螺栓；
4.　緩慢小心地將梯級轉入下梳齒板，檢查梯級的安裝是否正確；
5.　同樣檢查梯級通過上梳齒板時的情況。

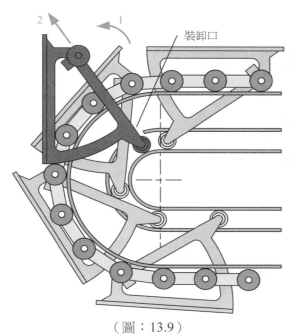

（圖：13.9）

（圖：13.10）

清理部件的污垢物：

1. 用油掃或刷子在自動梯下端清掃梯級，用檢修開關點動運行使梯級一級一級向下，惟點動時間不宜過長；

2. 要清理主驅動系統上梯級鏈輪和梯級上的輪子以及梯路工作面；

3. 各導軌應無灰塵及污垢物，在梯級拆卸處用油掃清理，若有硬斑突起或電焊渣斑時，應用鏟刮工具予以清除；

4. 上下機房要徹底清掃。

機械部件的檢查和調整

梯級襯套、減速箱、驅動傳動的制動皮帶、鏈條的檢查和調整。在自動梯下機房處檢查梯級襯套，必要時給予潤滑，一般在廠內裝配時已加入雪油予以潤滑；減速器（箱）在廠內也已加入潤滑油，需按廠方指引於適當工作時間後更換潤滑油。用目測方法查看油水平標示的位置，若有油損失，則應檢查原因；調整驅動制動的剎車間隙；三角皮帶的張緊度應適當，用手按動三角皮帶，其彎曲度為 5mm；驅動鏈條的張緊度，將在現有的狀態測定鏈條從動鏈側的垂直度為 5~10mm。

梳齒板的功能檢查及調整

梳齒板受到一定的水平力時，會推動梳齒板下的梳齒底板，梳齒底板最後觸發安全開關動作，如（圖：13.11）所示。檢查與調整：梳齒板安全開關的閉合距離約為 2~3.5mm。梳齒伸入梯級槽兩邊應保持一定的側間隙，並盡可能地對中；如果有偏移，可通過梳齒板兩側的支頭調節螺栓進行調整。

（圖：13.11）

梯級（踏板）的功能檢查及調整

1. 梯級在上、下端與梳齒嚙合檢查與調整，如（圖：13.12）所示。檢查梯級（踏板）和梳齒的嚙合中心是否吻合，通過梯級（踏板）導向條時，側邊不得有明顯的衝撞。若有，則應調整梯級，必要時調整梯級（踏板）導向條。梯級（踏板）和梯級（踏板）導向條之間的間隙約為 0~0.6mm。梳齒與梯級齒槽底面的垂直間距約為 4mm（±0.5mm）。

2. 圍裙板（簡稱裙板）與梯級：在自動梯兩邊，圍裙板和梯級側面導向塊之間的間隙應不大於 0.5mm。圍裙板和梯級之間的水平間隙單側不應大於 4mm，兩側對稱位置處的間隙總和不應大於 7mm。有需要時可調節圍裙板或校正位移的梯級。梯級側面導向塊上可進行一定的潤滑。

3. 圍裙板安全開關的檢查及調整：如果在梯級和圍裙板之間卡入物體時，每個開關均應立即動作，使自動梯停止運行。檢查方法：在圍裙板和梯級之間插入一塊 2~3mm 厚的不太硬的板條，此時自動梯應停止運行；當板條移去後，安全開關會自動重置復位行車，惟較新的自動梯也需要技術人員到場，在控制板進行輸入重置程序，並作進一步的檢測才回復正常行車。圍裙板安全開關位置如（圖：13.13）所示。

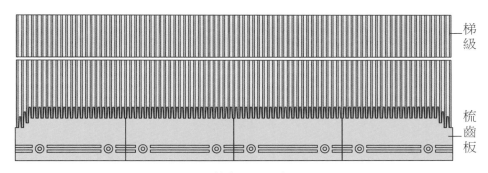

梯級

梳齒板

（圖：13.12）

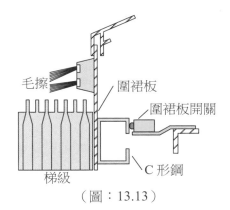

毛擦
圍裙板
圍裙板開關
C 形鋼
梯級

（圖：13.13）

扶手入口處檢查

扶手帶運行時，不應擦著扶手入口橡膠護口，入口處兩邊的間隙應大致相等，有需要時應作出調整，同時試驗扶手入口處的手指保護開關動作的靈敏度，只要四個當中其中一個卡住，自動梯應立即停止。

掃掉扶手帶表面的灰塵，先用抹布蘸一些潔淨劑，用力擦扶手帶表面，再用乾布擦一遍，然後至少等待乾燥 10~30 分鐘。禁止使用滑石粉處理扶手內側。

牽引鏈條的張緊裝置調節及潤滑

牽引鏈條的張緊裝置應在下機房內檢查牽引鏈條（梯級鏈）。壓縮彈簧的長度應符合廠方技術標準，如不符合要求，應調節彈簧調整螺栓。

張緊裝置的張緊移動部分不得卡死，在運行中的自動梯，在縱向方向必須具有方便移動的間隙。兩根牽引鏈條的防斷安全掣，其間隙為 2mm。當牽引鏈條斷裂時，兩個安全掣中有一個作用即可切斷電源，自動梯立即停止運行，一般採用有記憶的安全掣來作保護。

如果自動梯有自動潤滑加油裝置，則在梯級運行之前，可以在潤滑裝置上作點動加油，然後起動運行，並繼續加油潤滑。如果沒有設置自動加油裝置，此項工作應在下機房內進行，讓鏈條按向上的方向運行，用油壺或油掃潤滑鏈環，惟應防止鏈條滾輪與油接觸。

梯路導軌

梯路導軌必須給予徹底清潔全部污垢物，使導軌工作面光滑整潔，梯級才會運行平穩。清潔工作應在拆開梯級後的梯路開口處完成的，此時自動梯或乘客輸送機必須由檢修操縱開關分段操作。在運行試驗時，分別對上、下乘載運行試驗：

1. 對每次乘載的梯級踏板做好記號，梯級運行平穩試驗；
2. 梯級換向是否有異常；
3. 每次由下往上運行至圓弧到直線段時，人站立在踏板上時如有後傾的感覺，應檢查上圓弧壓軌與輪子間隙是否太大而引起。

扶手帶的張緊和驅動

由於扶手帶材質的原因，不可能給出精確的張緊測量值，但應保證扶手帶的鬆緊度合適。當自動梯或乘客輸送機向上運行的時候，扶手帶不應脫離扶手帶導軌而向上抬頭。一般摩擦輪驅動的扶手帶過鬆時，必須以上、下行檢查扶手帶過鬆原因並予以調整。一般的原因：

1.   變形的扶手帶在扶手帶導軌上滑行；
2.   扶手帶已脫離扶手帶導軌；
3.   扶手帶張緊程度不足；
4.   扶手帶壓力不足或扶手帶只輕輕地壓著摩擦輪。

扶手照明和梯級間隙照明

　　檢查扶手光管能否正常發光，燈罩應清潔無破損。當自動梯運行時，上、下
端梯級的水平位置的梯底綠色照明光管會發亮，如（圖：13.14）及（圖：13.15）
所示。

（圖：13.14）

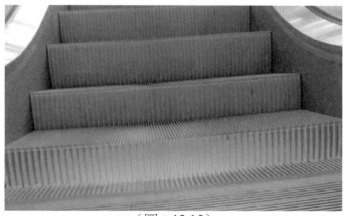

（圖：13.15）

自動梯完成安裝後的檢驗工作

以下條文節錄自【升降機工程及自動梯工程實務守則 2018】有關（自動梯完成安裝後的檢驗工作）的要求，全書詳細內容請參考相關書刊

附錄 X
自動梯完成安裝後的檢驗工作

以下檢驗工作應在自動梯完成安裝後，由負責徹底檢驗工作的註冊工程師進行。

X.1　　查核文件及進行檢驗

X.1.1　必須最少包括下列項目：
(a) 查核有關自動梯及其使用的安全部件是否已獲署長發出種類許可；
(b) 查核註冊承辦商須就有關自動梯保存的文件（見附錄 I）；
(c) 核實有關自動梯是否符合《設計守則》的規定及其他有關規定（包括種類許可訂明的條件（如有））；
(d) 對自動梯進行目視檢驗，以確定部件是否符合構造良好的規則；
(e) 將曾進行種類檢驗的自動梯及安全部件的種類檢驗證明書內載列的詳細資料，與實際配置的部件作比較，並將自動梯與安全部件的特性作比較，以確保兩者能互相配合；以及
(f) 查核署長對有關自動梯給予的豁免證明，以及有否履行所施加的條件。

X.2　　測試及核實

X.2.1　這些測試及核實必須最少包括下列項目：
(a) 按照《設計守則》訂明的條文進行整體性的目視檢查，以確定是否構造良好。
(b) 性能測試。
(c) 測試安全設備、部件和裝置以確定是否操作正常。
(d) 在空載情況下測試自動梯的制動器，以確定是否符合指定的停車距離。此外，也須根據註冊承辦商須保存的計算(乘客輸送機適用)（附錄 I），就制動器所作的調校進行檢驗。如有可能，應在總制動負載和額定速度下測試停車距離，以確定自動梯的性能表現。
(e) 電氣測試
　(i) 必須測量導體與接地之間不同電路的絕緣電阻。進行測量時，必須截斷所有電子部件與電路間的接駁。驅動站台接地終端與自動梯有可能意外帶電的各部分之間接線的電氣連續性，必須加以測試。
　(ii) 必須核實反相及斷相裝置是否操作正常。

検驗項目及相關要求

　　自動梯完工後一般檢驗項目及相關的要求如下：

● 　上、下機房
　　機房內應保持清潔；在機房內應設有可切斷動力電源的主開關及照明電路的總開關；在機房內應設有檢修用手提燈電源插座；控制櫃／板安裝在機房內；機房和轉向站內應有一個不少於 $0.3m^2$ 的站立面積，其中較少一邊長度不少於 $0.5m$。

● 　驅動系統
　1. 　驅動鏈及扶手驅動鏈應保證合理的張緊度，其鬆馳下垂量為 10~15mm；
　2. 　梯級鏈、驅動鏈與扶手鏈應保證潤滑良好；
　3. 　鏈輪、鏈條及制動器應保持清潔；
　4. 　工作制動器在自動梯運行時，迫力皮與和制動輪間之間隙應均勻，一般為 0.5~1.0mm。

● 　梯級、梳齒與裙板
　1. 　在工作區段內任何位置，包括過渡曲線區段，從梯級踏面測得的兩相鄰梯級或兩相鄰踏板之間的間隙不應超過(≦)6mm。在乘客輸送機過渡曲線區段，踏板的前緣和相鄰踏板的後緣間隙，（無嚙合）的踏板式乘客輸送機，其間隙不超過(≦)6mm；（有嚙合）的踏板式乘客輸送機，其間隙不超過(≦)8mm；
　2. 　自動梯圍裙板設置在梯級、踏板或膠帶的兩邊，梯級、踏板或膠帶與圍裙板之間的間隙，任何一邊水平間隙不應大於(≦)4mm，在兩邊對稱位置處測得的間隙總和不應大於(≦)7mm；
　3. 　如果乘客輸送機的圍裙板設置在踏板或膠帶上時，則踏板表面與圍裙板下端之間所測得的垂直間隙不應超過(≦)4mm，踏板或膠帶的橫向擺動不允許踏板或膠帶的側邊與圍裙板垂直投影間產生間隙；
　4. 　梳齒板梳齒與踏板齒槽嚙合深度應至少為(≧)4mm，間隙不應超過(≦)4mm；
　5. 　自動梯梯級在出入口處應有導向，使其從梳齒板出來的梯級前緣和進入梳齒板梯級後緣至少有一段(≧)0.8m 長的水平移動距離。在水平運動段內，兩相鄰梯級之間的高度誤差不得超過(≦)4mm。

● 　扶手帶
　1. 　在自動梯出入口，扶手帶超出梳齒板延伸段的水平部分長度，自梳齒板齒根起至少為(≧)0.3m。對於傾斜式乘客輸送機，若出入口不設水平段，其扶手帶延伸的傾斜角允許與乘客輸送機的傾斜角相同；
　2. 　為了防止扶手帶夾手，扶手帶開口處與導軌或扶手支架之間的距離在任何情況下都不允許超過(≦)8mm。扶手帶外緣與牆壁或其他障礙物之間的水平距離，在任何情況下不得小於(≧)200mm。這個距離應保持至自動梯梯級上方至少(≧)2.1m 高度處。對相互鄰近平行或交錯設置的自動梯，

扶手帶的外緣間距離可減少至 160mm；

3. 扶手帶中心線之間的距離所超出圍裙板之間距離的值應不大於 (≦)0.45m；

4. 扶手帶在扶手轉向端的入口處最低點與地板之間的距離不應小於 (≧)0.1m，且不大於(≦)0.25m。扶手轉向端頂點至扶手帶入口處之間的水平距離應至少為(≧)0.3m，也不應大於(≦)0.6m。扶手帶的導向和張緊應能使其在正常工作時不會脫離扶手導軌；

5. 在 0.5m 長度的扶手帶表面垂直施加一個 900N 的均佈力時，扶手裝置的任何部件不應產生永久變形、斷裂或位移。

● 扶欄和裙板

1. 朝向梯級、踏板或膠帶一側的扶手裝置部分應當是光滑的，壓條或鑲條的裝設方向與運動方向不一致時，其凸出高度不應超過(≦)3mm，且應堅固和具有圓角或倒角的邊緣。此類壓條或鑲條不允許裝設在圍裙板上；

2. 內、外蓋板的連接處（特別是圍裙板與護壁板之間的連接處）應光滑，使乘客勾絆的危險降至最低；

3. 護壁板之間的空隙不應大於(≦)4mm，其邊緣應呈圓角和倒角狀。護壁板應有足夠的強度和剛度，在其表面任意部位，垂直施加一個 500N 的力於 25cm² 的面積上時，不應出現大於(≦)4mm 的凹陷和永久變形。如護壁板是鋼化玻璃，則它的厚度不能小於(≧)6mm；

4. 圍裙板應是十分堅固、平滑，且是對接縫的，它應垂直。圍裙板上緣或內蓋板折線底部或防夾裝置的剛性部分與梯級、踏板或膠帶踏面之間的垂直距離不應小於 25mm；

5. 對圍裙板的最不利部位，垂直施加一個 1500N 的力於 25cm² 的面積上，其凹陷不應大於 4mm，且不應由此而導致永久變形；

6. 內蓋板和護壁板與水平面的傾斜角均不應小於 25°，與護壁板相連的內蓋板的水平部分應小於(≦)30mm。

● 安全裝置

自動梯的安全裝置應可靠固定，不得使用焊接方法固定。各按鈕、行程開關應靈活，不得由於自動梯的正常運行而錯誤動作。對安全裝置的基本要求如下：

1. 當動力電源及控制電路斷電時，制動器應能工作。在規定的制動載荷下自動梯的制停距離應符合實務守則的標準規定。制停距離應從電氣制動裝置動作時開始測量；

2. 將動力電源輸入線斷去一相或交換相序，自動梯應不能工作；

3. 關斷出入口急停按鈕，自動梯應立即停止；

4. 用手指或大小相近物品插入扶手帶入口處，保護裝置應動作，自動梯立即停駛；

5. 自動梯空載運行時，人為使防逆轉保護裝置動作，自動梯應立即停止運行；

6. 在自動梯空載運行時，人為使驅動鏈保護裝置或梯級鏈保護裝置動作，自動梯應立即停止運行；

7. 在自動梯空載運行時，人為在自動梯入口處裙板上施加一力或在梳齒間

卡入一專用工具，裙板保護裝置及梳齒保護裝置應能立即動作，使自動梯停駛。

● 速度和加速度
1. 自動梯的額定速度，在傾角不大於 30°時，一般最高為 0.75m/s；在傾角大於 30°但小於 35°時，為 0.50m/s。在額定的頻率與額定電壓下，梯級踏板或膠帶沿運動方向空載時，所測得的速度與額定速度之間的最大允許偏差為 ±5%，扶手帶的運行速度相對於梯級、踏板或膠帶的速度允許 0% 至 +2% 之間誤差，以上測量資料應在空載時，上、下各測三次。
2. 加速度測試時將加速度測試儀固定在梯級或踏板或膠帶上，分別測垂直踏板及與運動方向垂直兩個方向的加速度，應在空載時上、下行各測二次。

● 機械結構
自動梯其他機械結構運行的雜訊及驅動裝置溫升測試按實務守則及相關標準測試。

● 電氣線路的檢測
自動梯電氣設備的設計和製造及安裝應保證在使用中能防止由於電氣設備本身引起的危險，或能防止由於外界對電氣設備影響所可能引起的危險。對電氣系統檢收，首先要對照接線圖查看各線路是否正確連接。包括動力電路的主開關及附屬電路、照明電路的開關及附屬電路和控制電路等。

1. 導體之間和導體對地之間的絕緣電阻應大於 $1000\Omega/V$，並且其值不得小於：
   ➤ 供電電路及電氣安全裝置電路：$500,000\Omega$（$0.5M\Omega$）
   ➤ 其他電路（控制、照明、訊號等）：$250,000\Omega$（$0.25M\Omega$）
2. 對於控制電路和安全電路，導體之間或導體對地之間的直流電壓平均值或交流電壓的有效值不應超過 250V；
3. 接地保護導線和中性線要分開處理；
4. 開關、插座、接觸器、繼電器及各安全電路元件必須工作正常；
5. 自動梯的所有外露金屬部件，包括機器框架、控制器框架、電氣安全裝置外殼等，必須以輔助保護導線，並與主開關的主接地端連接。

● 其他
安全標誌或告示、使用須知、防護擋板等是否設置，並在規定的位置。

自動梯的主要參數及載客容量

為保證自動梯正常運轉，在設計自動梯時，必須正確選用和確定自動梯的各主要參數。自動梯的主要參數有：運行速度(v)、提升高度(H)、輸送能力(Q)、梯級闊度(B)及梯路傾角(α)等。

- 運行速度(v)

  自動梯設計的額定速度，主流有 0.4m/s，0.5m/s，0.65m/s 及 0.75m/s。

- 傾角(α)

  自動梯的傾斜角有 30°及 35°。梯路的傾角一般會採用 30°，主要是考慮自動梯的安全性，便於結構尺寸的處理和加工。但是，有時為了適應某些場合的需要，減少自動梯佔用空間，才會採用 35°。

- 提升高度(H)

  提升高度是自動梯放在建築物上、下樓層間的高度。

- 輸送能力(Q)

  自動梯的輸送能力是每小時運載乘客的數目。當自動梯各梯級被乘客站滿時，理論上的每小時最大輸送能力可按下式計算（國內）：

$$Q_t = 3600 \times \frac{1}{t_{級}} nv$$

Q_t=自動梯的理論輸送能力(per/hr)
$t_{級}$=兩梯級間的節距或梯級的深度(m)
n=自動梯每一梯級上站立乘客數目(pers)
v=自動梯的額定速度(m/s)

由於兩梯級間的節距是定值，額定速度應按規範確定。如果這兩參數確定後，則輸送能力取決於在梯級上的人數。

BS EN 115 則以下列公式來計算理論輸送能力，基本上與國內的計法一樣，只是表示方法有所不同。

$$C_t = v \times 3600 \times \frac{k}{0.4}$$

C_t=自動梯的理論輸送能力(per/hr)
k=載人系數(表 12.1)
v=自動梯的額定速度(m/s)

- 梯級闊度(B)

  自動梯在設計時，梯級闊度已考慮站立的乘客人數如（表：12.1）所示。

梯級闊度(B)	可站立人數(n)	載人系數(k)
0.6m(600mm)	1 人	1.0
0.8m(800mm)	1.5 人	1.5
1.0m(1000mm)	2 人	2.0

（表：12.1）

　　這樣計算出的是理論輸送能力。但是，實際上並不完全如此，因為公式尚未考慮到乘客登上自動梯的速度，也就是梯級運行速度對自動梯滿載的影響。因此，應該用一個系數來考慮滿載情況，這系數於國內稱為滿載系數(φ)。

　　自動梯的運行速度的快慢，直接影響到乘客在自動梯上的停留時間。如果速度太快，乘客登上自動梯便會較審慎，滿載系數反而降低。相反，速度太慢時，會不必要地增加了乘客在梯路上的停留時間。因此，正確地選用運行速度顯得十分重要。根據自動梯研究結果，自動梯運行速度(v)與滿載系數(φ)的關係為：

$$\varphi = 0.6(2 - v)$$

最後自動梯輸送能力的（實際）計算式為：

$$Q = 3600 \times \frac{1}{t_{級}} nv \times 0.6(2 - v)$$

Q＝自動梯的實際輸送能力(pers/hr)

　　根據不同的梯級闊度和額定速度，設 *t* $_{級}$＝ 0.4m，自動梯每小時之（理論）載客容量如（表：12.2）所示；（實際）載客容量如（表：12.3）所示。

梯級闊度(B) (m)	梯級人數(n) (人)	不同額定速度(v)自動梯每小時（理論）載客容量(人)			
		0.45m/s	0.5m/s	0.65m/s	0.75m/s
0.6	1	4050	4500	5850	6750
0.8	1.5	6075	6750	8775	10125
1.0	2	8100	9000	11700	13500

（表：12.2）

梯級闊度(B) (m)	梯級人數(n) (人)	不同額定速度(v)自動梯每小時（實際）載客容量(人)			
		0.45m/s	0.5m/s	0.65m/s	0.75m/s
0.6	1	3767	4050	4739	5063
0.8	1.5	5650	6075	7108	7594
1.0	2	7533	8100	9477	10125

（表：12.3）

　　升降機及自動梯設計及構造實務守則 2019 為規劃載客量(Handling Capacity)，自動梯或自動行人道在一小時內的最高載運人數如（表：12.4）所示，相關數據都比（表：12.2）及（表：12.3）兩表為低。

梯級/踏板闊度(B) (m)	梯級人數 (n) (人)	不同額定速度(v)自動梯或自動行人道每小時最高載運人數(人)			
		0.45m/s	0.5m/s	0.65m/s	0.75m/s
0.6	1	--	3600	4400	4900
0.8	1.5	--	4800	5900	6600
1.0	2	--	6000	7300	8200

（表：12.4）

◆ YouTube 影片－Escalator Installation by ThyssenKrupp ENG－英語－英字幕（4:26）
https://www.youtube.com/watch?v=Ha9FNJhz0i0

◆ YouTube 影片－Chinook Winds Casino Resort - Escalator Replacement Project－無語－無字幕（6:56）
https://www.youtube.com/watch?v=PbR9iqJ4M8I

◆ YouTube 影片－Sydney Metro: escalator installations begin－無語－無字幕（2:10）
https://www.youtube.com/watch?v=jGFLLPDqzrY

自動梯尺碼規定

　　自動梯於製造時，很多較為重要的尺寸，必須根據「升降機及自動梯設計及建造實務守則」內規限的相關尺寸來製成，從而保障使用者的安全。某些自動梯部件的尺寸，已於設計時由自動梯廠決定，不能調校；但某些位置，可作適當的微調。自動梯尺碼相關規定端視圖如（圖：13.16）所示；自動梯尺碼規定相關立視圖如（圖：13.17）及（圖：13.18）所示；偏轉裝置安裝位置及要求如（圖：13.19）所示。

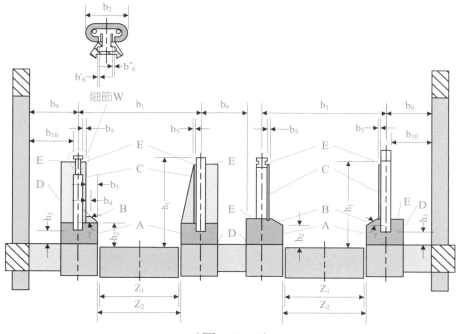

（圖：13.16）

COP 項號	符號及尺碼規定（圖：13.16）		
1.1.5.1(a)	A		裙板
1.1.5.1(b)	B		內蓋板
1.1.5.1(c)	C		內壁板
1.1.5.1(d)	E		外蓋板
1.1.5.1(e)	D		外壁板
1.1.5.5(a)	h_2	$\geq$	50毫米(裙板的上緣或凸出蓋板的接口下緣與梯級、踏板或運輸帶的踏面之間的垂直距離)
1.1.5.6(a)	γ	$\geq$	25°(內蓋板及內壁板與水平面所形成的傾斜角度)
1.1.5.6(b)	b_4	$\leq$	30毫米(對於與內壁板相接的內蓋板的水平部分的規定並不適用時之水平部分的寬度)
1.1.5.6(c)	b_3	$\leq$	0.12 米(如內蓋板與水平面所形成的傾斜角度γ小於45°時適用)
1.2.3.2	b_9	$\geq$	0.60 米(扶手帶的中心線與任何障礙物之間的距離)
1.2.5	b_{10}	$\geq$	200 毫米(扶手帶的外緣與牆壁、交叉設置的相鄰自動梯或其他建築物的障礙物之間的水平距離)
1.3.1	Z_1		公稱寬度
3.3.1	b'_6	$\leq$	8 毫米(扶手帶開口處的任何一邊與導軌或扶手支架之間的間隙)
3.3.1	b''_6	$\leq$	8 毫米
3.3.2	b_2		70毫米 $\leq$ b_2 $\leq$ 100毫米(扶手帶的寬度)
3.3.3	b_5	$\leq$	50 毫米(扶手帶與內壁板邊緣之間的距離)

3.4	b_1	≦	$Z_2 +$ (≦0.45 米)(扶手帶中心線之間的距離，應大於裙板之間的距離，但相差不應大於 0.45 米)
3.4	Z_2		裙板之間的距離
3.5.1	h_3		0.10 米 ≦ h_3 ≦0.25 米(扶手帶在扶手帶轉向端的入口處最低點與地板之間的距離)
3.6	h_1		0.90 米 ≦ h_1 ≦1.10 米(扶手帶與梯級前緣、踏板面或運輸帶踏面之間的垂直距離)

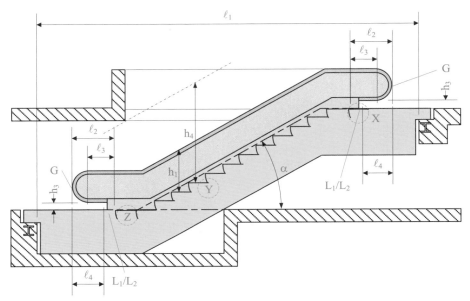

（圖：13.17）

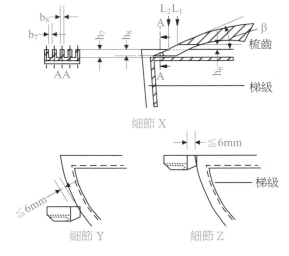

（圖：13.18）

COP 項號	符號及尺碼規定（圖：13.17）及（圖：13.18）		
1.1.5.1(f)	G		扶手帶轉向端
1.1.5.8	ℓ_2	$\geqq$	0.6 米(包括扶手帶在內的扶手帶轉向端，與梳齒板的齒根部之間的縱向水平距離)
1.2.1.3	L_1		梳齒板的齒根部(在自動梯的出、入口處，應設有一塊安全立足地面，從梳齒板的齒根部起量度，該安全立足地面的縱向深度應不少於0.85米)
1.2.2	h_4	$\geqq$	2.3米(梯級、踏板或運輸帶以及出、入口區上方空間的淨高度)
1.3	ℓ_1		支承之間的距離
3.2	ℓ_3	$\geqq$	0.3 米(在出、入口處，該延伸段的水平部分長度，自梳齒板的齒根部起計)
3.5.1	h_3		0.1 米 $\leqq$ h_3 $\leqq$0.25 米(扶手帶在扶手帶轉向端的入口處最低點與地板之間的距離)
3.5.2	ℓ_4		0.3 米 $\leqq$ ℓ_4 $\leqq$0.6 米(扶手帶轉向端盡處至扶手帶入口處之間的水平距離)
3.6	h_1		0.9 米 $\leqq$ h_1 $\leqq$1.1 米(扶手帶與梯級前緣、踏板面或運輸帶踏面之間的垂直距離)
4.2.3.2	b_7		5 毫米 $\leqq$ b_7 $\leqq$7 毫米(齒槽的寬度)
4.2.3.3	h_7	$\leqq$	10 毫米(齒槽的深度)
4.2.3.4	b_8		2.5 毫米 $\leqq$ b_8 $\leqq$5 毫米(齒條的寬度)
4.2.4.2	b_7		4.5 毫米 $\leqq$ b_7 $\leqq$7 毫米(運輸帶齒槽的寬度)
4.2.4.3	h_7	$\geqq$	5 毫米(運輸帶齒槽的深度)
4.2.4.4	b_8		4.5 毫米 $\leqq$ b_8 $\leqq$8 毫米(運輸帶齒條的寬度)
4.3.2.3	β	$\leqq$	40°(梳齒應有一種使乘客在離開自動梯時不會絆倒的形狀和斜度)
6.1.1	α		自動梯的傾斜角度
7.3.1	h_8	$\geqq$	4 毫米(梳齒與踏板齒槽的嚙合深度)
7.3.2	h_6	$\leqq$	4 毫米(梳齒與踏板齒槽的嚙合間隙)
7.4.1	h_8	$\geqq$	4 毫米(梳齒與運輸帶齒槽的嚙合深度)
7.4.2	h_6	$\leqq$	4 毫米(梳齒與運輸帶齒槽的嚙合間隙)
10.3.1.1	L_2		梳齒板相交線

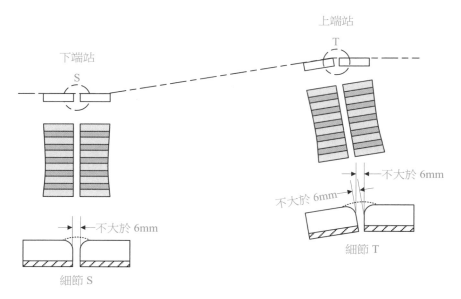

（圖：13.19）

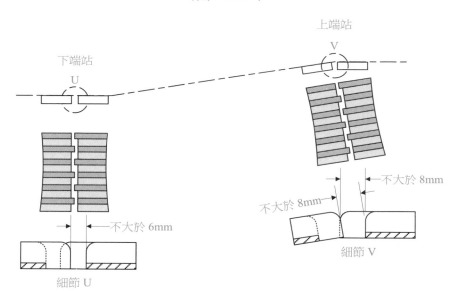

（圖：13.20）

COP 項號		符號及尺碼規定（圖：13.18）、（圖：13.19）及（圖：13.20）
7.1	≦	6 毫米(在自動梯載客區段內的任何位置，從踏面上量度，兩相鄰梯級或踏板之間的間隙，COP 細節 Y 及 Z)
7.1	≦	6 毫米(在（無嚙合）的踏板式乘客輸送機載客區段內的任何位置，從踏面上量度，兩相鄰梯級或踏板之間的間隙，COP 細節 S 及 T)
7.1	≦	8 毫米(在（有嚙合）的踏板式乘客輸送機的過渡曲線區段，從踏面上量度，兩相鄰梯級或踏板之間的間隙，COP 細節 U 及 V)

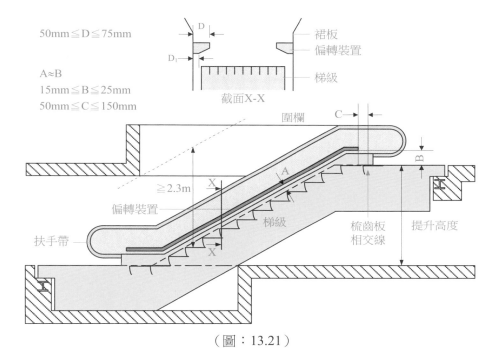

（圖：13.21）

COP 項號		符號及尺碼規定（圖：13.21）
1.1.5.5(c)(i)	A	偏轉裝置的斜面與梯級之距離(偏轉裝置須有固定的形狀，並包含塑膠硬毛刷的軟身部分)
1.1.5.5(c)(ii)	D	50mm≦D≦75mm(偏轉裝置的投影深度必須劃一，從裙板的垂直面量度到深度的距離)
1.1.5.5(c)(iii)(iv)(vi)	D_1	18mm≦D_1≦25mm(偏轉裝置堅固部分的投影深度的距離，其連接邊能承受 900 牛頓的力，且不會脫出或永久變形，更不應有鋒利的邊緣。扣緊端及連接處不得伸展入運行路徑內)

1.1.5.5(c) (v)	B	15mm≦B≦25mm(偏轉裝置的堅固部分的最底部與梯級前緣在整個傾斜、曲線及真正水平部分運行的路線之間的淨高)
1.1.5.5(c) (vii)	C	50mm≦C≦150mm(偏轉裝置的終端位置須逐漸收窄，使其接口與裙板齊平。偏轉裝置終端位置的末端須止於梳齒板相交線前的距離)

◆ YouTube 影片－Escalator Placement 11 17 16 v2－無語－無字幕（4:04）
   https://www.youtube.com/watch?v=_a_hCZKBYys

◆ YouTube 影片－Installation escalator Pathé Plan de Campagne－無語－無字幕（3:26）
   https://www.youtube.com/watch?v=wPJP6R3AL_M

◆ YouTube 影片－Negligible Damage using our Escalator Replacement method－無語－中字幕（2:53）
   https://www.youtube.com/watch?v=MoWhpIBHCZ8

13.2　自動梯電氣設備

　　自動梯的電氣線路包括：主電路、安全保護電路、控制回路、制動器電路、照明及插座電路等。在驅動機房（上機房）或控制板附近，要裝設一只能切斷電動機、制動器的斷路器及控制電路電源的主開關。但該開關不應切斷電源插座以及維護檢修所必需的照明電路的電源，如（圖：13.22）所示。當扶手照明和梳齒板等照明是分開單獨供電時，則應設單獨切斷其電源的開關。各相應的開關應位於主開關附近，並有明顯標示。主開關的操作機構在檢修活門打開之後，要能迅速而方便地接近。操作機構應具有穩定的斷開和閉合位置，斷開後並能保持在斷開位置，更需要有上鎖的功能。主開關應能有切斷自動梯及乘客輸送機在正常使用情況下最大電流的能力。如果幾台自動梯與乘客輸送機的各主開關設置在一個機房內，各台的主開關應易於識別。

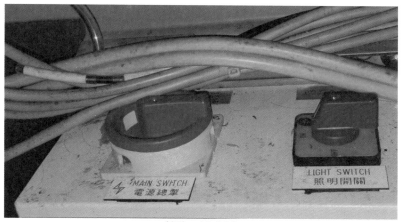

（圖：13.22）

　　導線電纜應有導線管保護或雙重絕緣。全部電線接頭，連接端子及連接器應設置在櫃或盒內。如果自動梯及乘客輸送機的主開關或其他開關斷開後，一些連接端子仍然帶電，則應將其他端子與帶電端子明顯地隔開，並且在電壓超過 50V 時仍帶電的端子加上適當的標記。如果同一管中的導線或電纜各芯線接入不同電壓的電線時，則所有電纜應具有其中最高電壓下絕緣等級。

　　為更安全起見，設計自動梯的主電路、制動器的供電回路，電源的中斷應至少有兩套獨立的電氣裝置作控制，例如：位於第 9 章的（圖：9.109）至（圖：9.113）所示電路設計，從而防止系統出現錯誤。新式的自動梯設有故障診斷系統，可以獲得機械或電氣系統維修所需要的數據，以縮短故障排除時間。專門用於公共交通系統自動梯的遠程監控系統用計算機控制系統，可從中心工作站監控某一公共設施所有若干台自動梯的運行，顯示狀態報告，從而使自動梯保持良好的運行狀態。並可發出故障診斷及潛在的故障預警訊號，以提高工作效率，快速地排除故障和進行預防性維護，從而降低維修費用，提高經濟效益。

　　自動梯控制系統主要有以下不同的控制系統：

● 繼電器控制方式
● 電子電路控制方式
● 計算機控制方式（單片機和可編程控制器）

　　傳統的自動梯電路，多由繼電器控制系統組成，全部採用接觸器、繼電器和行程開關組成，主要特點是構造簡單，容易掌握。由於採用行程開關和繼電器進行故障檢測和記錄，因此採集故障訊號的速度較慢，這就要求故障檢測機構能夠保留故障狀態，否則當故障瞬時出現又迅速消失時，就難以採集到故障訊號並對系統施加保護。該系統由主電路、控制電路、保護電路、電源四部分組成。

自動梯主電路

　　自動梯主要由一部驅動電動機帶動梯級運行，電動機的功率較高，多接成角形，所以需要起動裝置，大部分會採用：

1. 星－角形減壓起動（主流）
2. 電阻或電感減壓起動
3. 改變電動機繞組極數起動
4. 自耦式變壓器起動

　　繼電器式自動梯的主電路如（圖：13.23）所示。星－角形起動為自動梯最常用的方法，線路實際上是一台曳引電動機 Y-Δ 起動的正反轉運行電路。圖中 MCB 為斷路器，提供短路保護。SW 為主電源開關，電動機 MM 為曳引機電動機，MB 為迫力電動機，OM 和 OB 分別是兩台電動機的熱耦保護繼電器，提供過載保護。

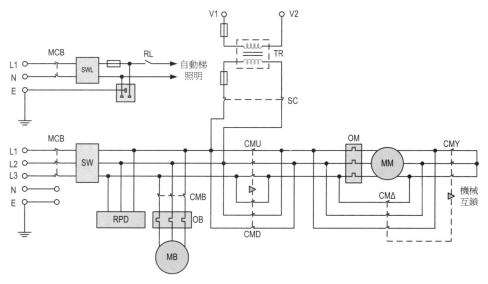

（圖：13.23）

CMU 為上行接觸器；CMD 為下行接觸器。CMY 為星形接觸器；CMΔ為三角形接觸器。RPD 為三相相序繼電器，提供相序檢測保護。CMU 及 CMD 與 CMY 及 CMΔ之間的控制電路除了加上電氣互鎖外，接觸器也會加設機械互鎖，從而防止短路發生。TR 為控制電路用的降壓變壓器，某些自動梯廠可能於變壓器次級有其他不同電壓的繞組，以供其他設備使用。照明燈須以獨立單相開關 SWL 供電，維修用的電源插座也是從這電源提供。實務守則規定若安裝場所光度達至 50lux，可不需要在自動梯附加照明裝置，而一般商業場所都能達到此要求。惟附加照明又令自動梯變得更悅目，更美觀，所以很多自動梯廠都有加設照明裝置。

隨著新的自動梯都加上了調速節能裝置，已附加了變頻器，如（圖：13.24）「不可踏下」標誌下面及（圖：13.25）所示，所以可利用變頻器作起動之用，基本上星－角形起動部分可以取消。可是較多級數的自動梯需要很大功率的變頻器，以致令變頻器的成本及體積都很大，更可能需要另加機房放置變頻器。一般的自動梯，每天起動最多只是幾次，所以還有自動梯廠仍會採用星形起動，角形運行的方法，從而減低變頻器的體積及成本，這時該變頻器只作節能時調速之用。

（圖：13.24）

（圖：13.25）

自動梯控制電路

繼電器式自動梯的控制電路如（圖：13.26）所示。控制電路電源一般由變壓器 TR 降壓後供電，某些自動梯廠會將交流整流變為直流。自動梯的安全開關電路一般會用獨立電路來分隔，也有些採用不同的控制電壓。控制電路大致可分為三個部分：安全檢測電路，選向電路及電動機控制電路。各接觸器、繼電器、時間掣及開關的功用如下：

- CMU－上行接觸器
- CMD－下行接觸器
- CMY－星形接法接觸器
- CMΔ－三角形接法接觸器
- CMB－迫力接觸器
- CL－梯級照明接觸器
- RPD－三相相序檢測繼電器
- RSS－安全停止掣回路輸出繼電器
- RSD－安全裝置檢測繼電器
- RB－迫力開啟檢測繼電器
- RH－扶手帶監控繼電器
- RM－維修進行檢測繼電器
- RL－照明控制繼電器
- TD－星角轉換時間掣
- SM－檢修運行開關
- SKU，SKD－上行、下行鑰匙開關
- SH－扶手帶監控投入開關
- SHL，SHR－扶手帶左、右監控安全開關
- SC－控制電路電源開關
- OM－主電動機熱耦保護繼電器觸點
- OB－迫力電動機熱耦保護繼電器觸點

　　三相主電源斷路器 MCB、主開關 SW 和控制電路電源開關 SC 接通後，控制變壓器 TR 工作，V1 與 V2 兩端輸出低壓交流。在各緊急停止按鈕 PE1、PE2 及停止按鈕 PS1U、PS2U、PS1D、PS2D 未被按下、熱耦保護繼電器 OM 及 OB 未動作、電源相序 RPD 正確、全部安全開關 SS1~SSn 回路正常使安全停止掣回路輸出繼電器 RSS 吸索、扶手帶檢測 RH 正常等情況下，安全裝置檢測繼電器 RSD 便吸索。這樣 RSD↑使其常開觸點閉合，控制電路下方的「選向電路」及「電動機控制電路」都獲得供電。

1.　正常運行狀態
　　當檢修開關 SM 正常打在「N」位置，自動梯處在「正常運行」狀態（快車）；維修進行檢測繼電器 RM↓釋放復位。自動梯的上、下兩側的鑰匙開關 SKU 及 SKD 作主控制，用專用鑰匙以順時針或逆時針轉動鑰匙開關，便可使自動梯上行或下行。

　　上行：在 SKU 或 SKD 轉動至「U」位置→CMU↑吸索並自保→CMB 迫力接觸器吸索→SBO↑檢測迫力觸點閉合→RB↑吸索→CMY↑星形接法接觸器吸索→TD↑星角轉換時間繼電器得電，這時電動機以星形接法上向運行。時間掣開始計時→TD 指定時間到達→$\overline{TD}$↓常閉觸點動作→CMY↓釋放復位→TD↑常開觸點動作→CMΔ吸索及自保→主電動機以角形上向正常運行→$\overline{CMΔ}$↑常閉觸點動作令 TD↓釋放復位。

　　下行：工作原理與上行一樣，只是在 SKU 或 SKD 鑰匙開關轉動至「D」位

置，原來選向觸發 CMU 接觸器吸索便改為 CMD 接觸器吸索。

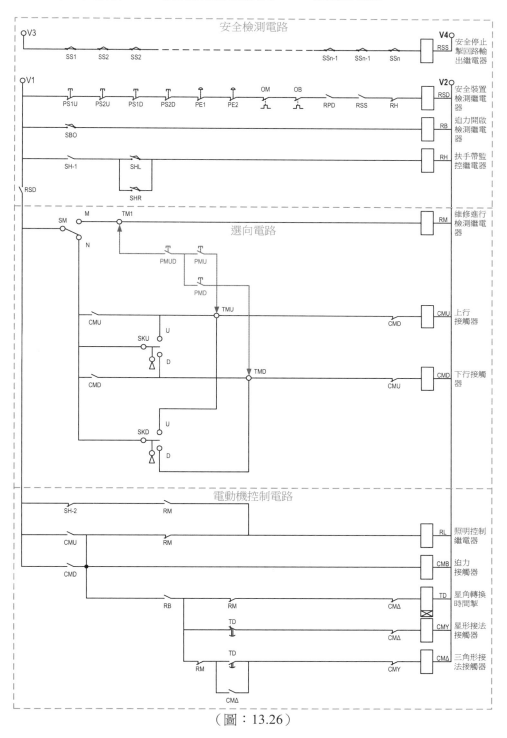

（圖：13.26）

2. 檢修狀態

當檢修開關 SM 打在「M」位置，自動梯便處在「檢修運行」狀態（慢車），自動梯上、下兩側 SKU 或 SKD 的鑰匙開關由於失去供電，控制不起作用。維修進行檢測繼電器 RM↑吸索，其動合常開觸點閉合、動斷常閉觸點斷開。自動梯只能通過插入外接控制按鈕盒，進行點動控制。所以在每個出、入口處，例如：在構架內的驅動站及轉向站內，應裝設至少一個供可攜式控制裝置的柔性電纜連接的檢修插座，惟電纜的長度不應少於 3.0m。檢修插座裝設的位置應能使檢修控制裝置到達自動梯的任何位置，如（圖：13.27）及（圖：13.28）所示。

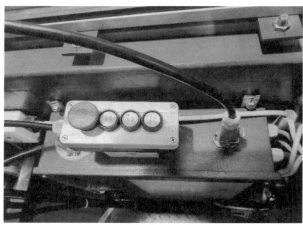 

（圖：13.27）   （圖：13.28）

轉慢車時，RM↑吸索→$\overline{RM}$↑常閉觸點離開令 TD 時間掣不能計時，電動機 MM 只能接成星形接法及以寸動運行，不會轉角形運轉。例如：上行，須同時按下按鈕 PMUD 及 PMU→CMU↑吸索→CMB↑吸索→CMY↑吸索→主電動機 MM 以星形上行運轉。

自動梯的照明由主電路 RL 常開觸點控制，正常快車時，RL 繼電器只會於行車時吸索，裙邊的光管會亮起；慢車檢修時，即使不行車，光管也會長亮。

13.3　自動梯的保養

　　自動梯的維修保養工作，大致與升降機相同。保養自動梯各部分元件應有一定的保養計劃，自動梯保養公司應為其品牌的自動梯編好一張維修保養表，表內列明那些元件需在甚麼時間進行檢查維修及更換，維修人員只要根據保養表定時工作，自動梯的故障率便可減到最低。法例規定自動梯需每月進行最少一次例行檢查。

　　由於自動梯多設於人流多的地方，維修保養時，自動梯技術人員的舉止行為，言論等都很容易被公眾接收，更可能有閉路電視進行錄影，所以自動梯技術人員在整個維修保養工作的過程中，必須保持其專業形象。

　　維修保養工作開始：
- 通知大廈管理處安排進行維修保養工作；
- 詢問管理處或管理員有關自動梯之近況；
- 於自動梯上、下入口放置圍欄；
- 有需要時，需將隔鄰並排的自動梯停止運行，以方便乘客上、下行走。

　　維修保養工作完畢：
- 移除自動梯上、下入口圍欄，以鎖匙按其原有運行方向重開自動梯；
- 填寫工作日誌及記下須跟進之工作；
- 要求管理處簽署保養程序表以確認相關工作。

自動梯定期保養的檢驗工作

以下條文節錄自【升降機工程及自動梯工程實務守則 2018】有關（自動梯進行定期保養時必須檢查的項目）的要求，全書詳細內容請參考相關書刊

XIV.2　　自動梯進行定期保養時必須檢查的項目

XIV.2.1　為保持自動梯及其相聯設備或機械處於安全操作狀態，至少須就下列適用項目按自動梯製造商建議的時間表進行檢查，以確保操作正常，並在有需要時加以修理：
- (a)　各梯級／踏板之間，以及梯級／踏板和裙板之間的間隙
- (b)　鼓輪、滑輪及活動部件
- (c)　機房是否清潔
- (d)　自動梯／乘客輸送機運行時有否任何不正常情況
- (e)　安全裝置，例如裙板開關、扶手帶入口開關、緊急停機掣、驅動鏈／梯級鏈斷裂安全裝置、限速器、用於檢測超速或非預定運行方向逆轉的裝置、梯級沉降裝置、梯級缺掉裝置、梳齒板開關等
- (f)　主驅動裝置系統包括驅動鏈及鏈輪
- (g)　梯級／踏板滾輪及梯級／踏板鏈
- (h)　扶手帶

    (i)   工作制動器及附加制動器(如配備)包括其制動效率

    (j)   梳齒板

    (k)   潤滑泵及油

    (l)   電動機齒輪箱

    (m) 照明系統

    (n) 樓層交界處的防護擋板及任何防止相鄰建築物的障礙物對使用者造成損傷的安全設施

    (o) 安全告示及標誌

XIV.2.2 除了自動梯製造商在保養時間表內開列的項目外，負責保養自動梯的註冊承辦商也須遵守下列各項規定(如載列於製造商指示內的規定與下文的規定有偏差，應以較嚴格的規定為準)：

    (a) 控制及監察裝置－除在自動梯進行測試期間外，不可令控制及監察裝置（包括安全設備及安全部件）失效或不使用自動裝置。在自動梯恢復正常使用及操作之前，須使所有裝置回復正常操作狀態。

    (b) 扶手帶－破裂或損壞的扶手帶如會導致乘客的手或手指被擠夾，便必須予以維修或更換。扶手帶必須拼接妥善，接駁位不會對乘客造成手或手指被擠夾的危險。手或手指保護裝置如有缺損，須予維修或更換。

    (c) 梳齒板－梳齒板如有任何梳齒損毀，便須予以更換。須調校梳齒板，使其與梯級面的狹縫保持嚙合，令梳齒時刻低於踏面。須定期檢查梳齒板的安全裝置是否正常運作。

    (d) 裙板、梯級、踏板及運輸帶－梯級與裙板之間的間隙必須符合《設計守則》的規定，以防出現乘客被夾於梯級與裙板間的情況。

    (e) 防護擋板－防護擋板如有缺損，須予以更換以防乘客受傷。

    (f) 安全裝置，例如裙板開關、扶手帶入口開關、緊急停機掣、驅動鏈／梯級鏈斷裂安全裝置、限速器、用於檢測超速或非預定運行方向逆轉的裝置、梯級下陷裝置、梯級缺掉裝置、梳齒板開關等－－安全裝置須按照自動梯/部件製造商的指示保持潤滑。安全裝置的活動部分必須保持整潔及運作自如。須經常檢查所有重要的間隙。

    (g) 出入口處－包括檢查檢修蓋板和樓板組件結構完整性須處於良好狀況；所有相關的支撐須處於良好狀況，而固定螺栓已經上緊；檢修蓋板和樓板的鎖緊裝置（如有）處於良好的工作狀態；在檢修蓋板及/或樓板打開的情況下，安全裝置具備停止機器運作的功能；以及為驅動站和轉向站的轉動部件提供保護的防護裝置，其完好無缺。

    (h) 驅動鏈系統－須檢查驅動鏈和鏈輪，以確認它們沒有裂紋、斷裂，鏈條沒有過度拉長，以及按照製造商的建議在可接受的安全狀況下運行。

◆ YouTube 影片－認識自動梯的定期保養工程－粵語－中文字幕（17:01）
https://www.youtube.com/watch?v=WjUNkKOSHig

接管自動梯保養工作時的建議檢查範圍

　　下列為升降機工程及自動梯工程實務守則（附件 B）的指引，自動梯可能會出現的常見異常情況例子。惟該表並非詳盡無遺，註冊承辦商應進行徹底檢查，以找出任何不符合相關安全標準或規定的地方。

1.　自動梯的主要驅動鏈條嚴重損耗或不規則地拉長。
2.　上層站或下層站的梳齒板嚴重損耗，或有兩個或以上的相鄰梳齒腳斷裂。
3.　並無防止乘客腳部被夾住的偏轉裝置。
4.　兩個梯級之間的間隙過大，或梯級邊緣與裙板的間隙過大。
5.　自動梯的扶手嚴重損耗或破裂。
6.　與自動梯上層站或下層站相鄰的捲閘，並無安裝可在捲閘關閉或開始關閉時令自動梯自動停止運作的聯鎖裝置。
7.　防護擋板的尺寸不正確，或沒有在樓板交界處安裝防護擋板。

備註：
a.　註冊承辦商應就相關標準或規定的實施日期，檢查自動梯是否符合有關標準或規定。
b.　註冊承辦商接手保養工作時，應與負責人聯絡，以確定上一位註冊承辦商是否有任何保養工程尚未完成。新接手的註冊承辦商應盡可能與負責人聯繫，從上一位註冊承辦商取得所有必需技術資料或數據，以進行自動梯保養及檢驗工作。

進行自動梯工程的一般安全措施

　　進行自動梯工程時，根據升降機工程及自動梯工程實務守則的指引，須遵行下列有關公眾安全的守則：

1.　如進行自動梯工程需按停自動梯並暫時停止使用，工程人員必須確保自動梯在無人使用的情況下，方可把自動梯停下；並須在兩處層站區架設適當圍欄，防止有乘客在自動梯停下後踏上自動梯。如設有運行顯示，必須調至「不准進入」模式。

2.　須採用至少 1 米高的鐵絲網或實心圍封物作為上述圍欄，或採用頂部設有高度不少於 900 毫米及不多於 1150 毫米的欄杆、中間設有高度不少於 450 毫米及不多於 600 毫米的欄杆、並附有踢腳板的圍欄。圍封物或圍欄上須有中、英文警告字句及適當的安全標誌，並應存放在鄰近自動梯且方便拿取的地點，以便工程人員遇有需要時可馬上取用。

13.4   自動梯的定期檢驗

自動梯需按法例每半年由註冊自動梯工程師進行空載詳細檢查,更需為所有自動梯進行每 5 年一次的全負載測試(Brake Load Test)或力矩測試(Brake Torque Test),以確保自動梯於安全狀態下運作。如(圖:13.29),(圖:13.30)及(圖:13.31)所示。由於涉及安排人手、物料及額外收費等需時,機電署提供 3 年寬限期,即 2020 年 8 月 31 日前,為自動梯進行首次負載測試。

（圖：13.29）

（圖：13.30）

（圖：13.31）

　　空載檢查表示自動梯梯級不需放任何負載來進行相關的檢查；滿載測試需將額定負載的生鐵鉈，平均地放於梯級，來模擬乘客重量，再進行相關的檢查。

◆　YouTube 影片－ESCALATOR FULL LOAD TEST－韓語－無
　　字幕（4:00）
　　https://www.youtube.com/watch?v=t6pNLog15PQ

自動梯定期檢驗的工作

以下條文節錄自【升降機工程及自動梯工程實務守則 2018】有關（自動梯的定期檢驗）的要求，全書詳細內容請參考相關書刊

附錄 XVII
自動梯的定期檢驗

XVII.1　負責為自動梯進行定期徹底檢驗的註冊工程師必須最少進行下列檢驗
　　　　工作，以確定自動梯是否處於安全操作狀態：
　　　　1.　電動機及其過載保護；
　　　　2.　安全設備，特別是制動器及和自動梯的停車距離；

3. 控制設備及安全裝置；

4. 驅動組件，以察看有否裂紋或損耗跡象，運輸帶和鏈條有否張力不足或過度拉長的情況；

5. 梯級、踏板或運輸帶，以察看是否有毛病，以及運行和導向是否正確；

6. 尺寸及公差，確保即使有磨損仍能維持規定尺寸；

7. 梳齒板，以察看其狀況及調校是否恰當；

8. 扶欄內側傍板、裙板及裙板偏轉裝置；

9. 扶手帶；

10. 防護措施，用以防止相鄰建築物對使用者造成損傷，特別是樓層交界處及交叉設置的自動梯；

11. 絕緣電阻及電氣連續性；以及

12. 所使用的標誌及告示。

XVII.2 測試自動梯的安全設備、部件及控制和監察裝置—須進行的測試，包括相關檢驗報告指明的適用測試項目，以及《條例》訂明須予進行的測試。進行測試後，必須確定沒有出現對自動梯正常使用造成不良影響的損壞情況。

XVII.3 制動器必須每隔不超逾五年測試一次。除非自動梯的垂直提升高度小於 2.5 米，否則須在總制動負載和額定速度下測試制動距離，以確定自動梯的性能。用虛負載進行的制動負載測試可以由制動扭矩測試來代替，惟有關測試須符合相關國際標準並獲得原製造商支持。

在其他時段，須按照規定的制動距離進行無負載制動測試。

進行測試後，須確定沒有出現對自動梯正常使用造成不良影響的損壞情況。

9-13

選擇題

9 升降機的基礎電路及零部件

1. 以下哪一項並不是繼電器邏輯控制的連接方法？
   A) 串聯   B) 並聯
   C) 串及並聯   D) 複聯

2. 串聯式拎手記憶線路，若樓層繼電器觸點接觸不良，會影響記憶線路_____。
   A) 不能消除拎手記憶   B) 不能消除拎手燈
   C) 沒有任何拎手記憶   D) 正常記憶，拎手燈不亮

3. 並聯式拎手記憶線路，若樓層繼電器觸點接觸不良，會影響記憶線路_____。
   A) 不能消除拎手記憶   B) 不能消除拎手燈
   C) 沒有任何拎手記憶   D) 正常記憶，拎手燈不亮

4. 並聯式拎手記憶線路的缺點是_____。
   A) 電路十分複雜   B) 不能使用拎手燈
   C) 每層要有一個降壓電阻   D) 不能用於群組電梯中

5. 升降機的機械士力鉈觸點有甚麼作用？
   A) 顯示樓層的報層器   B) 設定預備減速訊號
   C) 取消拎手訊號   D) 以上全部皆是

6. 在直流繼電器電路中的延遲電路主要靠甚麼來控制延遲埋拍的？
   A) 電容充電時間   B) 電容放電時間
   C) 電阻及電容充電時間   D) 電阻及電容放電時間

7. 升降機的相位保護裝置有甚麼作用？
   A) 監察缺相   B) 監察錯相
   C) 監察三相電壓是否正常   D) 以上全部皆是

8. 電氣互鎖電路常用於升降機甚麼電路上？
   A) 上落行車控制電路   B) 開關門電路
   C) 轉速電路   D) 以上全部皆是

9. 在升降機上落行車控制主電路上，一般會有_____安全設計。
   A) 電氣互鎖   B) 機械互鎖
   C) 電氣互鎖及機械互鎖   D) 電氣互鎖及滅弧裝置

10. 三觸點式磁簧管可以構成_____觸點。
    A) 三對常開   B) 三對常閉
    C) 兩對常開   D) 一對常開及一對常閉

11. 怎樣改變直流電動機的運轉方向？
    A) 改變電樞繞組電壓   B) 改變電樞及勵磁繞組極性
    C) 改變勵磁繞組電壓   D) 改變電樞或勵磁繞組極性

12. 繼電器式邏輯電路中，若需要儲存某些觸發記憶，一般採用_____電路。
    A) 自保持   B) 延遲跌時間掣
    C) 延遲埋時間掣   D) 電氣互鎖

13. 繼電器式邏輯電路中的上、下行車電路，一般都加上_____電路。
    A) 自保持   B) 延遲跌時間掣
    C) 延遲埋時間掣   D) 電氣互鎖

14. 升降機控制電路，上、下行車大拍，為了更安全的原因，一般都加上_____。
    A) 二極管   B) 延遲跌時間掣
    C) 延遲埋時間掣   D) 機械互鎖

15. 控制電路用的時間掣主要可分為_____及_____時間掣。
    A) 即時啟動式；延時啟動式   B) 通電加速式；斷電加速式
    C) 通電延遲式；斷電延遲式   D) 通電減速式；斷電減速式

16. 電磁接觸器的滅弧方法，下列哪一種方法不會採用？
    A) 拉長電弧   B) 磁吹滅弧
    C) 屏蔽電弧   D) 橫向金屬柵片滅弧

17. 要向一蓄電池充電，充電池機的電壓應_____電池電壓。
    A) 低於   B) 高於
    C) 相同於   D) 高或低於

18. 自保持電路常用於升降機甚麼類型電路上？
    A) 拎手電路   B) 行慢車電路
    C) 行快車電路   D) 全部均對

19. 自保持電路很少用在升降機的_____電路。
    A) 拎手   B) 樓層選擇器
    C) 起動   D) 安全

20. 電氣互鎖電路很少用於升降機的_____電路。
    A) 內外拎手   B) 上落行車控制
    C) 開關門   D) 改變轉速

21. 利用電容器、電阻及繼電器所組成的時間延遲電路，好處是_____。
    A) 誤差大   B) 線路簡單
    C) 不容易調校   D) 體積大

22. 升降機的上落主接觸器一般有甚麼安全裝備？
    A) 電氣互鎖電路
    B) 滅弧裝置
    C) 機械互鎖裝置
    D) 以上全部皆是

23. 格雷碼(Gray code)用作計算升降機樓層訊號編碼的好處是_____。
    A) 每次只改一個位元(Bit)
    B) 以 10 進制計算
    C) 以 8 進制計算
    D) 每次可任意更改位元(Bit)

24. 升降機並聯式機廂內拎手記憶電路與串聯式比較，並聯式會多用一個_____。
    A) 電阻
    B) 電容
    C) 二極管
    D) 晶體管

25. 一蓄電池是 12V，連接它的充電池機的電壓一般約為_____。
    A) DC12V
    B) AC12V
    C) DC15V
    D) AC15V

26. 升降機一些重要的電路，正常安全操作十分重要，只用單點控制較為危險，有需要時可考慮加上相關的_____。
    A) 自保電路
    B) 並聯電路
    C) 互鎖電路
    D) 冗餘電路

27. 升降機之_____電路，可令到繼電器索入，一會兒又跌出；再次索入、跌出等，多用作大堂群組升降機之服務指示燈或一些閃燈電路。
    A) 保持
    B) 延遲跌時間
    C) 延遲埋時間
    D) 閃爍

28. 升降機的電氣安全保護線路有多種，其主要作用是當某一安全開關觸發動作時，可使升降機切斷_____，停止升降機。
    A) 控制電路
    B) 電源線
    C) 行車纜
    D) 主開關

29. 有一升降機樓層安排是 G、1、2、3、4、5、6、7、8、9、10、11、12、13、14 和 15，如計算樓層的 BCD 碼是 1000 時，該機現應在_____樓。
    A) 6
    B) 7
    C) 8
    D) 10

30. 基本拎手自保持電路由甚麼元件組成？
    A) 拎手串聯繼電器線圈
    B) 拎手及並聯拎手的常開觸點
    C) 拎手串聯繼電器線圈及並聯拎手的該繼電器常開觸點
    D) 拎手串聯繼電器線圈及並聯拎手的該繼電器常閉觸點

31. 甚麼是通電延遲式時間掣之工作特性？
    A)　當通電時，各延遲觸點具有延時作用
    B)　當斷電時，各觸點立即復位
    C)　時間掣線圈是可以即時通電
    D)　以上全部皆是

32. 甚麼是斷電延遲式時間掣之工作特性？
    A)　當斷電時，其觸點不會立刻復位
    B)　當通電時，其觸點不會立刻動作
    C)　當斷電時，其觸點會立刻復位
    D)　當通電後才開始計算時間

33. 磁簧管在＿＿＿＿，其觸點就閉合。
    A)　附近有磁場而有隔磁板短路磁力線時
    B)　當有電通過繼電器線圈
    C)　附近有磁場而沒有隔磁板短路磁力線時
    D)　當有電通過

34. 繼電器的常開觸點(NO)是指＿＿＿＿。
    A)　觸點一定打開
    B)　當有電通過觸點，其觸點就打開
    C)　當有電通過該繼電器線圈，其觸點就閉合
    D)　當有電通過觸點，其觸點就閉合

35. 繼電器的常閉觸點(NC)是指＿＿＿＿。
    A)　觸點一定閉合
    B)　當有電通過觸點，其觸點就閉合
    C)　當有電通過觸點，其觸點就打開
    D)　當有電通過該繼電器線圈，其觸點就打開

36. 以下電路圖中電阻 R1 的主要用途是＿＿＿＿。

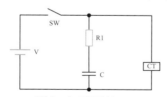

    A)　增加充電電流   B)　增加充電電壓
    C)　減低浪湧電流   D)　全部均對

37. 以下電路圖中可變電阻 R3 的主要用途是_____。

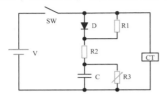

A) 改變電容的放電時間   B) 限制充電時間
C) 保護電容   D) 保護線圈

38. 以下電路圖中二極管的主要用途是_____。

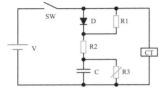

A) 使電容很快達到電壓之峰值   B) 調校延遲時間
C) 減低電壓   D) 保護電容器

39. 以下電路圖中可變電阻 R1 的主要用途是_____。

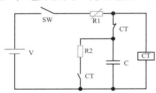

A) 改變電容的放電時間   B) 改變繼電器的延遲埋時間
C) 改變繼電器的延遲跌時間   D) 保護線圈

40. 以下電路圖中如改變電阻 R2 的數值時，電容的_____會改變。

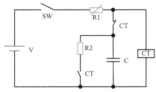

A) 浪湧電流   B) 充電電流
C) 充電時間   D) 放電時間

41. 以下電路圖中可變電阻 R1 的主要用途是_____。

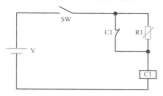

    A) 增加電路電流   B) 增加電路電壓
    C) 保護線圈   D) 保護干的

42. 以下電路圖中 C1 常閉觸點的主要用途是_____。

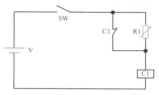

    A) 限制電流   B) 啟動時增加電流
    C) 保護電阻   D) 減少火花

43. 以下電路圖中二極管 D1 的用途是_____。

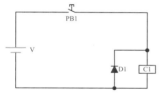

    A) 令繼電器延遲埋   B) 保護電源
    C) 保護線圈   D) 保護拎手觸點

44. 以下的繼電器電路圖中，當開關 SW 接通後，_____。

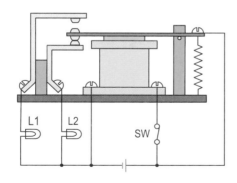

    A) L1 燈泡亮起   B) L1 及 L2 燈泡都亮起
    C) L2 燈泡亮起   D) L1 及 L2 燈泡都不會亮起

45. 以下的繼電器電路圖中，當開關 SW 開路後，_____。

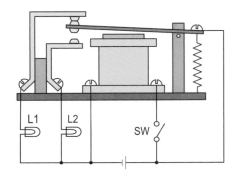

   A) L1 燈泡亮起   B) L1 及 L2 燈泡都亮起
   C) L2 燈泡亮起   D) L1 及 L2 燈泡都不會亮起

46. 以下電路圖為拎手記憶電路，電阻 RT101 的主要用途是_____。

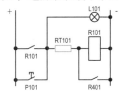

   A) 改變電壓   B) 限制電流
   C) 保護線圈   D) 保護干的

47. 以下電路圖為拎手記憶電路，圖中 R401 常開干的主要用途是_____。

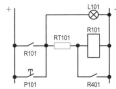

   A) 令線圈短接而釋放   B) 令線圈延遲埋
   C) 令線圈延遲跌   D) 保護線圈

48. 以下電路圖電路一般稱為_____。

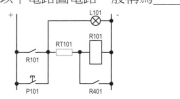

   A) 串聯式拎手記憶電路   B) 並聯式拎手記憶電路
   C) 串聯式樓層燈電路   D) 並聯式樓層燈電路

49. 以下電路圖中 RP 繼電器的主要用途是_____。

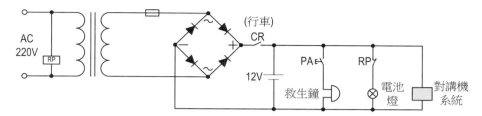

    A) 監察當正常電失效時，令電池燈亮起工作
    B) 當升降機行車時，才給予電池充電，免電池太容易乾水
    C) 供電予對講機系統
    D) 供電予救生鐘

50. 以下電路圖中 CR 繼電器的常開觸點主要用途是_____。

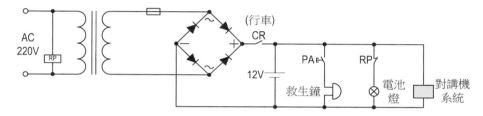

    A) 監察當正常電失效時，令電池燈亮起工作
    B) 當升降機行車時，才給予電池充電，免電池太容易乾水
    C) 供電予對講機系統
    D) 供電予救生鐘

10　升降機的常用電子零件及電路

51. 在交流電路中的正半波是指由零度至_____度。
    A)　90　　　　　　　　　　　　　B)　180
    C)　270　　　　　　　　　　　　D)　360

52. 在交流電路中的負半波是指由180度至_____度。
    A)　270　　　　　　　　　　　　B)　300
    C)　330　　　　　　　　　　　　D)　360

53. 下列哪一項不是單相全波橋式整流電路的特點？
    A)　電路簡單　　　　　　　　　　B)　輸出直流電壓高
    C)　變壓器需用中間抽頭式　　　　D)　輸出直流電電流大

54. 下列哪一項是單相全波橋式整流電路的特點？
    A)　電路元件較少　　　　　　　　B)　輸出波形脈動較小
    C)　變壓器用中間抽頭　　　　　　D)　輸出直流電壓低

55. 單相全波橋式整流電路，是透過_____所組成。
    A)　二粒晶體管　　　　　　　　　B)　四粒晶體管
    C)　二粒二極管　　　　　　　　　D)　四粒二極管

56. 矽控管SCR在陽極與陰極間電位為正向偏壓及_____時便可導通工作。
    A)　閘極較陽極正時　　　　　　　B)　有一小的正觸發訊號於閘極
    C)　閘極與陽極負時　　　　　　　D)　有一小的負觸發訊號於閘極

57. 雙向觸發二極管(DIAC)的主要作用為_____。
    A)　電流放大　　　　　　　　　　B)　電壓放大
    C)　直流開關　　　　　　　　　　D)　交流開關

58. 單結晶體管(UJT)是具有負電阻特性的元件，可用作_____。
    A)　電流放大　　　　　　　　　　B)　整流
    C)　電壓放大　　　　　　　　　　D)　脈衝振盪

59. 一般家庭使用的光暗掣控制主電流的元件，最適當使用是_____。
    A)　UJT　　　　　　　　　　　　B)　DIAC
    C)　TRIAC　　　　　　　　　　　D)　SCR

60. 可以產生脈衝訊號的元件，最適當使用是_____。
    A)　UJT　　　　　　　　　　　　B)　DIAC
    C)　TRIAC　　　　　　　　　　　D)　SCR

61. 發光二極管通常串聯一個電阻作限流，一般以工作電流_____為計算基礎。
    A)　10mA　　　　　　　　　　　B)　30mA
    C)　20mA　　　　　　　　　　　D)　40mA

62. 半導體元件 SCR 稱為＿＿＿＿。
    A) 晶體管
    B) 雙向觸發二極管
    C) 矽控管
    D) 交流矽控管

63. 半導體元件 TRIAC 稱為＿＿＿＿。
    A) 晶體管
    B) 雙向觸發二極管
    C) 矽控管
    D) 交流矽控管

64. 半導體元件 DIAC 稱為＿＿＿＿。
    A) 晶體管
    B) 雙向觸發二極管
    C) 矽控管
    D) 交流矽控管

65. 半導體元件 UJT 稱為＿＿＿＿。
    A) 單結晶體管
    B) 雙向觸發二極管
    C) 矽控管
    D) 交流矽控管

66. 半導體元件 IGBT 稱為＿＿＿＿。
    A) 閘極絕緣雙極性電晶體
    B) 雙向觸發二極管
    C) 矽控管
    D) 交流矽控管

67. 具有閘極(G)、射極(E)及集極(C)三隻極腳的半導體元件是＿＿＿＿。
    A) 閘極絕緣雙極性電晶體
    B) 矽控管
    C) 單結晶體管
    D) 交流矽控管

68. 具有陽極(A)、陰極(K)及閘極(G)三隻極腳的半導體元件是＿＿＿＿。
    A) 晶體管
    B) 矽控管
    C) 單結晶體管
    D) 交流矽控管

69. 具有主極一(MT1)、主極二(MT2)及閘極(G)三隻極腳的半導體元件是＿＿＿＿。
    A) 雙向觸發二極管(DIAC)
    B) 矽控管(SCR)
    C) 單結晶體管(UJT)
    D) 交流矽控管(TRIAC)

70. 具有基極一(B1)、基極二(B2)及發射極(E)三隻極腳的半導體元件是＿＿＿＿。
    A) 雙向觸發二極管(DIAC)
    B) 矽控管(SCR)
    C) 單結晶體管(UJT)
    D) 交流矽控管(TRIAC)

71. 下列哪一個方法，不能使已觸發導通的 SCR 截流？
    A) 降低電流到保持電流以下
    B) 切斷陰極與陽極間之電流
    C) 截斷閘極電流
    D) 加上負的閘極電流

72. 下列哪一項，不是矽控管(SCR)或交流矽控管(TRIAC)的特性？
    A) 需要有足夠預熱時間
    B) 無火花，完全靜止
    C) 反應速度快
    D) 無需消耗不必要的功率

73. 矽控管(SCR)的極腳分別是_____。
    A) A、K、G
    B) B1、B2、E
    C) MT1、MT2、G
    D) G、E、C

74. 交流矽控管(TRIAC)的極腳分別是_____。
    A) A、K、G
    B) B1、B2、E
    C) MT1、MT2、G
    D) G、E、C

75. 閘極絕緣雙極性電晶體(IGBT)的極腳分別是_____。
    A) A、K、G
    B) B1、B2、E
    C) MT1、MT2、G
    D) G、E、C

76. 單結晶體管(UJT)的極腳分別是_____。
    A) A、K、G
    B) B1、B2、E
    C) MT1、MT2、G
    D) G、E、C

77. 下列哪一種功率電子管，現在是主流使用在大型的變頻器中？
    A) GTO
    B) IGBT
    C) MCT
    D) BJT

78. 較新型的升降機的樓層燈多採用 LED 取代燈泡，下列那一項不是 LED 的好處？
    A) LED 光度較強
    B) 壽命長
    C) 熱量較低
    D) 佈線較少

79. 單相全波橋式整流由_____個二極管接成橋式電路，而它的輸出為全波，故稱為全波橋式整流。
    A) 1
    B) 2
    C) 3
    D) 4

80. 在變頻器中，若使電動機在處於發電機模式時，電機產生的能量能回饋至電網，應選用_____變頻器。
    A) 一象限
    B) 二象限
    C) 三象限
    D) 四象限

81. 單相半波整流電路與全波橋式整流電路比較，電路中二極管數目相差_____粒。
    A) 1
    B) 2
    C) 3
    D) 4

82. 下圖的電子零件符號是_____。

    A) 二極管
    B) 雙向觸發二極管
    C) 晶體管
    D) 矽控管

83. 下圖的電子零件符號是_____。

A)   二極管   B)   雙向觸發二極管
C)   發光二極管   D)   矽控管

84. 下圖的電子零件符號是_____。

A)   單結晶體管   B)   交流矽控管
C)   NPN 晶體管   D)   PNP 晶體管

85. 下圖的電子零件符號是_____。

A)   單結晶體管   B)   交流矽控管
C)   NPN 晶體管   D)   PNP 晶體管

86. 下圖電子零件的電路符號是表示_____。

A)   矽控管   B)   交流矽控管
C)   晶體管   D)   單結晶體管

87. 下圖電子零件的電路符號是表示_____。

A)   二極管   B)   交流矽控管
C)   晶體管   D)   矽控管

88. 下圖電子零件的電路符號是表示_____。

A)   二極管   B)   交流矽控管
C)   雙向觸發二極管   D)   矽控管

89. 下圖電子零件的電路符號是表示_____。

A) 二極管   B) 雙向觸發二極管
C) 交流矽控管   D) 矽控管

90. 下圖電子零件的電路符號是表示_____。

A) GTO   B) IGBT
C) MCT   D) BJT

91. 下圖電子零件的電路符號是表示_____。

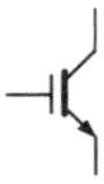

A) GTO   B) IGBT
C) MCT   D) BJT

92. 下圖電子零件的電路符號是表示_____。

A) GTO   B) IGBT
C) MCT   D) BJT

93. 下圖電子零件符號的主要用途是_____。

A) 整流   B) 功率控制
C) 訊號放大   D) 脈衝振盪

94. 下圖電子零件符號的主要用途是_____。

A) 整流   B) 功率控制
C) 訊號放大   D) 脈衝振盪

95. 下圖元件的主要用途是＿＿＿＿。

   A) 整流   B) 訊號顯示
   C) 訊號放大   D) 脈衝振盪

96. 下圖元件的主要用途是＿＿＿＿。

   A) 整流   B) 功率控制
   C) 訊號放大   D) 脈衝振盪

97. 下圖元件的主要用途是＿＿＿＿。

   A) 整流   B) 功率控制
   C) 訊號放大   D) 脈衝振盪

98. 下圖元件的主要用途是＿＿＿＿。

   A) 用於整流電路   B) 用於逆變電路
   C) 用於穩壓電路   D) 用於濾波電路

99. 下列哪一個符號是 NPN？

   A)   B)

   C)   D)

100. 下列哪一個符號是 UJT？

   A)   B)

   C)   D)

101. 一般用來調節鎢絲燈光度的光暗掣，其主電流控制會用下列哪一個元件？

A)   B)

C)   D)

102. 以下電路圖中四粒二極管所組成的是＿＿＿＿＿＿電路。

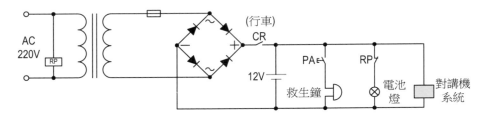

A) 半波整流   B) 全波整流
C) 全波橋式整流   D) 倍壓整流

103. 當矽控管導通有電流後，何時才會停止導通？
     A) 當閘極觸發訊號停止
     B) 當陽極與陰極間電壓等於零時
     C) 當陽極與陰極間電壓等於高電位時
     D) 以上全部皆是

104. 交流矽控管的構造相當於由兩個＿＿＿＿＿＿。
     A) 雙向觸發二極管並聯反接而構成
     B) 二極管並聯反接而構成
     C) 硅控管(SCR)並聯反接而構成
     D) NPN 及 PNP 電晶體結合而成

105. 用指針式萬用錶辨別 SCR 的極腳時，在它未觸發前，下列哪一項是正確的？
     A) 只是紅棒接 A，黑棒接 K，為低阻值讀數，兩棒互調為高阻值
     B) 只是紅棒接 K，黑棒接 A，為低阻值讀數，兩棒互調為高阻值
     C) 紅黑棒分別接 A 及 K，再互換錶棒，兩者均為低阻值讀數
     D) 紅黑棒分別接 A 及 K，再互換錶棒，兩者均為無限大讀數

106. 用指針式萬用錶辨別 SCR 的極腳時，在它未觸發前，下列哪一項是正確的？
     A) 只是紅棒接 G，黑棒接 K，為低阻值讀數，兩棒互調為高阻值
     B) 只是紅棒接 K，黑棒接 G，為低阻值讀數，兩棒互調為高阻值
     C) 紅黑棒分別接 G 及 K，再互換錶棒，兩者均為低阻值讀數
     D) 紅黑棒分別接 G 及 K，再互換錶棒，兩者均為無限大讀數

107. 用指針式萬用錶辨別 TRIAC 的極腳時，在它未觸發前，下列哪一項是正確的？
    A) 只是紅棒接 MT_1，黑棒接 MT_2，為低阻值讀數，兩棒互調為高阻值
    B) 只是紅棒接 MT_2，黑棒接 MT_1，為低阻值讀數，兩棒互調為高阻值
    C) 紅黑棒分別接 MT_1 及 MT_2，再互換錶棒，兩者均為低阻值讀數
    D) 紅黑棒分別接 MT_1 及 MT_2，再互換錶棒，兩者均為無限大讀數

108. 用指針式萬用錶辨別 TRIAC 的極腳時，在它未觸發前，下列哪一項是正確的？
    A) 只是紅棒接 MT_1，黑棒接 G，為低阻值讀數，兩棒互調為高阻值
    B) 只是紅棒接 MT_2，黑棒接 G，為低阻值讀數，兩棒互調為高阻值
    C) 紅黑棒分別接 MT_1 及 G，再互換錶棒，兩者均為低阻值讀數
    D) 紅黑棒分別接 MT_1 及 G，再互換錶棒，兩者均為無限大讀數

11　升降機操作及管理系統

109. 升降機採用「V3F」系統，是甚麼意思呢？
    A) 調壓調磁的調壓系統　　　　　　　B) 調壓調頻的調速系統
    C) 調速調壓的調壓系統　　　　　　　D) 調頻調流的調速系統

110. 傳統式交流電升降機所使用的主電動機，其轉速是受頻率及_____所控制的。
    A) 電壓　　　　　　　　　　　　　　B) 磁極對數
    C) 電流　　　　　　　　　　　　　　D) 功率

111. 升降機之電動機電源有交流電和_____。
    A) 蓄電池電源　　　　　　　　　　　B) 直流電源
    C) 太陽能電池電源　　　　　　　　　D) 反流電源

112. VVVF 交流電動機控制系統是改變頻率及_____來調節速度。
    A) 電流　　　　　　　　　　　　　　B) 電壓
    C) 線圈大小　　　　　　　　　　　　D) 電功率

113. VVVF 的交流調速驅動式是屬於_____類型。
    A) 調壓　　　　　　　　　　　　　　B) 調壓調頻
    C) 調壓調流　　　　　　　　　　　　D) 調流調幅

114. 三相交流電動機改變轉動方向的方法為_____。
    A) 改變頻率　　　　　　　　　　　　B) 改變極數
    C) 互換兩相線　　　　　　　　　　　D) 互換三相線

115. ACVV 的交流調速驅動式是屬於_____類型。
    A) 交流調壓　　　　　　　　　　　　B) 交流調頻
    C) 交流調速　　　　　　　　　　　　D) 交流調幅

116. 要改變升降機三相電動機的轉向，方法是_____。
    A) 星角轉換　　　　　　　　　　　　B) 改變相序
    C) 改變極數　　　　　　　　　　　　D) 減少一相

117. 以下哪一種升降機驅動系統是現時最常用的？
    A) ACVV　　　　　　　　　　　　　B) DC
    C) AC2　　　　　　　　　　　　　　D) VVVF

118. 升降機的微機控制系統中，程式存貯器中的程式稱為_____。
    A) 硬體　　　　　　　　　　　　　　B) 邏輯
    C) 軟件　　　　　　　　　　　　　　D) 軟硬體

119. 交流雙速升降機的電動機，如快速繞組是 6 極，它的同步轉速是_____rpm。
    A) 1000　　　　　　　　　　　　　　B) 1200
    C) 1800　　　　　　　　　　　　　　D) 3600

120. 交流雙速升降機的電動機，如慢速繞組是 24 極，它的同步轉速是_____rpm。
    A) 125   B) 250
    C) 1200   D) 3600

121. 三速交流電動機的極數之比為 6/4/18 時，6 極繞組大多作為_____之用。
    A) 起動   B) 正常穩速運行
    C) 減速   D) 平層

122. 三速交流電動機的極數之比為 6/4/18 時，4 極繞組大多作為_____之用。
    A) 起動   B) 正常穩速運行
    C) 減速   D) 平層

123. 三速交流電動機的極數之比為 6/4/18 時，18 極繞組大多作為_____之用。
    A) 起動   B) 正常穩速運行
    C) 減速   D) 平層

124. 三相滑環式感應電動機之轉子電阻與_____成反比。
    A) 平層   B) 轉速
    C) 起動扭力   D) 制動

125. 三相滑環式感應電動機之轉子電阻與_____成正比。
    A) 平層   B) 轉速
    C) 起動扭力   D) 制動

126. 三相電動機的轉速與定子繞組的_____成反比。
    A) 相序   B) 電流
    C) 線圈   D) 極數

127. 交－交變頻器的頻率變化只能在_____以下的範圍內進行變化。
    A) 電網電流   B) 電網電壓
    C) 電網頻率   D) 電網功率

128. 升降機控制系統大都可由輸入部分、輸出部分及_____所組成。
    A) 介面部分   B) 隔離部分
    C) 觸發部分   D) 邏輯部分

129. 以下哪一項不是 PLC 的優點？
    A) 系統擴張容易   B) 控制功能簡單
    C) 使用靈活方便   D) 編程較容易

130. 在升降機控制中的測速發電機，一般用甚麼形式表達運轉馬達速度？
    A) 電壓值   B) 脈衝值
    C) 電流值   D) 電阻值

131. 一般 AC2 控制升降機，速度最快可達到_____ m/s。
    A)　0.5　　　　　　　　　　　　B)　1
    C)　1.25　　　　　　　　　　　　D)　1.5

132. 一般 AC2 控制升降機，樓面平層在_____ mm 範圍之內。
    A)　±10　　　　　　　　　　　　B)　±20
    C)　±30　　　　　　　　　　　　D)　±40

133. 一般 ACVV 控制升降機，樓面平層在_____ mm 範圍之內。
    A)　±10　　　　　　　　　　　　B)　±15
    C)　±20　　　　　　　　　　　　D)　±25

134. AC1 控制升降機會應用_____ m/s 以下的升降機上。
    A)　0.4　　　　　　　　　　　　B)　1
    C)　0.75　　　　　　　　　　　　D)　1.25

135. 三相滑溟式感應電動機比一般三相感應電動機有甚麼優點？
    A)　功率因數大　　　　　　　　B)　運行電流少
    C)　起動扭力大　　　　　　　　D)　容量較大

136. 升降機之 VVVF 變頻器所應用的脈衝寬度調制法簡稱為_____。
    A)　PWA　　　　　　　　　　　B)　PAW
    C)　PMW　　　　　　　　　　　D)　PWM

137. 微處理機能應用在升降機控制系統，是因為_____ 的出現。
    A)　繼電器　　　　　　　　　　B)　晶體三極管
    C)　可控硅　　　　　　　　　　D)　集成電路

138. 早期高速升降機的主電動機，不採用三相感應電動機的原因是_____。
    A)　維修困難　　　　　　　　　B)　成本太貴
    C)　零件太多　　　　　　　　　D)　調速困難

139. 以下哪一種升降機主驅動系統的平層精確度較高？
    A)　AC1　　　　　　　　　　　　B)　AC2
    C)　DC　　　　　　　　　　　　D)　ACVV

140. 交流調壓調速升降機制動系統中，下列哪一種不屬於其制動方式？
    A)　能耗制動型　　　　　　　　B)　渦流制動器
    C)　正接制動方式　　　　　　　D)　反接制動方式

141. 舊式的交流雙速升降機系統，一般_____。
    A)　只有一個單轉速的電動機　　B)　有三個不同轉速的電動機
    C)　有二個不同轉速的電動機　　D)　有一個交流同步電動機

142. 直流電動機的啟動方法，一般使用_____。
    A) 減少電樞電路的電阻   B) 降低電樞電壓啟動
    C) 減少發電機電路的電阻   D) 增加電樞電壓啟動

143. 調壓調速改變電動機輸入電壓得以實現，是因為電動機轉矩與_____。
    A) 電壓成正比   B) 電壓成反比
    C) 電壓的平方成正比   D) 電壓的平方成反比

144. 調壓調速電路有多種不同的接法，下列哪一種是最常用的方法？
    A) 三相星形調壓電路   B) 三相開口三角形調壓電路
    C) 三相不對稱星形調壓電路   D) 星點三角形調壓電路

145. 在交－交變頻器中，變化的頻率_____頻率範圍內進行變化。
    A) 只能在 50Hz   B) 只能在供電電源
    C) 只能在 60Hz   D) 可在任何

146. 在交－直－交變頻器中，變化的頻率_____頻率範圍內進行變化。
    A) 只能在 50Hz   B) 只能在供電電源
    C) 只能在 60Hz   D) 可在任何

147. 向量變換控制 VVVF 電梯拖動系統是模擬_____得出的。
    A) 頻量圖   B) 直流電動機
    C) 相量圖   D) 單相交流電動機

148. 為甚麼 VVVF 升降機控制比 ACVV 控制為佳？
    A) 馬達發熱量少   B) 功率因數大
    C) 無諧波產生   D) 馬達發熱量少及功率因數大

149. 除改變頻率外，為甚麼 VVVF 控制還需要改變電動機電壓？
    A) 提高功率因數   B) 加快改變馬達速度
    C) 主要補償馬達的扭力   D) 減低馬達發熱量少

150. 升降機 AC2 控制意思是甚麼？
    A) 交流馬達   B) 交流馬達雙速
    C) 直流馬達   D) 直流馬達雙速

151. AC2 控制升降機，用甚麼方法改變速度？
    A) 改變馬達電壓值   B) 改變馬達頻率
    C) 改變馬達電流值   D) 改變馬達極數

152. ACVV 控制升降機，用甚麼方法改變速度？
    A) 改變馬達電流值   B) 改變馬達頻率
    C) 改變矽控管導電角   D) 用電阻改變馬達電壓值

153. 以下哪一項不是 ACVV 升降機在運行中的制動減速方式？
    A) 能耗制動式   B) 渦流制動式
    C) 反接制動方式   D) 電阻電抗式

154. 以下哪一項不是改變三相感應馬達的轉速方法？
    A) 改變定子供電頻率   B) 改變定子供電的電壓
    C) 改變定子極性數目   D) 改變定子供電的電流

155. 以下哪一項不是升降機繼電器式的拎手串列接線優點？
    A) 減少控制元件的接線   B) 提高整個系統的可靠性
    C) 減少拎手消耗能量   D) 減少拎手線接駁到機房數目

156. 在升降機控制中，安裝於限速器的光電感測編碼器有甚麼作用？
    A) 計算升降機的位置   B) 計算升降機的馬達速度
    C) 計算升降機的馬達電壓   D) 計算升降機的馬達電流

157. 在升降機 VVVF 控制中採用交流同步永磁電動機相對感應電機有甚麼好處？
    A) 低熱能產生   B) 高功率因數
    C) 起動電流低   D) 以上全部皆是

158. 以下哪一項不是微機控制系統的抗干擾措施？
    A) 光電耦合器   B) 金屬外殼接地
    C) 隔離變壓器   D) 脈衝傳送

159. 升降機繼電器自動控制系統的優點是_____。
    A) 觸點閉合緩慢   B) 體積較大
    C) 觸點易磨損   D) 易於理解

160. 隨著微機技術的發展，早期 VVVF 升降機的主電動機大多採用_____。
    A) 直流式電動機   B) 滑環式感應電動機
    C) 鼠籠式感應電動機   D) 多極式感應電動機

161. 繼電器, 接觸器控制系統與其他控制系統相比, 該系統有以下哪一項之缺點？
    A) 難於理解和掌握其結構   B) 難找零件
    C) 系統的能量消耗大   D) 難於修理

162. 以下哪一項並不是微機控制系統的優點？
    A) 容易改變功能要求   B) 系統體積較細
    C) 易於理解和掌握其結構   D) 十分便於使用

163. 將 PLC 控制升降機與計算機控制升降機相比, 以下哪一項不是 PLC 之優點？
    A) 功能較完善   B) 低經濟成本
    C) 電路編程較容易   D) 系統擴張容易

164. 將 PLC 控制升降機與計算機控制升降機相比，以下哪一項不是 PLC 之缺點？
    A) I/O 接點浪費   B) 控制功能簡單
    C) 功能不完善   D) 低經濟成本

165. 當升降機使用可編程邏輯控制器 PLC 時，下列哪一項是屬於輸入(input)？
    A) 按鈕   B) 電磁閥
    C) 指示燈   D) 全部均對

166. 當升降機使用可編程邏輯控制器 PLC 時，下列哪一項是屬於輸出(output)？
    A) 繼電器線圈   B) 行程開關
    C) 轉換開關   D) 以上全部皆是

167. 升降機超載時，其指示燈及音響訊號必須是用_____電路設計的。
    A) 常閉   B) 常開
    C) 閃爍   D) 電磁閥

168. 升降機自動門之一般自動關門（不干涉）時間，一般會調至_____秒。
    A) 1   B) 2
    C) 3   D) 5

169. 當三相交流電動機的轉動方向不正確時，怎樣改變轉動方向？
    A) 將輸入兩相電線互換   B) 改變輸入電流
    C) 改變輸入電壓   D) 改變輸入頻率

170. 電動機星、角形起動器是改變電動機的_____。
    A) 定子繞組接線   B) 電樞繞組接線
    C) 輸入相序   D) 轉向

171. 升降機廂超載保護裝置主要是控制升降機哪部分電路，使它不能繼續工作？
    A) 關門電路   B) 安全電路
    C) 運行電路   D) 上落電路

172. 升降機部件「電動機及發電機組(MG Set)」包括甚麼組件？
    A) 三相交流馬達   B) 直流發電機
    C) 勵磁機   D) 以上全部皆是

173. 電動機以星角形起動是一種_____起動方法。
    A) 直接   B) 降壓
    C) 增加電流   D) 減少一相

174. 交流式電機控制之升降機自動門一般可通過_____來達到調速目的。
    A) 改變相序   B) 渦流制動器
    C) 星角形轉換   D) 機械迫力

175. 將一已達至額定速度之直流電動機電樞電壓降低，其轉速會_____。
   A) 增加
   B) 減低
   C) 不變
   D) 不穩定

176. 將一已達至額定速度之直流電動機磁場繞組電壓降低，其轉速會_____。
   A) 增加
   B) 減低
   C) 不變
   D) 不穩定

177. 將直流發電機的磁場電壓由額定值減少 5%，其電樞輸出電壓會_____。
   A) 增加
   B) 減低
   C) 不變
   D) 不穩定

178. 直流電動機的轉速 N 與磁場磁通 Φ 成_____，並與電樞反電勢 E 成_____。
   A) 正比；正比
   B) 反比；正比
   C) 反比；反比
   D) 正比；反比

179. 交流升降機變極變速系統除使用不同極數之電動機外，更會使用_____來達成。
   A) 單一繞組極數變換法
   B) 變流法
   C) 變壓法
   D) 變阻法

180. 要改變升降機直流電動機的旋轉方向，一般是將勵磁繞組或_____頭尾導線對調。
   A) 電樞繞組
   B) 中間極繞組
   C) 發電機繞組
   D) 發電機電樞

181. 要改變升降機直流電動機的旋轉方向，一般是將電樞繞組或_____頭尾導線對調。
   A) 勵磁繞組
   B) 中間極繞組
   C) 發電機繞組
   D) 發電機電樞

182. 調壓調速的升降機，是通過恆定交流電源與電動機之間接入矽控管作為_____控制器。
   A) 電流
   B) 電阻
   C) 電壓
   D) 相序

183. 能耗制動型升降機調壓調速系統中，電動機在運行過程中，一直處於_____不平衡狀態，所以電動機較多噪音及有過熱現象。
   A) 電流
   B) 轉矩
   C) 電壓
   D) 相位

184. 渦流制動器升降機調壓調速系統中，由於是_____啟動，所以啟動的舒適感不很理想。

    A)   開環　　　　　　　　　　　　B)   閉環
    C)   滑環　　　　　　　　　　　　D)   渦流

185. 反接制動調壓調速系統是在升降機減速時，把_____的兩相交叉改變其相序，使磁場方向改變。

    A)   定子繞組　　　　　　　　　　B)   轉子繞組
    C)   直流繞組　　　　　　　　　　D)   渦流繞組

186. 微機升降機為了大大提高了整個控制系統的反應速度，達致大量的資料通訊正確、可靠、高速傳輸和處理的要求，一般會採用_____作通訊。

    A)   同軸線　　　　　　　　　　　B)   電腦線(Cat 5)
    C)   光纖　　　　　　　　　　　　D)   全屏蔽銅線

187. 當升降機控制是採用微機控制系統，如要修改控制系統時，只要修改程式存貯器中的_____便可。

    A)   硬體　　　　　　　　　　　　B)   軟件
    C)   佈線　　　　　　　　　　　　D)   硬體及軟件

188. 交流式電機升降機自動門系統與直流式電機系統比較，交流式的主要缺點是_____。

    A)   在高速時易於控制　　　　　　B)   在高速時馬達過熱
    C)   在低速時馬達過熱　　　　　　D)   在低速時難於控制

189. 升降機之控制零件_____由兩邊密封的玻璃管製造而成，兩端設有金屬杆接線銲口，而金屬杆另一端會直至玻璃管之中間，惟它們之觸點未有接通。

    A)   樓板燈　　　　　　　　　　　B)   層轉換開關
    C)   樓層停車裝置　　　　　　　　D)   磁簧管

190. 在升降機系統中，霸王機有甚麼特點？

    A)   當升降機接到最快之拎手便行車至該樓層停車
    B)   行車後第二個訊號不會處理
    C)   行車後不會記錄第二個拎手訊號
    D)   以上全部皆是

191. 以下哪一項並不是一般四部升降機於一大廈的排列及控制方法？

    A)   層層門口(停站)，群組控制
    B)   一部雙數樓層，一部單數樓層，其餘兩部層層門口(停站)
    C)   兩部高層，兩部底層
    D)   層層門口(停站)，四部獨立運作

12　升降機的安裝、保養與檢驗

192. 升降機保養主要包括檢查、清潔、加油及_____。
     A)　換電池　　　　　　　　　　B)　調較
     C)　在工作日誌簽署　　　　　　D)　到管理處報到

193. 升降機從業員進入井底工作前，應先做甚麼安全步驟？
     A)　關閉電源總掣　　　　　　　B)　穿上安全帶
     C)　轉至慢車控制　　　　　　　D)　關閉緊急停止掣

194. 法例規定升降機的維修保養，最少每_____一次。
     A)　一個星期　　　　　　　　　B)　二個星期
     C)　一個月　　　　　　　　　　D)　三個月

195. 升降機的空載測試應不超過_____進行。
     A)　一個月　　　　　　　　　　B)　三個月
     C)　六個月　　　　　　　　　　D)　十二個月

196. 升降機的安全設備測試應不超過_____進行。
     A)　一個月　　　　　　　　　　B)　三個月
     C)　六個月　　　　　　　　　　D)　十二個月

197. 升降機的滿載測試應不超過_____進行。
     A)　一年　　　　　　　　　　　B)　二年
     C)　五年　　　　　　　　　　　D)　十年

198. 在發現升降機懸吊纜索直徑縮少_____的情況時，必須立刻予以更換。
     A)　5%　　　　　　　　　　　　B)　10%
     C)　15%　　　　　　　　　　　 D)　20%

199. 一般載客升降機進行制動器測試時，其機廂必須載有_____的升降機額定負載。
     A)　100%　　　　　　　　　　　B)　125%
     C)　150%　　　　　　　　　　　D)　200%

200. 用於工業搬運車裝卸貨物的載貨升降機及汽車升降機，進行制動器測試時，其機廂必須載有_____的升降機額定負載。
     A)　100%　　　　　　　　　　　B)　125%
     C)　150%　　　　　　　　　　　D)　200%

201. 升降機進行行車鋼纜更換工程時要特別注意的地方是_____。
     A)　纜的產地
     B)　不能同一時間把所有纜拆去
     C)　要在晚間更換
     D)　不能多於二人在井道內工作

202. 如發現升降機纜轆內任何一條行車纜索需要更換，_____。
    A)   該纜轆上所有纜索都需要全部更換
    B)   該纜轆上半數的纜索都需要更換
    C)   只需更換該條行車纜索
    D)   只需更換該條行車纜索，但要再評估更換多一條較差情況的纜索

203. 升降機工程及自動梯工程實務守則，內容可能涉及下列哪些人士，使其負上相關的責任？
    i)   升降機及自動梯的負責人
    ii)   升降機及自動梯的註冊承辦商
    iii) 升降機及自動梯的註冊工程師
    iv)   升降機及自動梯的註冊工程人員
    v)   升降機及自動梯的使用者
    A)   ii,iii,iv,v   B)   i,iii,iv,v
    C)   i,ii,iii,iv   D)   i,ii,iii,v

204. 舊式升降機每年須增加兩次「特別保養」，惟升降機已加裝/具備哪些安全設備，可豁免該兩次特別保養工作？
    i)   雙重限速器
    ii)   雙重制動系統(Double/Dual brake)
    iii) 防止機廂不正常移動的裝置(UCMA)
    iv)   防止機廂向上超速安全裝置(ACOP)
    v)   對重安全鉗
    A)   i,ii,iv   B)   i,iii,v
    C)   ii,iii,iv   D)   ii,iv,v

205. 註冊承辦商必須確保下列哪些升降機工程項目，應按規定由兩名或以上的升降機工程人員進行？
    i)   升降機房的目視檢查
    ii)   將被困停於開鎖區外的升降機機廂的乘客救出
    iii) 用手鬆開電動升降機的曳引機的制動器
    iv)   更換外樓層拎手燈
    v)   在升降機井道底坑進行的工程
    vi)   為纜索加潤滑劑
    A)   i,ii,iii,iv   B)   i,iii,iv,vi
    C)   ii,iii,v,vi   D)   ii,iv,v,vi

13 自動梯的安裝、保養與檢驗

206. 自動梯的梳齒板安全開關的閉合距離約為_____。
     A) 1~2.5mm   B) 2~3.0mm
     C) 2~3.5mm   D) 4~5.5mm

207. 自動梯的空載測試應不超過_____進行。
     A) 一個月   B) 三個月
     C) 六個月   D) 十二個月

208. 自動梯的滿載測試應不超過_____進行。
     A) 一年   B) 二年
     C) 五年   D) 十年

209. 自動梯星－角形起動電路一般設有_____，從而避免星及角接觸器同時索下。
     A) 拎手及機械互鎖設備   B) 時間掣及拎手互鎖設備
     C) 電氣及機械互鎖設備   D) 時間掣及電氣互鎖設備

210. 自動梯會先將整條自動梯在製造廠剖切，以便放入貨櫃送到香港，一般以不
     超過_____長度為標準。
     A) 6m   B) 6.5m
     C) 7m   D) 7.5m

211. 自動梯正常工作時，裙板與梯級間需保持一定間隙，單邊為_____，兩邊之
     和為_____。
     A) 3mm；6mm   B) 4mm；8mm
     C) 3mm；7mm   D) 4mm；7mm

212. 自動梯須在總制動負載和額定速度下測試制動距離，除非該自動梯的垂直提
     升高度小於_____，即可豁免。
     A) 2.5 米   B) 3.0 米
     C) 3.5 米   D) 4.0 米

9-13 選擇題建議答案表

1	2	3	4	5	6	7	8	9	10
D	C	A	C	D	C	D	D	C	D
11	12	13	14	15	16	17	18	19	20
D	A	D	D	C	C	B	A	D	A
21	22	23	24	25	26	27	28	29	30
B	D	A	A	C	D	D	A	B	C
31	32	33	34	35	36	37	38	39	40
D	A	C	C	D	C	A	A	B	D
41	42	43	44	45	46	47	48	49	50
C	B	D	C	A	B	A	B	A	B

51	52	53	54	55	56	57	58	59	60
B	D	C	B	D	B	D	D	C	A
61	62	63	64	65	66	67	68	69	70
C	C	D	B	A	A	A	B	D	C
71	72	73	74	75	76	77	78	79	80
C	A	A	C	D	B	B	A	D	D
81	82	83	84	85	86	87	88	89	90
C	A	C	D	C	D	D	C	C	A
91	92	93	94	95	96	97	98	99	100
B	C	C	C	D	B	B	B	D	C

101	102	103	104	105	106	107	108	109	110
C	C	B	C	D	B	D	C	B	B
111	112	113	114	115	116	117	118	119	120
B	B	B	C	A	B	D	C	A	B
121	122	123	124	125	126	127	128	129	130
A	B	D	B	C	D	C	D	B	A
131	132	133	134	135	136	137	138	139	140
C	C	A	A	C	D	D	D	C	C
141	142	143	144	145	146	147	148	149	150
C	B	C	A	B	D	B	D	C	B

151	152	153	154	155	156	157	158	159	160
D	C	D	D	D	A	D	D	D	C
161	162	163	164	165	166	167	168	169	170
C	C	A	D	A	A	C	C	A	A
171	172	173	174	175	176	177	178	179	180
A	D	B	B	B	A	B	B	A	A
181	182	183	184	185	186	187	188	189	190
A	C	B	A	A	C	B	C	D	D
191	192	193	194	195	196	197	198	199	200
D	B	D	C	D	D	C	B	B	C

201	202	203	204	205	206	207	208	209	210
B	*A*	*C*	*C*	*C*	*C*	*C*	*C*	*C*	*A*
211	212								
D	*A*								